流体−構造連成問題の数値解析

Computational Fluid-Structure Interaction Methods and Applications

Yuri Bazilevs
Kenji Takizawa
Tayfun E. Tezduyar
原著

津川 祐美子
滝沢 研二
共訳

森北出版株式会社

Computational Fluid-Structure Interaction:
Methods and Applications
by Yuri Bazilevs, Kenji Takizawa and Tayfun E. Tezduyar

Copyright©2013 Yuri Bazilevs, Kenji Takizawa and Tayfun E. Tezduyar

---

●本書のサポート情報を当社 Web サイトに掲載する場合があります．下記の URL にアクセスし，サポートの案内をご覧ください．

http://www.morikita.co.jp/support/

●本書の内容に関するご質問は，森北出版 出版部「(書名を明記)」係宛に書面にて，もしくは下記の e-mail アドレスまでお願いします．なお，電話でのご質問には応じかねますので，あらかじめご了承ください．

editor@morikita.co.jp

●本書により得られた情報の使用から生じるいかなる損害についても，当社および本書の著者は責任を負わないものとします．

■本書に記載している製品名，商標および登録商標は，各権利者に帰属します．

■本書を無断で複写複製（電子化を含む）することは，著作権法上での例外を除き，禁じられています．複写される場合は，そのつど事前に（社）出版者著作権管理機構（電話 03-3513-6969, FAX 03-3513-6979, e-mail：info@jcopy.or.jp）の許諾を得てください．また本書を代行業者等の第三者に依頼してスキャンやデジタル化することは，たとえ個人や家庭内での利用であっても一切認められておりません．

まえがき

FSI の重要性

　流体 − 構造連成 (FSI: fluid–structure interaction) 問題とは，流体と構造の間に力学的相互依存関係をもつ問題のことである．つまり，構造物の形状とその動きが流れの挙動に影響を与え，さらに流体による力学的な力も構造物の動きや変形に影響を与える現象のことである．われわれはこの FSI を工学・科学・医学などの学術分野，さらに日常の生活においても見かけることができる．FSI の効果は，流体 − 構造間の相互作用が大きいほど，重要で無視できないものとなる．飛行機の翼の振動，飛行場の吹き流しのはためき，風車の羽根のたわみ，舞い落ちる木の葉，自動車のエアバッグの膨張，宇宙船のパラシュート降下，船の揺れ，心臓弁の開閉とそれに伴う心室からの血液の圧送，脳動脈瘤内の動脈の動きと血液の流れ，これらはすべて FSI の事例である．工学の応用において FSI は重要な現象であり，現代においては重要な設計をする際に大きな影響を及ぼす．それゆえ，問題解決の手助けとなり得る真に予測可能な FSI 手法は，産業界，研究所，医療分野，宇宙開発，その他の場において広く必要とされている．

数値解析 FSI の役割

　元来，FSI は非線形で非定常な性質をもつため，解析的方法を適用するのは難しい．解析的方法を用いた研究がないわけではないが，潜在的な偏微分方程式の閉形式解を得るためには，簡略化された前提条件を用いることになる．また，流体もしくは構造の単一問題に対して解析的方法を用いた事例を見かけることはあるが，FSI に対して用いたものはきわめてまれである．一方で，FSI に対する数値解析手法を用いた研究は大いに発展してきた．とりわけこの数十年で，大枠を形成する FSI の中核部と，特定の問題に特化した FSI 手法（文献 [1–22] 参照）の双方において目覚ましい進歩を遂げてきた．これらの数値解析手法の発展における焦点は，計算の安定性と効率，および幾何学的に複雑な 3 次元 FSI のフルスケールでの正確なモデル化である．

数値解析 FSI の課題

　FSI を数値解析するための課題は 3 種類ある．問題の定式化，数値の離散化，流体 - 構造間の連成である．以下にこれらの課題について述べる．

　問題の定式化は，離散化前の値が連続した状態で行う．ただし注意しなければいけないのは，ここで行う連続モデルの選定は，そのすぐ後に控える数値離散化の手法選択と密接な関係があるということである．流体のみ，構造のみといった典型的な単一力学場の問題では，ひとそろいの問題領域の支配微分方程式と領域境界上の境界条件から始まる．領域は，動いている場合もあれば静止している場合もある．FSI となると状況はより複雑になる．流体領域と構造領域に関するそれぞれの支配微分方程式と境界条件をすべて同時に満足させる必要がある．領域は重ならず，二つの系は流体 - 構造界面でカップリングされ，そこには物理的に意味のある境界条件が必要となる．このときの境界条件とは，流体 - 構造界面における運動とトラクション（表面力）の整合をとることである．構造の領域は動いており，ほとんどの場合，その動きは構造物を構成する物体上の粒子 (particle) や質点 (point) に従う．これは構造物運動のラグランジュ記述として知られている．構造物が空間を動く際，流体領域の形状は構造物の動きに追従して変形する．流体領域の動きは微分方程式と境界条件によって記述しなければならない．これに対しては 2 種類の離散化手法が知られている．静止格子と移動格子である．そして，流体領域の動きははじめから与えられているものではなく，未知の構造変位から定まるものである．そのため FSI は，流体領域の動きを三つ目の未知数とする三つの場の問題となる．

　計算精度や安定性，ロバスト性，計算速度，複雑形状への適用性といった，単一場解析において起こるすべての問題は，FSI においても同様に問題となる．FSI ならではの追加課題は，流体 - 構造界面の離散化の取り扱いである．もちろん，もっとも柔軟性の高い方法は，流体と構造それぞれの領域ごとに独立した問題として離散化を行うことであるが，それでは界面においてメッシュが不連続になってしまう．たとえ界面のメッシュが不連続であったとしても，流体と構造は運動とトラクションにより正しくカップリングされる必要がある．手軽な方法は，流体と構造の離散化（メッシュ）を界面において一致させることである．この場合，FSI のカップリング条件を満足させることはずっと簡単になる．しかしこの方法をとると，流体と構造の付随問題のために離散化の方法選択の柔軟性が失われ，メッシュ解像度が悪化する．この柔軟性は流体 - 構造界面の幾何形状が複雑になるほど重要である．一方で，流体 - 構造界面の離散化を一致させることがもっとも効果的なアプローチである場合もある．

　FSI 適用における計算力学のもう一つの課題は，構造物の大変形への対応である．

この場合，メッシュ品質を確保し，結果として FSI 計算精度を確保するために，ロバストなメッシュ移動技術と定期的な流体メッシュの再生成（リメッシュ）技術が必要となる．リメッシュする際には，古いメッシュから新しいメッシュへ値の補間を行う必要がある．リメッシュとデータ補間は，領域の動きが既知の単一の流体計算においても必要となる技術である．流体の単一計算と FSI との違いは，流体解析ではリメッシュが前もって計算可能であるのに対し，FSI では流体メッシュの品質が構造物の未知の変形に依存するため，リメッシュの決定も計算の過程で逐次行われる点である．

FSI の連成技術は大きく二つに分かれる．二つとは弱連成と強連成であり，それぞれスタッガード解法，一体型（モノリシック）解法ともよばれ，一体型解法とは一般に，界面の離散化を一致させた強連成手法のことを指す．

弱連成解法は，流体，構造，格子移動を順番に解いていく方法である．典型的な弱連成アルゴリズムでは，各時間刻みで界面の構造変形率を外挿して得られる速度境界条件をもつ流体力学方程式を解き，続いて，更新された流体界面の表面力を境界条件にもつ構造力学方程式を解き，その後に，更新された界面の構造変形での格子移動方程式を解く．こうすることで既存の流体ソルバーと構造ソルバーを使えることが，弱連成解法を選択する大きな理由となる．加えて，いくつかの問題に対しスタッガード解法はとてもよく機能し，効果的でもある．しかし，構造物が軽く流体が重い場合や，非圧縮性流体を構造物が覆っている場合などには，しばしば収束の難しさに直面する．

強連成手法では，流体方程式，構造方程式，格子移動方程式を同時に連成させて解く．強連成手法の最大の利点はロバスト性である．スタッガード解法で直面する多くの問題はこれにより回避できる．しかし，強連成手法は，既存の流体ソルバーや構造ソルバーとはまったく別の，完全に統合された FSI ソルバーを作製することが必要となる．FSI 強連成手法は，ブロック反復法，準直接法，直接連成法の 3 種類に分かれ，これらは左辺行列のブロック間の連成レベルによって分類される．三つのどの手法においても，時間刻み内の各反復において全方程式を同時に収束演算させる．

本書の章構成

前に述べた三つの FSI 計算の課題が，本書の内容の大部分である．

第 1 章では，流体と構造力学に関する境界値問題について述べる．流体力学モデルは，著者らの研究対象である非圧縮性流体に限定する．構造力学については，3 次元ソリッドと薄い構造物を対象とする．後者の対象はシェル，膜，ケーブルである．移動領域をもつ流体方程式についても触れ，space–time 法と ALE (arbitrary Lagrangian–Eulerian) 法の基礎的な概念についても説明する．ALE 法における，保存形と非保存

形の非圧縮性流体のナビエ–ストークス方程式を導出し，対応する離散化 FSI 式の保存特性との関係について論じる．

第 2 章では，有限要素法 (FEM: finite element method) の基礎を説明する．ここでの説明は静止空間領域に限定する．非定常の移流拡散方程式，線形弾性方程式，ナビエ–ストークス方程式の FEM を用いた離散化について説明する．本書では，流体と構造の離散化手法として FEM とアイソジオメトリック解析 (IGA: isogeometric analysis) を用いる．IGA とは，CAD (computer-aided design) や CG (computer graphics) の基底関数技術に基づいた新しい数値計算技術で，工学設計と解析とをより密に統合するために開発された．本章では，流体計算の安定化手法とマルチスケール手法を紹介する．これらの手法はガラーキン法系手法と比較して優れた安定性をもち，かつ十分な計算精度をもっている．また章の最後では，ソリッド界面付近の未知の薄い境界層で安定化マルチスケール式の精度を向上させる，弱形化した基本境界条件について説明する．

IGA の基本概念は第 3 章で説明する．ここではおもに NURBS (non-uniform rational B-spline) に基づいた IGA について述べる．より詳しく理解したい読者は文献 [17] を参照のこと．

第 4 章では，移動境界をもつ流体力学問題の FEM に注目し，ALE 法と space–time 有限要素法について詳しく説明する．それぞれの手法に対する安定化マルチスケール流体力学方程式の完全な離散化について述べる．ALE 法では，FEM の半離散化について述べた後，一般化 α 時間積分アルゴリズムについて説明する．space–time 有限要素法では，空間と時間を有限要素関数によって近似するため，すべての時間刻みにおいて非線形方程式を完全に離散化した系となる．章の終わりでは，時間依存の流体境界の移動によって発生する線形弾性方程式に基づく標準的なメッシュ更新手法について論じる．

第 5 章では，FSI 問題を離散化前の弱形式の状態で系統立てて説明する．弱形式は，適切な運動学的拘束と試験関数を与えることで，離散化前の FSI 方程式の流体–構造間の界面の連成状態が正確なものになる．流体–構造界面の離散化が一致する仮定の下での半離散化 ALE 式を示す．一般化 α 法とそれに対応した予測子修正子アルゴリズムを FSI 問題に拡張する．離散 FSI 方程式システムの線形化についても ALE 式の絡みで述べる．次に，space–time 有限要素法について述べる．この方法では界面の離散化を一致させる必要性がない．そこで，界面不一致な場合の離散化処理法の選択肢について論じる．発展的なメッシュ移動およびリメッシュ技術については，章の最後で概要を述べる．

第 6 章では，著者らが導入した，FSI 連成技術を含む最新の FSI と space–time 技

術，マトリックスフリー計算技術，分離型解法ソルバー，および前処理方法について述べる．この章ではFSI接触アルゴリズムについても触れる．

第7章では，実際の問題に適用する際に直面する数値計算課題を説明するために，FSI数値計算の代表事例を紹介する．完全に閉じた領域でのFSI課題の解決，構造物が大変形し，流体－構造界面で幾何学的変化が起こる場合のテストケースと，それらを解決するための数値計算手法を提示する．ビデオ撮影したイナゴの羽のはばたきと変形パターンについても紹介する．これにより，大変形がある場合の多重表面の流体移動領域の課題を説明する．

第8～10章では，FSI手法の適用における著者らと研究グループによる心臓血管生物学，パラシュート，風車ロータ開発のために発展させたFSI手法を紹介する．どのケースにおいても，モデリングとシミュレーションは3次元の物理システム上フルスケールで行っている．3種類すべてのFSI問題に関して，FSIの基盤技術はそれ以前の章ですでに述べたとおりである．しかし，FSI計算を成功させるには，これらの特別な種類の問題に特化したFSI技術を用いる必要がある．各問題に対する特殊技術を計算結果とともに紹介する．

謝　辞

われわれはThomas J.R. Hughes氏とかかわることができた栄誉に感謝している．彼はわれわれに教えと刺激を与えてくれた．われわれが今日のようにFSIの研究をしているのは，彼から学び刺激を受けたおかげである．

さらに，数値計算技術の開発，計算，データ提供の点で本書でとりあげた数値計算に貢献してくれた多くの共同研究者，同僚，学生に感謝している．数値計算技術の開発と計算についてはSunil Sathe氏およびMing-Chen Hsu氏，数値計算手法の開発についてはJames Liou氏，Sanjay Mittal氏，Vinay Kalro氏，大沢靖雄氏，Timothy Cragin氏，Dave Benson氏，Ido Akkerman氏およびJosef Kiendl氏に，計算についてはKeith Stein氏，Bryan Nanna氏，Jason Pausewang氏，Matthew Schwaab氏，Jason Christopher氏，Samuel Wright氏，Creighton Moorman氏，Bradley Henicke氏，Timothy Spielman氏，Tyler Brummer氏，Anthony Puntel氏およびDarren Montes氏に，データ提供については鳥井亮氏，Jessica Zhang氏およびAlison Marsden氏に，それぞれ感謝の意を表す．

パラシュートFSIについての章は，NASA（ジョンソン宇宙センター）のRicardo Machin氏とJay LeBeau氏から受けた激励とパラシュートのデータ，および導きの賜物であり，彼らに感謝の意を述べる．

# 訳者まえがき

　本書は，大学院生，および産業界の研究者や学術研究機関の職員を対象に書かれたものである．訳者の一人は原著の共著者であるため，日本語に訳すと内容が伝わりにくくなってしまう部分は，原著の意図を損なうことなく意訳するために，原著者間でも再度議論を行った．さらに，標準的な読者が本書の内容を理解するためにほかの文献を参照する必要がなくなるように，補助的な説明も付け加え，この程度についても翻訳者間で議論を行った．

　日本語訳が必要な読者はもちろん，日頃から英語の論文や本を読むことに慣れている読者も，本書によって流体-構造連成解析手法の最新の概念を手早く理解することができるはずである．本書で使用する専門用語は，そのほとんどが日本語に訳されているが，それらは本書独自の用語というわけではない．そのため，本書と英語の原著を比較することも有用である．すべての式，Remark，図表のナンバーは原著と揃えてあり，英語の専門用語や表現を調べるのも容易になっている．

　原著者の三人は世界各地で流体-構造連成解析のセミナーを開いている．これらのセミナーを開催することにより，彼らは世界各地における流体-構造連成解析に対する関心の高さや研究者のレベルを把握することができる．その観点から言うと，日本における流体-構造連成解析は初期段階である．原著者も含め，本書によって，日本における流体-構造連成解析への関心が高まり，発展していくことを期待している．

　本書は，原著の発行から3年経っているが，内容のほとんどは基礎的なものであり，いまも妥当である．第8章から第10章の応用部においては，原著が書かれた時点から発展があった．しかし，これらの事例は，各応用分野における重要点や課題を説明するのに適切である．

　最後に，本書の編集と校正を担当していただいた富井晃氏，藤原祐介氏，加えて，数学用語の標準表現を教えていただいた早稲田大学の野津裕史准教授に感謝の意を表す．

目　次

第1章　流体と構造の支配方程式　　1

1.1　流体の支配方程式　………………………………………………………　1
- 1.1.1　非圧縮性ナビエ–ストークス方程式の強形式　　1
- 1.1.2　典型的な微分方程式　　5
- 1.1.3　無次元式と無次元数　　6
- 1.1.4　具体的な境界条件　　7
- 1.1.5　ナビエ–ストークス方程式の弱形式　　11

1.2　構造力学の支配方程式　…………………………………………………　12
- 1.2.1　運動学　　12
- 1.2.2　仮想仕事の原理と構造力学の変分公式　　14
- 1.2.3　質量保存　　15
- 1.2.4　現配置の構造力学方程式　　16
- 1.2.5　参照配置の構造力学方程式　　18
- 1.2.6　実用問題における追加境界条件　　19
- 1.2.7　構成モデル　　20
- 1.2.8　構造力学方程式の線形化：接線剛性と線形弾性方程式　　23
- 1.2.9　薄肉構造：シェル，膜，ケーブルモデル　　26

1.3　移動領域における流体力学の支配方程式　……………………………　33
- 1.3.1　ALE 記述および space–time 記述の運動学　　33
- 1.3.2　流体力学の ALE 定式化　　35

第2章　静止領域問題の有限要素法の基礎　　38

2.1　定常問題の変分方程式の概念　…………………………………………　38
2.2　定常問題に対する FEM　…………………………………………………　39
2.3　有限要素基底関数の構築　………………………………………………　43
- 2.3.1　要素形状関数の構築　　44
- 2.3.2　ラグランジュ補間関数に基づく有限要素　　46
- 2.3.3　グローバル基底関数の構築　　51

          2.3.4 要素行列と要素ベクトルおよびそれらのグローバル方程式への組み込み　53
　2.4　有限要素の補間と数値積分 ………………………………………　55
          2.4.1 有限要素による補間　55
          2.4.2 数値積分　57
　2.5　有限要素法の定式化の例 …………………………………………　59
          2.5.1 移流拡散方程式のガラーキン定式化　60
          2.5.2 移流拡散方程式の安定化　61
          2.5.3 線形弾性力学のガラーキン法　64
　2.6　ナビエ-ストークス方程式の有限要素定式化 ……………………　67
          2.6.1 標準的な基本境界条件　67
          2.6.2 弱形化基本境界条件　73

第3章　アイソジオメトリック解析の基礎　　76
　3.1　1次元の B-spline ……………………………………………………　77
　3.2　NURBS 基底関数，曲線，サーフェス，ソリッド ……………………　79
　3.3　NURBS メッシュの h, p, および k 細分化 ………………………　81
　3.4　NURBS 解析の枠組み ………………………………………………　82

第4章　移動境界/界面のための ALE 法と space–time 法　　86
　4.1　界面追跡（移動メッシュ）手法と界面捕獲（静止メッシュ）手法 ……　86
　4.2　界面追跡/界面捕獲混合法 …………………………………………　87
　4.3　ALE 法 ………………………………………………………………　87
　4.4　space–time 法 ………………………………………………………　89
　4.5　移流拡散方程式 ……………………………………………………　92
          4.5.1 ALE 法　92
          4.5.2 space–time 法　94
　4.6　ナビエ-ストークス方程式 …………………………………………　95
          4.6.1 ALE 法　95
          4.6.2 ALE 方程式の一般化 α 時間積分　99
          4.6.3 space–time 法　103
　4.7　メッシュ移動の手法 ………………………………………………　111

第5章　ALE 法と space–time 法による FSI　　115

- 5.1　連続体の FSI 法 ……………………………………………………………… 115
- 5.2　ALE 法による FSI ……………………………………………………………… 118
  - 5.2.1　流体と構造の離散化を一致させた ALE FSI の空間離散化　118
  - 5.2.2　ALE FSI 方程式の一般化 α 時間積分　123
  - 5.2.3　予測子マルチ修正子アルゴリズムと ALE FSI 方程式の線形化　125
- 5.3　space–time 法による FSI …………………………………………………… 129
  - 5.3.1　コア部分の定式化　129
  - 5.3.2　不連続流体 - 構造界面のための界面射影法　132
- 5.4　高度なメッシュ更新手法 …………………………………………………… 135
  - 5.4.1　SEMMT　135
  - 5.4.2　MRRMUM　140
  - 5.4.3　圧力クリップ　140
- 5.5　FSI-GST ……………………………………………………………………… 141

第6章　高度な FSI 法と space–time 法　　142

- 6.1　完全に離散化された FSI 連成方程式の解法 ……………………………… 142
  - 6.1.1　ブロック反復連成法　143
  - 6.1.2　準直接連成　144
  - 6.1.3　直接連成　145
- 6.2　分離型方程式ソルバーと前処理 …………………………………………… 147
  - 6.2.1　SESNS 法　148
  - 6.2.2　SESLS 法　148
  - 6.2.3　SESFSI 法　149
- 6.3　新世代の space–time 法 ……………………………………………………… 153
  - 6.3.1　メッシュ表現　155
  - 6.3.2　運動方程式　155
  - 6.3.3　非圧縮性制約　155
- 6.4　時間の表現 …………………………………………………………………… 155
  - 6.4.1　時間進行問題　156
  - 6.4.2　時間 NURBS 基底関数の設計　158
  - 6.4.3　時間近似　159
  - 6.4.4　例：円弧の動き　160

目次

- 6.5 SSDM …… 162
- 6.6 space–time フレームワークでのメッシュ更新法 …… 163
  - 6.6.1 メッシュの計算とメッシュ表現　163
  - 6.6.2 リメッシュ法　163
- 6.7 時間 NURBS メッシュを用いた流体力学計算 …… 164
  - 6.7.1 既知境界上のスリップなし条件　164
  - 6.7.2 開始条件　165
- 6.8 SENCT-FC 法 …… 169
  - 6.8.1 接触判定とノードセット　169
  - 6.8.2 接触力と反力　171
  - 6.8.3 接触力の計算　172

第7章　FSI モデリングの一般的な適用と例　175

- 7.1 固定された剛体に取り付けられた弾性ばり周りの2次元流れ …… 175
- 7.2 コイルばねに取り付けられた翼周りの2次元流れ …… 178
- 7.3 風船の膨張 …… 181
- 7.4 吹流し内部と周囲の流れ …… 184
- 7.5 羽のはばたきの空力 …… 186
  - 7.5.1 サーフェスメッシュとボリュームメッシュ　186
  - 7.5.2 羽の動きの表現　188
  - 7.5.3 メッシュの動き　190
  - 7.5.4 流体の数値計算　191

第8章　心臓血管系の FSI　195

- 8.1 特別な技術 …… 198
  - 8.1.1 流入境界のマッピング技術　198
  - 8.1.2 前処理技術　199
  - 8.1.3 壁面せん断応力の算出　199
  - 8.1.4 OSI の計算　200
  - 8.1.5 勾配をもつ流入/流出面の境界条件　201
- 8.2 血管の形状，壁厚み変化，メッシュ生成，EZP 形状 …… 202
  - 8.2.1 医療画像からの動脈サーフェスの抽出　202
  - 8.2.2 メッシュ生成と EZP 動脈形状　203
  - 8.2.3 血管壁厚みの再構築　205

8.3 血管組織のプレストレス ……………………………………………… 207
    8.3.1 組織プレストレスの定式化　208
    8.3.2 線形弾性演算子　209
8.4 流体 - 構造特性と境界条件 ……………………………………………… 209
    8.4.1 流体 - 構造特性　209
    8.4.2 境界条件　210
8.5 シミュレーションシーケンス ……………………………………………… 214
8.6 SCAFSI 法 ……………………………………………………………… 215
8.7 マルチスケール SCAFSI 法 …………………………………………… 218
8.8 SSTFSI 法を用いた数値計算 …………………………………………… 220
    8.8.1 構造メッシュの性能評価　220
    8.8.2 マルチスケール SCAFSI 計算　222
    8.8.3 細分化メッシュを用いた WSS の計算　227
    8.8.4 新しいサーフェス抽出法，メッシュ生成法，境界条件法を用いた計算　232
    8.8.5 EZP 形状，壁厚み，境界層要素の厚みに関する新しい計算技術　237
8.9 ALE FSI 法を用いた計算 ……………………………………………… 240
    8.9.1 脳動脈瘤：組織のプレストレス　240
    8.9.2 上下大静脈肺動脈吻合　242
    8.9.3 左心補助循環装置　249

第9章　パラシュートのFSI　258

9.1 パラシュートの特殊 FSI-DGST 法 …………………………………… 260
9.2 幾何学的多孔性の均質化モデル (HMGP) …………………………… 261
    9.2.1 HMGP の原形　263
    9.2.2 HMGP-FG　264
    9.2.3 周期 n ゴアモデル　265
9.3 サスペンションラインの抵抗 …………………………………………… 268
9.4 FSI 計算の初期条件 ……………………………………………………… 271
9.5 "対称 FSI" 法 …………………………………………………………… 272
9.6 マルチスケール SCFSI M2C …………………………………………… 274
    9.6.1 リーフステージの構造解析　274
    9.6.2 布地にかかる応力の計算　276
9.7 単一のパラシュート計算 ………………………………………………… 278

9.7.1　様々な傘形状　279
9.7.2　サスペンションラインの長さ比率の影響　282
9.8　クラスターの計算 …………………………………………………… 287
9.8.1　初期条件　288
9.8.2　計算条件　289
9.8.3　結　果　291
9.9　動的解析法とモデルパラメータ抽出法 …………………………… 296
9.9.1　パラシュートの降下速度への影響　296
9.9.2　付加質量　304

第10章　風車の空気力学とFSI　307

10.1　5MW風車の空力シミュレーション ……………………………… 309
10.1.1　5MW風車の形状定義　309
10.1.2　NURBSベースのIGAを用いたALE-VMSシミュレーション　314
10.1.3　有限要素法を用いたDSD/SST法による計算　316
10.2　NREL Phase VI翼型：検証と弱形基本境界条件の役割 ………… 321
10.3　風車翼の構造力学 …………………………………………………… 327
10.3.1　bending strip法　327
10.3.2　構造方程式の時間積分　331
10.4　FSI連成と流体メッシュの更新 …………………………………… 333
10.5　5MW回転風車のFSIシミュレーション ………………………… 334
10.6　風車翼の予曲げ処理 ………………………………………………… 337
10.6.1　予曲げ処理のアルゴリズムと問題記述　338
10.6.2　NREL 5MW風車翼の予曲げ処理の結果　340

参考文献 …………………………………………………………………… 343
索　引 ……………………………………………………………………… 366

第1章 流体と構造の支配方程式

本章では，流体 – 構造連成 (FSI) 問題において流体と構造それぞれを支配する偏微分方程式を示す．流体力学と構造力学の方程式には，適切な境界条件と要素モデルが不可欠である．構造力学についてはおもに3次元ソリッド要素を用いて説明し，部分的にシェル要素や膜要素の説明も加える．流体 – 構造力学方程式に対して強形式および弱形式（変分形式）の両方を説明する．本章の最後には移動領域の計算に用いる流体の ALE (Arbitrary Lagrangian–Eulerian) 記述について説明する．

1.1 流体の支配方程式

FSI 問題の流体力学部分は，非圧縮性流体のナビエ – ストークス方程式によって支配される．以下で，このナビエ – ストークス方程式の強形式と弱形式，および境界条件の設定について説明する．

1.1.1 非圧縮性ナビエ – ストークス方程式の強形式

流体の空間領域を，時刻 $t \in (0,T)$ において Γ_t の境界をもつ $\Omega_t \in \mathbb{R}^{n_{\mathrm{sd}}}$, $n_{\mathrm{sd}} = 2, 3$ と仮定する（図 1.1 参照）．添え字 t は流体空間領域が時間依存することを表す．非

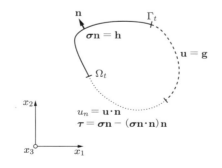

図 1.1　流体の空間領域と境界

圧縮性流体のナビエ–ストークス方程式[†]は，Ω_t と $\forall\, t \in (0, T)$ を用いて以下のように記述される．

$$\frac{\partial (\rho \mathbf{u})}{\partial t} + \boldsymbol{\nabla} \cdot (\rho \mathbf{u} \otimes \mathbf{u} - \boldsymbol{\sigma}) - \rho \mathbf{f} = \mathbf{0} \tag{1.1}$$

$$\boldsymbol{\nabla} \cdot \mathbf{u} = 0 \tag{1.2}$$

ここで，ρ, $\mathbf{u}$, $\mathbf{f}$ はそれぞれ密度，速度，(単位質量あたりの) 外力で，$\boldsymbol{\sigma}$ は次式で定義される応力テンソルである．

$$\boldsymbol{\sigma}(\mathbf{u}, p) = -p \mathbf{I} + 2\mu \boldsymbol{\varepsilon}(\mathbf{u}) \tag{1.3}$$

ここで，p は圧力，$\mathbf{I}$ は単位テンソル，μ は粘性係数，$\boldsymbol{\varepsilon}(\mathbf{u})$ は次式で表されるひずみ速度テンソルである．

$$\boldsymbol{\varepsilon}(\mathbf{u}) = \frac{1}{2} \left(\boldsymbol{\nabla} \mathbf{u} + \boldsymbol{\nabla} \mathbf{u}^T \right) \tag{1.4}$$

式 (1.1) と式 (1.2) はそれぞれ運動量と質量の局所平衡を表し，運動量平衡式はいわゆる保存系で記述されている．非圧縮性流体の局所質量平衡は，すべての時間と空間において速度の発散がゼロとなることを表しており，これもまた非圧縮性流体の拘束条件となる (式 (1.2) 参照)．

Remark 1.1 本書では，式 (1.1) と同様の表記形式を用いる．空間座標系 $\mathbf{x}$ に対する勾配を $\boldsymbol{\nabla}$, $\mathbf{x}$ を固定した時間微分を $\partial/\partial t$ と記す．また，$\mathbf{x}$ 以外の座標系を用いる際には，それに応じた添え字を微分演算子に添える．

非圧縮性流体の運動方程式は次のように書くことができる．

$$\rho \left(\frac{\partial \mathbf{u}}{\partial t} + \boldsymbol{\nabla} \cdot (\mathbf{u} \otimes \mathbf{u}) - \mathbf{f} \right) - \boldsymbol{\nabla} \cdot \boldsymbol{\sigma} = \mathbf{0} \tag{1.5}$$

密度一定の条件下では，式 (1.5) は保存形の運動方程式を表す．式 (1.1) に質量保存を加える，または式 (1.5) に $\boldsymbol{\nabla} \cdot \mathbf{u} = 0$ を加えることにより次式が得られる．

$$\rho \left(\frac{\partial \mathbf{u}}{\partial t} + \mathbf{u} \cdot \boldsymbol{\nabla} \mathbf{u} - \mathbf{f} \right) - \boldsymbol{\nabla} \cdot \boldsymbol{\sigma} = \mathbf{0} \tag{1.6}$$

$$\boldsymbol{\nabla} \cdot \mathbf{u} = 0 \tag{1.7}$$

[†] 英語では "Navier–Stokes equations of incompressible flows" の代わりに "incompressible Navier–Stokes equations" という書き方をされることもあるが，われわれは前者を使用する．なぜなら，非圧縮性であるのは式ではなく流れだからである．

ここでは，運動方程式はいわゆる対流形で書かれている．本節では対流形のナビエ-ストークス方程式を用いる．対流形のナビエ-ストークス方程式では，圧力テンソルの粘性部分に非圧縮性流体の拘束条件を入れることによって簡略化することができる．ここで，粘性が一定であると仮定すると，圧力テンソルは次式で表すことができ，

$$\nabla \cdot \boldsymbol{\sigma}(\mathbf{u}, p) = -\nabla p + \mu \Delta \mathbf{u} \tag{1.8}$$

これにより次式が導かれる．

$$\rho \left(\frac{\partial \mathbf{u}}{\partial t} + \mathbf{u} \cdot \nabla \mathbf{u} - \mathbf{f} \right) + \nabla p - \mu \Delta \mathbf{u} = \mathbf{0} \tag{1.9}$$

この運動方程式は計算力学の論文等でしばしば用いられるが，これはコーシー応力の非客観性に結びつくため，本書ではこれを使用しない．流体シミュレーションにおける客観性の重要性については，文献 [23] およびその参照文献を参照してほしい．

空間 $\mathbb{R}^{n_{sd}}$ 上に直交座標系を設置し，インデックス i と j に値 $1,\ldots,n_{sd}$ の値をもたせる．ここでは空間次元 $n_{sd} = 3$ として説明する．$\mathbf{u}$ の i 番目の成分を u_i，$\mathbf{x}$ の i 番目の成分を x_i と記す．微分にはカンマを用いる（例：$u_{i,j} = u_{i,x_j} = \partial u_i/\partial x_j$）．また総和規約を用い，インデックスの繰り返しは総和をとる意味を含む．たとえば，$\mathbb{R}^3$ では次のように表現する．

$$u_{i,jj} = u_{i,11} + u_{i,22} + u_{i,33} = \frac{\partial^2 u_i}{\partial x_1^2} + \frac{\partial^2 u_i}{\partial x_2^2} + \frac{\partial^2 u_i}{\partial x_3^2} \tag{1.10}$$

上記のインデックス表記を用いると，前述の非圧縮性流体のナビエ-ストークス方程式 (1.6)，(1.7) は以下のとおり書き表せる．

$$\rho(u_{i,t} + u_j u_{i,j} - f_i) - \sigma_{ij,j} = 0 \tag{1.11}$$

$$u_{i,i} = 0 \tag{1.12}$$

下式も同様である．

$$\sigma_{ij} = -p\delta_{ij} + 2\mu \varepsilon_{ij} \tag{1.13}$$

$$\varepsilon_{ij} = \frac{1}{2}(u_{i,j} + u_{j,i}) \tag{1.14}$$

ここで，δ_{ij} はクロネッカーのデルタで，$i = j$ のとき $\delta_{ij} = 1$，$i \neq j$ のとき $\delta_{ij} = 0$ である．

Remark 1.2 式 (1.11) におけるコーシー応力 σ_{ij} のインデックスの使い方に注意してほしい．本書では，一つ目のインデックス i は応力のはたらく方向を表す．二つ目のインデッ

クス j は x_j 軸に垂直な平面にはたらく応力を表す．これは本書の著者である Takizawa, Tezduyar が書いた論文で用いられている表記と逆であるが，局所モーメント平衡の結果としてコーシー応力は対称性があり，$\sigma_{ij} = \sigma_{ji}$ が成り立つ．そのため，結局のところコーシー応力のインデックスは，支配方程式に何ら影響を与えることなく交換することができる．

Remark 1.3 本書におけるベクトルとテンソルの勾配・発散の演算子表記にも注意してほしい．ベクトル場の勾配は次のように表記する．

$$\nabla \mathbf{a} \equiv \partial \mathbf{a}/\partial \mathbf{x} = \frac{\partial a_i}{\partial x_j} \mathbf{e}_i \otimes \mathbf{e}_j \tag{1.15}$$

$\partial a_i/\partial x_j$ は $\mathbf{a}$ の直交座標成分である．一つ目のインデックスはベクトル成分に対応し，二つ目のインデックスは空間微分に対応する．テンソルの発散は次式のように表記する．

$$\nabla \cdot \mathbf{A} = \frac{\partial A_{ij}}{\partial x_j} \mathbf{e}_i \tag{1.16}$$

二つ目のインデックスで縮約が起こる．$\mathbf{A} = \mathbf{a} \otimes \mathbf{b}$ の特殊な場合では，下記となる．

$$\nabla \cdot (\mathbf{a} \otimes \mathbf{b}) = \frac{\partial (a_i b_j)}{\partial x_j} \mathbf{e}_i \tag{1.17}$$

ただし，移流項は次式のとおり記述する．

$$\mathbf{b} \cdot \nabla \mathbf{a} = b_j \frac{\partial a_i}{\partial x_j} \mathbf{e}_i \tag{1.18}$$

流体力学問題の説明を完全にするため，境界条件についても説明する．一般に，与えられた空間境界には速度もしくはトラクション（表面力：単位面積あたりにはたらく）の境界条件が設定される．運動の境界条件は基本境界条件もしくはディリクレ (Dirichlet) 境界条件とよばれる．それに対し，トラクションの境界条件は自然境界条件またはノイマン (Neumann) 境界条件とよばれる．未知変数である速度がベクトルであるため，境界条件もベクトル形式にしなければいけない．式 (1.11) の基本境界条件と自然境界条件は，以下のように定式化される．

$$u_i = g_i \quad ((\Gamma_t)_{\mathrm{g}i} \text{ 上で}) \tag{1.19}$$

$$\sigma_{ij} n_j = h_i \quad ((\Gamma_t)_{\mathrm{h}i} \text{ 上で}) \tag{1.20}$$

すべての速度成分 i において，$(\Gamma_t)_{\mathrm{g}i}$，$(\Gamma_t)_{\mathrm{h}i}$ は領域境界 Γ_t の一部，n_i は外向きの単位ベクトル $\mathbf{n}$，g_i と h_i は与えられた関数である．

Remark 1.4 式 (1.19) と (1.20) は直交座標系の境界に速度やトラクションのベクトル成分を付与する際に適した方法で，多くの場合に用いることができる．しかし，より汎用性の高い境界条件を定義することも可能で，それについては本書で後ほど説明する．

流体の速度ベクトルが流体境界上のすべての境界にわたって付与されている場合には，圧力は任意の定数（p が式 (1.6) と式 (1.7) を満たすとき，圧力は $p+C$ となり，C は領域 Ω_t にわたって任意の定数である）となる．

$$\int_{\Gamma_t} \mathbf{g} \cdot \mathbf{n} \, \mathrm{d}\Gamma = \int_{\Gamma_t} g_i n_i \, \mathrm{d}\Gamma = 0 \tag{1.21}$$

これは非圧縮性流体の制約で，式 (1.21) により，しばしば閉じた流体領域をもつ FSI の連成が困難になる．

1.1.2 典型的な微分方程式

非圧縮性流体のナビエ – ストークス方程式は幅広い粘性領域に対応している．物理現象の理解やモデル構築のために，簡易化した式が考案（時には実装も）されている．特殊なケースにおけるナビエ – ストークス方程式の簡易式のうち重要な二つのモデルが，ストークス方程式とオイラー方程式である．

ストークス方程式：ストークス方程式は式 (1.6) の移流項を無視することで得られ，次式となる．

$$\rho\left(\frac{\partial \mathbf{u}}{\partial t} - \mathbf{f}\right) - \boldsymbol{\nabla} \cdot \boldsymbol{\sigma} = \mathbf{0} \tag{1.22}$$

$$\boldsymbol{\nabla} \cdot \mathbf{u} = 0 \tag{1.23}$$

このモデルはきわめて遅い流れ（例：クリープ流れ）を説明するのに用いられる．ナビエ – ストークス方程式が非線形であるのに対し，ストークス方程式は速度と圧力に関して線形である．

オイラー方程式：もう一つは非粘性流れに対応したモデルで，次に示す非圧縮性流体のオイラー方程式である．

$$\rho\left(\frac{\partial \mathbf{u}}{\partial t} + \mathbf{u} \cdot \boldsymbol{\nabla} \mathbf{u} - \mathbf{f}\right) - \boldsymbol{\nabla} p = \mathbf{0} \tag{1.24}$$

$$\boldsymbol{\nabla} \cdot \mathbf{u} = 0 \tag{1.25}$$

オイラー方程式は，対流項として 2 次の非線形項を残している．

移流拡散方程式：線形の移流拡散方程式は，非圧縮性の制約を解除し（圧力，すなわち非圧縮性拘束を強めるラグランジュ乗数を無視し），移流速度 $\mathbf{u}$ を固定することで得られる次式である．

$$\rho\left(\frac{\partial \phi}{\partial t} + \mathbf{u} \cdot \boldsymbol{\nabla} \phi - \mathbf{f}\right) - \mu \Delta \phi = \mathbf{0} \tag{1.26}$$

$\mathbf{u}$ はベクトル ϕ に置き換えてある．式 (1.26) を密度で割り，ベクトル ϕ を成分に分解すると，古典的な時間依存の移流拡散方程式が得られる．

$$\frac{\partial \phi}{\partial t} + \mathbf{u} \cdot \boldsymbol{\nabla} \phi - \nu \Delta \phi - f = 0 \tag{1.27}$$

$\nu = \mu/\rho$ は動粘性係数である．一般に移流拡散方程式（式 (1.27)）は，ϕ で記述される濃度を用いた，分子拡散を考慮に入れた種の輸送モデルである．このとき，ν はモル拡散率 κ に置き換わる．式 (1.27) は，しばしば流体力学の計算法を発展させる際の出発点に用いられる．

1.1.3 無次元式と無次元数

流体力学の方程式を無次元化するため，流れの代表速度を U，代表長さを L とし，下記を定義する．

$$\mathbf{u} = \mathbf{u}^* U \tag{1.28}$$

$$\boldsymbol{\nabla} = \boldsymbol{\nabla}^* \frac{1}{L} \tag{1.29}$$

ここで，$\mathbf{u}^*$ は無次元化された流速，$\boldsymbol{\nabla}^*$ は無次元化された勾配演算子である．式 (1.29) より，

$$\Delta = \boldsymbol{\nabla} \cdot \boldsymbol{\nabla} = \frac{1}{L^2}(\boldsymbol{\nabla}^*) \cdot (\boldsymbol{\nabla}^*) = \frac{1}{L^2} \Delta^* \tag{1.30}$$

となる．Δ^* はラプラスの演算子である．移流拡散方程式（式 (1.27)）を安定した形にするため，外力をゼロと仮定し，式 (1.28)～(1.30) の定義を入れると次式が得られる．

$$\frac{U}{L}(\mathbf{u}^* \cdot \boldsymbol{\nabla}^*)\phi - \frac{\nu}{L^2}(\Delta^*)\phi = 0 \tag{1.31}$$

上式を整理すると次式となる．

$$(\mathbf{u}^* \cdot \boldsymbol{\nabla}^*)\phi - \frac{1}{\mathrm{Pe}}(\Delta^*)\phi = 0 \tag{1.32}$$

ここで，

$$\mathrm{Pe} = \frac{UL}{\nu} \tag{1.33}$$

はペクレ数 Pe で，移流と拡散の相対的な重要性を表す．Pe が大きいと移流が支配的

となり，小さいと拡散が支配的となる．$\text{Pe} = \infty$ は完全な移流となることを意味する．完全な移流流れでは，ϕ は Γ_t^- の流入境界部分のみに設定され，次式で定義される．

$$\Gamma_t^- = \{\mathbf{x} \mid \mathbf{u} \cdot \mathbf{n} \leq 0, \forall \mathbf{x} \subset \Gamma_t\} \tag{1.34}$$

移流が支配的な場合には，領域内部と境界層における ϕ の移流拡散方程式の数値的近似が困難である．拡散が支配的な場合には，計算中に薄い境界層が発生しないため，数値近似の際の課題はほとんどない．以上の説明を図 1.2 に示す．

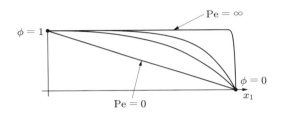

図 1.2 Pe 数が 0 から ∞ における移流拡散方程式の解の挙動を表した図．図中では 1 次元を仮定し，移流速度は左から右まで一定で，ϕ は左端で 1，右端で 0 とする．$\text{Pe} = 0$ のとき，解析解はこの 2 点の境界値を結ぶ直線となる．Pe 数が大きくなると，解は右側で薄い境界層を形成する．この境界層により移流拡散方程式の数値近似は困難になる．

同様の解析をナビエ - ストークス方程式に対して施すと，ペクレ数の類似物であるレイノルズ数 Re を得ることができる．

$$\text{Re} = \frac{UL}{\nu} = \frac{\rho UL}{\mu} \tag{1.35}$$

$\text{Re} \to 0$ の極限をとるとストークス流れとなり，Re が大きくなるとナビエ - ストークス方程式は乱流解となる．乱流は速度場と圧力場において時間と空間の連続体とみなすことができ，乱流場においてナビエ - ストークス方程式の解を正確に計算することは，きわめて困難である．

1.1.4 具体的な境界条件

本項では，流体シミュレーションで頻繁に使用される境界条件を詳しく説明する．

固体表面：固体表面では，速度ベクトルを法線成分と接線成分に分解すると都合がよい．3 次元空間に，単位法線ベクトル $\mathbf{n}$ と直交する二つの単位接線ベクトル $\mathbf{t}_1$ と $\mathbf{t}_2$（図 1.3 参照）を定義する．これらを用いると，速度ベクトル成分は下記となる．

$$u_n = \mathbf{u} \cdot \mathbf{n} \tag{1.36}$$

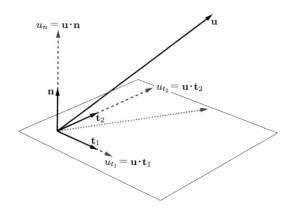

図 1.3 法線ベクトル $\mathbf{n}$ と直交する二つのベクトル $\mathbf{t}_1$, $\mathbf{t}_2$

$$u_{t_1} = \mathbf{u} \cdot \mathbf{t}_1 \tag{1.37}$$

$$u_{t_2} = \mathbf{u} \cdot \mathbf{t}_2 \tag{1.38}$$

流体が粘性・非粘性どちらの場合も，非浸透の境界条件は次式となる．

$$u_n = g_n \tag{1.39}$$

ここで，g_n は固体表面の法線速度である．粘性流体の場合には，残りの速度成分は下記で表すことができる．

$$u_{t_1} = g_{t_1} \tag{1.40}$$

$$u_{t_2} = g_{t_2} \tag{1.41}$$

ここで，g_t は固体表面の接線速度成分である．これはいわゆるスリップなし境界条件である．ただし，乱流境界層の場合や表面が"粗い"場合には，接線方向のトラクション境界条件がスリップなし境界条件にとって代わり，いわゆる壁関数となる（例：文献 [24] 参照）．

自由表面：もう一つの境界条件は自由に変形する流体表面，自由表面である（例：文献 [1, 25–32] 参照）．このとき，次のトラクション境界条件が成立する．

$$\boldsymbol{\sigma}\mathbf{n} = -p_{\text{atm}}\mathbf{n} \tag{1.42}$$

ここで，p_{atm} は大気圧である．圧力は $p_{\text{atm}} = 0$ で基準化することができ，その場合にも同様のトラクション境界条件を施す．

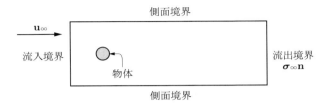

図 1.4 外部(流入,流出,側面)境界

外部境界：この境界条件は計算流体工学においてもっともよく遭遇する．自由流れ中に置かれた物体周りの流れを考える．物体を取り囲む外部領域をもつ領域を作成する．通常，外部境界には，流入，流出，側面境界が含まれる（**図 1.4** 参照）．物体の表面にはスリップなし条件を適用する．自由流れ境界を模擬するため，外部境界は物体から十分に離れた位置に設置する．自由流れ条件は，

$$\mathbf{u} = \mathbf{u}_\infty \tag{1.43}$$

または，

$$\boldsymbol{\sigma}\mathbf{n} = \boldsymbol{\sigma}_\infty \mathbf{n} \tag{1.44}$$

となり，添え字 ∞ は物体から遠く離れた位置の値であることを表す．インデックス表記を用いると，自由流れ境界条件は次のように表現される．

$$u_i = (u_i)_\infty \quad ((\Gamma_t)_{\mathrm{g}i} \text{上で}) \tag{1.45}$$

$$\sigma_{ij} n_j = (\sigma_{ij})_\infty n_j \quad ((\Gamma_t)_{\mathrm{h}i} \text{上で}) \tag{1.46}$$

たいていの場合，

$$\mathbf{u}_\infty = \begin{Bmatrix} U \\ 0 \\ 0 \end{Bmatrix} \tag{1.47}$$

と設定し，次式が導かれ，

$$\boldsymbol{\sigma}_\infty = -p_\infty \mathbf{I} \tag{1.48}$$

それゆえ，

$$\boldsymbol{\sigma}_\infty \mathbf{n} = -p_\infty \mathbf{n} \tag{1.49}$$

となる．圧力は $p_\infty = 0$ とすることが多い．このとき，外部境界の境界条件を以下の

ように設定することが推奨される．

- 流入境界全域にわたる速度ベクトル：

$$\begin{Bmatrix} u_1 \\ u_2 \\ u_3 \end{Bmatrix} = \begin{Bmatrix} U \\ 0 \\ 0 \end{Bmatrix} \tag{1.50}$$

- 流出境界における自由流れトラクション境界条件：

$$\boldsymbol{\sigma}\mathbf{n} = \mathbf{0} \tag{1.51}$$

法線ベクトルを $\mathbf{n} = (1,0,0)^T$ と仮定すると，次の成分表記が得られる．

$$\begin{Bmatrix} \sigma_{11} \\ \sigma_{21} \\ \sigma_{31} \end{Bmatrix} = \begin{Bmatrix} 0 \\ 0 \\ 0 \end{Bmatrix} \tag{1.52}$$

式 (1.51) で与えられる流出境界条件は，トラクションフリーまたは "do-nothing" 境界とよばれる（例：文献 [33] 参照）．後者の呼び名は，FEM においては特別な数値処理を施さなくてもゼロストレス境界条件が自然に満たされることからきている．

- 側面境界におけるゼロ法線速度とゼロ接線トラクション境界条件は以下である．

$$\mathbf{u}\cdot\mathbf{n} = 0 \tag{1.53}$$

$$\mathbf{t}_1 \cdot \boldsymbol{\sigma}\mathbf{n} = 0 \tag{1.54}$$

$$\mathbf{t}_2 \cdot \boldsymbol{\sigma}\mathbf{n} = 0 \tag{1.55}$$

上面と底面の境界では，法線ベクトルは $\mathbf{n} = (0,\pm 1,0)^T$，接線ベクトルは $\mathbf{t}_1 = (1,0,0)^T$，$\mathbf{t}_2 = (0,0,1)^T$ となり，下記条件が得られる．

$$\begin{Bmatrix} \sigma_{12} \\ u_2 \\ \sigma_{32} \end{Bmatrix} = \begin{Bmatrix} 0 \\ 0 \\ 0 \end{Bmatrix} \tag{1.56}$$

幅方向の側面境界では，法線ベクトルは $\mathbf{n} = (0,0,\pm 1)^T$，接線ベクトルは $\mathbf{t}_1 = (1,0,0)^T$，$\mathbf{t}_2 = (0,1,0)^T$ となり，下記条件が得られる．

$$\begin{Bmatrix} \sigma_{13} \\ \sigma_{23} \\ u_3 \end{Bmatrix} = \begin{Bmatrix} 0 \\ 0 \\ 0 \end{Bmatrix} \tag{1.57}$$

後の FSI 適用の章では，より具体的な境界条件を考慮する．

1.1.5 ナビエ-ストークス方程式の弱形式

速度と圧力の無限次元の試行関数を $\mathcal{S}_u$ と $\mathcal{S}_p$ とする．関数 $\mathcal{S}_u$，$\mathcal{S}_p$ を次のとおり定義する．

$$\mathcal{S}_u = \left\{ \mathbf{u} \mid \mathbf{u}(\cdot, t) \in (H^1(\Omega_t))^{n_{\mathrm{sd}}}, u_i = g_i \quad ((\Gamma_t)_{g_i} \text{ 上で}) \right\} \tag{1.58}$$

$$\mathcal{S}_p = \left\{ p \mid \text{もし } \Gamma_t = (\Gamma_t)_{\mathrm{g}} \text{ なら} \quad p(\cdot) \in L^2(\Omega_t), \int_{\Omega_t} p \, \mathrm{d}\Omega = 0 \right\} \tag{1.59}$$

ここで，$L^2(\Omega_t)$ は Ω_t 上で関数とその導関数が自乗可積分なスカラー関数を示し，$(H^1(\Omega_t))^{n_{\mathrm{sd}}}$ は Ω_t 上で自乗可積分なベクトル関数を示す．$\mathcal{S}_u$ の関数は流体問題の基本境界条件を満たす．基本境界条件が境界 Γ_t 全体で設定されているとき，Ω_t の圧力場の平均値は 0 である必要があり，それが $\mathcal{S}_p$ の定義に組み込まれる．

$\mathcal{S}_u$，$\mathcal{S}_p$ と合わせて，運動方程式と連続の式を表す試験関数（本書では"重み関数"ともよぶ）を定義し，それぞれ $\mathcal{V}_u$，$\mathcal{V}_p$ とする．

$$\mathcal{V}_u = \left\{ \mathbf{w} \mid \mathbf{w}(\cdot) \in (H^1(\Omega_t))^{n_{\mathrm{sd}}}, w_i = 0 \quad ((\Gamma_t)_{g_i} \text{ 上で}) \right\} \tag{1.60}$$

$$\mathcal{V}_p = \mathcal{S}_p \tag{1.61}$$

関数 $\mathcal{S}_u$ と $\mathcal{V}_u$ の違いは，運動方程式の試験関数は流体速度が与えられている境界上では 0 である，という境界条件の定義だけである．圧力の試行関数と連続の式の試験関数は，完全に一致する．

流体力学方程式の弱形式を導くため，以下の標準的な手順を追う．式 (1.6) と式 (1.7) に運動方程式と連続の式の試験関数をそれぞれ掛け合わせ，Ω_t に沿って積分し足し合わせることで，次式を得る．

$$\int_{\Omega_t} \mathbf{w} \cdot \rho \left(\frac{\partial \mathbf{u}}{\partial t} + \mathbf{u} \cdot \boldsymbol{\nabla} \mathbf{u} - \mathbf{f} \right) \mathrm{d}\Omega - \int_{\Omega_t} \mathbf{w} \cdot (\boldsymbol{\nabla} \cdot \boldsymbol{\sigma}(\mathbf{u}, p)) \, \mathrm{d}\Omega + \int_{\Omega_t} q \boldsymbol{\nabla} \cdot \mathbf{u} \, \mathrm{d}\Omega = 0 \tag{1.62}$$

式 (1.62) のコーシー応力の項を部分積分し，$\mathbf{w}$ で基本境界条件の同次式を満たすことを用いると，次式が得られる．

$$-\int_{\Omega_t} \mathbf{w} \cdot (\boldsymbol{\nabla} \cdot \boldsymbol{\sigma}(\mathbf{u}, p)) \, \mathrm{d}\Omega = \int_{\Omega_t} \boldsymbol{\varepsilon}(\mathbf{w}) : \boldsymbol{\sigma}(\mathbf{u}, p) \, \mathrm{d}\Omega - \int_{(\Gamma_t)_{\mathrm{h}}} \mathbf{w} \cdot \boldsymbol{\sigma}(\mathbf{u}, p) \mathbf{n} \, \mathrm{d}\Gamma \tag{1.63}$$

ここで，$(\Gamma_t)_{\mathrm{h}}$ は流体領域の自然境界を表す．式 (1.63) の右辺最終項のトラクション

ベクトル $\boldsymbol{\sigma}(\mathbf{u},p)\mathbf{n}$ を，$(\Gamma_t)_\mathrm{h}$ 上で与えられている値 $\mathbf{h}$ に置き換えると次式となる．

$$-\int_{\Omega_t} \mathbf{w}\cdot(\boldsymbol{\nabla}\cdot\boldsymbol{\sigma}(\mathbf{u},p))\,\mathrm{d}\Omega = \int_{\Omega_t} \boldsymbol{\varepsilon}(\mathbf{w}):\boldsymbol{\sigma}(\mathbf{u},p)\,\mathrm{d}\Omega - \int_{(\Gamma_t)_\mathrm{h}} \mathbf{w}\cdot\mathbf{h}\,\mathrm{d}\Gamma \quad (1.64)$$

式 (1.62) と式 (1.64) を組み合わせると，ナビエ－ストークス方程式の弱形式が得られる．

任意の $\mathbf{w}\in\mathcal{V}_u$ および $q\in\mathcal{V}_p$ を満足する $\mathbf{u}\in\mathcal{S}_u$ と $p\in\mathcal{S}_p$ を求めよ：

$$\int_{\Omega_t} \mathbf{w}\cdot\rho\left(\frac{\partial\mathbf{u}}{\partial t}+\mathbf{u}\cdot\boldsymbol{\nabla}\mathbf{u}-\mathbf{f}\right)\mathrm{d}\Omega + \int_{\Omega_t}\boldsymbol{\varepsilon}(\mathbf{w}):\boldsymbol{\sigma}(\mathbf{u},p)\,\mathrm{d}\Omega$$
$$-\int_{(\Gamma_t)_\mathrm{h}}\mathbf{w}\cdot\mathbf{h}\,\mathrm{d}\Gamma + \int_{\Omega_t} q\boldsymbol{\nabla}\cdot\mathbf{u}\,\mathrm{d}\Omega = 0 \quad (1.65)$$

式 (1.65) で得た弱形式は，流体力学問題の有限要素式の出発点である．FEM の詳細は後の章で説明する．流体力学方程式の弱形式において，速度境界条件は対応する関数に直接（強く）組み込まれ，トラクション境界条件は式 (1.63) と式 (1.64) で示した部分積分の結果として間接的に（弱く）組み込まれていることに注意してほしい．

1.2 構造力学の支配方程式

本節では，構造力学の支配方程式を示す．支配方程式は3次元の連続体モデルから導出する．本節ではシェル，膜，ケーブルの構造モデルについても述べる．

1.2.1 運動学

$\Omega_0 \in \mathbb{R}^{n_\mathrm{sd}}$ を基準配置の物体領域とし，Γ_0 をその境界とする．また，$\Omega_t \in \mathbb{R}^{n_\mathrm{sd}}$, $t\in(0,T)$ を物体の現配置，Γ_t をその境界とする．この後の説明のため，基準配置を初期配置すなわち $t=0$ における物体の配置とする．$\mathbf{X}$ を初期配置（基準配置）の座標とし，$\mathbf{y}$ を初期配置からの変位とする．$\mathbf{y}=\mathbf{y}(\mathbf{X},t)$ を Ω_0 上の時間依存するベクトル場と考え，次の写像を定義する．

$$\mathbf{x}(\mathbf{X},t) = \mathbf{X}+\mathbf{y}(\mathbf{X},t) \quad (1.66)$$

これにより，基準配置の物質上の点を対応する現配置に写像する．また，現配置の座標を $\mathbf{x}$ で表す．この表記は座標を表す $\mathbf{x}$ と同じで紛らわしい表現ではあるが，連続体力学の世界では標準的であるため，ここでもそれに習う．以上を図示したものが図 1.5 である．

物体の速度 $\mathbf{u}$ と加速度 $\mathbf{a}$ は，物質の座標 $\mathbf{X}$ を固定したまま変位 $\mathbf{y}$ を微分するこ

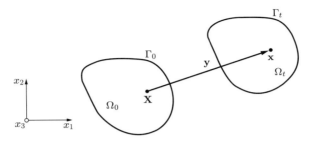

図 1.5 基準配置と現配置

とで得られる．すなわち，

$$\mathbf{u} = \frac{\mathrm{d}\mathbf{y}}{\mathrm{d}t} \tag{1.67}$$

および，

$$\mathbf{a} = \frac{\mathrm{d}^2\mathbf{y}}{\mathrm{d}t^2} \tag{1.68}$$

となる．

Remark 1.5 本書では，$\mathrm{d}/\mathrm{d}t$ は時間の全導関数または物質の座標 $\mathbf{X}$ を固定した時間の導関数を表す．

変形勾配テンソル $\mathbf{F}$ は次式で与えられ，

$$\mathbf{F} = \frac{\partial \mathbf{x}}{\partial \mathbf{X}} = \mathbf{I} + \frac{\partial \mathbf{y}}{\partial \mathbf{X}} \tag{1.69}$$

これを用いて，コーシー‐グリーンの変形テンソル $\mathbf{C}$

$$\mathbf{C} = \mathbf{F}^T \mathbf{F} \tag{1.70}$$

およびグリーン‐ラグランジュのひずみテンソル $\mathbf{E}$

$$\mathbf{E} = \frac{1}{2}(\mathbf{C} - \mathbf{I}) \tag{1.71}$$

を定義する．変形勾配テンソルの行列式 J は以下で与えられる．

$$J = \det \mathbf{F} \tag{1.72}$$

次に，構造力学のインデックス表記を紹介する．基準配置と現配置を区別するため，一般的に，基準配置の値の参照には添え字に大文字のインデックス（例：I, J, K)，現配置の参照には小文字のインデックスを用いる（例：i, j, k)．使用するインデックス

のタイプは異なるが,基準配置と現配置のベクトル成分およびテンソル成分はどちらも固定直交座標系で表現する.大文字と小文字のインデックスに別々に総和規約を摘要し,すべてのインデックスに $1,\ldots,n_{\mathrm{sd}}$ を当てはめる.

変形勾配テンソルの直交座標成分は次のようになる.

$$F_{iI} = \frac{\partial x_i}{\partial X_I} = \delta_{iI} + \frac{\partial y_i}{\partial X_I} \tag{1.73}$$

これは変形勾配テンソルの一方の添え字が基準配置にあり,もう一方が現配置にあることを意味している.コーシー–グリーンの変形テンソルおよびグリーン–ラグランジュのひずみテンソルの成分はそれぞれ以下で与えられる.

$$C_{IJ} = F_{iI} F_{iJ} \tag{1.74}$$

$$E_{IJ} = \frac{1}{2}(C_{IJ} - \delta_{IJ}) \tag{1.75}$$

テンソル $\mathbf{C}$ と $\mathbf{E}$ はそれぞれ完全に基準配置(未変形状態)の配置で定義されている.

1.2.2 仮想仕事の原理と構造力学の変分公式

構造力学式の出発点は,次に示す仮想仕事の原理(例:文献 [34] 参照)である.

$$\delta W = \delta W_{\mathrm{int}} + \delta W_{\mathrm{ext}} = 0 \tag{1.76}$$

ここで,$W, W_{\mathrm{int}}, W_{\mathrm{ext}}$ はそれぞれ,すべての仕事,内部仕事,外部仕事であり,δ は仮想変位 $\mathbf{w}$ に関する変分を示す.構造変位 $\mathbf{y}$ が与えられると,δW は W の方向導関数により次のように計算される.

$$\delta W = \left. \frac{\mathrm{d}}{\mathrm{d}\epsilon} W(\mathbf{y} + \epsilon \mathbf{w}) \right|_{\epsilon=0} \tag{1.77}$$

δW_{ext} は内力と体積力とトラクションによってはたらく仮想仕事を含み,次式で表される.

$$\delta W_{\mathrm{ext}} = \int_{\Omega_t} \mathbf{w} \cdot \rho(\mathbf{f} - \mathbf{a}) \, \mathrm{d}\Omega + \int_{(\Gamma_t)_{\mathrm{h}}} \mathbf{w} \cdot \mathbf{h} \, \mathrm{d}\Gamma \tag{1.78}$$

ここで,ρ は現配置の物体の質量密度,$\mathbf{f}$ は単位質量あたりの体積力,$\mathbf{h}$ は全体境界 Γ_t の部分集合 $(\Gamma_t)_{\mathrm{h}}$ にかかる外部トラクションベクトルである.

内力によってされる仮想仕事 δW_{int} は次式で計算される.

$$\delta W_{\mathrm{int}} = -\int_{\Omega_0} \delta \mathbf{E} : \mathbf{S} \, \mathrm{d}\Omega \tag{1.79}$$

このとき，$\mathbf{S}$ は第 2 ピオラ - キルヒホッフ応力テンソルであり，$\mathbf{E}$ に対称で仕事共役である．$\mathbf{S}$ は実験で計測することはできないが，構造物の物質のモデル化において大きな役割を担う．

式 (1.79) において $\delta \mathbf{E}$ はグリーン - ラグランジュひずみテンソルの変分で，仮想変位ともよばれる．式 (1.76)〜(1.79) をまとめて $\mathbf{w}$ を任意とすると，構造力学問題の変分公式となる．

任意の $\mathbf{w} \in \mathcal{V}_y$ を満足する構造変位 $\mathbf{y} \in \mathcal{S}_y$ を求めよ：

$$\int_{\Omega_t} \mathbf{w} \cdot \rho \mathbf{a} \, d\Omega + \int_{\Omega_0} \delta \mathbf{E} : \mathbf{S} \, d\Omega - \int_{\Omega_t} \mathbf{w} \cdot \rho \mathbf{f} \, d\Omega - \int_{(\Gamma_t)_h} \mathbf{w} \cdot \mathbf{h} \, d\Gamma = 0 \quad (1.80)$$

ここで，$\mathcal{S}_y$ と $\mathcal{V}_y$ は構造力学問題の試行関数と試験関数で，それぞれ次式で表される．

$$\mathcal{S}_y = \{ \mathbf{y} \mid \mathbf{y}(\cdot, t) \in (H^1(\Omega_t))^{n_{\mathrm{sd}}}, y_i = g_i \quad ((\Gamma_t)_{gi} \text{ 上で}) \} \quad (1.81)$$

$$\mathcal{V}_y = \{ \mathbf{w} \mid \mathbf{w}(\cdot) \in (H^1(\Omega_t))^{n_{\mathrm{sd}}}, w_i = 0 \quad ((\Gamma_t)_{gi} \text{ 上で}) \} \quad (1.82)$$

このとき，それぞれの成分 i において，$(\Gamma_t)_{gi}$，$(\Gamma_t)_{hi}$ はそれぞれ領域境界 Γ_t の部分集合であり，g_i は与えられた関数である．基本境界条件は構造力学問題の関数一式に組み込まれている．変分公式は式 (1.80) で与えられ，構造力学の有限要素式の出発点となる．

1.2.3 質量保存

式 (1.80) において，現配置上の構造物の密度 ρ は未知である．構造が変位する際の密度依存性を求めるため，まずはじめに構造物の質量 m を次のように定義する．

$$m = \int_{\Omega_t} \rho \, d\Omega_t \quad (1.83)$$

すべての時刻において構造物の質量が保存するという仮定は，次式で表現できる．

$$\frac{dm}{dt} = 0 \quad (1.84)$$

式 (1.83) を式 (1.84) に代入し，変数を基準配置に変えて時間差分を積分記号の中に入れると次式が得られる．

$$\frac{dm}{dt} = \frac{d}{dt} \int_{\Omega_t} \rho \, d\Omega_t = \int_{\Omega_0} \frac{d\rho J}{dt} \, d\Omega_0 = 0 \quad (1.85)$$

Ω_0 が任意なので，結果を構造物内の任意の点で局所化することができる．

$$\frac{d\rho J}{dt} = 0 \quad (1.86)$$

これは，積 ρJ が物質上の点のみの関数，つまり $\rho J = \rho J(\mathbf{X})$ であることを意味している．$t=0$ において構造物は変形していないので，$J=1$ である．未変形形状における質量密度を $\rho_0 = \rho_0(\mathbf{X})$ と定義すると，任意の点における質量保存の記述は以下となる．

$$\rho_0 = \rho J \tag{1.87}$$

ρ_0 は既知で，構造物の変位場は与えられているため，現在の形状の各点における密度は式 (1.87) を用いた簡単な代数で表現される．式 (1.87) の関係は，質量保存のラグランジュ記述として知られている．

1.2.4 現配置の構造力学方程式

式 (1.80) で与えられる変分方程式では，応力項は基準配置，残りの項は現配置にて表記されている．純粋な現配置表記の方程式とするため，以下の処理を行う．まずはじめに，仮想変位 $\mathbf{w}$ と仮想ひずみ $\delta\mathbf{E}$ の関係を明確にする．式 (1.71) の $\mathbf{E}$ の定義から始めて式 (1.77) 同様に変分をとると，次式となる．

$$\delta\mathbf{E} = \frac{1}{2}\left(\mathbf{F}^T\boldsymbol{\nabla}_X\mathbf{w} + \boldsymbol{\nabla}_X\mathbf{w}^T\mathbf{F}\right) \tag{1.88}$$

このとき $\boldsymbol{\nabla}_X$ は，参照配置の空間座標に沿って勾配をとることを表す．$\mathbf{S}$ の対称性により，スカラー積 $\delta\mathbf{E}:\mathbf{S}$ は次のとおり簡略化できる．

$$\delta\mathbf{E}:\mathbf{S} = \boldsymbol{\nabla}_X\mathbf{w}:\mathbf{P} \tag{1.89}$$

このとき，

$$\mathbf{P} = \mathbf{F}\mathbf{S} \tag{1.90}$$

は第 1 ピオラ - キルヒホッフ応力テンソルであり，非対称である．これらの定義より，構造力学問題の変分方程式は以下となる．

任意の $\mathbf{w} \in \mathcal{V}_y$ を満足する $\mathbf{y} \in \mathcal{S}_y$ を求めよ：

$$\int_{\Omega_t}\mathbf{w}\cdot\rho\mathbf{a}\,\mathrm{d}\Omega + \int_{\Omega_0}\boldsymbol{\nabla}_X\mathbf{w}:\mathbf{P}\,\mathrm{d}\Omega - \int_{\Omega_t}\mathbf{w}\cdot\rho\mathbf{f}\,\mathrm{d}\Omega - \int_{(\Gamma_t)_\mathrm{h}}\mathbf{w}\cdot\mathbf{h}\,\mathrm{d}\Gamma = 0 \tag{1.91}$$

ここで，式 (1.91) の応力項を次のように変形する．

$$\int_{\Omega_0}\boldsymbol{\nabla}_X\mathbf{w}:\mathbf{P}\,\mathrm{d}\Omega = \int_{\Omega_0}\boldsymbol{\nabla}_X\mathbf{w}:(\mathbf{F}\mathbf{S})\,\mathrm{d}\Omega = \int_{\Omega_0}\frac{\partial w_i}{\partial X_J}\frac{\partial x_i}{\partial X_I}S_{IJ}\,\mathrm{d}\Omega \tag{1.92}$$

$$= \int_{\Omega_t}\frac{\partial w_i}{\partial x_j}\left(\frac{\partial x_i}{\partial X_I}S_{IJ}\frac{\partial x_j}{\partial X_J}J^{-1}\right)\,\mathrm{d}\Omega \tag{1.93}$$

1.2 構造力学の支配方程式

$$= \int_{\Omega_t} \nabla \mathbf{w} : \left(J^{-1}\mathbf{FSF}^T\right) \, d\Omega \tag{1.94}$$

このとき，最終項の中にコーシーの応力テンソル $\boldsymbol{\sigma}$ が入っていることがわかる．

$$\boldsymbol{\sigma} = J^{-1}\mathbf{FSF}^T \tag{1.95}$$

インデックス表記を用いると，式 (1.95) の成分表示は次のように書くことができる．

$$\sigma_{ij} = J^{-1}F_{iI}S_{IJ}F_{jJ} \tag{1.96}$$

コーシー応力は，第 2 ピオラ – キルヒホッフ応力とは違って実験的に測定できる．コーシー応力テンソルは対称性をもつため，次のように記述できる．

$$\int_{\Omega_t} \nabla \mathbf{w} : \boldsymbol{\sigma} \, d\Omega = \int_{\Omega_t} \boldsymbol{\varepsilon}(\mathbf{w}) : \boldsymbol{\sigma} \, d\Omega \tag{1.97}$$

このとき，前述同様，次式となる．

$$\boldsymbol{\varepsilon}(\mathbf{w}) = \frac{1}{2}\left(\nabla \mathbf{w} + \nabla \mathbf{w}^T\right) \tag{1.98}$$

式 (1.91), (1.92), (1.95), (1.97) を合成して，現配置における構造力学の変分方程式を得る．

任意の $\mathbf{w} \in \mathcal{V}_y$ を満足する $\mathbf{y} \in \mathcal{S}_y$ を求めよ：

$$\int_{\Omega_t} \mathbf{w} \cdot \rho \mathbf{a} \, d\Omega + \int_{\Omega_t} \boldsymbol{\varepsilon}(\mathbf{w}) : \boldsymbol{\sigma} \, d\Omega - \int_{\Omega_t} \mathbf{w} \cdot \rho \mathbf{f} \, d\Omega - \int_{(\Gamma_t)_h} \mathbf{w} \cdot \mathbf{h} \, d\Gamma = 0 \tag{1.99}$$

参照配置上にこれと等価な構造力学の変分方程式を発展させることもできる．それについては次節で述べる．

式 (1.99) から構造力学の強形式を推定するため，応力項を部分積分して $\mathbf{w}$ 上の基本境界条件の同次式を適用し，内部と境界の積分項をまとめることにより次式を得る．

$$\int_{\Omega_t} \mathbf{w} \cdot (\rho(\mathbf{a} - \mathbf{f}) - \boldsymbol{\nabla} \cdot \boldsymbol{\sigma}) \, d\Omega + \int_{(\Gamma_t)_h} \mathbf{w} \cdot (\boldsymbol{\sigma}\mathbf{n} - \mathbf{h}) \, d\Gamma = 0 \tag{1.100}$$

式 (1.100) は任意の $\mathbf{w}$ を含むことから，

$$\rho(\mathbf{a} - \mathbf{f}) - \boldsymbol{\nabla} \cdot \boldsymbol{\sigma} = \mathbf{0} \tag{1.101}$$

が Ω_t 内のすべての点で成立し，

$$\boldsymbol{\sigma}\mathbf{n} - \mathbf{h} = \mathbf{0} \tag{1.102}$$

がトラクション境界 $(\Gamma_t)_\mathrm{h}$ 上のすべての点で成り立つ．式 (1.101) と (1.102) はそれぞれ，現配置における各点での運動量平衡とトラクション境界条件を構成する．

インデックス表記を用いると，構造力学方程式の強形式は次のように書ける．

$$\rho(a_i - f_i) - \sigma_{ij,j} = 0 \quad (\Omega_t \text{ 内で}) \tag{1.103}$$

$$y_i = g_i \quad ((\Gamma_t)_{\mathrm{g}i} \text{ 上で}) \tag{1.104}$$

$$\sigma_{ij} n_j = h_i \quad ((\Gamma_t)_{\mathrm{h}i} \text{ 上で}) \tag{1.105}$$

ここで，n_i は現配置における単位法線ベクトル $\mathbf{n}$ の成分で，h_i は与えられた関数である．変位の境界条件から，以下の速度と加速度の境界条件が導かれる．

$$u_i = \frac{\mathrm{d}g_i}{\mathrm{d}t} \quad ((\Gamma_t)_{\mathrm{g}i} \text{ 上で}) \tag{1.106}$$

$$a_i = \frac{\mathrm{d}^2 g_i}{\mathrm{d}t^2} \quad ((\Gamma_t)_{\mathrm{g}i} \text{ 上で}) \tag{1.107}$$

1.2.5 参照配置の構造力学方程式

参照配置 Ω_0 の構造力学方程式を推定するため，再度，式 (1.80) で与えられる変分方程式からスタートし，内力項と体積力項の変数を次のように変更する．

$$\int_{\Omega_t} \mathbf{w} \cdot \rho (\mathbf{a} - \mathbf{f}) \, \mathrm{d}\Omega = \int_{\Omega_0} \mathbf{w} \cdot \rho_0 (\mathbf{a} - \mathbf{f}) \, \mathrm{d}\Omega \tag{1.108}$$

式 (1.87) で与えられる質量保存もまた，上式に帰着する．式 (1.80)，(1.88)，(1.89)，(1.108) をまとめると，Ω_0 における次の構造力学の変分方程式となる．

任意の $\mathbf{w} \in \mathcal{V}_y$ を満足する $\mathbf{y} \in \mathcal{S}_y$ を求めよ：

$$\int_{\Omega_0} \mathbf{w} \cdot \rho_0 \mathbf{a} \, \mathrm{d}\Omega + \int_{\Omega_0} \boldsymbol{\nabla}_X \mathbf{w} : \mathbf{P} \, \mathrm{d}\Omega - \int_{\Omega_0} \mathbf{w} \cdot \rho_0 \mathbf{f} \, \mathrm{d}\Omega - \int_{(\Gamma_0)_\mathrm{h}} \mathbf{w} \cdot \hat{\mathbf{h}} \, \mathrm{d}\Gamma = 0 \tag{1.109}$$

ここで，$\hat{\mathbf{h}}$ は参照配置上にはたらくトラクションベクトルである．式 (1.109) の応力ベクトルを部分積分し，$\mathbf{w}$ 上に基本境界条件の同次式の境界条件を適用し，内部と境界の積分をそれぞれまとめると次式が得られる．

$$\int_{\Omega_0} \mathbf{w} \cdot (\rho_0 (\mathbf{a} - \mathbf{f}) - \boldsymbol{\nabla}_X \cdot \mathbf{P}) \, \mathrm{d}\Omega + \int_{(\Gamma_0)_\mathrm{h}} \mathbf{w} \cdot \left(\mathbf{P}\hat{\mathbf{n}} - \hat{\mathbf{h}} \right) \, \mathrm{d}\Gamma = 0 \tag{1.110}$$

この式には任意の $\mathbf{w}$ が含まれており，$\hat{\mathbf{n}}$ は参照配置上の単位法線ベクトルである．式 (1.110) から，Ω_0 における各点で成り立つ運動量の平衡方程式である

$$\rho_0(\mathbf{a}-\mathbf{f}) - \boldsymbol{\nabla}_X \cdot \mathbf{P} = \mathbf{0} \tag{1.111}$$

および $(\Gamma_0)_\mathrm{h}$ 上のトラクション境界条件

$$\mathbf{P}\hat{\mathbf{n}} - \hat{\mathbf{h}} = \mathbf{0} \tag{1.112}$$

を推測する．インデックス表記を用いると，構造力学境界値問題の強形式は次のように記述できる．

$$\rho_0(a_i - f_i) - P_{iI,I} = 0 \quad (\Omega_0 \text{ 内で}) \tag{1.113}$$

$$y_i = g_i \quad ((\Gamma_0)_{\mathrm{g}i} \text{ 上で}) \tag{1.114}$$

$$P_{iI}\hat{n}_I = \hat{h}_i \quad ((\Gamma_0)_{\mathrm{h}i} \text{ 上で}) \tag{1.115}$$

Remark 1.6 式 (1.109) が構造力学のトータルラグランジュ式（例：文献 [34] 参照）とよばれるのに対し，式 (1.99) によって与えられた変分表現は構造力学の更新ラグランジュ式とよばれることがある．同じ入力に対して同じ解をもつという点で，この二つの式は等価である．どちらの式を用いるかは，構造モデル，境界条件，コンピュータ実装のしやすさなどを考慮して決定する．

1.2.6 実用問題における追加境界条件

本項では，実用問題においてしばしば使用される 2 種類の構造力学の境界条件として，追従圧力荷重と弾性支持について簡単に説明する．

追従圧力荷重：これは $(\Gamma_t)_\mathrm{h}$ にかかる外部圧力荷重によって構造変位が引き起こされるケースで，応力ベクトル $\mathbf{h}$ は次式である．

$$\mathbf{h} = -p\mathbf{n} \tag{1.116}$$

ここで，p は加圧力の大きさである．圧力が動的な領域境界線の一部分にかかるため，本境界条件は計算時に非線形性を取り扱う必要がある．変数を参照配置に変えて Nanson の公式（例：文献 [35] 参照）を用いると次式となる．

$$\mathbf{n}\,\mathrm{d}\Gamma_t = J\mathbf{F}^{-T}\hat{\mathbf{n}}\,\mathrm{d}\Gamma_0 \tag{1.117}$$

ここで，$\mathrm{d}\Gamma_t$ と $\mathrm{d}\Gamma_0$ はそれぞれ現配置と参照配置の面積要素の差分であり，次式が得られる．

$$\int_{(\Gamma_t)_\mathrm{h}} \mathbf{w} \cdot \mathbf{h}\,\mathrm{d}\Gamma_t = -\int_{(\Gamma_t)_\mathrm{h}} \mathbf{w} \cdot p\mathbf{n}\,\mathrm{d}\Gamma_t = -\int_{(\Gamma_0)_\mathrm{h}} \mathbf{w} \cdot pJ\mathbf{F}^{-T}\hat{\mathbf{n}}\,\mathrm{d}\Gamma_0 \tag{1.118}$$

式 (1.118) より，参照配置の追従荷重の合トラクションベクトル $\hat{\mathbf{h}}$ は次式となり，

$$\hat{\mathbf{h}} = -pJ\mathbf{F}^{-T}\hat{\mathbf{n}} \tag{1.119}$$

対応する境界条件は次式となる．

$$\mathbf{P}\hat{\mathbf{n}} + pJ\mathbf{F}^{-T}\hat{\mathbf{n}} = \mathbf{0} \tag{1.120}$$

あるいは，インデックス記述を用いた次式となる．

$$P_{iI}\hat{n}_I + pJF_{Ii}^{-1}\hat{n}_I = 0 \tag{1.121}$$

弾性支持：このケースでは，構造物が弾性体の基礎に支持されていると仮定し，ばねとしてモデル化する．トラクションベクトルは構造変位に比例し，以下で表すことができる．

$$\mathbf{h} = -k\mathbf{y} \tag{1.122}$$

ここで，$k > 0$ はばね定数である．このケースでは，構造力学の変分方程式中のトラクション項は以下で置き換えられる．

$$\int_{(\Gamma_t)_h} \mathbf{w} \cdot \mathbf{h}\, \mathrm{d}\Gamma = -\int_{(\Gamma_t)_h} \mathbf{w} \cdot k\mathbf{y}\, \mathrm{d}\Gamma \tag{1.123}$$

極限 $k \to \infty$ は剛体の基礎を表し，極限 $k \to 0$ はトラクションフリーの境界条件である．場合によっては，境界に垂直な方向にのみばねモデルを仮定する方が望ましいこともある．その場合には式 (1.122) の境界条件を以下で置き換える．

$$\mathbf{h} = -k(\mathbf{y} \cdot \mathbf{n})\, \mathbf{n} \tag{1.124}$$

その結果，トラクション項は次式となる．

$$\int_{(\Gamma_t)_h} \mathbf{w} \cdot \mathbf{h}\, \mathrm{d}\Gamma = -\int_{(\Gamma_t)_h} (\mathbf{w} \cdot \mathbf{n})k(\mathbf{y} \cdot \mathbf{n})\, \mathrm{d}\Gamma \tag{1.125}$$

1.2.7 構成モデル

構造力学の構成モデルを紹介するため，対象を超弾性体に限定する．非弾性材料のような，より複雑なケースについては文献 [36] を参照してほしい．超弾性体の理論は，変形した配置における単位体積あたりの弾性エネルギー密度 φ の蓄積を仮定しており，ひずみの関数として次のように表せる．

$$\varphi = \varphi(\mathbf{E}) \tag{1.126}$$

第2ピオラ-キルヒホッフ応力 $\mathbf{S}$ は，φ を $\mathbf{E}$ で微分することで得られる．

$$\mathbf{S}(\mathbf{E}) = \frac{\partial \varphi(\mathbf{E})}{\partial \mathbf{E}} \tag{1.127}$$

第2ピオラ-キルヒホッフ応力が与えられているとき，コーシー応力は式 (1.95) または式 (1.96) により算出される．弾性係数テンソルは構造力学方程式を線形化する際に重要な役割をもち，φ を $\mathbf{E}$ で2階微分したものである．

$$\mathbb{C}(\mathbf{E}) = \frac{\partial^2 \varphi(\mathbf{E})}{\partial \mathbf{E} \partial \mathbf{E}} \tag{1.128}$$

式 (1.126) の $\varphi(\mathbf{E})$ の形が異なると，応力とひずみの構成関係も異なる．ここでいくつかの重要なケースを紹介する．

サンブナン-キルヒホッフモデル：このモデルにおいて，$\varphi(\mathbf{E})$ は次式で定義される．

$$\varphi(\mathbf{E}) = \frac{1}{2}\mathbf{E} : \mathbb{C}\mathbf{E} \tag{1.129}$$

ここで，$\mathbb{C}$ は4階の弾性テンソルで，変形状態と独立のテンソルである．式 (1.127) から，グリーン-ラグランジュひずみと第2ピオラ-キルヒホッフ応力が線形の関係にあることは明白である．

$$\mathbf{S}(\mathbf{E}) = \mathbb{C}\mathbf{E} \tag{1.130}$$

$\mathbf{E}$ が客観性の原理（例：文献 [35] 参照）に従うため，この線形関係はすべてのひずみがない剛体運動（すなわち並進と回転）において大変位状態のモデル化に適用可能である．しかし，本モデルはひずみがきわめて小さい範囲でのみ有効である．実際多くの材料で，穏やかなひずみであってもこの線形関係から外れることが知られている．

構成テンソル $\mathbb{C}$ を用いることで，様々な種類の材質異方性（例：複合材料）を表現することができる．もっとも単純な場合が均一物性をもつ材料で，成分表示で表すと次のようになる．

$$\mathbb{C}_{IJKL} = \left(\kappa - \frac{2}{3}\mu\right)\delta_{IJ}\delta_{KL} + \mu(\delta_{IK}\delta_{JL} + \delta_{IL}\delta_{JK}) \tag{1.131}$$

このとき，κ と μ は体積弾性係数とせん断弾性係数である．これらは材料のヤング率 E，ポアソン比 ν と次の相関がある．

$$\kappa = \lambda + \frac{2}{3}\mu \tag{1.132}$$

$$\mu = \frac{E}{2(1+\nu)} \tag{1.133}$$

$$\lambda = \frac{\nu E}{(1+\nu)(1-2\nu)} \tag{1.134}$$

ここで，μ と λ は線形弾性モデルで有名なラメの定数である．

伸縮を伴うネオ・フックモデル：サンブナン - キルヒホッフモデルが強い圧縮状態に適用不可能であることは一般に知られている（文献 [35] 参照）．これを解決するモデルが文献 [36] で提案されている．このモデルは等方性で，弾性エネルギー密度は次の形となる．

$$\varphi(\mathbf{C}, J) = \frac{1}{2}\mu\left(J^{-2/3}\mathrm{tr}\mathbf{C} - 3\right) + \frac{1}{2}\kappa\left(\frac{1}{2}\left(J^2 - 1\right) - \ln J\right) \tag{1.135}$$

弾性エネルギー密度は，コーシー - グリーン応力テンソル $\mathbf{C}$ と変形勾配テンソルの行列式 J によって記述されている．$J^2 - 1$ の項は J の基準体積からの偏差をとっており，$\ln J$ の項は強い圧縮状態において式を安定させる項である．この弾性エネルギー密度の定義を用いて，第 2 ピオラ - キルヒホッフ応力テンソル $\mathbf{S}$ と弾性係数テンソル $\mathbb{C}$ を陽的に求めることができる．

$$\mathbf{S} = \mu J^{-2/3}\left(\mathbf{I} - \frac{1}{3}\mathrm{tr}\mathbf{C}\,\mathbf{C}^{-1}\right) + \frac{1}{2}\kappa\left(J^2 - 1\right)\mathbf{C}^{-1} \tag{1.136}$$

$$\begin{aligned}\mathbb{C} =\ & \left(\frac{2}{9}\mu J^{-2/3}\mathrm{tr}\mathbf{C} + \kappa J^2\right)\mathbf{C}^{-1} \otimes \mathbf{C}^{-1} \\ & + \left(\frac{2}{3}\mu J^{-2/3}\mathrm{tr}\mathbf{C} - \kappa\left(J^2 - 1\right)\right)\mathbf{C}^{-1} \odot \mathbf{C}^{-1} \\ & - \frac{2}{3}\mu J^{-2/3}\left(\mathbf{I} \otimes \mathbf{C}^{-1} + \mathbf{C}^{-1} \otimes \mathbf{I}\right)\end{aligned} \tag{1.137}$$

式 (1.137) 中の記号 $\otimes$ と $\odot$ は次のとおり定義される．

$$(\mathbf{A} \otimes \mathbf{B})_{IJKL} = (\mathbf{A})_{IJ}(\mathbf{B})_{KL} \tag{1.138}$$

$$\left(\mathbf{C}^{-1} \odot \mathbf{C}^{-1}\right)_{IJKL} = \frac{\left(\mathbf{C}^{-1}\right)_{IK}\left(\mathbf{C}^{-1}\right)_{JL} + \left(\mathbf{C}^{-1}\right)_{IL}\left(\mathbf{C}^{-1}\right)_{JK}}{2} \tag{1.139}$$

このモデルでもまた，κ と μ は体積弾性係数とせん断弾性係数を表す．これは，参照配置と現配置が一致する場合に式 (1.137) から構成テンソル $\mathbb{C}$ を算出するとわかる．このとき $\mathbf{x} = \mathbf{X}$，$\mathbf{F} = \mathbf{C} = \mathbf{I}$ となり，式 (1.137) の材料物性係数は式 (1.131) に簡略化することができる．

ムーニー - リブリンモデル：圧縮性ムーニー - リブリン材料において，$\mathbf{S}$ は成分表記

を用いて以下のように記述される．

$$S_{IJ} = 2(C_1 + C_2 C_{KK})\delta_{IJ} - 2C_2 C_{IJ} + (K_{\text{PEN}} \ln J - 2(C_1 + 2C_2))C_{IJ}^{-1} \quad (1.140)$$

C_1 と C_2 はムーニー-リブリンの材料定数である．擬似非圧縮性はペナルティ項である $K_{\text{PEN}} \ln J$ （文献 [37] 参照）で施され，K_{PEN} は文献 [38] で表された体積弾性係数に基づくペナルティ変数である．

$$K_{\text{PEN}} = \frac{2(C_1 + C_2)}{1 - 2\nu_{\text{PEN}}} \quad (1.141)$$

ここで，ν_{PEN}（0.50 付近の値をとる）は"ペナルティ"ポアソン比で，実際のポアソン比に置き換えて用いる．

Fung モデル：Fung モデルにおいては，材料の $\mathbf{S}$ を次式で表す．

$$S_{IJ} = 2D_1 D_2 (e^{D_2(C_{KK}-3)}\delta_{IJ} - C_{IJ}^{-1}) + K_{\text{PEN}} \ln J \ C_{IJ}^{-1} \quad (1.142)$$

ここで，D_1 と D_2 は Fung の材料定数で，K_{PEN} は次式である．

$$K_{\text{PEN}} = \frac{2D_1 D_2}{1 - 2\nu_{\text{PEN}}} \quad (1.143)$$

1.2.8 構造力学方程式の線形化：接線剛性と線形弾性方程式

本項では構造力学方程式を線形化する．線形化により，非線形構造方程式を解くためのニュートン-ラフソン法の実装に用いる接線剛性演算子が得られる．同様に線形化により，構造モデルでしばしば用いられる線形弾性力学方程式も導くこともできる．

構造力学問題を線形化するため，変形状態付近の構造物に"擾乱"を与え，変位に対して線形である項に対してのみ擾乱を与え続ける．すなわち次のように設定する．

$$\delta W(\mathbf{w}, \overline{\mathbf{y}}) + \left. \frac{\mathrm{d}}{\mathrm{d}\epsilon} \delta W(\mathbf{w}, \overline{\mathbf{y}} + \epsilon \mathbf{y}) \right|_{\epsilon=0} = 0 \quad (1.144)$$

ここで，$\overline{\mathbf{y}}$ は変形状態を定義する構造物の変位，$\mathbf{y}$ は微小な擾乱変位である．そして，

$$\delta W(\mathbf{w}, \overline{\mathbf{y}}) = \int_{\Omega_0} \mathbf{w} \cdot \rho_0 \overline{\mathbf{a}} \, \mathrm{d}\Omega + \int_{\Omega_0} \boldsymbol{\nabla}_X \mathbf{w} : \overline{\mathbf{P}} \, \mathrm{d}\Omega - \int_{\Omega_0} \mathbf{w} \cdot \rho_0 \overline{\mathbf{f}} \, \mathrm{d}\Omega - \int_{(\Gamma_0)_\mathrm{h}} \mathbf{w} \cdot \overline{\mathbf{h}} \, \mathrm{d}\Gamma \quad (1.145)$$

は $\overline{\mathbf{y}}$ における構造力学の変分方程式である．上線（オーバーライン）は変形状態の評価値であることを示す．

内部仮想仕事に関する項の線形化は以下のように行う．

$$\frac{\mathrm{d}}{\mathrm{d}\epsilon}\delta W_{\mathrm{int}}(\mathbf{w},\overline{\mathbf{y}}+\epsilon\mathbf{y})\bigg|_{\epsilon=0} = \delta\int_{\Omega_0}\mathbf{F}^T\boldsymbol{\nabla}_X\mathbf{w}:\mathbf{S}\,\mathrm{d}\Omega \tag{1.146}$$

$$= \int_{\Omega_0}\left(\delta\mathbf{F}^T\boldsymbol{\nabla}_X\mathbf{w}:\overline{\mathbf{S}}+\overline{\mathbf{F}}^T\boldsymbol{\nabla}_X\mathbf{w}:\delta\mathbf{S}\right)\mathrm{d}\Omega \tag{1.147}$$

$$= \int_{\Omega_0}\left(\boldsymbol{\nabla}_X\mathbf{w}:\boldsymbol{\nabla}_X\mathbf{y}\overline{\mathbf{S}}+\overline{\mathbf{F}}^T\boldsymbol{\nabla}_X\mathbf{w}:\left(\overline{\frac{\partial\mathbf{S}}{\partial\mathbf{E}}}\right)\frac{1}{2}\left(\overline{\mathbf{F}}^T\boldsymbol{\nabla}_X\mathbf{y}+\boldsymbol{\nabla}_X\mathbf{y}^T\overline{\mathbf{F}}\right)\right)\mathrm{d}\Omega \tag{1.148}$$

次に，

$$\frac{\partial\mathbf{S}}{\partial\mathbf{E}} = \frac{\partial^2\varphi}{\partial\mathbf{E}\partial\mathbf{E}} = \mathbb{C} \tag{1.149}$$

と $\mathbb{C}$ がマイナー対称性をもつことを用いると，式 (1.148) は次式のように書くことができる．

$$\int_{\Omega_0}\left(\overline{\mathbf{F}}^T\boldsymbol{\nabla}_X\mathbf{w}:\overline{\mathbb{C}}\overline{\mathbf{F}}^T\boldsymbol{\nabla}_X\mathbf{y}+\boldsymbol{\nabla}_X\mathbf{w}:\boldsymbol{\nabla}_X\mathbf{y}\overline{\mathbf{S}}\right)\mathrm{d}\Omega \tag{1.150}$$

インデックス記述を用いれば，式 (1.150) は次の表記となる．

$$\int_{\Omega_0}w_{i,J}\overline{D}_{iJkL}y_{k,L}\,\mathrm{d}\Omega \tag{1.151}$$

ここで，$\overline{D}_{iJkL}$ は接線剛性テンソルの成分で，次式で与えられる．

$$\overline{D}_{iJkL} = \overline{F}_{iI}\overline{\mathbb{C}}_{IJKL}\overline{F}_{kK}+\delta_{ik}\overline{S}_{JL} \tag{1.152}$$

式 (1.152) の右辺第 1 項は接線剛性テンソルの材料剛性，第 2 項は幾何学的剛性にそれぞれ寄与する．

外部仮想仕事は次式のとおり線形化する．

$$\frac{\mathrm{d}}{\mathrm{d}\epsilon}\delta W_{\mathrm{ext}}(\mathbf{w},\overline{\mathbf{y}}+\epsilon\mathbf{y})\bigg|_{\epsilon=0} = \int_{\Omega_0}\mathbf{w}\cdot\rho_0\mathbf{a}\,\mathrm{d}\Omega-\int_{\Omega_0}\mathbf{w}\cdot\rho_0\mathbf{f}\,\mathrm{d}\Omega-\int_{(\Gamma_0)_\mathrm{h}}\mathbf{w}\cdot\hat{\mathbf{h}}\,\mathrm{d}\Gamma \tag{1.153}$$

ここで，$\mathbf{a}$, $\mathbf{f}$ および $\hat{\mathbf{h}}$ は，それぞれ，加速度，体積力，トラクションの増分を表す．

式 (1.144) と上記の導出により，完全に線形な変分式を導くことができた．

与えられた構造変位状態 $\overline{\mathbf{y}}$ に対し，任意の $\mathbf{w}\in\mathcal{V}_y$ を満足する擾乱変位 $\mathbf{y}\in\mathcal{S}_y$ を求めよ：

$$\int_{\Omega_0}\mathbf{w}\cdot\rho_0\overline{\mathbf{a}}\,\mathrm{d}\Omega+\int_{\Omega_0}\boldsymbol{\nabla}_X\mathbf{w}:\overline{\mathbf{P}}\,\mathrm{d}\Omega-\int_{\Omega_0}\mathbf{w}\cdot\rho_0\overline{\mathbf{f}}\,\mathrm{d}\Omega-\int_{(\Gamma_0)_\mathrm{h}}\mathbf{w}\cdot\hat{\overline{\mathbf{h}}}\,\mathrm{d}\Gamma$$

$$+ \int_{\Omega_0} \mathbf{w} \cdot \rho_0 \mathbf{a} \, \mathrm{d}\Omega + \int_{\Omega_0} \left(\overline{\mathbf{F}}^T \boldsymbol{\nabla}_X \mathbf{w} : \overline{\mathbb{C}} \overline{\mathbf{F}}^T \boldsymbol{\nabla}_X \mathbf{y} + \boldsymbol{\nabla}_X \mathbf{w} : \boldsymbol{\nabla}_X \mathbf{y} \overline{\mathbf{S}} \right) \mathrm{d}\Omega$$

$$- \int_{\Omega_0} \mathbf{w} \cdot \rho_0 \mathbf{f} \, \mathrm{d}\Omega - \int_{(\Gamma_0)_h} \mathbf{w} \cdot \hat{\mathbf{h}} \, \mathrm{d}\Gamma = 0 \tag{1.154}$$

もし,構造力学方程式が平衡状態において線形化される(すなわち,変位状態 $\overline{\mathbf{y}}$ が変分方程式を満たす)のであれば,式 (1.154) の線形化は次のとおり簡略化できる.

与えられた $\overline{\mathbf{y}}$ に対し,任意の $\mathbf{w} \in \mathcal{V}_y$ を満足する $\mathbf{y} \in \mathcal{S}_y$ を求めよ:

$$\int_{\Omega_0} \mathbf{w} \cdot \rho_0 \mathbf{a} \, \mathrm{d}\Omega + \int_{\Omega_0} \left(\overline{\mathbf{F}}^T \boldsymbol{\nabla}_X \mathbf{w} : \overline{\mathbb{C}} \overline{\mathbf{F}}^T \boldsymbol{\nabla}_X \mathbf{y} + \boldsymbol{\nabla}_X \mathbf{w} : \boldsymbol{\nabla}_X \mathbf{y} \overline{\mathbf{S}} \right) \mathrm{d}\Omega$$

$$- \int_{\Omega_0} \mathbf{w} \cdot \rho_0 \mathbf{f} \, \mathrm{d}\Omega - \int_{(\Gamma_0)_h} \mathbf{w} \cdot \hat{\mathbf{h}} \, \mathrm{d}\Gamma = 0 \tag{1.155}$$

式 (1.155) による定式化で特殊かつ重要なケースは,仮想仕事の方程式が加圧ゼロで変形がない状態について線形化された場合である.このケースでは $\overline{\mathbf{y}} = \mathbf{0}$, $\overline{\mathbf{F}} = \mathbf{I}$, $\overline{\mathbf{E}} = \mathbf{0}$, $\overline{\mathbf{S}} = \mathbf{0}$ となり,次式が得られる.

$$\int_{\Omega} \mathbf{w} \cdot \rho \mathbf{a} \, \mathrm{d}\Omega + \int_{\Omega} \boldsymbol{\varepsilon}(\mathbf{w}) : \mathbb{C} \boldsymbol{\varepsilon}(\mathbf{y}) \, \mathrm{d}\Omega - \int_{\Omega} \mathbf{w} \cdot \rho \mathbf{f} \, \mathrm{d}\Omega - \int_{\Gamma_h} \mathbf{w} \cdot \mathbf{h} \, \mathrm{d}\Gamma = 0 \tag{1.156}$$

ここで,$\boldsymbol{\varepsilon}(\mathbf{y})$ は線形もしくは微小なひずみで,未変形配置のグリーン-ラグランジュひずみを線形化したものである.剛体が並進運動する場合,微小ひずみは打ち消されるが,剛体が回転運動する場合には打ち消されない.その結果,式 (1.156) の定式化は大変形が予測される構造力学問題には適さない(図 1.6 参照).式 (1.156) はよく知られた線形弾性力学の変分公式である.線形弾性力学の方程式は式 (1.156) の慣性項を省略することで得られる.

Remark 1.7 参照配置と現配置が一致するため,式 (1.156) では $\mathbf{x}$ と $\mathbf{X}$ は区別しない.そのため,$\boldsymbol{\nabla}_X$ の添え字を外して $\Omega = \Omega_0 = \Omega_t$, $\Gamma = \Gamma_0 = \Gamma_t$ とする.

最後に,追従圧力荷重の線形化について述べる.ここでは便宜上,インデックス記述を用いる.まずはじめに,参照配置の追従圧力荷重の境界条件から次を計算する.

$$\delta \left[J F_{Ii}^{-1} \right] = \delta J F_{Ii}^{-1} + J \delta F_{Ii}^{-1} = J F_{Jj}^{-1} y_{j,J} F_{Ii}^{-1} - J F_{Ij}^{-1} y_{j,J} F_{Ji}^{-1} \tag{1.157}$$

これを式 (1.118) に代入すると次式が得られる.

$$- \int_{(\Gamma_0)_h} w_i p \delta [J F_{Ii}] \hat{n}_I \, \mathrm{d}\Gamma = - \int_{(\Gamma_0)_h} w_i p J \left(F_{Jj}^{-1} F_{Ii}^{-1} - F_{Ij}^{-1} F_{Ji}^{-1} \right) \hat{n}_I y_{j,J} \, \mathrm{d}\Gamma \tag{1.158}$$

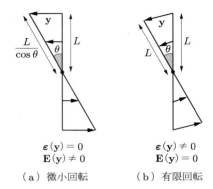

図 1.6 微小回転および有限回転を受ける弾性棒．微小回転では，線形弾性解析の結果ひずみと応力はゼロであるが，棒は伸長しており物理的に正しくない．一方，有限回転の場合には，線形弾性解析からひずみと応力はゼロとはならず，これもまた実体を表していない．一般に，大移動を伴う構造解析において物理的に正しい結果を得るためには，対象物のひずみを実測することが必要となる．

このとき，変数を現配置に変換すると

$$-\int_{(\Gamma_t)_\mathrm{h}} (w_i p n_i y_{j,j} - w_i p n_j y_{j,i}) \, \mathrm{d}\Gamma \tag{1.159}$$

となり，式 (1.158) より多少簡単になる．上記の線形化は非線形構造解析の接線剛性行列の実装に適用される．追従圧力荷重を線形化するもう一つ方法が境界表面のパラメトリック座標を用いる方法で，文献 [39] で説明されている．

1.2.9 薄肉構造：シェル，膜，ケーブルモデル

（1） キルヒホッフ - ラブ シェルモデル

ここでは，文献 [40–42] らによるキルヒホッフ - ラブ シェル理論の支配方程式の発展を辿る．この理論は薄いシェル構造に適したもので，滑らかな基底関数を用いて離散化するために回転の自由度を必要としない．

シェル要素では，3次元連続体を中立面シェルに置き換え，厚み方向の応力を無視する．さらに，キルヒホッフ - ラブ理論では，変形時のシェルの方向が中立面に対して垂直なまま，つまり厚み方向のせん断ひずみがゼロであると仮定する．その結果として面内応力と面内ひずみテンソルのみが考慮され，成分表記には添え字 $\alpha = 1,2$ と $\beta = 1,2$ を用いる．参照配置と現配置の中立面シェルはそれぞれ，Γ_0^s と Γ_t^s で記述する．さらに，シェルの厚みを h_th，厚さ断面方向の座標を $\xi_3 \in [-h_\mathrm{th}/2, h_\mathrm{th}/2]$ と記述する．

以下に,標準的なシェルの運動学的物理量とそれらの関係を紹介する(モデルの詳細は文献 [40, 43]).

$$E_{\alpha\beta} = \varepsilon_{\alpha\beta} + \xi_3 \kappa_{\alpha\beta} \tag{1.160}$$

$$\varepsilon_{\alpha\beta} = \frac{1}{2}(\mathbf{g}_\alpha \cdot \mathbf{g}_\beta - \mathbf{G}_\alpha \cdot \mathbf{G}_\beta) \tag{1.161}$$

$$\kappa_{\alpha\beta} = -\frac{\partial \mathbf{g}_\alpha}{\partial \xi_\beta} \cdot \mathbf{g}_3 - \left(-\frac{\partial \mathbf{G}_\alpha}{\partial \xi_\beta} \cdot \mathbf{G}_3\right) \tag{1.162}$$

$$\mathbf{g}_\alpha = \frac{\partial \mathbf{x}}{\partial \xi_\alpha} \tag{1.163}$$

$$\mathbf{G}_\alpha = \frac{\partial \mathbf{X}}{\partial \xi_\alpha} \tag{1.164}$$

$$\mathbf{g}_3 = \frac{\mathbf{g}_1 \times \mathbf{g}_2}{\|\mathbf{g}_1 \times \mathbf{g}_2\|} \tag{1.165}$$

$$\mathbf{G}_3 = \frac{\mathbf{G}_1 \times \mathbf{G}_2}{\|\mathbf{G}_1 \times \mathbf{G}_2\|} \tag{1.166}$$

$$\mathbf{G}^\alpha = (\mathbf{G}_\alpha \cdot \mathbf{G}_\beta)^{-1} \mathbf{G}_\beta \tag{1.167}$$

ここで,$E_{\alpha\beta}$,$\varepsilon_{\alpha\beta}$ および $\kappa_{\alpha\beta}$ は反変テンソルで,それぞれ面内グリーン-ラグランジュひずみ,膜ひずみ,および曲率である.現配置と参照配置の中立面の空間座標は $\mathbf{x} = \mathbf{x}(\xi_1, \xi_2)$ および $\mathbf{X} = \mathbf{X}(\xi_1, \xi_2)$ で,ξ_1 と ξ_2 によってパラメータ化されている.$\mathbf{g}_\alpha$ と $\mathbf{G}_\alpha$ は,現配置と参照配置の表面の共変基底ベクトルである.$\mathbf{g}_3$ と $\mathbf{G}_3$ は,現配置と参照配置の中立面シェルの外向き単位法線ベクトルである(図 1.7 参照).現配置と参照配置のサーフェスの反変基底ベクトルを $\mathbf{G}^\alpha$ と書く.基底ベクトルには,次

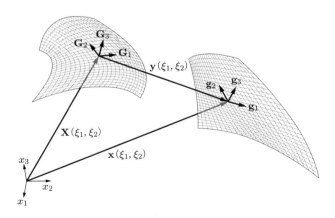

図 1.7 シェルの運動

の局所的な直交座標系のベクトルを選択する.

$$\overline{\mathbf{e}}_1 = \frac{\mathbf{G}_1}{\|\mathbf{G}_1\|} \tag{1.168}$$

$$\overline{\mathbf{e}}_2 = \frac{\mathbf{G}_2 - (\mathbf{G}_2 \cdot \overline{\mathbf{e}}_1)\overline{\mathbf{e}}_1}{\|\mathbf{G}_2 - (\mathbf{G}_2 \cdot \overline{\mathbf{e}}_1)\overline{\mathbf{e}}_1\|} \tag{1.169}$$

一つ目の局所基底ベクトルは,参照配置の共変基底ベクトルを正規化したものである.局所直交基底ベクトル $\overline{\mathbf{e}}_\alpha$ は,シェルの構成関係を表すために使われる.局所基底ベクトルが直交しており,共変と反変のベクトル量は同じとなるため,これらを区別しないで取り扱う.

上記の定義を用いて,局所座標系におけるグリーン–ラグランジュひずみテンソルと各変数を以下のとおり計算する.

$$\overline{E}_{\alpha\beta} = \overline{\varepsilon}_{\alpha\beta} + \xi_3 \overline{\kappa}_{\alpha\beta} \tag{1.170}$$

$$\delta\overline{E}_{\alpha\beta} = \delta\overline{\varepsilon}_{\alpha\beta} + \xi_3 \delta\overline{\kappa}_{\alpha\beta} \tag{1.171}$$

$$\overline{\varepsilon}_{\alpha\beta} = \varepsilon_{\gamma\delta}(\mathbf{G}^\gamma \cdot \overline{\mathbf{e}}_\alpha)(\mathbf{G}^\delta \cdot \overline{\mathbf{e}}_\beta) \tag{1.172}$$

$$\overline{\kappa}_{\alpha\beta} = \kappa_{\gamma\delta}(\mathbf{G}^\gamma \cdot \overline{\mathbf{e}}_\alpha)(\mathbf{G}^\delta \cdot \overline{\mathbf{e}}_\beta) \tag{1.173}$$

$$\delta\overline{\varepsilon}_{\alpha\beta} = \delta\varepsilon_{\gamma\delta}(\mathbf{G}^\gamma \cdot \overline{\mathbf{e}}_\alpha)(\mathbf{G}^\delta \cdot \overline{\mathbf{e}}_\beta) \tag{1.174}$$

$$\delta\overline{\kappa}_{\alpha\beta} = \delta\kappa_{\gamma\delta}(\mathbf{G}^\gamma \cdot \overline{\mathbf{e}}_\alpha)(\mathbf{G}^\delta \cdot \overline{\mathbf{e}}_\beta) \tag{1.175}$$

変分 $\delta\varepsilon_{\gamma\delta}$ と $\delta\kappa_{\gamma\delta}$ は,式 (1.161) と (1.162) の変位ベクトルに関する変分導関数を求めることにより直接計算することができる.

ここでは,局所座標系における膜ひずみベクトルとの曲率ベクトルの成分,およびグリーン–ラグランジュひずみベクトルを以下のように定義する.

$$\overline{\boldsymbol{\varepsilon}} = \begin{bmatrix} \overline{\varepsilon}_{11} \\ \overline{\varepsilon}_{22} \\ \overline{\varepsilon}_{12} \end{bmatrix} \tag{1.176}$$

$$\overline{\boldsymbol{\kappa}} = \begin{bmatrix} \overline{\kappa}_{11} \\ \overline{\kappa}_{22} \\ \overline{\kappa}_{12} \end{bmatrix} \tag{1.177}$$

$$\overline{\mathbf{E}} = \overline{\boldsymbol{\varepsilon}} + \xi_3 \overline{\boldsymbol{\kappa}} \tag{1.178}$$

サンブナン–キルヒホッフの構成関係を仮定すると,応力–ひずみ関係式は次式となる.

$$\overline{\mathbf{S}} = \overline{\mathbb{C}}\,\overline{\mathbf{E}} \tag{1.179}$$

このとき，$\overline{\mathbf{S}}$ は局所座標系の第 2 ピオラ−キルヒホッフ応力テンソル，$\overline{\mathbb{C}}$ は対称な物質構成行列である．式 (1.178) と (1.179) を式 (1.79) で表される内部仮想仕事の式に代入すると，次式が得られる．

$$\delta W_{\text{int}} = -\int_{\Omega_0} \delta \overline{\mathbf{E}} \cdot \overline{\mathbf{S}}\, \mathrm{d}\Omega \tag{1.180}$$

$$= -\int_{\Gamma_0^s} \left(\int_{h_{\text{th}}} \delta \overline{\mathbf{E}} \cdot \overline{\mathbb{C}}\, \overline{\mathbf{E}}\, \mathrm{d}\xi_3 \right) \mathrm{d}\Gamma \tag{1.181}$$

$$= -\int_{\Gamma_0^s} \delta \overline{\boldsymbol{\varepsilon}} \cdot \left(\left(\int_{h_{\text{th}}} \overline{\mathbb{C}}\, \mathrm{d}\xi_3\right) \overline{\boldsymbol{\varepsilon}} + \left(\int_{h_{\text{th}}} \xi_3 \overline{\mathbb{C}}\, \mathrm{d}\xi_3\right) \overline{\boldsymbol{\kappa}} \right) \mathrm{d}\Gamma$$
$$- \int_{\Gamma_0^s} \delta \overline{\boldsymbol{\kappa}} \cdot \left(\left(\int_{h_{\text{th}}} \xi_3 \overline{\mathbb{C}}\, \mathrm{d}\xi_3\right) \overline{\boldsymbol{\varepsilon}} + \left(\int_{h_{\text{th}}} \xi_3^2 \overline{\mathbb{C}}\, \mathrm{d}\xi_3\right) \overline{\boldsymbol{\kappa}} \right) \mathrm{d}\Gamma \tag{1.182}$$

一般的な直交異方性をもつ材料では次式となる．

$$\overline{\mathbb{C}}_{\text{ort}} = \begin{bmatrix} \dfrac{E_1}{1-\nu_{12}\nu_{21}} & \dfrac{\nu_{21}E_1}{1-\nu_{12}\nu_{21}} & 0 \\ \dfrac{\nu_{12}E_2}{1-\nu_{12}\nu_{21}} & \dfrac{E_2}{1-\nu_{12}\nu_{21}} & 0 \\ 0 & 0 & G_{12} \end{bmatrix} \tag{1.183}$$

式 (1.183) において，E_1 と E_2 は局所基底ベクトル方向のヤング率で，ν_{12} と ν_{21} はポアソン比，G_{12} はせん断弾性係数であり，また $\nu_{21}E_1 = \nu_{12}E_2$ が成り立つため $\overline{\mathbb{C}}_{\text{ort}}$ は対称行列となる．等方性材料の場合には，$E_1 = E_2 = E$，$\nu_{21} = \nu_{12} = \nu$ および $G_{12} = E/(2(1+\nu))$ となる．

複合材料の場合，構造物を層状の構造と仮定し，それぞれの層を直交異方性材料としてモデル化する．古典的な積層板理論（文献 [44]）を使用し，与えられた積層体の性質を厚み方向に均質化する．k を層（または薄板）の番号とし，n をトータルの層数とする（図 1.8 参照）．各層の厚みはすべて h_{th}/n とする．式 (1.182) をシェルの厚みに沿って前もって積分すると，以下のように引張剛性 $\mathbf{K}_{\text{exte}}$，結合剛性 $\mathbf{K}_{\text{coup}}$ および曲げ剛性 $\mathbf{K}_{\text{bend}}$ が得られる．

$$\mathbf{K}_{\text{exte}} = \int_{h_{\text{th}}} \overline{\mathbb{C}}\, \mathrm{d}\xi_3 = \frac{h_{\text{th}}}{n} \sum_{k=1}^{n} \overline{\mathbb{C}}_k \tag{1.184}$$

$$\mathbf{K}_{\text{coup}} = \int_{h_{\text{th}}} \xi_3 \overline{\mathbb{C}}\, \mathrm{d}\xi_3 = \frac{h_{\text{th}}^2}{n^2} \sum_{k=1}^{n} \overline{\mathbb{C}}_k \left(k - \frac{n}{2} - \frac{1}{2} \right) \tag{1.185}$$

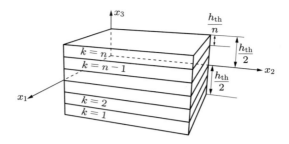

図 1.8 複合積層体の概略図

$$\mathbf{K}_{\text{bend}} = \int_{h_{\text{th}}} \xi_3^2 \overline{\mathbb{C}} \, d\xi_3 = \frac{h_{\text{th}}^3}{n^3} \sum_{k=1}^{n} \overline{\mathbb{C}}_k \left(\left(k - \frac{n}{2} - \frac{1}{2} \right)^2 + \frac{1}{12} \right) \quad (1.186)$$

ただし,

$$\overline{\mathbb{C}}_k = \mathbf{T}^T(\phi_k) \overline{\mathbb{C}}_{\text{ort}} \mathbf{T}(\phi_k) \quad (1.187)$$

$$\mathbf{T}(\phi) = \begin{bmatrix} \cos^2 \phi & \sin^2 \phi & \sin \phi \cos \phi \\ \sin^2 \phi & \cos^2 \phi & -\sin \phi \cos \phi \\ -2\sin \phi \cos \phi & 2\sin \phi \cos \phi & \cos^2 \phi - \sin^2 \phi \end{bmatrix} \quad (1.188)$$

である.上式において ϕ は各層の繊維配向角であり,式 (1.187) は各層の $\overline{\mathbb{C}}_{\text{ort}}$ を主材の座標系から局所直交座標系で定義される各層の座標系に変換する式である.また, $\overline{\mathbb{C}}_k$ は各層内で一定である.このとき $n=1$, $\overline{\mathbb{C}}_k = \overline{\mathbb{C}}_{\text{ort}}$ とすると,式 (1.184)〜(1.186) から $\mathbf{K}_{\text{coup}} = \mathbf{0}$ および以下の式が得られる.

$$\mathbf{K}_{\text{exte}} = h_{\text{th}} \overline{\mathbb{C}}_{\text{ort}} \quad (1.189)$$

$$\mathbf{K}_{\text{bend}} = \frac{h_{\text{th}}^3}{12} \overline{\mathbb{C}}_{\text{ort}} \quad (1.190)$$

これらが直交異方性シェルの古典的な膜剛性と曲げ剛性である.

上記定義を用いて,複合材料シェルの内部仮想仕事を簡潔に書くと次式となる.

$$\delta W_{\text{int}} = -\int_{\Gamma_0^s} \delta \overline{\varepsilon} \cdot (\mathbf{K}_{\text{exte}} \overline{\varepsilon} + \mathbf{K}_{\text{coup}} \overline{\kappa}) \, d\Gamma - \int_{\Gamma_0^s} \delta \overline{\kappa} \cdot (\mathbf{K}_{\text{coup}} \overline{\varepsilon} + \mathbf{K}_{\text{bend}} \overline{\kappa}) \, d\Gamma \quad (1.191)$$

キルヒホッフ-ラブ シェルの完全な変分方程式は次のとおりである.

任意の $\mathbf{w} \in \mathcal{V}_y$ を満足する中立面シェル $\mathbf{y} \in \mathcal{S}_y$ を求めよ:

$$\int_{\Gamma_0^s} \mathbf{w} \cdot h_{\text{th}} \overline{\rho}_0 (\mathbf{a} - \mathbf{f}) \, d\Gamma$$

$$+ \int_{\Gamma_0^s} \delta\overline{\boldsymbol{\varepsilon}} \cdot (\mathbf{K}_{\text{exte}} \overline{\boldsymbol{\varepsilon}} + \mathbf{K}_{\text{coup}} \overline{\boldsymbol{\kappa}}) \, d\Gamma$$

$$+ \int_{\Gamma_0^s} \delta\overline{\boldsymbol{\kappa}} \cdot (\mathbf{K}_{\text{coup}} \overline{\boldsymbol{\varepsilon}} + \mathbf{K}_{\text{bend}} \overline{\boldsymbol{\kappa}}) \, d\Gamma - \int_{(\Gamma_t^s)_h} \mathbf{w} \cdot \mathbf{h} \, d\Gamma = 0 \quad (1.192)$$

ここで，$(\Gamma_t^s)_h$ は所定のトラクション境界条件をもつシェルのサブドメインであり，$\overline{\rho}_0$ は以下で与えられるシェルの厚み方向平均密度である．

$$\overline{\rho}_0 = \frac{1}{h_{\text{th}}} \int_{h_{\text{th}}} \rho_0 \, d\xi_3 \quad (1.193)$$

説明を単純にするため，式 (1.192) ではシェルの端で規定されたトラクションと一致する項を省略した．ここには示していないが，われわれの構造解析プログラムではそれらの項も実装している．

(2) 膜モデル

膜の記述式は，キルヒホッフ－ラブ モデルにおける面内グリーン－ラグランジュひずみ（式 (1.160) 参照）の曲率テンソルを無視することによって得られる．その結果，曲げの効果を無視した単純化された構造モデルとなる．膜構造物の変分方程式は以下のとおり記述される．

任意の $\mathbf{w} \in \mathcal{V}_y$ を満足する $\mathbf{y} \in \mathcal{S}_y$ を求めよ：

$$\int_{\Gamma_0^s} \mathbf{w} \cdot h_{\text{th}} \overline{\rho}_0 (\mathbf{a} - \mathbf{f}) \, d\Gamma + \int_{\Gamma_0^s} \delta\overline{\boldsymbol{\varepsilon}} \cdot \mathbf{K}_{\text{exte}} \overline{\boldsymbol{\varepsilon}} \, d\Gamma - \int_{(\Gamma_t^s)_h} \mathbf{w} \cdot \mathbf{h} \, d\Gamma = 0 \quad (1.194)$$

この変分方程式は変数領域座標に関する1次導関数のみで構成されているため，C^0 連続な基底関数を膜の方程式の離散化に用いることができる．

等方性材料の場合，膜の記述式は局所座標系を用いずに記述することができる．このとき，膜モデルの変分方程式は次のとおりである．

任意の $\mathbf{w} \in \mathcal{V}_y$ を満足する $\mathbf{y} \in \mathcal{S}_y$ を求めよ：

$$\int_{\Gamma_0^s} \mathbf{w} \cdot h_{\text{th}} \overline{\rho}_0 (\mathbf{a} - \mathbf{f}) \, d\Gamma + \int_{\Gamma_0^s} \delta\varepsilon_{\alpha\beta} h_{\text{th}} S^{\alpha\beta} \, d\Gamma - \int_{(\Gamma_t^s)_h} \mathbf{w} \cdot \mathbf{h} \, d\Gamma = 0 \quad (1.195)$$

このとき，

$$S^{\alpha\beta} = \left(\overline{\lambda} G^{\alpha\beta} G^{\gamma\delta} + \mu \left(G^{\alpha\gamma} G^{\beta\delta} + G^{\alpha\delta} G^{\beta\gamma}\right)\right) \varepsilon_{\gamma\delta} \quad (1.196)$$

である．$\varepsilon_{\gamma\delta}$ は式 (1.161) で示したグリーン - ラグランジュひずみテンソルの面内成分で，$\overline{\lambda} = 2\lambda\mu/(\lambda+2\mu)$ と $G^{\alpha\beta}$ は未変形配置の反変計量テンソル成分である．説明を簡単にするため，シェルモデルと同様，式 (1.194) と (1.195) の端部トラクション項は省略してある．

(3) ケーブルモデル

ケーブルモデルにおいては，単軸引張の仮定の下で変数領域を線（ライン）に減らし（図 1.9 参照），添え字を $\alpha = \beta = 1$ とし，(1) と同様，ここでもまた曲げの効果は無視する．さらにポアソン効果も無視できるため，ヤング率 E_c のみがケーブル構造モデルの物性値として残る．ケーブル構造物の変分方程式は次のとおりとなる．

任意の $\mathbf{w} \in \mathcal{V}_y$ を満足する $\mathbf{y} \in \mathcal{S}_y$ を求めよ：

$$\int_{S_0} \mathbf{w} \cdot A_c \overline{\rho}_0 (\mathbf{a} - \mathbf{f}) \, dS + \int_{S_0} \delta\overline{\varepsilon}_{11} A_c E_c \overline{\varepsilon}_{11} \, dS - \int_{(S_t)_h} \mathbf{w} \cdot \mathbf{h} \, dS = 0 \quad (1.197)$$

ここで，S_0 と S_t は参照配置と変形後の配置それぞれのケーブル軸曲線であり，$(S_t)_h$ は与えられたトラクション境界条件 S_t の一部で，この場合には $\mathbf{h}$ は単位長さあたりにかかる力の次元をもつ．

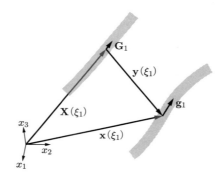

図 1.9　ケーブルの運動

ケーブルの方程式は，局所座標系を用いずに次のように記述できる．

任意の $\mathbf{w} \in \mathcal{V}_y$ を満足する $\mathbf{y} \in \mathcal{S}_y$ を求めよ：

$$\int_{S_0} \mathbf{w} \cdot A_c \overline{\rho}_0 (\mathbf{a} - \mathbf{f}) \, dS + \int_{S_0} \delta\varepsilon_{11} A_c E_c G^{11} G^{11} \varepsilon_{11} \, dS - \int_{(S_t)_h} \mathbf{w} \cdot \mathbf{h} \, dS = 0 \quad (1.198)$$

式 (1.198) でもまた，端点におけるトラクション境界条件の項は含んでいないが，わ

れわれの解析プログラムでは実装している．

1.3 移動領域における流体力学の支配方程式

本節では再び流体力学の支配方程式に戻り，ALE 定式化の枠組みに合わせて改造する．流体力学方程式の ALE 表記は，FSI を含む移動領域中の流れのシミュレーションにてしばしば用いられる．

1.3.1 ALE 記述および space–time 記述の運動学

ALE の説明においてもまた，参照領域を使用する．ただし，構造力学で典型的に用いられるラグランジュ的アプローチとの大きな違いは，流体問題の参照領域の動きが流体自身の動きに追従しない点である．そのため，この参照領域を $\hat{\Omega} \in \mathbb{R}^{n_{\mathrm{sd}}}$ で表し，この領域の座標を $\hat{\mathbf{x}}$ で表す（図 1.10 参照）．流体空間領域 Ω_t は以下で与えられる．

$$\Omega_t = \left\{ \mathbf{x} \mid \mathbf{x} = \boldsymbol{\phi}(\hat{\mathbf{x}}, t), \, \forall \hat{\mathbf{x}} \in \hat{\Omega}, t \in (0, T) \right\} \tag{1.199}$$

式 (1.199) の関数は次の形となる．

$$\boldsymbol{\phi}(\hat{\mathbf{x}}, t) = \hat{\mathbf{x}} + \hat{\mathbf{y}}(\hat{\mathbf{x}}, t) \tag{1.200}$$

このとき，$\hat{\mathbf{y}}$ は時間に依存する参照流体領域の変位である．この ALE 関数に関する定義より，流体領域の速度は以下となる．

$$\hat{\mathbf{u}} = \left. \frac{\partial \hat{\mathbf{y}}}{\partial t} \right|_{\hat{x}} \tag{1.201}$$

ここで，$\left. \right|_{\hat{x}}$ は $\hat{\mathbf{x}}$ を固定したときの時間の導関数を表し，変形勾配テンソルは次式で定義される．

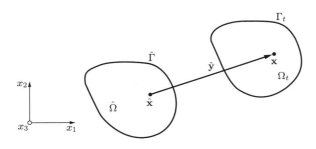

図 1.10　参照領域と流体の空間領域

$$\hat{\mathbf{F}} = \frac{\partial \mathbf{x}}{\partial \hat{\mathbf{x}}} = \mathbf{I} + \frac{\partial \hat{\mathbf{y}}}{\partial \hat{\mathbf{x}}} \tag{1.202}$$

また，$\hat{J} = \det \hat{\mathbf{F}}$ は変形勾配テンソルである．

ここで再びピオラ変換，いわゆる古典的な連続体力学の成果（例：文献 [39] 参照）を用いる．空間領域で定められる任意のベクトル場 $\boldsymbol{\gamma}$ があるとき，参照領域のベクトル場を次のように定めることができる．

$$\hat{\boldsymbol{\gamma}} = \hat{J}\hat{\mathbf{F}}^{-1}\boldsymbol{\gamma} \tag{1.203}$$

この場合，以下の等式が成り立つ．

$$\int_{\Omega_t} \boldsymbol{\nabla} \cdot \boldsymbol{\gamma} \, d\Omega = \int_{\hat{\Omega}} \boldsymbol{\nabla}_{\hat{x}} \cdot \hat{\boldsymbol{\gamma}} \, d\hat{\Omega} \tag{1.204}$$

式 (1.203) の関係式はピオラ変換で，発散を保存，つまり参照配置におけるベクトル場構造を保存する（式 (1.204) 参照）．テンソル量の評価にもまた，ピオラ変換を用いる．

流体力学の ALE 方程式を導出するため，space–time 領域の概念を紹介する．この概念は，後で移動領域問題の space–time 法を論じる際にも用いる．参照配置の流体領域 $\hat{\Omega}$ から始め，これを時間軸に沿って押し上げることにより，対応する space–time 領域を下記のように定義する．

$$\hat{Q} = \hat{\Omega} \times (0,T) = \left\{ (\hat{\mathbf{x}},t) \,\middle|\, \forall \hat{\mathbf{x}} \in \hat{\Omega}, t \in (0,T) \right\} \tag{1.205}$$

現配置の space–time 領域 Q_t は次のように定義される．

$$Q_t = \left\{ (\mathbf{x},t) \,\middle|\, \begin{Bmatrix} t \\ \mathbf{x} \end{Bmatrix} = \begin{Bmatrix} t \\ \boldsymbol{\phi}(\hat{\mathbf{x}},t) \end{Bmatrix}, \, \forall (\hat{\mathbf{x}},t) \in \hat{Q} \right\} \tag{1.206}$$

時間はどちらの配置でも一致することに注意してほしい．$\hat{Q}$ から Q_t への変形勾配は直接次式で与えられ，

$$\begin{Bmatrix} \partial t/\partial t & \partial t/\partial \hat{\mathbf{x}} \\ \partial \mathbf{x}/\partial t & \partial \mathbf{x}/\partial \hat{\mathbf{x}} \end{Bmatrix} = \begin{Bmatrix} 1 & \mathbf{0}^T \\ \hat{\mathbf{u}} & \hat{\mathbf{F}} \end{Bmatrix} \tag{1.207}$$

その行列式は空間写像のそれと一致する．

$$\det \begin{Bmatrix} 1 & \mathbf{0}^T \\ \hat{\mathbf{u}} & \hat{\mathbf{F}} \end{Bmatrix} = \hat{J} \tag{1.208}$$

空間領域で行ったピオラ変換（式 (1.203) 参照）に相当するものが，space–time 領域においても存在する（文献 [16] 参照）．ベクトル場 $(\gamma_0, \boldsymbol{\gamma})^T : Q_t \to \mathbb{R}^{n_{\mathrm{sd}}+1}$ に対し，

次のベクトル場 $(\hat{\gamma}_0, \hat{\boldsymbol{\gamma}})^T : \hat{Q} \to \mathbb{R}^{n_{\rm sd}+1}$ を返す.

$$\begin{Bmatrix} \hat{\gamma}_0 \\ \hat{\boldsymbol{\gamma}} \end{Bmatrix} = \hat{J} \begin{Bmatrix} 1 & \mathbf{0}^T \\ \hat{\mathbf{u}} & \hat{\mathbf{F}} \end{Bmatrix}^{-1} \begin{Bmatrix} \gamma_0 \\ \boldsymbol{\gamma} \end{Bmatrix} = \hat{J} \begin{Bmatrix} 1 & \mathbf{0}^T \\ -\hat{\mathbf{F}}^{-1}\hat{\mathbf{u}} & \hat{\mathbf{F}}^{-1} \end{Bmatrix} \begin{Bmatrix} \gamma_0 \\ \boldsymbol{\gamma} \end{Bmatrix} = \begin{Bmatrix} \hat{J}\gamma_0 \\ \hat{J}\hat{\mathbf{F}}^{-1}(\boldsymbol{\gamma} - \gamma_0 \hat{\mathbf{u}}) \end{Bmatrix} \quad (1.209)$$

この際,次の space–time 領域の積分関係が成り立つ.

$$\int_{Q_t} \left(\frac{\partial \gamma_0}{\partial t} + \boldsymbol{\nabla} \cdot \boldsymbol{\gamma} \right) \mathrm{d}Q = \int_{\hat{Q}} \left(\left. \frac{\partial \hat{\gamma}_0}{\partial t} \right|_{\hat{x}} + \boldsymbol{\nabla}_{\hat{x}} \cdot \hat{\boldsymbol{\gamma}} \right) \mathrm{d}\hat{Q} \quad (1.210)$$

これは,space–time ピオラ変換が space–time 領域におけるベクトル場の構造を保存することを表している.

式 (1.209) で与えられた space–time ピオラ変換は,インデックス表記を用いると次式となる.

$$\begin{Bmatrix} \hat{\gamma}_0 \\ \hat{\gamma}_I \end{Bmatrix} = \begin{Bmatrix} \hat{J}\gamma_0 \\ \hat{J}\hat{F}_{Ii}^{-1}(\gamma_i - \gamma_0 \hat{u}_i) \end{Bmatrix} \quad (1.211)$$

添え字に用いた大文字と小文字はそれぞれ参照領域と実空間領域の値を表す.また,積分関係式 (1.210) は次式で表せる.

$$\int_{Q_t} (\gamma_{0,t} + \gamma_{i,i}) \, \mathrm{d}Q = \int_{\hat{Q}} \left(\hat{\gamma}_{0,t}|_{\hat{x}} + \hat{\gamma}_{I,I} \right) \mathrm{d}\hat{Q} \quad (1.212)$$

1.3.2 流体力学の ALE 定式化

空間領域 Ω_t, $t \in (0, T)$ 上について書かれた保存形の並進運動量方程式から説明を始める(式 (1.1) 参照).

$$\frac{\partial (\rho \mathbf{u})}{\partial t} + \boldsymbol{\nabla} \cdot (\rho \mathbf{u} \otimes \mathbf{u} - \boldsymbol{\sigma}) - \rho \mathbf{f} = \mathbf{0} \quad (1.213)$$

この方程式は space–time 有限要素の離散化を始めるのに適した式で,空間と時間両方の挙動を基底関数によって近似している.ただ,より標準的な半離散化手順を踏みたければ,空間部分を有限要素,時間部分を有限差分的な時間積分法を用いて処理すればよく,式 (1.213) は手頃な出発点ではない.半離散化の過程に適した変分方程式の形に帰着するため,はじめに式 (1.213) を Q_t で積分する.

$$\int_{Q_t} \left(\frac{\partial (\rho \mathbf{u})}{\partial t} + \boldsymbol{\nabla} \cdot (\rho \mathbf{u} \otimes \mathbf{u} - \boldsymbol{\sigma}) - \rho \mathbf{f} \right) \mathrm{d}Q = \mathbf{0} \quad (1.214)$$

続いて,これをインデックス表記を用いて書き直すと,次式となる.

$$\int_{Q_t} \left((\rho u_i)_{,t} + (\rho u_i u_j - \sigma_{ij})_{,j} - \rho f_i \right) \mathrm{d}Q = 0 \qquad (1.215)$$

式 (1.215) の変数を $Q_t \to \hat{Q}$ に変え，式 (1.209) の space–time ピオラ変換を施し，各成分 i について $\gamma_0 = \rho u_i$ および $\gamma_j = \rho u_i u_j - \sigma_{ij}$ を適用すると次式が得られる．

$$\int_{\hat{Q}} \left(\left. \left(\hat{J} \rho u_i \right)_{,t} \right|_{\hat{x}} + \left(\hat{J}(\rho u_i(u_j - \hat{u}_j) - \sigma_{ij}) \hat{F}_{Jj}^{-1} \right)_{,J} - \hat{J}\rho f_i \right) \mathrm{d}\hat{Q} = 0 \qquad (1.216)$$

$\int_{\hat{Q}} = \int_0^T \int_{\hat{\Omega}}$，かつ $\hat{\mathbf{x}}$ と t は独立なので，空間積分と時間積分の順序を入れ替えることが可能，すなわち $\int_{\hat{Q}} = \int_{\hat{\Omega}} \int_0^T$ が成り立つ．ただし，$\int_{Q_t}$ に対しては $\mathbf{x}$ と t が独立でなくなるため，これは適用できない．さらに，時間間隔が任意であるため，式 (1.216) の時間を"局所化"することで次式が得られる．

$$\int_{\hat{\Omega}} \left(\left. \left(\hat{J} \rho u_i \right)_{,t} \right|_{\hat{x}} + \left(\hat{J}(\rho u_i(u_j - \hat{u}_j) - \sigma_{ij}) \hat{F}_{Jj}^{-1} \right)_{,J} - \hat{J}\rho f_i \right) \mathrm{d}\hat{\Omega} = 0 \qquad (1.217)$$

式 (1.217) の変数を $\hat{\Omega} \to \Omega_t$ に変更し，式 (1.203) の空間ピオラ変換を施すと次式となる．

$$\int_{\Omega_t} \left(\frac{1}{\hat{J}} \left. \left(\hat{J} \rho u_i \right)_{,t} \right|_{\hat{x}} + (\rho u_i(u_j - \hat{u}_j) - \sigma_{ij})_{,j} - \rho f_i \right) \mathrm{d}\Omega = 0 \qquad (1.218)$$

式 (1.218) を空間で局所化すると各点における運動量平衡式となり，

$$\frac{1}{\hat{J}} \left. \left(\hat{J} \rho u_i \right)_{,t} \right|_{\hat{x}} + (\rho u_i(u_j - \hat{u}_j) - \sigma_{ij})_{,j} - \rho f_i = 0 \qquad (1.219)$$

これをベクトル記述を用いて書き直すと次式となる．

$$\frac{1}{\hat{J}} \left. \frac{\partial \hat{J} \rho \mathbf{u}}{\partial t} \right|_{\hat{x}} + \boldsymbol{\nabla} \cdot (\rho \mathbf{u} \otimes (\mathbf{u} - \hat{\mathbf{u}}) - \boldsymbol{\sigma}) - \rho \mathbf{f} = \mathbf{0} \qquad (1.220)$$

式 (1.220) は，流体力学方程式の ALE 表記の保存形運動量平衡方程式である．この形は移動領域（例：文献 [45] 参照）の数値流体力学方程式の出発点として，しばしば用いられる．

いわゆる移流形の ALE 方程式は，これから述べるように保存形の式から得ることができる．まずはじめに，式 (1.220) の時間微分項から移流項を展開して，次式を得る．

$$\rho \left(\frac{1}{\hat{J}} \left. \frac{\partial \hat{J}}{\partial t} \right|_{\hat{x}} \mathbf{u} + \left. \frac{\partial \mathbf{u}}{\partial t} \right|_{\hat{x}} \right) + \rho (\mathbf{u} \boldsymbol{\nabla} \cdot (\mathbf{u} - \hat{\mathbf{u}}) + (\mathbf{u} - \hat{\mathbf{u}}) \cdot \boldsymbol{\nabla} \mathbf{u}) - \boldsymbol{\nabla} \cdot \boldsymbol{\sigma} - \rho \mathbf{f} = \mathbf{0}$$
$$(1.221)$$

ここでは，密度 ρ は一定であると仮定する．よく知られた連続体力学の恒等式である（例：文献 [39] 参照），

$$\left.\frac{\partial \hat{J}}{\partial t}\right|_{\hat{x}} = \hat{J}\boldsymbol{\nabla} \cdot \hat{\mathbf{u}} \tag{1.222}$$

および非圧縮性条件である $\boldsymbol{\nabla} \cdot \mathbf{u} = 0$ を用いると，式 (1.221) より次式が得られる．

$$\rho\left(\left.\frac{\partial \mathbf{u}}{\partial t}\right|_{\hat{x}} + (\mathbf{u} - \hat{\mathbf{u}}) \cdot \boldsymbol{\nabla}\mathbf{u} - \mathbf{f}\right) - \boldsymbol{\nabla} \cdot \boldsymbol{\sigma} = \mathbf{0} \tag{1.223}$$

これは移流形の非圧縮性流体の並進運動量平衡式の ALE 記述である．式 (1.223) が実質上式 (1.220) の簡略版だということに注意してほしい．完全に連続した状態である限りは保存形と移流形の流体力学方程式は等価であるが，離散化された状態では必ずしも成り立たない．詳細は Remark にて説明する．

Remark 1.8 離散化幾何学的保存則は，体積力がなく応力テンソルが自己平衡状態のときに，流速が空間および時間的に一定となる場合（例：文献 [46] およびその参照文献を参照）に満たされる．流速を一定と仮定すると，式 (1.223) の保存形の並進運動量方程式は同様に満たされる．さらに，時間積分手法が定常解をもち速度場が時間的に一定であるならば，時間微分の離散近似はゼロとなり，式は完全に離散化された状態で幾何保存則を満たす．合理的な時間積分法はどれもこの条件を満足している．

Remark 1.9 保存形の並進運動量方程式 (1.220) に基づいた ALE 式が離散化幾何学的保存則を満たすか否かは，完全な離散化状態で式 (1.222) が成り立つか否かによる．ALE 法においては，空間と時間の離散化の扱いが異なるため，完全な離散化状態では式 (1.222) は満たされない可能性もある．

Remark 1.10 並進運動量の全体保存では状況が一転する．一般に保存形の並進運動量方程式を完全に離散化すると，全体として運動量保存が成立する．通常の保存形の方程式に基づく ALE 式においては，全体としての運動量保存は時間に関する離散化でのみ成立する（例：文献 [16] 参照）．

Remark 1.11 space–time 式において基底関数は空間と時間の両方に依存するため，式 (1.222) は完全な離散化状態でも成立する．その結果，space–time 式は離散化幾何学的保存則と全体としての運動量保存則を自然に満たす．

第2章 静止領域問題の有限要素法の基礎

　前章では，流体力学と構造力学の支配方程式を紹介した．それらの式は，非線形で時間依存する移動空間領域を対象としたものであった．本章では，静止した領域をもつ問題を対象として，有限要素法 (FEM: finite element method) の基礎を説明する．移動領域問題については次章で取り扱う．ここでは，構造力学の計算手法として一般的なガラーキン有限要素法から始める．このガラーキン法を流体計算に適用すると一連の問題が発生するため，安定化有限要素法やマルチスケール有限要素法を用いる．本書では，線形移流拡散方程式と非圧縮性流体のナビエ–ストークス方程式を例に，これらの手法を簡潔に説明する．

　はじめに定常問題の FEM 手法について説明する．この単純化した条件で，本書で取り扱う基本的な説明の大部分が完了する．その後，時間依存を含む例題に進むが，このときも支配微分方程式は固定された空間領域を仮定する．

2.1　定常問題の変分方程式の概念

　前章と同様に，定常問題についても空間領域 $\Omega \in \mathbb{R}^{n_{sd}}$ と境界 Γ を仮定する．Ω と Γ は空間に固定されている．境界 Γ は二つの境界 Γ_g と Γ_h に分かれており，それぞれ基本境界条件と自然境界条件である．領域 Ω 上に試行関数 $\mathcal{S}$ と試験関数 $\mathcal{V}$ を定義する．$\mathcal{S}$ と $\mathcal{V}$ は十分滑らか（微分可能）な関数である必要がある．基本境界条件は下記の関数で定義する．

$$u = g \quad (\Gamma_g \text{ 上で}), \quad \forall u \in \mathcal{S} \tag{2.1}$$

$$w = 0 \quad (\Gamma_g \text{ 上で}), \quad \forall w \in \mathcal{V} \tag{2.2}$$

ここで，g は与えられた関数である．領域と境界，試行関数，重み関数が与えられているとき[†]，境界値問題 (BVP: boundary value problem) の抽象化された弱形式すなわち変分方程式は次のようになる．

　任意の $w \in \mathcal{V}$ を満足する $u \in \mathcal{S}$ を求めよ：

[†] 重み関数は試験関数ともよばれる．本書では，どちらの用語も区別なく使用する．

$$B(w,u) - F(w) = 0 \tag{2.3}$$

式 (2.3) 中の $B(\cdot,\cdot): \mathcal{V} \times \mathcal{S} \to \mathbb{R}$ は準線形（試験関数についてはつねに線形であるが，試行関数に関しては必ずしもそうではない）で，$F(\cdot): \mathcal{V} \to \mathbb{R}$ は自然境界条件を含む線形関数である．式 (2.3) および関数 $\mathcal{S}$, $\mathcal{V}$ と境界条件 (2.1), (2.2) を組み合わせると，連続関数に対する BVP の記述式となる．このとき，u, w はスカラー関数もしくはベクトル関数である．これに対応する流体および構造力学方程式の弱形式の例は，前章で示したとおりである．

2.2　定常問題に対する FEM

FEM は式 (2.3) の弱形式で記述した BVP の近似解を求める手順を集めたものである．FEM は構造力学や固体力学問題に対するもっとも成熟した解法であったが，ここ数十年の進歩によりその他の力学・工学分野，とくに流体力学分野においても実用問題への適用が可能となった．そして現在では，FEM は偏微分方程式が支配する大規模複雑幾何形状の近似解法としてもっとも代表的な手法となっている．

以下，FEM の背景として基本的な考え方を説明する．本章では一般性を失わないように，かつわかりやすい例を用いながら説明を進める．図 2.1 に示すとおり，FEM では問題の領域（ドメイン）Ω をサブドメイン Ω^e の集合として近似する．

$$\Omega \approx \Omega^h = \bigcup_{e=1}^{n_{\mathrm{el}}} \Omega^e \tag{2.4}$$

ここで，Ω^h は有限要素問題の領域であり，サブドメイン Ω^e を有限要素とよび，n_{el} はその総数，上付きの h は有限要素の代表寸法（直径など）であることを意味する．サブドメイン Ω^e には，2 次元では三角形や四角形，3 次元では四面体や六面体といった単純形状を用いる．Ω^e の集合は有限要素メッシュとして参照する．要素形状が単純なため，領域 Ω が幾何学的に複雑な場合，Ω^h はメッシュ細分化の極限で Ω と一

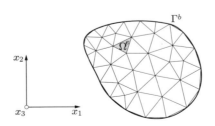

図 2.1　有限要素 Ω^e とドメイン境界 Γ^b

致する．

　問題領域を有限要素に分割するということは，問題の領域境界を以下のように分割することである．

$$\Gamma \approx \Gamma^h = \bigcup_{b=1}^{n_{\text{eb}}} \Gamma^b \tag{2.5}$$

ここで，Γ^b はエッジ (2D) またはフェース (3D) の領域境界である．有限要素の領域と同様，境界も単純形状の要素の集合で近似する．

　与えられた領域と境界の有限要素分割に対して，$\mathcal{S}$ および $\mathcal{V}$ を離散化したものである有限次元の有限要素関数 $\mathcal{S}^h$ と $\mathcal{V}^h$ を構築する．$\mathcal{S}^h$ を定義するために，$\mathcal{S}^h$ の有限要素基底関数を作成する．$\boldsymbol{\eta}^s$ はインデックス集合である．たいていの場合，$N_A(\mathbf{x})$ はそれぞれメッシュ節点 A に対応するため，$\boldsymbol{\eta}^s$ はそれらのメッシュ節点のインデックスセットである[†]．関数 $N_A(\mathbf{x})$ は，$\mathcal{S}^h$ を精度よく近似でき，局所サポートをもつように選択する．局所サポートとは，N_A が有限要素メッシュの各サブセットでサポートされていることを指す．このような基底関数の事例を，後の節で説明する．

　基底関数が与えられたとき，各有限要素関数 $u^h \in \mathcal{S}^h$ は，以下の式と

$$u^h = v^h + g^h \tag{2.6}$$

$$v^h = \sum_{A \in (\boldsymbol{\eta}^s - \boldsymbol{\eta}^s_g)} u_A N_A(\mathbf{x}) \tag{2.7}$$

$$g^h = \sum_{A \in \boldsymbol{\eta}^s_g} g_A N_A(\mathbf{x}) \tag{2.8}$$

次の付随条件で表すことができる．

$$v^h = 0 \quad (\Gamma^h_g \text{ 上で}) \tag{2.9}$$

$$g^h = \Pi^h g \quad (\Gamma^h_g \text{ 上で}) \tag{2.10}$$

式 (2.7) 中の係数 u_A は有限要素問題の未知数で，自由度とよばれる．式 (2.8) のインデックスセット $\boldsymbol{\eta}^s_g$ は，基本境界条件を付与するために定められた係数 g_A の集合のためにある．係数 g_A は既知である．図 2.2 は既知係数と未知係数をもつ節点の説明図である．式 (2.10) は基本境界条件を与える式で，$\Pi^h g$ は基本境界条件 g を Γ^h_g をサポートする有限要素関数空間に補間もしくは射影したものである．

[†] FEM では，基底関数を必ずしもメッシュ節点に関連づける必要はない．低次精度の混合型有限要素法では，基底関数が要素内部に関連づいている場合もある．FEM の基底関数がメッシュ節点に関連づかないその他の例に，XFEM (拡張有限要素法)[47] の不連続性をもつエンリッチ関数や，アイソジオメトリック解析の NURBS および T-spline 基底関数などがある．後者はメッシュコントロールポイントに関連づく (第 3 章参照)．

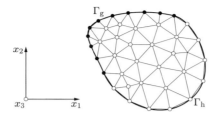

図 2.2 解の係数が既知の節点（黒丸）と未知の節点（白丸）

$\mathcal{S}^h$ と同様に，$\mathcal{V}$ を離散化した $\mathcal{V}^h$ の任意の要素 w^h は，次式と

$$w^h = \sum_{A \in \boldsymbol{\eta}^w} w_A Q_A(\mathbf{x}) \tag{2.11}$$

次の付随条件[†1]で表す．

$$w^h = 0 \quad (\Gamma_g^h \text{ 上で}) \tag{2.12}$$

式 (2.11) において，Q_A は節点 A における基底関数，$\boldsymbol{\eta}^w$ はそれらの節点の集合である[†2]．$\mathcal{V}^h$ が良好な近似特性をもち，関数が局所サポートをもつように，これらを選択する．

以上の領域と基底関数の定義により，変分方程式 (2.3) の離散化式は次のように書くことができる．

任意の $w^h \in \mathcal{V}^h$ を満足する $u^h \in \mathcal{S}^h$ を求めよ：

$$B^h(w^h, u^h) - F^h(w^h) = 0 \tag{2.13}$$

ここで，準線形式 $B^h(\cdot, \cdot) : \mathcal{V}^h \times \mathcal{S}^h \to \mathbb{R}$ と線形式 $F^h(\cdot) : \mathcal{V}^h \to \mathbb{R}$ は，式 (2.3) の B および F を離散化したものである．式 (2.11) で求めた総和を式 (2.13) に代入し，B^h が準線形で F^h が線形であることと，離散化変分式 (2.13) がすべての重み関数 $w^h \in \mathcal{V}^h$ において成立することを用いると，次に示すそれぞれの自由度 A の離散化された方程式が得られる．

$$B^h(Q_A, u^h) - F^h(Q_A) = 0, \quad \forall A \in \boldsymbol{\eta}^w \tag{2.14}$$

[†1] BVP の性質と有限要素関数群の構成によっては，この付随条件が必要ない場合もある．たとえば，1 次元の純粋な移流問題を考えよう．簡単にするため，単位区間の全体にわたって正の移流速度をもつ問題を仮定する．すると良設定問題となり，区間の左端によってのみ解が定まる．このケースでは，何種類もの方法で有限要素の離散化が可能である．それらには要素内で線形な連続性をもつ $\mathcal{S}^h$ や要素内で一定値で不連続な $\mathcal{V}^h$ が含まれる．この場合，試験関数は基本境界条件上で消えない．さらにこの場合，$\mathcal{S}^h$ の基底関数はメッシュ節点に紐づき，$\mathcal{V}^h$ の基底関数はメッシュ要素に紐づく．

[†2] 前ページの脚注および上記 †1 参照．

方程式系 (2.14) は係数 u_B^h と $B \in \boldsymbol{\eta}^s - \boldsymbol{\eta}_g^s$ を見つけることによって解く．そのため次式を満たす必要がある．

$$\dim \boldsymbol{\eta}^w = \dim(\boldsymbol{\eta}^s - \boldsymbol{\eta}_g^s) \tag{2.15}$$

B^h が双線形（すなわち，二つの独立変数に対して線形）の場合には，式 (2.6)～(2.8) を式 (2.14) に代入することで次式の行列問題を得る．

$$\mathbf{KU} = \mathbf{F} \tag{2.16}$$

このとき，すべての $A \in \boldsymbol{\eta}^w$, $B \in \boldsymbol{\eta}^s - \boldsymbol{\eta}_g^s$ に対して，

$$\mathbf{K} = [\mathrm{K}_{AB}] \tag{2.17}$$

$$\mathbf{U} = [u_B] \tag{2.18}$$

$$\mathbf{F} = [\mathrm{F}_A] \tag{2.19}$$

$$\mathrm{K}_{AB} = B^h(Q_A, N_B) \tag{2.20}$$

$$\mathrm{F}_A = F^h(Q_A) - \sum_{C \in \boldsymbol{\eta}_g^s} \mathrm{K}_{AC} g_C \tag{2.21}$$

となる．線形の方程式系 (2.16) では未知のベクトル解 $\mathbf{U}$ を求める．解の場 u^h は，u_A と式 (2.6)～(2.8) の境界条件とともに N_A との線形結合の形で得られる．

一般に，B^h が準線形でしかない場合には，式 (2.14) の解を得るためにニュートン-ラフソン法を用いる．初期値 $\mathbf{U}^0$ が与えられたとき，$i = 0, 1, \ldots, (i_{\max} - 1)$ において次の反復演算を行う．

$$\mathbf{K}^i \Delta \mathbf{U}^i = -\mathbf{R}^i \tag{2.22}$$

このとき，各変数は次のとおりである．

$$\mathbf{K}^i = [\mathrm{K}_{AB}^i] \tag{2.23}$$

$$\mathbf{R}^i = [\mathrm{r}_A^i] \tag{2.24}$$

$$\mathrm{r}_A^i = B^h \left(Q_A, \sum_{C \in \boldsymbol{\eta}^s - \boldsymbol{\eta}_g^s} u_C^i N_C + \sum_{C \in \boldsymbol{\eta}_g^s} g_C N_C \right) - F^h(Q_A) \tag{2.25}$$

$$\mathrm{K}_{AB}^i = \left(\frac{\partial \mathrm{r}_A}{\partial u_B} \right) \bigg|_i \tag{2.26}$$

そして，$i+1$ 番目の反復解を次式を用いて更新する．

$$\mathbf{U}^{i+1} = \mathbf{U}^i + \Delta\mathbf{U}^i \tag{2.27}$$

式 (2.22) の反復演算は，$r_A^i = 0$ がそれなりに満たされるまで続ける．上式で，$\mathbf{K}^i$ は i 番目の収束解で評価する接線剛性行列である．接線剛性行列を用いることにより，ニュートン－ラフソン法の 2 次収束性を確保できる．

この一般的な有限要素法はバブノフ－ガラーキン法をはじめとして多くの有名な手法に適用されている．バブノフ－ガラーキン法（いわゆるガラーキン法）は，もっとも古くからよく知られた有限要素法である．事実，長年にわたり"ガラーキン法"は FEM の同義語として使われている．この手法は $\mathcal{S}^h \subset \mathcal{S}$ および $\mathcal{V}^h \subset \mathcal{V}$ の選択と，以下の設定により得られる．

$$\boldsymbol{\eta}^w = \boldsymbol{\eta}^s - \boldsymbol{\eta}_g^s \tag{2.28}$$

$$Q_A(\mathbf{x}) = N_A(\mathbf{x}), \forall A \in \boldsymbol{\eta}^w \tag{2.29}$$

$$B^h(w^h, u^h) = B(w^h, u^h) \tag{2.30}$$

$$F^h(w^h) = F(w^h) \tag{2.31}$$

つまり，離散化された試行関数と試験関数はもとのそれらの連続関数の部分集合であり，同じ基底関数を使用し，半線形と線形の部分は連続状態がそのまま残っている．バブノフ－ガラーキン法は対称演算子に支配される楕円型 BVP に適した手法で，そのため熱伝導や構造解析に多用され，良好な性能を発揮する．さらに，対称演算子で離散化することで，対称な左辺行列が得られる．試行関数と試験関数に異なる基底関数を用いる手法をペトロフ－ガラーキン法とよぶ．

2.3 有限要素基底関数の構築

本節では，有限要素基底関数の構築に注目する．典型的な構築は個々の要素レベルから始める．はじめに要素レベルで補間関数を構築し，その後，要素を有限要素メッシュに統合し，グローバル基底関数を定義する．個々の要素の大きさや形状は異なるが，メッシュ内のすべての要素はパラメータ領域における単純な幾何形状で定義される．有限要素メッシュには何百万もの要素が含まれるが，パラメトリック形状の種類は数えるほどしかなく，このことが FEM のプログラミングに重要な意味をもつ．本書では，2 次元では三角形と四角形，3 次元では四面体と六面体のみに焦点を絞る．はじめに要素レベルの形状関数を構築し，その後全体の説明に移る．本章の最後では，FEM でもっとも多く使われる形状関数の補間にラグランジュ補間を用いる有限要素

の例を示す．

2.3.1 要素形状関数の構築

$\boldsymbol{\xi} \in \mathbb{R}^{n_{\text{sd}}}$ をパラメトリック要素 $\hat{\Omega}^e$ の座標とする．このとき，補間関数 $N_a(\boldsymbol{\xi})$，$a = 1,\ldots,n_{\text{en}}$ を定義する．n_{en} は要素節点の数である．関数 $N_a(\boldsymbol{\xi})$ もまた，パラメトリック有限要素形状関数として知られている．$\mathbf{x}(\boldsymbol{\xi}) : \hat{\Omega}^e \to \Omega^e$ をパラメトリック要素を物理要素に変換する関数とし，次式で表される写像とする．

$$\mathbf{x}(\boldsymbol{\xi}) = \sum_{a=1}^{n_{\text{en}}} \mathbf{x}_a N_a(\boldsymbol{\xi}) \tag{2.32}$$

ここで，$\mathbf{x}_a$ は，有限要素節点の物理空間上の座標である．写像 $\mathbf{x}(\boldsymbol{\xi})$ は可逆で，領域 $\hat{\Omega}^e$ において連続かつ微分可能であると仮定し，$\boldsymbol{\xi}(\mathbf{x})$ を逆写像とする．また，$N_a(\boldsymbol{\xi})$ は単位元分割である必要がある．

$$\sum_{a=1}^{n_{\text{en}}} N_a(\boldsymbol{\xi}) = 1 \tag{2.33}$$

つまり，すべての $\boldsymbol{\xi} \in \hat{\Omega}^e$ において，パラメトリック形状関数の合計は 1 である．さらに，$N_a(\boldsymbol{\xi})$ は次式の補間特性を満たすことが望ましい（必須ではない）．

$$N_a(\boldsymbol{\xi}_b) = \delta_{ab} \tag{2.34}$$

ここで，$\boldsymbol{\xi}_b$ はパラメトリック要素節点の座標である．この場合，$\mathbf{x}_a$ はメッシュ節点の座標と一致する．このことは次式で表すことができる．

$$\mathbf{x}(\boldsymbol{\xi}_b) = \sum_{a=1}^{n_{\text{en}}} \mathbf{x}_a N_a(\boldsymbol{\xi}_b) = \sum_{a=1}^{n_{\text{en}}} \mathbf{x}_a \delta_{ab} = \mathbf{x}_b \tag{2.35}$$

式 (2.35) はパラメトリック要素節点から物理要素節点へ変換する写像を表している．以上の結果と有限要素写像の可逆性から，次式が成立する．

$$\boldsymbol{\xi}(\mathbf{x}_b) = \boldsymbol{\xi}_b \tag{2.36}$$

もし，式 (2.34) で表される補間特性を満足しなければ，$\mathbf{x}_a$ は一般要素座標と考えられる．

有限要素式には物理要素上の関数解を定義する必要がある．その関数を構築するために，次のパラメトリック要素上の有限要素解を定義する．

$$u^h(\boldsymbol{\xi}) = \sum_{a=1}^{n_{\text{en}}} u_a N_a(\boldsymbol{\xi}) \tag{2.37}$$

ここで，u_a は節点の解の係数もしくは自由度である．与えられたパラメトリック領域に対し，物理領域を次のとおり定義する．

$$u^h(\mathbf{x}) = u^h(\boldsymbol{\xi}(\mathbf{x})) \tag{2.38}$$

この定義の解釈は次のとおりである．位置 $\mathbf{x}$ における有限要素解を求める際，パラメトリック領域上の $\mathbf{x}$ の原像 $\boldsymbol{\xi}$ を見つけ，それからこの位置における有限要素解を求める．式 (2.37) と (2.38) を合わせると次式が得られる．

$$u^h(\mathbf{x}) = \sum_{a=1}^{n_{\text{en}}} u_a N_a(\boldsymbol{\xi}(\mathbf{x})) \tag{2.39}$$

式 (2.39) より，物理要素上の形状関数 $N_a(\mathbf{x})$ の自然な定義が導かれる．

$$N_a(\mathbf{x}) = N_a(\boldsymbol{\xi}(\mathbf{x})) \tag{2.40}$$

要素形状関数を式 (2.34) の補間特性を満足するように構築すると，簡単な計算から以下が成立する．

$$\begin{aligned} u^h(\mathbf{x}_a) &= \sum_{b=1}^{n_{\text{en}}} u_b N_b(\mathbf{x}_a) = \sum_{b=1}^{n_{\text{en}}} u_b N_b(\boldsymbol{\xi}(\mathbf{x}_a)) \\ &= \sum_{b=1}^{n_{\text{en}}} u_b N_b(\boldsymbol{\xi}_a) = \sum_{b=1}^{n_{\text{en}}} u_b \delta_{ba} = u_a \end{aligned} \tag{2.41}$$

これは，解の係数が節点の値であることを意味している．この特性は，有限要素解析における基本境界条件を設定する際に都合がよい．

式 (2.32) の幾何形状と式 (2.37) のパラメトリック要素上の補間解を比較すると，同一のパラメトリック形状関数が用いられていることに気づく．これが有名なアイソパラメトリック有限要素構造で，発想は文献 [48] に基づいている．式 (2.33) の単位元分割の特性とアイソパラメトリック構造は，物理領域上のすべての要素において，有限要素形状関数が任意の線形多項式で表せることを保証する．これは以下のとおり書くことができる．有限要素関数解を次式とする．

$$u^h(\mathbf{x}) = c_0 + c_1 (\mathbf{x})_1 + c_2 (\mathbf{x})_2 + c_3 (\mathbf{x})_3 \tag{2.42}$$

ここで，$(\mathbf{x})_i$ は位置ベクトル $\mathbf{x}$ の i 番目の成分で，$c_0 \sim c_3$ は任意の実定数である．式 (2.42) の右辺は 3 次元における任意の多項式を表す．幾何学的写像と単位元分割の特性式 (2.32) を式 (2.42) に代入し項を整理すると，次式が得られる．

$$u^h(\mathbf{x}) = c_0 \sum_{a=1}^{n_{\text{en}}} N_a(\mathbf{x}) + c_1 \sum_{a=1}^{n_{\text{en}}} (\mathbf{x}_a)_1 N_a(\mathbf{x})$$

$$+ c_2 \sum_{a=1}^{n_{\text{en}}} (\mathbf{x}_a)_2 N_a(\mathbf{x}) + c_3 \sum_{a=1}^{n_{\text{en}}} (\mathbf{x}_a)_3 N_a(\mathbf{x}) \tag{2.43}$$

$$= \sum_{a=1}^{n_{\text{en}}} \left(c_0 + c_1 (\mathbf{x}_a)_1 + c_2 (\mathbf{x}_a)_2 + c_3 (\mathbf{x}_a)_3 \right) N_a(\mathbf{x}) \tag{2.44}$$

式 (2.44) は，節点係数を次式のとおり設定することにより，物理要素上の任意の線形多項式に戻すことができることを示している．

$$u_a = c_0 + c_1 (\mathbf{x}_a)_1 + c_2 (\mathbf{x}_a)_2 + c_3 (\mathbf{x}_a)_3 \tag{2.45}$$

これは重要なことで，必ずしも多項式（たとえば文献 [49] のメッシュフリー法や文献 [50] のアイソジオメトリック解析）の形状関数を用いたアイソパラメトリック要素の，基本的な "収束性の証明" でもある．さらに，任意の全体線形多項式が存在することは，構造力学において，剛体モードや定ひずみ状態を再現することを保証する．

式 (2.32) で与えられる要素の写像のヤコビ行列は，直接微分により次式となる．

$$\frac{\partial \mathbf{x}(\boldsymbol{\xi})}{\partial \boldsymbol{\xi}} = \sum_{a=1}^{n_{\text{en}}} \mathbf{x}_a \frac{\partial N_a(\boldsymbol{\xi})}{\partial \boldsymbol{\xi}} \tag{2.46}$$

また，行列式は次式となる．

$$J_{x\xi} = \det \frac{\partial \mathbf{x}}{\partial \boldsymbol{\xi}} \tag{2.47}$$

すべてのパラメトリック要素内部の点で $J_{x\xi} > 0$ となるとき，要素写像の可逆性は保証される．ただし，この状態を満たすか否かは，要素節点の空間的位置および要素形状関数の定義に依存する．要素近似特性を向上させるためには，要素上のヤコビ行列の変分を最小にするとよい．ヤコビ行列は，次式で示す要素形状関数の物理座標の導関数の計算で用いる．

$$\frac{\partial N_a}{\partial \mathbf{x}} = \left(\frac{\partial \mathbf{x}}{\partial \boldsymbol{\xi}} \right)^{-T} \frac{\partial N_a}{\partial \boldsymbol{\xi}} \tag{2.48}$$

左辺の要素行列および右辺の要素ベクトルの計算には，形状関数とその物理座標系に対する勾配が使われる．これについては後の節で説明する．

2.3.2 ラグランジュ補間関数に基づく有限要素

本項では，ラグランジュ基底関数を用いた 2 次元と 3 次元の有限要素を紹介する．すべての場合において，構築された形状関数はパラメトリック要素上で多項式の次数

p までの完全性が保証されており，式 (2.34) と式 (2.33) で示した補間特性と単位元分割特性を満足する．

四角形要素：図 2.3 に示すように，$\boldsymbol{\xi} = (\xi, \eta)$ を要素パラメトリック座標とする．この 2 次元要素において，パラメトリック領域はパラメトリック座標系の原点を中心とする 2 単位長さ四方の四角形である．それぞれの方向に p 次の多項式をもつ要素を作成するため，各パラメトリック要素間に $p+1$ 個の節点 $\xi_1, \xi_2, \ldots, \xi_{p+1}$ および $\eta_1, \eta_2, \ldots, \eta_{p+1}$ を等間隔に配置し，1 次元のラグランジュ多項式を定義する．

$$\ell_i^p(\xi) = \prod_{j=1, j \neq i}^{p+1} \frac{\xi - \xi_j}{\xi_i - \xi_j} \quad (i = 1, 2, \ldots, p+1) \tag{2.49}$$

ここで，記号 $\prod$ は積演算を表す．2 次元のパラメトリック形状関数は，1 次元ラグランジュ多項式のテンソル積として定義する．

$$N_a(\boldsymbol{\xi}) = \ell_i^p(\xi) \ell_j^p(\eta) \tag{2.50}$$

$$a = a(i, j) \quad (i, j = 1, 2, \ldots, p+1) \tag{2.51}$$

$a(i,j)$ は添え字とパラメトリック形状関数の局所番号を関係づける関数である．有限要素メッシュが変化しない限り，局所形状関数の順番を意識することは重要でない．バイリニア四角形要素では，パラメトリック形状関数とその導関数は以下となる．

$$N_1(\boldsymbol{\xi}) = \frac{(1-\xi)(1-\eta)}{4}, \quad \frac{\partial N_1(\boldsymbol{\xi})}{\partial \xi} = -\frac{1-\eta}{4}, \quad \frac{\partial N_1(\boldsymbol{\xi})}{\partial \eta} = -\frac{1-\xi}{4} \tag{2.52}$$

$$N_2(\boldsymbol{\xi}) = \frac{(1+\xi)(1-\eta)}{4}, \quad \frac{\partial N_2(\boldsymbol{\xi})}{\partial \xi} = +\frac{1-\eta}{4}, \quad \frac{\partial N_2(\boldsymbol{\xi})}{\partial \eta} = -\frac{1+\xi}{4} \tag{2.53}$$

$$N_3(\boldsymbol{\xi}) = \frac{(1+\xi)(1+\eta)}{4}, \quad \frac{\partial N_3(\boldsymbol{\xi})}{\partial \xi} = +\frac{1+\eta}{4}, \quad \frac{\partial N_3(\boldsymbol{\xi})}{\partial \eta} = +\frac{1+\xi}{4} \tag{2.54}$$

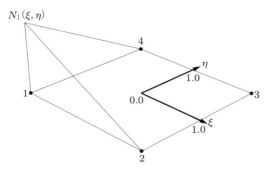

図 2.3 四辺形パラメトリック要素と形状関数

$$N_4(\boldsymbol{\xi}) = \frac{(1-\xi)(1+\eta)}{4}, \quad \frac{\partial N_4(\boldsymbol{\xi})}{\partial \xi} = -\frac{1+\eta}{4}, \quad \frac{\partial N_4(\boldsymbol{\xi})}{\partial \eta} = +\frac{1-\xi}{4} \qquad (2.55)$$

ヤコビ行列の行列式 $J_{x\xi}$ は，式 (2.47) により計算することができる．バイリニア四角形要素において，$J_{x\xi}$ の正値性はすべての物理領域における角度が 180° より小さい場合に保証される．角度条件を満たさないと，ヤコビ行列式はゼロになるか要素内部で符号が変わり，解析には不適合な要素となってしまう．

六面体要素：この 3 次元要素において，パラメトリック領域はパラメトリック座標系の原点を中心とする 2 単位長さを一辺とする立方体で，パラメトリック座標は $\boldsymbol{\xi} = (\xi, \eta, \zeta)$ となる．四角形要素と同様に，各パラメトリック要素間に $p+1$ 個の節点を等間隔に配置し，3 次元パラメトリック形状関数を 1 次元ラグランジュ多項式のテンソル積として定義する．

$$N_a(\boldsymbol{\xi}) = \ell_i^p(\xi)\ell_j^p(\eta)\ell_k^p(\zeta) \qquad (2.56)$$

$$a = a(i,j,k) \quad (i,\ j,\ k = 1,2,\ldots,p+1) \qquad (2.57)$$

トリリニア六面体におけるパラメトリック形状関数とその導関数は以下である．

$$N_1(\boldsymbol{\xi}) = \frac{(1-\xi)(1-\eta)(1-\zeta)}{8}, \quad \frac{\partial N_1(\boldsymbol{\xi})}{\partial \xi} = -\frac{(1-\eta)(1-\zeta)}{8} \qquad (2.58)$$

$$\frac{\partial N_1(\boldsymbol{\xi})}{\partial \eta} = -\frac{(1-\xi)(1-\zeta)}{8}, \quad \frac{\partial N_1(\boldsymbol{\xi})}{\partial \zeta} = -\frac{(1-\xi)(1-\eta)}{8} \qquad (2.59)$$

$$N_2(\boldsymbol{\xi}) = \frac{(1+\xi)(1-\eta)(1-\zeta)}{8}, \quad \frac{\partial N_2(\boldsymbol{\xi})}{\partial \xi} = +\frac{(1-\eta)(1-\zeta)}{8} \qquad (2.60)$$

$$\frac{\partial N_2(\boldsymbol{\xi})}{\partial \eta} = -\frac{(1+\xi)(1-\zeta)}{8}, \quad \frac{\partial N_2(\boldsymbol{\xi})}{\partial \zeta} = -\frac{(1+\xi)(1-\eta)}{8} \qquad (2.61)$$

$$N_3(\boldsymbol{\xi}) = \frac{(1+\xi)(1+\eta)(1-\zeta)}{8}, \quad \frac{\partial N_3(\boldsymbol{\xi})}{\partial \xi} = +\frac{(1+\eta)(1-\zeta)}{8} \qquad (2.62)$$

$$\frac{\partial N_3(\boldsymbol{\xi})}{\partial \eta} = +\frac{(1+\xi)(1-\zeta)}{8}, \quad \frac{\partial N_3(\boldsymbol{\xi})}{\partial \zeta} = -\frac{(1+\xi)(1+\eta)}{8} \qquad (2.63)$$

$$N_4(\boldsymbol{\xi}) = \frac{(1-\xi)(1+\eta)(1-\zeta)}{8}, \quad \frac{\partial N_4(\boldsymbol{\xi})}{\partial \xi} = -\frac{(1+\eta)(1-\zeta)}{8} \qquad (2.64)$$

$$\frac{\partial N_4(\boldsymbol{\xi})}{\partial \eta} = +\frac{(1-\xi)(1-\zeta)}{8}, \quad \frac{\partial N_4(\boldsymbol{\xi})}{\partial \zeta} = -\frac{(1-\xi)(1+\eta)}{8} \qquad (2.65)$$

$$N_5(\boldsymbol{\xi}) = \frac{(1-\xi)(1-\eta)(1+\zeta)}{8}, \quad \frac{\partial N_5(\boldsymbol{\xi})}{\partial \xi} = -\frac{(1-\eta)(1+\zeta)}{8} \qquad (2.66)$$

$$\frac{\partial N_5(\boldsymbol{\xi})}{\partial \eta} = -\frac{(1-\xi)(1+\zeta)}{8}, \quad \frac{\partial N_5(\boldsymbol{\xi})}{\partial \zeta} = +\frac{(1-\xi)(1-\eta)}{8} \qquad (2.67)$$

$$N_6(\boldsymbol{\xi}) = \frac{(1+\xi)(1-\eta)(1+\zeta)}{8}, \quad \frac{\partial N_6(\boldsymbol{\xi})}{\partial \xi} = +\frac{(1-\eta)(1+\zeta)}{8} \quad (2.68)$$

$$\frac{\partial N_6(\boldsymbol{\xi})}{\partial \eta} = -\frac{(1+\xi)(1+\zeta)}{8}, \quad \frac{\partial N_6(\boldsymbol{\xi})}{\partial \zeta} = +\frac{(1+\xi)(1-\eta)}{8} \quad (2.69)$$

$$N_7(\boldsymbol{\xi}) = \frac{(1+\xi)(1+\eta)(1+\zeta)}{8}, \quad \frac{\partial N_7(\boldsymbol{\xi})}{\partial \xi} = +\frac{(1+\eta)(1+\zeta)}{8} \quad (2.70)$$

$$\frac{\partial N_7(\boldsymbol{\xi})}{\partial \eta} = +\frac{(1+\xi)(1+\zeta)}{8}, \quad \frac{\partial N_7(\boldsymbol{\xi})}{\partial \zeta} = +\frac{(1+\xi)(1+\eta)}{8} \quad (2.71)$$

$$N_8(\boldsymbol{\xi}) = \frac{(1-\xi)(1+\eta)(1+\zeta)}{8}, \quad \frac{\partial N_8(\boldsymbol{\xi})}{\partial \xi} = -\frac{(1+\eta)(1+\zeta)}{8} \quad (2.72)$$

$$\frac{\partial N_8(\boldsymbol{\xi})}{\partial \eta} = +\frac{(1-\xi)(1+\zeta)}{8}, \quad \frac{\partial N_8(\boldsymbol{\xi})}{\partial \zeta} = +\frac{(1-\xi)(1+\eta)}{8}. \quad (2.73)$$

バイリニアの四角形要素の場合とは違って，3次元六面体要素において単純な角度条件は存在しないが，メッシュが過剰にひずむことは計算精度の低下につながるため避けるべきである．

三角形要素：2単位長さを一辺とする四角形の代わりに，三角形要素のパラメトリック領域には直角三角形（図 2.4 参照）を用いる．ここでは，r と s の独立自然座標系で表す．範囲は，$0 \leq r \leq 1, 0 \leq s \leq 1, r+s \leq 1$ をとる．さらに三つ目の座標として，以下の従属座標 t を定義する．

$$t = 1 - r - s \quad (2.74)$$

3成分の $\mathbf{r} = (r,s,t)$ は，三角座標（文献 [51] 参照）とよばれる．p 次の三角形要素の2次元パラメトリック形状関数は，次式で定義される．

$$N_a(\mathbf{r}) = T_i(r) T_j(s) T_k(t) \quad (2.75)$$

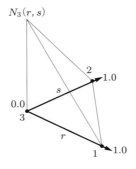

図 2.4　三角形要素に対する形状関数の一例

$$a = a(i,j,k) \quad (i,\ j,\ k = 1, 2, \ldots, p+1) \tag{2.76}$$

このとき，

$$T_i(r) = \begin{cases} \ell_i^{i-1}\left(\dfrac{2r}{r_i} - 1\right) & (i > 1\ \text{のとき}) \\ 1 & (i = 1\ \text{のとき}) \end{cases} \tag{2.77}$$

$$r_i = \dfrac{i-1}{p} \quad (i = 1, 2, \ldots, p+1) \tag{2.78}$$

である．線形三角形の場合，形状関数とそれらの導関数は以下となる．

$$N_1(\mathbf{r}) = r, \quad \dfrac{\partial N_1(\mathbf{r})}{\partial r} = 1, \quad \dfrac{\partial N_1(\mathbf{r})}{\partial s} = 0 \tag{2.79}$$

$$N_2(\mathbf{r}) = s, \quad \dfrac{\partial N_2(\mathbf{r})}{\partial r} = 0, \quad \dfrac{\partial N_2(\mathbf{r})}{\partial s} = 1 \tag{2.80}$$

$$N_3(\mathbf{r}) = t, \quad \dfrac{\partial N_3(\mathbf{r})}{\partial r} = -1, \quad \dfrac{\partial N_3(\mathbf{r})}{\partial s} = -1 \tag{2.81}$$

線形三角形の場合には，要素写像のヤコビ行列とその行列式は要素内で一定である．物理領域内の三角形の三つの節点座標が一直線上にあるとき，ヤコビ行列式はすべてゼロである．この場合要素はゼロ領域をもち，解析の際に無効な要素となる．

四面体要素：四面体要素のパラメトリック領域は，r, s, t を独立自然座標とする四面体である．p 次の四面体要素の形状関数は，三角形要素のそれを拡張して次式で表す．

$$N_a(\mathbf{r}) = T_i(r) T_j(s) T_k(t) T_l(u) \tag{2.82}$$

$$a = a(i,j,k,l) \quad (i,\ j,\ k,\ l = 1, 2, \ldots, p+1) \tag{2.83}$$

ここで，四つ目の従属座標を次式のように定義する．

$$u = 1 - r - s - t \tag{2.84}$$

また，$T_i(r)$ の定義には式 (2.77) を用いる．線形四面体の場合の形状関数と導関数は以下となる．

$$N_1(\mathbf{r}) = r, \quad \dfrac{\partial N_1(\mathbf{r})}{\partial r} = 1, \quad \dfrac{\partial N_1(\mathbf{r})}{\partial s} = 0, \quad \dfrac{\partial N_1(\mathbf{r})}{\partial t} = 0 \tag{2.85}$$

$$N_2(\mathbf{r}) = s, \quad \dfrac{\partial N_2(\mathbf{r})}{\partial r} = 0, \quad \dfrac{\partial N_2(\mathbf{r})}{\partial s} = 1, \quad \dfrac{\partial N_2(\mathbf{r})}{\partial t} = 0 \tag{2.86}$$

$$N_3(\mathbf{r}) = t, \quad \dfrac{\partial N_3(\mathbf{r})}{\partial r} = 0, \quad \dfrac{\partial N_3(\mathbf{r})}{\partial s} = 0, \quad \dfrac{\partial N_3(\mathbf{r})}{\partial t} = 1 \tag{2.87}$$

$$N_4(\mathbf{r}) = u, \quad \frac{\partial N_4(\mathbf{r})}{\partial r} = -1, \quad \frac{\partial N_4(\mathbf{r})}{\partial s} = -1, \quad \frac{\partial N_4(\mathbf{r})}{\partial t} = -1 \quad (2.88)$$

線形四面体では，要素写像のヤコビ行列と行列式は要素内で一定である．物理領域上で四面体の4節点が同一平面上にある場合，ヤコビ行列式はすべてゼロとなる．この場合，要素体積はゼロとなり，解析に不適合な要素となる．

2.3.3 グローバル基底関数の構築

シミュレーションに使用するグローバル基底関数は，要素レベルの形状関数から構築する．以下，グローバル基底関数を $N_A(\mathbf{x})$ で表す．このとき，$A \in \eta$ は Ω^h 上に定義した全基底関数集合の添え字である．図 2.5 に線形三角形を用いた構造の例を示す．ほかの要素形状にも同様のやり方を用いる．各グローバルメッシュ節点 A について，その節点を共有するすべての要素を見つける．それらの要素の集まりを，N_A のサポートとよぶ．グローバル節点 A を共有する要素の数は限られているため，N_A のサポートはローカルで定義される．関数 $N_A(\mathbf{x})$ は区分ごとに構築する．そのサポートのすべての要素において，グローバル基底関数はグローバル節点 A と同じ座標をもつローカル節点に対応する要素レベルの基底関数と一致する．サポートの外では，グローバル基底関数 N_A は一様にゼロである．この構成は，ラグランジュ多項式を用いた要素レベルの形状関数の定義に加えて，グローバル基底関数が次の性質をもつことを保証する．

- 要素内部で滑らかである．
- 要素間の境界において C^0 連続である．

一つ目の特徴は，要素レベルの形状関数が二つの滑らかな写像を組み合わせた形（式 (2.40) 参照）で得られることによる．次に，二つ目の特徴についてであるが，2次元においては二つのエッジを共有する隣り合う要素を考える．補間特性により，グ

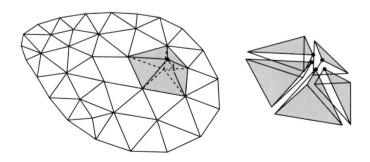

図 2.5　ローカル形状関数からのグローバル形状関数の構築

ローバル基底関数の基となるローカル形状関数の値は，メッシュ節点において一致する．メッシュの節点間では次が成り立つ．パラメトリック領域上で，ローカル形状関数はエッジが $p+1$ 個の節点で補間される p 次の単一多項式であるという制約がある．これは多項式の基本的性質から直接得られる．この一意性のため，パラメトリック領域の形状関数は共有エッジに沿った全節点において一致する．幾何学的写像の連続性もまた，物理領域において形状関数が共有するエッジに沿って一致することを保証する．共有エッジは直線または曲線であるが，グローバル形状関数の連続性の影響は受けない．この状態を二つの 2 次元四角形要素を用いて説明したのが図 2.6 である．以上は，そのまま 3 次元にも拡張可能である．物理領域における基底関数の C^0 連続性により，有限要素近似に使用する関数は H^1 適合となり，それゆえ 2 次の差分演算子を含む問題の近似に適している．高次差分演算においては，有限要素関数がより滑らかである必要がある．高次の差分演算の滑らかさは，アイソジオメトリック解析の場合同様，多項式または有理スプライン基底関数を用いることで確保できる．

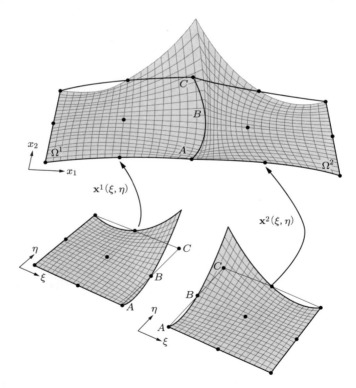

図 2.6　要素境界を横切るグローバル基底関数の連続性

2.3.4 要素行列と要素ベクトルおよびそれらのグローバル方程式への組み込み

有限要素計算コードにおいて，グローバル基底関数とローカル形状関数（またはグローバル節点番号とローカル節点番号）は連続した配列で表し，一般にこれを IEN 配列（文献 [51] などを参照）とよぶ．IEN 配列の構造を次式に示す．

$$A = \text{IEN}(a,e) \tag{2.89}$$

ここで，a はローカル節点すなわち形状関数番号で，e は要素番号，A はグローバル節点すなわち基底関数番号に対応する．中でも IEN 配列は有限要素メッシュデータ構造の鍵で，メッシュ生成時に作成し，解析プログラムに読み込ませる．IEN 配列に加えて，グローバル節点番号 A と対応するグローバル方程式番号 P を紐づける ID 配列を定義すると，さらに便利である．

$$P = \text{ID}(A) \tag{2.90}$$

グローバル節点 A に基本境界条件が与えられている場合には，A に関する方程式が存在しないことを示すために ID(A) を 0 とする．IEN 配列および ID 配列はどちらも，左辺行列と右辺ベクトルを組み立てる際に使用する．組み立て演算は以下で表現される．

$$\mathbf{K} = \underset{e=1}{\overset{n_{\text{el}}}{\mathbf{A}}} \mathbf{k}^e \tag{2.91}$$

$$\mathbf{F} = \underset{e=1}{\overset{n_{\text{el}}}{\mathbf{A}}} \mathbf{f}^e \tag{2.92}$$

ここで，$\mathbf{k}^e$ と $\mathbf{f}^e$ は要素レベルの左辺行列と右辺ベクトルである．これらは，それぞれの要素 e を準線形および線形に制限することで得られる．試行関数と試験関数セットは同じ基底関数で構成されると仮定すると，線形 FEM（式 (2.17)〜(2.21) 参照）の場合には，$\mathbf{k}^e$ と $\mathbf{f}^e$ は以下となる．

$$\mathbf{k}^e = [\text{k}^e_{ab}] \tag{2.93}$$

$$\mathbf{f}^e = [\text{f}^e_a] \tag{2.94}$$

$$\text{k}^e_{ab} = B^h(N_a, N_b) \tag{2.95}$$

$$\text{f}^e = F^h(N_a) - \sum_c k^e_{ac} g^e_c \tag{2.96}$$

$$g^e_c = g_{\text{IEN}(c,e)} \tag{2.97}$$

$$a,b,c = 1,\ldots,n_{\text{en}} \tag{2.98}$$

一方，非線形 FEM（式 (2.23)〜(2.26) 参照）の場合は以下となる．

$$\mathbf{r}^e = [\mathrm{r}_a^e] \tag{2.99}$$

$$\mathrm{r}_a^e = B^h\left(N_a, \sum_c u_c^e N_c + \sum_c g_c^e N_c\right) - F^h(N_a) \tag{2.100}$$

$$\mathrm{k}_{ab}^e = \frac{\partial \mathrm{r}_a^e}{\partial u_b^e} \tag{2.101}$$

$$u_c^e = u_{\mathrm{IEN}(c,e)} \tag{2.102}$$

説明を簡単にするために反復の添え字 i は省略しており，$\mathbf{r}^e$ は $\mathbf{f}^e$ の役割をする．要素レベルの行列とベクトルは数値積分により得られ，これについては次節で説明する．式 (2.91) と (2.92) で使用する組み立て演算 $\mathop{A}\limits_{e=1}^{n_{\mathrm{el}}}$ の詳細は，**アルゴリズム 1** で説明する．

アルゴリズム 1 $\mathbf{K}$ と $\mathbf{F}$ の組み立て

Data: 要素レベルの左辺行列 $\mathbf{k}^e$，要素レベルの右辺ベクトル $\mathbf{f}^e$，および IEN 配列と ID 配列
Result: グローバルの左辺行列 $\mathbf{K}$ と右辺ベクトル $\mathbf{F}$

```
// Initialize:
```
$\mathbf{K} = \mathbf{0}$;
$\mathbf{F} = \mathbf{0}$;

```
// Element loop:
```
for $e = 1$ to n_{el} **do**
 // Loop over element nodes:
 for $a = 1$ to n_{en} **do**
  $A = \mathtt{ID}(\mathtt{IEN}(a,e))$;
  $\mathrm{F}_A = \mathrm{F}_A + \mathrm{f}_a^e$;
  // Loop over element nodes:
  for $b = 1$ to n_{en} **do**
   $B = \mathtt{ID}(\mathtt{IEN}(b,e))$;
   $\mathrm{K}_{AB} = \mathrm{K}_{AB} + \mathrm{k}_{ab}^e$;
  end
 end
end

Remark 2.1 本節の内容は，未知のスカラー値を未知数とする BVP にも適用可能である．ベクトル量を未知数とする BVP においては，すべての FEM 行列とベクトルに BVP に対応する次元を追加する．

2.4 有限要素の補間と数値積分

本節では，有限要素補間の手順を解説し，メッシュサイズ h および多項式の次数 p に対する補間誤差を推定する．本節の最後には，数値積分，とくに有限要素法のプログラムで広く使われているガウス求積について論じる．

2.4.1 有限要素による補間

$u : \Omega \to \mathbb{R}$ を，有限要素関数を用いて補間したい関数とする．u を連続した変分問題に対する厳密解と考え，有限要素補間式は $\Pi^h u$ で表す．補間式 $\Pi^h u$ は，有限要素空間 $\mathcal{S}^h$ における u の "最良近似" であり，次式のとおりである．

$$\Pi^h u = \inf_{v^h \in \mathcal{S}^h} \|u - v^h\|_{A(\Omega)} \tag{2.103}$$

式 (2.103) は，$\Pi^h u$ がノルム $A(\Omega)$ において厳密解と補間した値の誤差を最小化することを表している．$A(\Omega)$ にとってもっとも一般的な選択は，$L^2(\Omega)$ ノルムと $H^1(\Omega)$ セミノルムである．L^2 ノルムの誤差を最小にする補間は，次の変分問題を解くことにより得られる．

任意の $w^h \in \mathcal{S}^h$ を満足する $\Pi^h u \in \mathcal{S}^h$ を求めよ：

$$\int_\Omega w^h \left(\Pi^h u - u \right) \mathrm{d}\Omega = 0 \tag{2.104}$$

上記変分問題の解 $\Pi^h u$ を，有限要素関数空間上の u の L^2 射影とよぶ．この射影は，初期条件を与えたり有限要素メッシュを別のメッシュに射影したりする際にしばしば用いられる．L^2 射影問題の行列形式は次式となる．

$$\mathbf{MU} = \mathbf{F} \tag{2.105}$$

このとき，

$$\mathbf{M} = [\mathrm{M}_{AB}] \tag{2.106}$$

$$\mathrm{M}_{AB} = \int_\Omega N_A N_B \, \mathrm{d}\Omega \tag{2.107}$$

$$\mathbf{F} = [\mathrm{F}_A] \tag{2.108}$$

$$F_A = \int_\Omega N_A u \, d\Omega \tag{2.109}$$

$$A, B \in \boldsymbol{\eta} \tag{2.110}$$

である．行列問題の解 $\mathbf{U} = [u_B]$ は，$\Pi^h u$ を構築するのに用いられる．

$$\Pi^h u(\mathbf{x}) = \sum_{A \in \boldsymbol{\eta}} u_A N_A(\mathbf{x}) \tag{2.111}$$

L^2 射影と同様に，H^1 射影は次の変分問題を解くことで得られる．

任意の $w^h \in \mathcal{S}^h$ を満足する $\Pi^h u \in \mathcal{S}^h$ を求めよ：

$$\int_\Omega \boldsymbol{\nabla} w^h \cdot \boldsymbol{\nabla} \left(\Pi^h u - u \right) d\Omega = 0 \tag{2.112}$$

上記変分問題を良設定問題にするためには，基本境界条件が必須である．

メッシュ節点において関数 u を補間する射影もまた，構築可能である．補間特性を満足する基底関数では，u の節点補間は単純に以下となる．

$$\Pi^h u(\mathbf{x}) = \sum_{A \in \boldsymbol{\eta}} u(\mathbf{x}_A) N_A(\mathbf{x}) \tag{2.113}$$

この一般的な射影は，式 (2.103) で与えられる最小化最適値をもたない．しかし，1次元（1次元のみ！）においては，節点補間は H^1 射影と一致する（例：文献 [52] 参照）．実装が簡単であるため，節点補間は基本境界条件を与える際にとても便利である．

有限要素補間の質はメッシュサイズ h，多項式の次数 p，および補間関数の正則性に依存する．ここでいう正則性とは，次式を満たす整数 r の最大値である．

$$\|u\|^2_{H^r(\Omega)} < \infty \tag{2.114}$$

ここで，$\|u\|_{H^r(\Omega)}$ は，次式で与えられる u の r 次のノルムである．

$$\|u\|^2_{H^r(\Omega)} = \sum_{0 \leq |\boldsymbol{\alpha}| \leq r} \int_\Omega D^{\boldsymbol{\alpha}} u \cdot D^{\boldsymbol{\alpha}} u \, d\Omega \tag{2.115}$$

$D^{\boldsymbol{\alpha}}$ は微分演算子 $D^{\boldsymbol{\alpha}} = D_1^{\alpha_1} D_2^{\alpha_2} ... D_d^{\alpha_d}$ を省略したものであり，このとき $\boldsymbol{\alpha} = \{\alpha_1, \alpha_2, ..., \alpha_d\}$ はマルチインデックス，$|\boldsymbol{\alpha}| = \sum_{i=1}^d \alpha_i$，$D_i^j = \partial^j / \partial x_i^j$ である．有限要素補間誤差は次式で見積もることができる（例：文献 [53–55] 参照）

$$\|u - \Pi^h u\|_{H^k(\Omega)} \leq C h^{s-k} \|u\|_{H^s(\Omega)} \tag{2.116}$$

ここで，$s = \min(p+1, r)$，$k \leq s$ で，C は，k, p, Ω に依存する一般の定数である．

解の完全正則性を仮定して L^2 ノルムの誤差を見積もると次式となり，

$$\|u - \Pi^h u\|_{L^2(\Omega)} \leq Ch^{p+1}\|u\|_{H^{p+1}(\Omega)} \tag{2.117}$$

H^1 ノルムでは次式となる．

$$\|u - \Pi^h u\|_{H^1(\Omega)} \leq Ch^p\|u\|_{H^{p+1}(\Omega)} \tag{2.118}$$

上記補間誤差の見積もりから，メッシュサイズ h が小さく，多項式の次数 p が大きく，補間関数が十分に滑らかな場合に，有限要素の補間精度が向上することがわかる．そして有限要素式の解は，有限要素解の誤差が補間誤差と同じ割合で減少する場合に，最適に収束する．

2.4.2 数値積分

前項では，問題領域の様々な量を積分した結果から有限要素行列とベクトルが得られることがわかった．FEM ではその積分を数値的に行う．本項では，有限要素法でもっとも一般的な数値積分法である，多次元ガウス求積の基本を簡単に振り返る．

まずはじめに，有限要素領域 Ω 内の積分を次式のように要素ごとに行う．

$$\int_\Omega (\cdot)\, \mathrm{d}\Omega = \sum_{e=1}^{n_\mathrm{el}} \int_{\Omega^e} (\cdot)\, \mathrm{d}\Omega \tag{2.119}$$

要素レベルの積分をするため，はじめに変数をパラメトリック要素領域に変換する．

$$\int_{\Omega^e} f(\mathbf{x})\, \mathrm{d}\Omega = \int_{\hat{\Omega}^e} f(\mathbf{x}(\boldsymbol{\xi})) J_{x\xi}(\boldsymbol{\xi})\, \mathrm{d}\hat{\Omega}^e, \tag{2.120}$$

ここで，$f(\mathbf{x})$ は補間する関数で，$\hat{\Omega}^e$ はパラメトリック要素領域（例：3次元では六面体もしくは四面体），$J_{x\xi}$ はヤコビ行列の行列式（式 (2.47) 参照）である．式 (2.120) のように，物理領域からパラメトリック要素領域への変換を行うことで数値積分解法が単純になり，適切に定義された形状となる．

式 (2.120) で与えられた量を積分するため，次の関数を定義する．

$$g(\boldsymbol{\xi}) = f(\mathbf{x}(\boldsymbol{\xi})) J_{x\xi}(\boldsymbol{\xi}) \tag{2.121}$$

次に，パラメトリック要素内の積分を，次式のように和によって近似する．

$$\int_{\hat{\Omega}^e} g(\boldsymbol{\xi})\, \mathrm{d}\hat{\Omega} \approx \sum_{\gamma=1}^{n_\mathrm{int}} g(\tilde{\boldsymbol{\xi}}_\gamma) W_\gamma \tag{2.122}$$

式 (2.122) において，$\tilde{\boldsymbol{\xi}}_\gamma$ はパラメトリック領域上に定義される分点，W_γ は重み，n_int

はそれらの数である．$\tilde{\boldsymbol{\xi}}_\gamma$ と W_γ の選択によって求積の規則が決まる．重みは下記条件を前提とする．

$$\sum_{\gamma=1}^{n_{int}} W_\gamma = \int_{\hat{\Omega}^e} \mathrm{d}\hat{\Omega} \tag{2.123}$$

ガウス求積法は 1 次元区間 $[-1,1]$ において定義される．積分点の位置と対応する重みは，使用する分点の数に対して可能な最高次数の多項式を正確に積分するように，最適化を行う．n 点ガウス求積法は，次数 $2n-1$ の任意の多項式を正確に積分することができる求積法である．1 点，2 点，3 点の分点をもつ求積法の，分点の位置と重みを表 2.1 に示す．

表 2.1　1 次元におけるガウス求積法．1 点，2 点，3 点の求積法はそれぞれ，1 次，3 次，5 次までの多項式について正確である．一般に n 点法は，$2n-1$ 次の多項式まで正確である．

n_{int}	γ	$\tilde{\xi}_\gamma$	W_γ
1	1	0	2
2	1	$-1/\sqrt{3}$	1
	2	$+1/\sqrt{3}$	1
3	1	$-\sqrt{3/5}$	5/9
	2	0	8/9
	3	$+\sqrt{3/5}$	5/9

2 次元と 3 次元においては長方形および直方体の要素となり，ガウス求積法は 1 次元ガウス求積法を各テンソル積方向に適用することで定義できる．3 次元六面体要素では次式となる．

$$\gamma = \gamma(i,j,k) \tag{2.124}$$

$$\tilde{\boldsymbol{\xi}}_\gamma = (\tilde{\xi}_i, \tilde{\eta}_j, \tilde{\zeta}_k) \tag{2.125}$$

$$W_\gamma = W_{\xi i} W_{\eta j} W_{\zeta k} \tag{2.126}$$

このとき，1 成分の整数インデックス γ は，3 次元六面体の三つのテンソル積方向に対応する 3 成分インデックス (i,j,k) に紐づいている．$n_{\text{int}} = 8$ の場合におけるガウス求積法の分点と重みを表 2.2 にまとめる．ここでは，パラメトリック領域を一辺が 2 単位の立方体と仮定している．

与えられた有限要素式に対する求積法は，数値積分による誤差によって与えられた有限要素離散化の収束速度が変わることがないように選択する必要がある．経験的な手法として，テンソル積方向の有限要素の次数が p の場合には $p+1$ 個の分点を作成

表 2.2 3 次元六面体の分点インデックス. 最初の 4 行は, 2 次元求積における分点のインデックスとなる.

γ	i	j	k
1	1	1	1
2	2	1	1
3	1	2	1
4	2	2	1
5	1	1	2
6	2	1	2
7	1	2	2
8	2	2	2

表 2.3 2 次元三角形 (a) と 3 次元四面体 (b) の求積法. 三角形の場合, 1 点求積法は 1 次多項式まで正確であり, 3 点求積法では 2 次多項式まで正確である. 四面体においては, 1 点求積法では 1 次, 4 点求積法では 2 次多項式まで正確である.

(a)

n_{int}	γ	$\tilde{r}_\gamma$	$\tilde{s}_\gamma$	W_γ
1	1	$\frac{1}{3}$	$\frac{1}{3}$	$\frac{1}{2}$
3	1	$\frac{1}{6}$	$\frac{1}{6}$	$\frac{1}{6}$
	2	$\frac{1}{6}$	$\frac{2}{3}$	$\frac{1}{6}$
	3	$\frac{2}{3}$	$\frac{1}{6}$	$\frac{1}{6}$

(b)

n_{int}	γ	$\tilde{r}_\gamma$	$\tilde{s}_\gamma$	$\tilde{t}_\gamma$	W_γ
1	1	$\frac{1}{4}$	$\frac{1}{4}$	$\frac{1}{4}$	$\frac{1}{6}$
4	1	$\frac{5+3\sqrt{5}}{20}$	$\frac{5-\sqrt{5}}{20}$	$\frac{5-\sqrt{5}}{20}$	$\frac{1}{24}$
	2	$\frac{5-\sqrt{5}}{20}$	$\frac{5+3\sqrt{5}}{20}$	$\frac{5-\sqrt{5}}{20}$	$\frac{1}{24}$
	3	$\frac{5-\sqrt{5}}{20}$	$\frac{5-\sqrt{5}}{20}$	$\frac{5+3\sqrt{5}}{20}$	$\frac{1}{24}$
	4	$\frac{5-\sqrt{5}}{20}$	$\frac{5-\sqrt{5}}{20}$	$\frac{5-\sqrt{5}}{20}$	$\frac{1}{24}$

する. この方法を選択するのは, 単一の材料物性をもつ定数ヤコビアン要素の質量と剛性行列を正確に積分する必要があるからである.

三角形や四面体要素の求積法は, 多次元パラメトリック領域上の三角形や四面体座標に対して直接定義する. 表 2.3 に, 2 次元三角形および 3 次元四面体の求積法と次数をまとめた.

2.5 有限要素法の定式化の例

本節では, 線形移流拡散と弾性力学問題の有限要素法の定式化について述べる. ここでは, 非定常解法を含んだ例も紹介する. ただしここでも, 空間領域は固定されているものとする.

2.5.1 移流拡散方程式のガラーキン定式化

式 (1.27) で与えられた非定常移流拡散方程式の弱形式から始める．

任意の $w \in \mathcal{V}$ を満足する $\phi \in \mathcal{S}$ を求めよ：

$$\int_\Omega w \frac{\partial \phi}{\partial t}\, \mathrm{d}\Omega + \int_\Omega w\mathbf{u}\cdot\boldsymbol{\nabla}\phi\, \mathrm{d}\Omega + \int_\Omega \boldsymbol{\nabla}w\cdot\nu\boldsymbol{\nabla}\phi\, \mathrm{d}\Omega - \int_{\Gamma_\mathrm{h}} w\mathrm{h}\, \mathrm{d}\Gamma - \int_\Omega wf\, \mathrm{d}\Omega = 0 \quad (2.127)$$

ここで，f と h は既知の体積力と拡散流速である．移流拡散方程式のガラーキン有限要素式は次のとおりである．

$\forall\, w^h \in \mathcal{V}^h$ を満足する $\phi^h \in \mathcal{S}^h$ を求めよ：

$$\int_\Omega w^h \frac{\partial \phi^h}{\partial t}\, \mathrm{d}\Omega + \int_\Omega w^h \mathbf{u}^h \cdot \boldsymbol{\nabla}\phi^h\, \mathrm{d}\Omega + \int_\Omega \boldsymbol{\nabla}w^h \cdot \nu \boldsymbol{\nabla}\phi^h\, \mathrm{d}\Omega - \int_{\Gamma_\mathrm{h}} w^h \mathrm{h}^h\, \mathrm{d}\Gamma - \int_\Omega w^h f^h\, \mathrm{d}\Omega = 0 \quad (2.128)$$

離散化した移流拡散問題の行列式は，式 (2.128) から直接導く．

$$\mathbf{M}\dot{\boldsymbol{\Phi}} + \mathbf{K}\boldsymbol{\Phi} = \mathbf{F} \quad (2.129)$$

このとき，以下とする．

$$\mathbf{M} = [\mathrm{M}_{AB}] \quad (2.130)$$

$$\mathrm{M}_{AB} = \int_\Omega N_A N_B\, \mathrm{d}\Omega \quad (2.131)$$

$$\mathbf{K} = [\mathrm{K}_{AB}] \quad (2.132)$$

$$\mathrm{K}_{AB} = \int_\Omega N_A \mathbf{u}^h \cdot \boldsymbol{\nabla} N_B\, \mathrm{d}\Omega + \int_\Omega \boldsymbol{\nabla} N_A \cdot \nu \boldsymbol{\nabla} N_B\, \mathrm{d}\Omega \quad (2.133)$$

$$\mathbf{F} = [\mathrm{F}_A] \quad (2.134)$$

$$\mathrm{F}_A = \int_{\Gamma_\mathrm{h}} N_A \mathrm{h}^h \mathrm{d}\Gamma + \int_\Omega N_A f^h\, \mathrm{d}\Omega - \sum_{C \in \boldsymbol{\eta}_\mathrm{g}^s} \mathrm{K}_{AC} g_C - \sum_{C \in \boldsymbol{\eta}_\mathrm{g}^s} \mathrm{M}_{AC} \dot{g}_C \quad (2.135)$$

$$\boldsymbol{\Phi} = \{\phi_B\} \quad (2.136)$$

$$A, B \in \boldsymbol{\eta} - \boldsymbol{\eta}_\mathrm{g}^s \quad (2.137)$$

g_C は既知の節点の値で，$(\dot{\cdot})$ は時間微分であることを示す．式 (2.129) は移流拡散方

程式の半線形式を表し，これは通常の差分方程式である．これらの方程式を時間積分することで，節点における解の係数の発展式を得ることができる．時間積分については後節で述べる．定常問題の発展式は，時間の関数項を無視することで得られる．

左辺行列 $\mathbf{K}$ は，移流項があるために非対称となる．それにもかかわらず，ν は厳密に正であると仮定するため，発散がゼロの移流速度と基本境界条件として，Γ 全体にわたって行列 $\mathbf{K}$ は正定値に定義される．ただし，$\mathbf{K}$ が正定値と決定されるのは拡散項のみによってである．移流項はひずみ対称で，$\mathbf{K}$ の正定値性の確定には貢献していない．事実，メッシュペクレ数 $\|\mathbf{u}^h\|h/\nu$ が限界値である $\mathcal{O}(1)$ を超えるとき，このことは離散解析の不安定性につながる．不安定性は有限要素解が振動するという形で現れる．そのうえ，振幅はペクレ数が大きくなるほど増加する．ガラーキン法の解が振動することを避けるためには，メッシュサイズ h をペクレ数が十分小さくなるように細かくする必要がある．しかしほとんどの場合，これは非現実的である．

2.5.2 移流拡散方程式の安定化

移流拡散方程式を解くガラーキン法の安定性を解析精度を低下させることなく向上させるため，複数の安定化手法が提案されてきた．もっとも古く一般的な方法が，SUPG (streamline-upwind/Petrov–Galerkin) 法[56,57]である．移流拡散方程式の SUPG 法は以下で記述される．

任意の $w^h \in \mathcal{V}^h$ を満足する $\phi^h \in \mathcal{S}^h$ を求めよ：

$$\int_\Omega w^h \frac{\partial \phi^h}{\partial t} \, \mathrm{d}\Omega + \int_\Omega w^h \mathbf{u}^h \cdot \boldsymbol{\nabla} \phi^h \, \mathrm{d}\Omega$$
$$+ \int_\Omega \boldsymbol{\nabla} w^h \cdot \nu \boldsymbol{\nabla} \phi^h \, \mathrm{d}\Omega - \int_{\Gamma_\mathrm{h}} w^h \mathrm{h}^h \, \mathrm{d}\Gamma - \int_\Omega w^h f^h \, \mathrm{d}\Omega$$
$$+ \sum_{e=1}^{n_\mathrm{el}} \int_{\Omega^e} \tau_\mathrm{SUPG} \mathbf{u}^h \cdot \boldsymbol{\nabla} w^h \left(\frac{\partial \phi^h}{\partial t} + \mathbf{u}^h \cdot \boldsymbol{\nabla} \phi^h - \boldsymbol{\nabla} \cdot \nu \boldsymbol{\nabla} \phi^h - f^h \right) \mathrm{d}\Omega$$
$$= 0 \tag{2.138}$$

上式において，括弧内が移流拡散方程式の残差の項である．残差は各有限要素内部で明確に定義されており，有限要素解にもとの差分演算子（ここでは，移流拡散演算子）を与えて得た関数を構築している．この設定により，式の安定性が確保されている．つまり，ϕ^h が厳密解 ϕ に置き換わった場合，半離散化変分公式 (2.138) はまったく変わることなく満たされる．残差には，重み関数の移流導関数である $\mathbf{u}^h \cdot \boldsymbol{\nabla} w^h$ および，安定化パラメータ τ_SUPG を掛け合わせる．パラメータ τ_SUPG は，離散解を安定させ，メッシュ解像度に適した収束をさせるように定義する．これは，移流限界（すなわち，

$\|\mathbf{u}^h\|h/\nu \to \infty$) においては $\mathcal{O}(h/\|\mathbf{u}^h\|)$，拡散限界（すなわち，$\|\mathbf{u}^h\|h/\nu \to 0$) においては $\mathcal{O}(h^2/\nu)$ であり，時間導関数の項が支配的な場合には $\mathcal{O}(\Delta t)$ である．Δt は時間刻み幅である．次式に示す一般的な安定化パラメータではこれらの制限が考慮されており，様々な要素形態に適用可能である（例：文献 [15] 参照）．

$$\tau_{\mathrm{SUPG}} = \left(\frac{4}{\Delta t^2} + \mathbf{u}^h \cdot \mathbf{G} \mathbf{u}^h + C_I \nu^2 \mathbf{G} : \mathbf{G} \right)^{-1/2} \tag{2.139}$$

ここで，

$$\mathbf{G} = \frac{\partial \boldsymbol{\xi}}{\partial \mathbf{x}}^T \frac{\partial \boldsymbol{\xi}}{\partial \mathbf{x}} \tag{2.140}$$

は要素の計量テンソルで，C_I は要素ごとの逆推定値であり，この値は要素形態と多項式の次数に依存するが，メッシュサイズには依存しない（例：文献 [53] 参照）．

Remark 2.2 式 (2.139) と (2.140) で与えられた τ_{SUPG} の定義は以下の性質をもつ．最適なメッシュサイズは，要素計量テンソル $\mathbf{G}$ を使用することで間接的に与えられる．また $\mathbf{G}$ を使用することによって，異なる要素形態に対しても τ_{SUPG} の定義をそろえることが可能となり，とくに曲がったエッジやフェイスをもつ高次要素に対して有益である．h の値には，移流限界においては移流速度 $\mathbf{u}^h$ 方向のメッシュサイズ，拡散限界においては最小の要素サイズが好んで用いられる．

一般に使用される安定化パラメータのもう一つの定義が以下である．

$$\tau_{\mathrm{SUPG}} = \left(\frac{1}{\tau_{\mathrm{SUGN1}}^2} + \frac{1}{\tau_{\mathrm{SUGN2}}^2} + \frac{1}{\tau_{\mathrm{SUGN3}}^2} \right)^{-1/2} \tag{2.141}$$

$$\tau_{\mathrm{SUGN1}} = \left(\sum_{a=1}^{n_{\mathrm{en}}} |\mathbf{u}^h \cdot \boldsymbol{\nabla} N_a| \right)^{-1} \tag{2.142}$$

$$\tau_{\mathrm{SUGN2}} = \frac{\Delta t}{2} \tag{2.143}$$

$$\tau_{\mathrm{SUGN3}} = \frac{h_{\mathrm{RGN}}^2}{4\nu} \tag{2.144}$$

$$h_{\mathrm{RGN}} = 2 \left(\sum_{a=1}^{n_{\mathrm{en}}} |\mathbf{r} \cdot \boldsymbol{\nabla} N_a| \right)^{-1} \tag{2.145}$$

$$\mathbf{r} = \frac{\boldsymbol{\nabla}|\phi^h|}{\|\boldsymbol{\nabla}|\phi^h|\|} \tag{2.146}$$

式 (2.146) で定義した単位ベクトルは，式 (2.75) で使用した三角形座標や式 (2.82) の

四面体座標とは別物であることに留意されたい.

Remark 2.3 式 (2.141)〜(2.146) で示した τ_{SUPG} の定義は文献 [5] から来ている. これらの定義は, 要素形状に加えて補間関数の次数に対しても感度がある. 拡散限度の τ_{SUPG} は解に依存し, 長さスケールに使われる "要素長さ" は解の勾配方向である. 境界に対して垂直に急勾配をもつ境界の付近では, これは垂直方向の "要素長さ" となる.

SUPG 定式化における方程式の行列形式は次のとおりである.

$$\mathbf{M}\dot{\mathbf{\Phi}} + \mathbf{K}\mathbf{\Phi} = \mathbf{F} \tag{2.147}$$

この式はガラーキン法と同じである. ただし, 有限要素行列とベクトルには以下を適用する.

$$\mathbf{M} = [\mathrm{M}_{AB}] \tag{2.148}$$

$$\mathrm{M}_{AB} = \int_\Omega N_A N_B \, d\Omega + \sum_{e=1}^{n_{\text{el}}} \int_{\Omega^e} \tau_{\text{SUPG}} \mathbf{u}^h \cdot \boldsymbol{\nabla} N_A N_B \, d\Omega \tag{2.149}$$

$$\mathbf{K} = [\mathrm{K}_{AB}] \tag{2.150}$$

$$\mathrm{K}_{AB} = \int_\Omega N_A \mathbf{u}^h \cdot \boldsymbol{\nabla} N_B \, d\Omega + \int_\Omega \boldsymbol{\nabla} N_A \cdot \nu \boldsymbol{\nabla} N_B \, d\Omega$$
$$+ \sum_{e=1}^{n_{\text{el}}} \int_{\Omega^e} \tau_{\text{SUPG}} \mathbf{u}^h \cdot \boldsymbol{\nabla} N_A \left(\mathbf{u}^h \cdot \boldsymbol{\nabla} N_B - \boldsymbol{\nabla} \cdot \nu \boldsymbol{\nabla} N_B \right) d\Omega \tag{2.151}$$

$$\mathbf{F} = [\mathrm{F}_A] \tag{2.152}$$

$$\mathrm{F}_A = \int_\Omega N_A f^h \, d\Omega + \sum_{e=1}^{n_{\text{el}}} \int_{\Omega^e} \tau_{\text{SUPG}} \mathbf{u}^h \cdot \boldsymbol{\nabla} N_A f^h \, d\Omega$$
$$+ \int_{\Gamma_{\text{h}}} N_A \mathrm{h}^h \, d\Gamma - \sum_{C \in \boldsymbol{\eta}_{\text{g}}^s} \mathrm{K}_{AC} g_C - \sum_{C \in \boldsymbol{\eta}_{\text{g}}^s} \mathrm{M}_{AC} \dot{g}_C \tag{2.153}$$

$$\mathbf{\Phi} = \{\phi_B\} \tag{2.154}$$

$$A, B \in \boldsymbol{\eta} - \boldsymbol{\eta}_{\text{g}}^s \tag{2.155}$$

K_{AB} の定義における最初の安定化項は異方拡散構造をもっており, 拡散テンソルは次式である.

$$\tau_{\text{SUPG}} \mathbf{u}^h \otimes \mathbf{u}^h = \left(\tau_{\text{SUPG}} \|\mathbf{u}^h\|^2 \right) \frac{\mathbf{u}^h}{\|\mathbf{u}^h\|} \otimes \frac{\mathbf{u}^h}{\|\mathbf{u}^h\|} \tag{2.156}$$

式 (2.156) で与えられた拡散テンソルの形は，その項が流れの方向に大きさ $\tau_{\text{SUPG}} \|\mathbf{u}^h\|^2$ の追加の拡散を与えていることを示唆しており，それゆえガラーキン法に欠けている安定性を与えている．しかし，この項が支配しているのは移流導関数のみであるため，流れに直交する方向の振動は排除できていない．さらなる計算安定化と"横風"方向の振動を排除するために，追加的な消散過程を離散化式に加える．この消散過程は，いわゆる不連続性捕獲項を式 (2.138) に加える．興味をもたれた読者は，文献 [58–63] の例を参照してほしい．

2.5.3 線形弾性力学のガラーキン法

線形弾性力学の変分定式化は，以下から始める（式 (1.156) 参照）．

任意の $\mathbf{w} \in \mathcal{V}_y$ を満足する $\mathbf{y} \in \mathcal{S}_y$ を求めよ：

$$\int_\Omega \mathbf{w} \cdot \rho \frac{\mathrm{d}^2 \mathbf{y}}{\mathrm{d} t^2} \, \mathrm{d}\Omega + \int_\Omega \boldsymbol{\varepsilon}(\mathbf{w}) : \boldsymbol{\sigma} \, \mathrm{d}\Omega - \int_{\Gamma_h} \mathbf{w} \cdot \mathbf{h} \, \mathrm{d}\Gamma - \int_\Omega \mathbf{w} \cdot \rho \mathbf{f} \, \mathrm{d}\Omega = 0 \quad (2.157)$$

ここで前述同様，コーシー応力 $\boldsymbol{\sigma}$ は次式のとおりモデル化する．

$$\boldsymbol{\sigma} = \mathbb{C} \boldsymbol{\varepsilon}(\mathbf{y}) \tag{2.158}$$

$\mathbb{C}$ は 4 階の弾性テンソルで，$\boldsymbol{\varepsilon}(\mathbf{y})$ は微小ひずみである．ガラーキン法を記述するため，式 (2.157) 内の応力項をフォークト (Voigt) の表記で再び記す．

$$\int_\Omega \boldsymbol{\varepsilon}(\mathbf{w}) : \boldsymbol{\sigma} \, \mathrm{d}\Omega = \int_\Omega \boldsymbol{\epsilon}(\mathbf{w}) \cdot \mathbf{D} \boldsymbol{\epsilon}(\mathbf{y}) \, \mathrm{d}\Omega \tag{2.159}$$

このとき，3 次元におけるひずみベクトルは

$$\boldsymbol{\epsilon}(\mathbf{y}) = \begin{Bmatrix} y_{1,1} \\ y_{2,2} \\ y_{3,3} \\ y_{2,3} + y_{3,2} \\ y_{3,1} + y_{1,3} \\ y_{1,2} + y_{2,1} \end{Bmatrix} \tag{2.160}$$

となり，"仮想ひずみ"ベクトルは

$$\boldsymbol{\epsilon}(\mathbf{w}) = \begin{Bmatrix} w_{1,1} \\ w_{2,2} \\ w_{3,3} \\ w_{2,3} + w_{3,2} \\ w_{3,1} + w_{1,3} \\ w_{1,2} + w_{2,1} \end{Bmatrix} \tag{2.161}$$

となる．また，$\mathbf{D} = [D_{IJ}]$, $I, J = 1,\ldots,6$ は弾性ひずみテンソル $\mathbb{C}_{ijkl}$ を表す行列で，インデックス間には表 2.4 に記す関係をもつ．等方性材料の場合には，弾性テンソル $\mathbf{D}$ は次の形となる．

$$\mathbf{D} = \begin{bmatrix} \lambda+2\mu & \lambda & \lambda & 0 & 0 & 0 \\ \lambda & \lambda+2\mu & \lambda & 0 & 0 & 0 \\ \lambda & \lambda & \lambda+2\mu & 0 & 0 & 0 \\ 0 & 0 & 0 & \mu & 0 & 0 \\ 0 & 0 & 0 & 0 & \mu & 0 \\ 0 & 0 & 0 & 0 & 0 & \mu \end{bmatrix} \tag{2.162}$$

表 2.4 弾性テンソルでは，インデックス i と j をまとめて I とし，k と l をまとめて J とする．1 列目の I の値は，2 列目の i と 3 列目の j から読み取り，J の値は 2 列目の k と 3 列目の l から読み取る．

$I \,/\, J$	$i \,/\, k$	$j \,/\, l$
1	1	1
2	2	2
3	3	3
4	2	3
4	3	2
5	1	3
5	3	1
6	1	2
6	2	1

線形弾性力学問題の半離散化ガラーキン式は次のとおり記述できる．

任意の $\mathbf{w}^h \in \mathcal{V}_y^h$ を満足する $\mathbf{d}^h \in \mathcal{S}_y^h$ を求めよ：

$$\int_\Omega \mathbf{w}^h \cdot \rho \frac{\mathrm{d}^2 \mathbf{y}^h}{\mathrm{d}t^2}\,\mathrm{d}\Omega + \int_\Omega \boldsymbol{\epsilon}(\mathbf{w}^h) \cdot \mathbf{D}\boldsymbol{\epsilon}(\mathbf{y}^h)\,\mathrm{d}\Omega - \int_{\Gamma_h} \mathbf{w}^h \cdot \mathbf{h}^h\,\mathrm{d}\Gamma - \int_\Omega \mathbf{w}^h \cdot \rho \mathbf{f}^h\,\mathrm{d}\Omega$$
$$= 0 \tag{2.163}$$

慣例的に，変位ベクトルのすべての直交座標成分に同じ有限要素基底関数を用いる．

式 (2.163) で与えられたガラーキン法の行列形式は次式となる．

$$\mathbf{M}\ddot{\mathbf{Y}} + \mathbf{K}\mathbf{Y} = \mathbf{F} \tag{2.164}$$

このとき，以下とする．

$$\mathbf{M} = [\mathrm{M}_{AB}^{ij}] \tag{2.165}$$

$$\mathrm{M}_{AB}^{ij} = \int_\Omega N_A \rho N_B \, \mathrm{d}\Omega \delta_{ij} \tag{2.166}$$

$$\mathbf{K} = [\mathrm{K}_{AB}^{ij}] \tag{2.167}$$

$$\mathrm{K}_{AB}^{ij} = \mathbf{e}_i \cdot \int_\Omega \mathbf{B}_A^T \mathbf{D} \mathbf{B}_B \, \mathrm{d}\Omega \mathbf{e}_j \tag{2.168}$$

$$\mathbf{F} = [\mathrm{F}_A^i] \tag{2.169}$$

$$\mathrm{F}_A^i = \int_\Omega N_A \mathbf{e}_i \cdot \rho \mathbf{f}^h \, \mathrm{d}\Omega + \int_{\Gamma_\mathrm{h}} N_A \mathbf{e}_i \cdot \mathbf{h}^h \, \mathrm{d}\Gamma \\ - \sum_{C \in \boldsymbol{\eta}_\mathrm{g}^s} \sum_j \mathrm{K}_{AC}^{ij} g_C^j - \sum_{C \in \boldsymbol{\eta}_\mathrm{g}^s} \sum_j \mathrm{M}_{AC}^{ij} \ddot{g}_C^j \tag{2.170}$$

$$\mathbf{Y} = [\mathrm{y}_B^j] \tag{2.171}$$

$$A, B \in \boldsymbol{\eta}^s - \boldsymbol{\eta}_\mathrm{g}^s \tag{2.172}$$

$$i, j = 1, 2, 3 \tag{2.173}$$

上記式において，$\mathbf{e}_i$ は i 番目の直交基底ベクトルであり，$\ddot{(\cdot)}$ は時間の 2 階微分を表す．式 (2.168) の行列 $\mathbf{B}_A$ は基底関数 N_A におけるひずみ–変位行列で，

$$\boldsymbol{\epsilon}(N_A \mathbf{e}_i) = \mathbf{B}_A \mathbf{e}_i \tag{2.174}$$

を満たし，上の関係式から陽的に計算され以下となる．

$$\mathbf{B}_A = \begin{bmatrix} N_{A,1} & 0 & 0 \\ 0 & N_{A,2} & 0 \\ 0 & 0 & N_{A,3} \\ 0 & N_{A,3} & N_{A,2} \\ N_{A,3} & 0 & N_{A,1} \\ N_{A,2} & N_{A,1} & 0 \end{bmatrix} \tag{2.175}$$

Remark 2.4 弾性力学問題のモデル化において，構造減衰効果を考慮する必要がたびたび生じる．その場合に，式 (2.157) の内力項は次式に置き換わる．

$$\rho \frac{\mathrm{d}^2 \mathbf{y}}{\mathrm{d} t^2} \leftarrow \rho \frac{\mathrm{d}^2 \mathbf{y}}{\mathrm{d} t^2} + a\rho \frac{\mathrm{d} \mathbf{y}}{\mathrm{d} t} \tag{2.176}$$

また，式 (2.157) の応力項は次式となる．

$$\boldsymbol{\sigma} = \mathbb{C}\boldsymbol{\varepsilon}(\mathbf{y}) \leftarrow \boldsymbol{\sigma} = \mathbb{C}(\boldsymbol{\varepsilon}(\mathbf{y}) + b\dot{\boldsymbol{\varepsilon}}(\mathbf{y})) \tag{2.177}$$

ここで，

$$\dot{\boldsymbol{\varepsilon}}(\mathbf{y}) = \frac{1}{2}\left(\boldsymbol{\nabla}\frac{\mathrm{d}\mathbf{y}}{\mathrm{d}t} + \boldsymbol{\nabla}\frac{\mathrm{d}\mathbf{y}}{\mathrm{d}t}^T\right) \tag{2.178}$$

はひずみ速度で，a および b は減衰パラメータである．これにより，式 (2.163) のガラーキン式に対応する次の新しい行列形式ができる．

$$\mathbf{M}\ddot{\mathbf{Y}} + \mathbf{C}\dot{\mathbf{Y}} + \mathbf{K}\mathbf{Y} = \mathbf{F} \tag{2.179}$$

このとき，$\mathbf{C}$ は次式で与えられる減衰行列である．

$$\mathbf{C} = a\mathbf{M} + b\mathbf{K} \tag{2.180}$$

また，右辺ベクトルは減衰項により，次式のように置き換わる．

$$F_A^i \leftarrow F_A^i - \sum_{C \in \boldsymbol{\eta}_\mathrm{g}^s}\sum_j C_{AC}^{ij}\dot{g}_C^j \tag{2.181}$$

線形弾性静力学の式は実際問題においてしばしば必要とされ，本節で紹介した発展式のすべての時間微分項を無視することで得られる．

2.6 ナビエ‐ストークス方程式の有限要素定式化

本節では，非圧縮性流れのナビエ‐ストークス方程式の安定化法と RBVMS(residual-based variational multiscale) 法について説明する．ここでは，安定化手法とマルチスケール手法のやや複雑な偏微分方程式の本質を読者に知ってもらうため，静止領域を仮定して説明を進める．またここでは，基本境界条件をそのまま実装した場合と弱形化して実装した場合，それぞれの定式化について触れる．移動領域におけるナビエ‐ストークス方程式の ALE と space–time の定式化については，後の章で説明する．

2.6.1 標準的な基本境界条件

ここでは，式 (1.65) のナビエ‐ストークス方程式の変分公式から説明を始める．任意の $\mathbf{w} \in \mathcal{V}_u$ および $q \in \mathcal{V}_p$ を満足する $\mathbf{u} \in \mathcal{S}_u$ と $p \in \mathcal{S}_p$ を求めよ：

$$\int_\Omega \mathbf{w}\cdot\rho\left(\frac{\partial\mathbf{u}}{\partial t} + \mathbf{u}\cdot\boldsymbol{\nabla}\mathbf{u} - \mathbf{f}\right)\,\mathrm{d}\Omega + \int_\Omega \boldsymbol{\varepsilon}(\mathbf{w}):\boldsymbol{\sigma}(\mathbf{u},p)\,\mathrm{d}\Omega \\ - \int_{\Gamma_\mathrm{h}} \mathbf{w}\cdot\mathbf{h}\,\mathrm{d}\Gamma + \int_\Omega q\boldsymbol{\nabla}\cdot\mathbf{u}\,\mathrm{d}\Omega = 0 \tag{2.182}$$

数値的手順を展開するために，われわれは VMS 法[64–66]を用い，重み関数空間と解関数

空間を粗密のある補空間に分割する．その際，マルチスケールの直和分解を使用する．

$$\mathcal{S}_u = \mathcal{S}_u^h \oplus \mathcal{S}_u' \tag{2.183}$$

$$\mathcal{S}_p = \mathcal{S}_p^h \oplus \mathcal{S}_p' \tag{2.184}$$

$$\mathcal{V}_u = \mathcal{V}_u^h \oplus \mathcal{V}_u' \tag{2.185}$$

$$\mathcal{V}_p = \mathcal{V}_p^h \oplus \mathcal{V}_p' \tag{2.186}$$

上記式において，上添え字 h が付いた空間はスケールの粗い空間である．これらは既知の離散化有限要素に関する有次元関数空間である．プライム記号 "$'$" が付いた空間は，スケールの細かい空間，もしくはサブグリッド空間である．これらの無次元関数空間には，離散化で表すことができないものも含まれている．式 (2.183)〜(2.186) では，$\mathcal{S}_u, \mathcal{S}_p, \mathcal{V}_u, \mathcal{V}_p$ のすべてにおいて次式が成り立つ．

$$\mathbf{u} = \mathbf{u}^h + \mathbf{u}' \tag{2.187}$$

$$p = p^h + p' \tag{2.188}$$

$$\mathbf{w} = \mathbf{w}^h + \mathbf{w}' \tag{2.189}$$

$$q = q^h + q' \tag{2.190}$$

文献 [15] の展開に従って $\mathbf{w} = \mathbf{w}^h$ および $q = q^h$ とし，式 (2.187)〜(2.188) を式 (2.182) に代入し，導関数を試験関数側に移すために細かいスケールの項を部分積分する．また，細かいスケールの速度場と圧力場を以下のとおりモデル化する．

$$\mathbf{u}' = -\frac{\tau_{\mathrm{SUPS}}}{\rho}\mathbf{r}_{\mathrm{M}}(\mathbf{u}^h, p^h) \tag{2.191}$$

$$p' = -\rho\nu_{\mathrm{LSIC}}r_{\mathrm{C}}(\mathbf{u}^h) \tag{2.192}$$

このとき，$\mathbf{r}_{\mathrm{M}}$ と r_{C} はナビエ－ストークスの運動量保存式と連続の式の残差である．

$$\mathbf{r}_{\mathrm{M}}(\mathbf{u}^h, p^h) = \rho\left(\frac{\partial \mathbf{u}^h}{\partial t} + \mathbf{u}^h \cdot \boldsymbol{\nabla}\mathbf{u}^h - \mathbf{f}^h\right) - \boldsymbol{\nabla}\cdot\boldsymbol{\sigma}(\mathbf{u}^h, p^h) \tag{2.193}$$

$$r_{\mathrm{C}}(\mathbf{u}^h) = \boldsymbol{\nabla}\cdot\mathbf{u}^h \tag{2.194}$$

細かいスケールの速度は運動量保存式の残差に比例し，細かいスケールの圧力は連続の式の残差に比例していることに注意されたい．この細かいスケールの項の形は，式 (2.182) において $\mathbf{w} = \mathbf{w}', q = q'$ とすることで得られる細かいスケールの方程式から推論することができる．

上記考察により，RBVMS 法は次のように記述できる．

2.6 ナビエ-ストークス方程式の有限要素定式化

任意の $\mathbf{w}^h \in \mathcal{V}_u^h$ および $q^h \in \mathcal{V}_p^h$ を満足する $\mathbf{u}^h \in \mathcal{S}_u^h$ と $p^h \in \mathcal{S}_p^h$ を求めよ：

$$\int_\Omega \mathbf{w}^h \cdot \rho \left(\frac{\partial \mathbf{u}^h}{\partial t} + \mathbf{u}^h \cdot \boldsymbol{\nabla} \mathbf{u}^h - \mathbf{f}^h \right) \mathrm{d}\Omega + \int_\Omega \boldsymbol{\varepsilon}\left(\mathbf{w}^h\right) : \boldsymbol{\sigma}\left(\mathbf{u}^h, p^h\right) \, \mathrm{d}\Omega$$

$$- \int_{\Gamma_\mathrm{h}} \mathbf{w}^h \cdot \mathbf{h}^h \, \mathrm{d}\Gamma + \int_\Omega q^h \boldsymbol{\nabla} \cdot \mathbf{u}^h \, \mathrm{d}\Omega$$

$$+ \sum_{e=1}^{n_\mathrm{el}} \int_{\Omega^e} \tau_\mathrm{SUPS} \left(\mathbf{u}^h \cdot \boldsymbol{\nabla} \mathbf{w}^h + \frac{\boldsymbol{\nabla} q^h}{\rho} \right) \cdot \mathbf{r}_\mathrm{M}\left(\mathbf{u}^h, p^h\right) \, \mathrm{d}\Omega$$

$$+ \sum_{e=1}^{n_\mathrm{el}} \int_{\Omega^e} \rho \nu_\mathrm{LSIC} \boldsymbol{\nabla} \cdot \mathbf{w}^h r_\mathrm{C}(\mathbf{u}^h) \, \mathrm{d}\Omega$$

$$- \sum_{e=1}^{n_\mathrm{el}} \int_{\Omega^e} \tau_\mathrm{SUPS} \mathbf{w}^h \cdot \left(\mathbf{r}_\mathrm{M}\left(\mathbf{u}^h, p^h\right) \cdot \boldsymbol{\nabla} \mathbf{u}^h \right) \, \mathrm{d}\Omega$$

$$- \sum_{e=1}^{n_\mathrm{el}} \int_{\Omega^e} \frac{\boldsymbol{\nabla} \mathbf{w}^h}{\rho} : \left(\tau_\mathrm{SUPS} \mathbf{r}_\mathrm{M}\left(\mathbf{u}^h, p^h\right)\right) \otimes \left(\tau_\mathrm{SUPS} \mathbf{r}_\mathrm{M}\left(\mathbf{u}^h, p^h\right)\right) \, \mathrm{d}\Omega = 0 \quad (2.195)$$

安定化パラメータ τ_SUPS および ν_LSIC は次の 2 式で与えられる．

$$\tau_\mathrm{SUPS} = \left(\frac{4}{\Delta t^2} + \mathbf{u}^h \cdot \mathbf{G} \mathbf{u}^h + C_I \nu^2 \mathbf{G} : \mathbf{G} \right)^{-1/2} \quad (2.196)$$

$$\nu_\mathrm{LSIC} = (\mathrm{tr}\mathbf{G} \, \tau_\mathrm{SUPS})^{-1} \quad (2.197)$$

このとき，

$$\mathrm{tr}\mathbf{G} = \sum_{i=1}^{n_\mathrm{sd}} G_{ii} \quad (2.198)$$

は要素計量テンソル $\mathbf{G}$ の対角和である．このほかによく使われる定義として，次に示す τ_SUPS, ν_LSIC（例：文献 [5] 参照）がある．

$$\tau_\mathrm{SUPS} = \left(\frac{1}{\tau_\mathrm{SUGN1}^2} + \frac{1}{\tau_\mathrm{SUGN2}^2} + \frac{1}{\tau_\mathrm{SUGN3}^2} \right)^{-1/2} \quad (2.199)$$

$$\nu_\mathrm{LSIC} = \tau_\mathrm{SUPS} \|\mathbf{u}^h\|^2 \quad (2.200)$$

このとき，

$$\tau_\mathrm{SUGN1} = \left(\sum_{a=1}^{n_\mathrm{en}} |\mathbf{u}^h \cdot \boldsymbol{\nabla} N_a| \right)^{-1} \quad (2.201)$$

$$\tau_\mathrm{SUGN2} = \frac{\Delta t}{2} \quad (2.202)$$

$$\tau_{\text{SUGN3}} = \frac{h_{\text{RGN}}^2}{4\nu} \tag{2.203}$$

$$h_{\text{RGN}} = 2\left(\sum_{a=1}^{n_{\text{en}}} |\mathbf{r} \cdot \boldsymbol{\nabla} N_a|\right)^{-1} \tag{2.204}$$

$$\mathbf{r} = \frac{\boldsymbol{\nabla}\|\mathbf{u}^h\|}{\|\boldsymbol{\nabla}\|\mathbf{u}^h\|\|} \tag{2.205}$$

である.ここで定義した安定化パラメータ ν_{LSIC} は,動粘性係数と同じ次元をもつ.

Remark 2.5 上記の安定化パラメータ τ_{SUPS} および ν_{LSIC} は,流体の安定化有限要素法から生じたものである(例:文献 [5, 56, 57, 59, 67–69] 参照)."SUPS" という表記は文献 [18] で導入され,SUPG および PSPG (pressure-stabilizing/Petrov–Galerkin) 安定化のための安定化パラメータが二つの別々のパラメータでなく一つであることを示している."LSIC" の表記は文献 [68] で取り入れられ,安定化が非圧縮性条件の最小二乗法に基づくことを示している.安定化パラメータは,流体力学に直接的に関係のある線形問題を解く有限要素法の安定化のために,広く設計・研究されている.これらの問題には,移流拡散方程式やストークス方程式が含まれる. τ_{SUPS} および ν_{LSIC} は,これらの場合においてメッシュサイズと離散化に用いる多項式の次数に対して収束が最適になるように設計されている(例:文献 [69] とその参考文献を参照).そのうえ,移流支配の流れに対する高い安定性や非圧縮性流れの速度変数と圧力変数に同じ基底関数を使用できることなども,本手法の利点の一部である.さらに近年では,安定化パラメータが VMS 法理論における数学的要であるグリーン関数の細かいスケールの適切な平均と捉えられ,VMS 法[64, 65] において導かれている(詳細は文献 [52] 参照).

Remark 2.6 式 (2.195) で示した RBVMS 式の導出過程においては,細かいスケールの速度は準静的(すなわち,$\partial \mathbf{u}'/\partial t = 0$)であり,$H^1$ セミノルムの粗いスケールの速度に直交すると仮定した.RBVMS の手法を改良する方法として,細かいスケールの速度を準静的と仮定するのではなく,FEM 離散化の積分点において追加の発展方程式を解くことで時間に沿って"追跡する"ことを,文献 [70] の著者らが提案している.

非圧縮性流体ナビエ-ストークスの一般的な SUPG/PSPG 式は,式 (2.195) の最後の2項を省略し,運動量保存と連続の式において二つの異なる τ を割り当てることで以下のとおり得られる.

任意の $\mathbf{w}^h \in \mathcal{V}_u^h$ および $q^h \in \mathcal{V}_p^h$ を満足する $\mathbf{u}^h \in \mathcal{S}_u^h$ と $p^h \in \mathcal{S}_p^h$ を求めよ:

$$\int_\Omega \mathbf{w}^h \cdot \rho\left(\frac{\partial \mathbf{u}^h}{\partial t} + \mathbf{u}^h \cdot \boldsymbol{\nabla}\mathbf{u}^h - \mathbf{f}^h\right) \mathrm{d}\Omega + \int_\Omega \boldsymbol{\varepsilon}\left(\mathbf{w}^h\right) : \boldsymbol{\sigma}\left(\mathbf{u}^h, p^h\right) \mathrm{d}\Omega$$

$$-\int_{\Gamma_\mathrm{h}} \mathbf{w}^h \cdot \mathbf{h}^h \, \mathrm{d}\Gamma + \int_\Omega q^h \boldsymbol{\nabla} \cdot \mathbf{u}^h \, \mathrm{d}\Omega$$

$$+ \sum_{e=1}^{n_\mathrm{el}} \int_{\Omega^e} \tau_\mathrm{SUPG} \left(\mathbf{u}^h \cdot \boldsymbol{\nabla} \mathbf{w}^h \right) \cdot \mathbf{r}_\mathrm{M} \left(\mathbf{u}^h, p^h \right) \, \mathrm{d}\Omega$$

$$+ \sum_{e=1}^{n_\mathrm{el}} \int_{\Omega^e} \tau_\mathrm{PSPG} \left(\frac{\boldsymbol{\nabla} q^h}{\rho} \right) \cdot \mathbf{r}_\mathrm{M} \left(\mathbf{u}^h, p^h \right) \, \mathrm{d}\Omega$$

$$+ \sum_{e=1}^{n_\mathrm{el}} \int_{\Omega^e} \rho \nu_\mathrm{LSIC} \boldsymbol{\nabla} \cdot \mathbf{w}^h r_\mathrm{C}(\mathbf{u}^h) \, \mathrm{d}\Omega = 0 \tag{2.206}$$

通常は $\tau_\mathrm{PSPG} = \tau_\mathrm{SUPG} = \tau_\mathrm{SUPS}$ とするが，そうでない場合もある．その例が要素行列，要素ベクトルに基づいた τ の定義である[5,63,68,71,72]．

後の章で説明するが，RBVMS 法と SUPG/PSPG 法の一見些細に思える違いは，計算結果，とくに3次元の複雑流れの結果において大きな違いとなって現れる．

Remark 2.7 文献 [15] の RBVMS 法は，LES (large-eddy simulation) 乱流モデルの研究過程で提案された．提案された手法は古典的な LES の乱流のアプローチとは対照的に，特別な渦粘性項を導入することによって乱流現象を陽的にモデル化するものではない．その代わり，より数学的に厳密なアプローチとして，細かいスケールの速度や圧力場における粗いスケールの方程式の正確な依存関係を得る方法を用いる．提案されたアプローチは，細かいスケールのモデル化に近似のみを用いる方法で，細かいスケールの方程式に基づいており，数十年の安定化手法の経験によるものである．文献 [15,73] による数値計算結果は，LES に RBVMS 法を用いる十分な根拠を示している．文献 [74] では，細かいスケールの気泡関数要素を用いたモデル化が提案されている．

式 (2.195) で示した RBVMS 法のベクトル方程式においては，次に示す空間的に離散化した速度と圧力の，試行関数と試験関数を用いる．

$$\mathbf{u}^h(\mathbf{x},t) = \sum_{\boldsymbol{\eta}^s} \mathbf{u}_A(t) N_A(\mathbf{x}) \tag{2.207}$$

$$p^h(\mathbf{x},t) = \sum_{\boldsymbol{\eta}^s} p_A(t) N_A(\mathbf{x}) \tag{2.208}$$

$$\mathbf{w}^h(\mathbf{x}) = \sum_{\boldsymbol{\eta}^w} \mathbf{w}_A N_A(\mathbf{x}) \tag{2.209}$$

$$q^h(\mathbf{x}) = \sum_{\boldsymbol{\eta}^w} q_A N_A(\mathbf{x}) \tag{2.210}$$

試行関数と試験関数の空間変分は基底関数 N_A を用いて計算し，試行関数の時間依存

は速度と圧力の節点値から構築する．一方，試験関数は時間に依存しない．

速度と圧力に対する試験関数を別々に定義したため，運動量保存と連続の式に関する離散化残差ベクトルを二つ定義する．そのために，式 (2.209) と (2.210) を式 (2.195) に代入し，$\mathbf{w}_A$ と q_A を任意の定数と仮定すると以下となる．

$$\mathbf{N}_\mathrm{M} = [(\mathrm{N_M})_{A,i}] \tag{2.211}$$

$$\mathbf{N}_\mathrm{C} = [(\mathrm{N_C})_A] \tag{2.212}$$

$$\begin{aligned}
(\mathrm{N_M})_{A,i} =& \int_\Omega N_A \mathbf{e}_i \cdot \rho \left(\frac{\partial \mathbf{u}^h}{\partial t} + \mathbf{u}^h \cdot \boldsymbol{\nabla} \mathbf{u}^h - \mathbf{f}^h \right) \, \mathrm{d}\Omega \\
&+ \int_\Omega \boldsymbol{\varepsilon}(N_A \mathbf{e}_i) : \boldsymbol{\sigma}(\mathbf{u}^h, p^h) \, \mathrm{d}\Omega - \int_{\Gamma_\mathrm{h}} N_A \mathbf{e}_i \cdot \mathbf{h}^h \, \mathrm{d}\Gamma \\
&+ \sum_{e=1}^{n_\mathrm{el}} \int_{\Omega^e} \tau_\mathrm{SUPS} (\mathbf{u}^h \cdot \boldsymbol{\nabla} N_A \mathbf{e}_i) \cdot \mathbf{r}_\mathrm{M}(\mathbf{u}^h, p^h) \, \mathrm{d}\Omega \\
&+ \sum_{e=1}^{n_\mathrm{el}} \int_{\Omega^e} \rho \nu_\mathrm{LSIC} (\boldsymbol{\nabla} \cdot N_A \mathbf{e}_i) r_\mathrm{C}(\mathbf{u}^h) \, \mathrm{d}\Omega \\
&- \sum_{e=1}^{n_\mathrm{el}} \int_{\Omega^e} \tau_\mathrm{SUPS} N_A \mathbf{e}_i \cdot (\mathbf{r}_\mathrm{M}(\mathbf{u}^h, p^h) \cdot \boldsymbol{\nabla} \mathbf{u}^h) \, \mathrm{d}\Omega \\
&- \sum_{e=1}^{n_\mathrm{el}} \int_{\Omega^e} \frac{\boldsymbol{\nabla} N_A \mathbf{e}_i}{\rho} : (\tau_\mathrm{SUPS} \mathbf{r}_\mathrm{M}(\mathbf{u}^h, p^h)) \otimes (\tau_\mathrm{SUPS} \mathbf{r}_\mathrm{M}(\mathbf{u}^h, p^h)) \, \mathrm{d}\Omega
\end{aligned} \tag{2.213}$$

$$(\mathrm{N_C})_A = \int_\Omega N_A \boldsymbol{\nabla} \cdot \mathbf{u}^h \, \mathrm{d}\Omega + \sum_{e=1}^{n_\mathrm{el}} \int_{\Omega^e} \tau_\mathrm{SUPS} \frac{\boldsymbol{\nabla} N_A}{\rho} \cdot \mathbf{r}_\mathrm{M}(\mathbf{u}^h, p^h) \, \mathrm{d}\Omega \tag{2.214}$$

このとき，$\mathbf{e}_i$ は i 番目の直交基底ベクトルである．

$\mathbf{U} = [\mathbf{u}_B]$，$\dot{\mathbf{U}} = [\dot{\mathbf{u}}_B]$，$\mathbf{P} = [p_B]$ をそれぞれ，速度，速度の時間導関数，圧力の節点自由度のベクトルとする．この節点自由度の定義を用いると，式 (2.195) に対応する半離散化ベクトル方程式は次のようになる．

以下を満足する $\mathbf{U}$，$\dot{\mathbf{U}}$ および $\mathbf{P}$ を求めよ：

$$\mathbf{N}_\mathrm{M}(\dot{\mathbf{U}}, \mathbf{U}, \mathbf{P}) = \mathbf{0} \tag{2.215}$$

$$\mathbf{N}_\mathrm{C}(\dot{\mathbf{U}}, \mathbf{U}, \mathbf{P}) = \mathbf{0} \tag{2.216}$$

式 (2.215)，(2.216) で与えられたベクトル方程式は，平凡な微分代数方程式である．時間積分の手順については，4.6.2 項の移動領域の説明の際に詳しく記す．離散化した

変分方程式 (2.215), (2.216) は非線形であるため，この段階では自然な形の行列方程式は存在しない．

2.6.2 弱形化基本境界条件

本項では，弱形化された基本境界条件について述べる．この式は当初，未知の境界層を伴う移流拡散方程式と非圧縮性流れのナビエ-ストークス方程式における安定化法とマルチスケール法の精度向上に向けた取り組みから，文献 [75] で提案された．弱形化境界条件は，文献 [76] の 3 次元フルスケールの風車の空力をはじめとする乱流壁境界に対する取り組みの中で，文献 [77-79] においてさらに研究され改良された．

弱形化基本境界条件について考察するため，試行関数 $\mathcal{S}_u^h$ と試験関数 $\mathcal{V}_u^h$ から基本境界条件を取り除き，式 (2.195) および (2.206) の左辺に以下の項を加える．

$$-\sum_{b=1}^{n_{\text{eb}}} \int_{\Gamma^b \cap \Gamma_g} \mathbf{w}^h \cdot \boldsymbol{\sigma}\left(\mathbf{u}^h, p^h\right) \mathbf{n} \, \mathrm{d}\Gamma$$

$$-\sum_{b=1}^{n_{\text{eb}}} \int_{\Gamma^b \cap \Gamma_g} \left(2\mu\boldsymbol{\varepsilon}\left(\mathbf{w}^h\right)\mathbf{n} + q^h\mathbf{n}\right) \cdot \left(\mathbf{u}^h - \mathbf{g}^h\right) \, \mathrm{d}\Gamma$$

$$-\sum_{b=1}^{n_{\text{eb}}} \int_{\Gamma^b \cap (\Gamma_g)^-} \mathbf{w}^h \cdot \rho\left(\mathbf{u}^h \cdot \mathbf{n}\right)\left(\mathbf{u}^h - \mathbf{g}^h\right) \, \mathrm{d}\Gamma$$

$$+\sum_{b=1}^{n_{\text{eb}}} \int_{\Gamma^b \cap \Gamma_g} \tau_{\text{TAN}}^B \left(\mathbf{w}^h - \left(\mathbf{w}^h \cdot \mathbf{n}\right)\mathbf{n}\right) \cdot \left(\left(\mathbf{u}^h - \mathbf{g}^h\right) - \left(\left(\mathbf{u}^h - \mathbf{g}^h\right) \cdot \mathbf{n}\right)\mathbf{n}\right) \, \mathrm{d}\Gamma$$

$$+\sum_{b=1}^{n_{\text{eb}}} \int_{\Gamma^b \cap \Gamma_g} \tau_{\text{NOR}}^B \left(\mathbf{w}^h \cdot \mathbf{n}\right)\left(\left(\mathbf{u}^h - \mathbf{g}^h\right) \cdot \mathbf{n}\right) \, \mathrm{d}\Gamma \tag{2.217}$$

ここで，$\mathbf{g}^h$ は Γ_g に付与された速度である．境界 Γ_g は Γ^b で示される n_{eb} 個のサーフェス要素に分解し，Γ_g^- には Γ_g の"流入"部を定義する．

$$\Gamma_g^- = \left\{\mathbf{x} \mid \mathbf{u}^h \cdot \mathbf{n} < 0, \, \forall \mathbf{x} \subset \Gamma_g\right\} \tag{2.218}$$

1 行目の項は，いわゆる整合項である．離散化モデルはナビエ-ストークス方程式の厳密解と一致させなければならない．すなわち，離散化モデルの精度は保証されている必要がある．また，この項は式 (2.195) および (2.206) の部分積分の圧力項により打ち消されるため，スリップなし境界からトラクション境界条件を正確に取り除くことができる．2 行目の項は随伴整合項である．この項の役割はさほど直感的なものではないが，運動方程式と連続の式の試験関数に導入した場合に，随伴方程式の解析解もまた，離散方程式を満足することを保証するものである．随伴整合は，低次のノ

ルム（例：文献 [80] 参照）における離散解のよりよい収束性能に結びつく．3 行目の項は流入境界条件の改良項である．最後の 2 項はペナルティの項で，与えられた境界値からの離散解の偏差を科す．これらの項は，整合項や随伴整合項の導入に伴って失われた離散化モデルの安定性（もしくは境界値の保持力）を保証するために必要である．

弱形化境界条件モデルは，次式が成立するときに安定である．

$$\tau_{\text{TAN}}^B = \tau_{\text{NOR}}^B = \frac{C_I^B \mu}{h_n} \tag{2.219}$$

ここで，h_n は壁に鉛直な方向の要素サイズ，C_I^B は要素レベルの逆解析（例：文献 [53–55] 参照）から計算した十分に大きい正の定数である．定数 C_I^B は空間次数 n_{sd}，要素タイプ（四面体，六面体など），および有限要素近似式の次数に依存する．線形四面体において，安定解を得るためには，$4.0 \leq C_I^B \leq 8.0$ とすれば十分である．壁に鉛直方向の要素サイズは，要素計量テンソルから算出する．

$$h_n = (\mathbf{n} \cdot \mathbf{G}\mathbf{n})^{1/2} \tag{2.220}$$

Remark 2.8 弱形化境界条件モデルでは，スリップなし境界条件を厳密に設定せずとも，極限 $h_n \to 0$ をとることで，スリップなし条件の解が得られる．その結果として，離散化が粗い場合でも固体との境界に沿った単純流れの境界層の決定に苦心する必要がない．この融通性から，境界条件を弱形化することで，境界層の計算には不十分な粗いメッシュを用いた場合でも比較的正確な結果が得られるようになる．しかし，境界層を捉えるのに十分な細かいメッシュの場合には，弱形化した境界条件とオリジナルの境界条件を用いた場合とで，計算結果はほとんど変わらない（文献 [77] 参照）．

Remark 2.9 弱形化境界条件モデルは C_I^B を非常に大きくしても安定するが，それは好ましくない．C_I^B を大きくするとスリップなし条件で大きなペナルティが発生し，先ほどの本手法の融通性とそれによる高い精度が失われる．本書では離散化式の安定性を確保するのにぎりぎりの C_I^B を用いる．

Remark 2.10 文献 [77] において，関係は弱形化された境界条件と壁関数との関係と同じである．一般に，後者は乱流の RANS モデル（例：文献 [24, 81] 参照）とともに用いられる．壁関数モデルでは，スリップなし境界条件は接線方向のトラクション境界条件に置き換わり，トラクション方向は局所すべり速度で与えられ，トラクションの大きさは"壁法則"により算出される．これは流速と壁からの垂直距離の経験的な関係で，どちらも適切に規格化されている（例：文献 [81] 参照）．ペナルティ係数 τ_{TAN}^B は次のとおり定義する．

$$\tau_{\text{TAN}}^B = \frac{\rho u^{*2}}{\|\mathbf{u}_{\text{TAN}}^h\|} \tag{2.221}$$

ここで，$\mathbf{u}_{\text{TAN}}^h = \left((\mathbf{u}^h - \mathbf{g}^h) - ((\mathbf{u}^h - \mathbf{g}^h)\cdot\mathbf{n})\mathbf{n}\right)$ は接線すべり速度である．u^* はいわゆる摩擦速度で，すべり速度の大きさに依存し，非線形反復計算により壁法則から算出される．しかし，文献 [77] にもあるとおり，境界層メッシュが十分に細かいときには，式 (2.221) から求める τ_{TAN}^B は局所流れの解とは独立であり，式 (2.219) の定義に戻る．この事実は，式 (2.219) が純粋に数値安定性を考慮したものであるのに対し，式 (2.221) は乱流の壁境界の物理から得られるものであることに注目すべきである．限られた経験からいえば，"数値計算に基づく" ペナルティ係数 τ_{TAN}^B と "物理学に基づく" それとでは，とてもよく似た結果となる．

Remark 2.11 弱形化境界条件を用いた場合には，式 (2.213) と (2.214) に，式 (2.217) に相当する項を追加する必要がある．

第3章 アイソジオメトリック解析の基礎

アイソジオメトリック解析 (IGA) の概念は，文献 [50] で紹介され広まった．IGA を導入するきっかけは，工学設計において用いられてきた CAD (computer-aided design) と FEM を用いた工学シミュレーションとを，密接に統合させようとしたことであった．IGA の背景にあるおもな概念は，解析モデルとしてそのまま使うことができる幾何モデルもしくは幾何学的に正確な解析モデルを自動で作成することに焦点を置いている．そのような概念を具体的に説明するためには，古典的な FEM 解析を CAD ベースの解析手順に置き換える必要がある．

IGA に使用する計算幾何学技術の候補はいくつかある．もっとも広く使われているのが NURBS (non-uniform rational B-spline) で，産業界の標準（文献 [82–84] 参照）となっている．NURBS の長所は，すべての円錐曲線，つまり，円，円柱，球，楕円，その他の特殊な幾何形状を正確に表現することができるため，自由局面サーフェスのモデル化に都合がよいことと，効率的で数値的に安定な NURBS オブジェクト生成アルゴリズムが多く存在することである．それらはまた，良好な近似精度やノットの挿入による細分化が可能であることといった，扱いやすい数学的特徴をもっている．長年の研究によって，NURBS は CAD の標準となっているため，IGA の出発点とするのが自然である．

T-spline （文献 [85, 86]）は，近年開発された NURBS 技術である．これを用いると，NURBS を部分的に細かく（または粗く）することができる．さらに，NURBS と双方向の互換性があることも，CAD 技術としての魅力である．IGA 技術としての T-spline の研究の始まりが，文献 [87, 88] である．線形独立で，改良された局所細分化アルゴリズムに関する最近の研究結果は，文献 [89, 90] に述べられている．六面体メッシュからソリッドの T-Spline を構築する最近の研究成果には文献 [91] などがある．

IGA のためのもう一つの計算幾何形状技術が細分割曲面 (subdivision surface) で，三角形メッシュや四角形メッシュから滑らかなサーフェスを定義するために極限処理を行う（例：文献 [92, 93] 参照）．この技術は，文献 [94–96] においてシェル構造の解析にすでに使われていた．細分割曲面の魅力は，コントロールグリッドのトポロジーに制約がないことである．T-spline と同様に，隙間のないモデルを作成する．細分割曲面はアニメーション業界で早期に導入された．しかし CAD 業界においては，NURBS

との互換性がないという理由であまり広まらなかった．それにもかかわらず，細分割曲面は IGA において重要な役割をもっている．文献 [97] では，細分割ソリッドの研究が行われた．

本章では，説明の範囲を NURBS を用いた解析に限定し，IGA の背景にある考え方を簡単に概観する．FSI 問題における IGA シミュレーションの例については，後の章で紹介する．数理的発展，基底関数の研究，幾何モデル，モデルの品質評価，初期の適用に関しては，文献 [17] とその参照文献を参照してほしい．

3.1　1 次元の B-spline

NURBS は B-spline から構築するため，NURBS の研究は自然と B-spline から始めることになる．1 次元のノットベクトルは，パラメータ空間における座標（実数）の非減少な集合で，$\Xi = \{\xi_1, \xi_2, \ldots, \xi_{n_k}\}$, と書く．このとき，$\xi_i \in \mathbb{R}$ は i 番目のノット，i はノットのインデックス $i = 1, 2, \ldots, n_k$, $n_k = n_c + p + 1$ はノットベクトル中のノットの数，p は多項式の次数，n_c は B-spline 曲線を構築するのに使われる基底関数の数である．ノットはパラメータ空間を要素に分割している．物理空間における要素境界は，B-spline 関数のノットラインに対応する．

ノットベクトルは，ノットが均等に配置されているか否かで均一だったりそうでなかったりする．ノットの値は重複可能，つまり 2 個以上のノットが同じ値をとることもある．ノットの値の多重度は，基底の特性に対して重要な意味をもつ．ノットベクトルは，最初のノットと最後のノットの値が $p+1$ 回登場するとき，オープンであるという．CAD の形式としては，ノットベクトルがオープンな状態が標準である．1 次元においては端の区間 $[\xi_1, \xi_{n_k}]$, 多次元ではパッチの角部において，オープンノットベクトルから作成した基底関数は補間的であるが，一般に内部ノットにおいては補間的でない．多次元においてオープンノットベクトルを使用すると，n_{sd} 次のパラメトリック次元をもつ B-spline オブジェクトの境界も，それ自身が $n_{\mathrm{sd}} - 1$ 次元の B-spline オブジェクトとなる．これは重要な特徴で，これにより基底関数を二つに分割し，一つを内部，もう一つを計算領域の境界に対応させることができる．この分割により，基本境界条件および自然境界条件の付与を格段に単純化することができる（例：文献 [98] 参照）．

与えられたノットベクトルに対し，B-spline 基底関数は区分定数 ($p = 0$) で始まる漸化式として定義される．

$$N_{i,0}(\xi) = \begin{cases} 1 & (\xi_i \leq \xi < \xi_{i+1}) \\ 0 & (それ以外) \end{cases} \tag{3.1}$$

$p = 1, 2, 3, \ldots$,において,漸化式を次のように定義する.

$$N_{i,p}(\xi) = \frac{\xi - \xi_i}{\xi_{i+p} - \xi_i} N_{i,p-1}(\xi) + \frac{\xi_{i+p+1} - \xi}{\xi_{i+p+1} - \xi_{i+1}} N_{i+1,p-1}(\xi) \tag{3.2}$$

これは Cox/de Boor の漸化式(文献 [99, 100] 参照)である.

B-spline 基底関数は,式 (3.1), (3.2) および総和が 1 であること,つまり,任意の ξ において,

$$\sum_{i=1}^{n_c} N_{i,p}(\xi) = 1 \tag{3.3}$$

とすることから構築する.各基底関数は,領域全体にわたって各区分において非負,つまり任意の ξ に対し $N_{i,p}(\xi) \geq 0$ である.p 次の関数は,要素境界をまたいで(すなわち,ノットをまたいで)$p-1$ 階微分可能である.この特徴は解析にとって多く

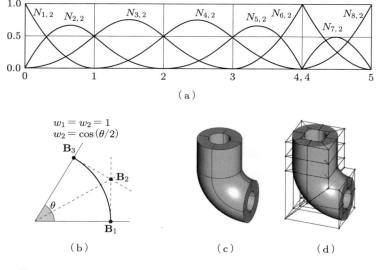

図 3.1 (a) オープン均一なノットベクトル $\Xi = \{0, 0, 0, 1, 2, 3, 4, 4, 5, 5, 5\}$ による 2 次基底関数.(b) 2 次 NURBS による円弧の表現.コントロールポイントと重みは図に示されるとおりで,ノットベクトルは $\Xi = \{0, 0, 0, 1, 1, 1\}$.(c) NURBS で表現された厚みのある中空円管の一部:2 次 NURBS メッシュ.(d) NURBS で表現された厚みのある中空円管の一部:コントロールメッシュ.

の重要な意味をもっており，IGA の大きな特徴である．p 次の B-spline 関数のサポートは，つねに $p+1$ 個のノット区間である．そのため高次関数においては，典型的な FEM 関数よりも大きな領域にわたるサポートをもつ．しかしサポートが大きいにもかかわらず，関数を共有する B-spline 基底関数の総数はそれ自身を含めて $2p+1$ である．その結果，左辺行列の"バンド幅"は，B-spline も p 次の C^0 連続な FEM 関数も同じである．

オープンな非均一ノットベクトル $\Xi = \{0,0,0,1,2,3,4,4,5,5,5\}$ における 2 次の B-spline 基底の例を図 3.1(a) に示す．基底関数は区間の端と $\xi = 4$ において補間的で，重複ノットは C^0 連続のみを達成する．その他の場所では，関数は C^1 連続である．一般に，次数 p の基底関数はノット ξ_i において $p - m_i$ 階微分可能であり，このときの m_i はノットベクトル ξ_i の多重度である．

3.2 NURBS 基底関数，曲線，サーフェス，ソリッド

$\mathbb{R}^{n_\mathrm{sd}}$ における NURBS のエンティティは，$\mathbb{R}^{n_\mathrm{sd}+1}$ における B-spline エンティティを射影変換することで得られる．とくに，円や楕円などの円錐曲線は区分 2 次曲線の射影変換により正確に作成することができ，これが IGA の特徴の一つである．NURBS に関する射影幾何の議論を始めるのにちょうどよいのが文献 [82] である．代数学的に，NURBS 基底関数の根底にある射影変換が，次式である．

$$R_i^p(\xi) = \frac{N_{i,p}(\xi) w_i}{W(\xi)} \tag{3.4}$$

ここで，$W(\xi)$ は次の重み関数である．

$$W(\xi) = \sum_{i=1}^{n_\mathrm{c}} N_{i,p}(\xi) w_i \tag{3.5}$$

$N_{i,p}(\xi)$ は B-spline 基底関数で，w_i は正の実数の重みである．式 (3.4) と (3.5) から，新しい基底関数は区分多項式ではなく区分有理式となることがわかる．

$\mathbb{R}^{n_\mathrm{sd}}$ における NURBS 曲線は，NURBS 基底関数の線形結合により作成される．基底関数のベクトル値係数をコントロールポイントとよぶ．コントロールポイントは FEM の節点座標と相似である．n_c 個の基底関数 $R_i^p (i = 1, 2, \ldots, n_\mathrm{c})$ と対応するコントロールポイント $\mathbf{B}_i \in \mathbb{R}^{n_\mathrm{sd}} (i = 1, 2, \ldots, n_\mathrm{c})$ および重み $w_i \in \mathbb{R} (i = 1, 2, \ldots, n_\mathrm{c})$ が与えられたとき，区分有理 NURBS 曲線は次式となる．

$$\mathbf{C}(\xi) = \sum_{i=1}^{n_\mathrm{c}} R_i^p(\xi) \mathbf{B}_i \tag{3.6}$$

コントロールポイントを区分線形補間すると，コントロールメッシュとなる．図 3.1(b) は，正確な円弧の区分に対応する 2 次の NURBS 曲線である．

多次元形状であるサーフェスやソリッドの NURBS 基底関数は以下となる．

$$R_{i,j}^{p,q}(\xi,\eta) = \frac{N_{i,p}(\xi)M_{j,q}(\eta)w_{i,j}}{\sum_{\hat{i}=1}^{n_c}\sum_{\hat{j}=1}^{m_c}N_{\hat{i},p}(\xi)M_{\hat{j},q}(\eta)w_{\hat{i},\hat{j}}} \tag{3.7}$$

$$R_{i,j,k}^{p,q,r}(\xi,\eta,\zeta) = \frac{N_{i,p}(\xi)M_{j,q}(\eta)L_{k,r}(\zeta)w_{i,j,k}}{\sum_{\hat{i}=1}^{n_c}\sum_{\hat{j}=1}^{m_c}\sum_{\hat{k}=1}^{l_c}N_{\hat{i},p}(\xi)M_{\hat{j},q}(\eta)L_{\hat{k},r}(\zeta)w_{\hat{i},\hat{j},\hat{k}}} \tag{3.8}$$

ここで，$\Xi = \{\xi_1,\xi_2,\dots,\xi_{n_k}\}$，$\mathcal{H} = \{\eta_1,\eta_2,\dots,\eta_{m_k}\}$，$\mathcal{Z} = \{\zeta_1,\zeta_2,\dots,\zeta_{l_k}\}$ はノットベクトル，$w_{\hat{i},\hat{j}}$ と $w_{\hat{i},\hat{j},\hat{k}}$ はサーフェスおよびソリッドの重みである．さらに，$m_k = m_c + q + 1$ と $l_k = l_c + r + 1$ は $\mathcal{H}$ と $\mathcal{Z}$ のノットの数，m_c と l_c は q 次と r 次の多項式である 1 変量 B-spline 基底関数の数である．

コントロールメッシュ $\{\mathbf{B}_{i,j}\}$ （ただし，$i = 1,2,\dots,n_c$, $j = 1,2,\dots,m_c$），多項式の次数 p, q および，ノットベクトル $\Xi = \{\xi_1,\xi_2,\dots,\xi_{n_k}\}$ と $\mathcal{H} = \{\eta_1,\eta_2,\dots,\eta_{m_k}\}$ が与えられたとき，NURBS サーフェスは以下で定義される．

$$\mathbf{S}(\xi,\eta) = \sum_{i=1}^{n_c}\sum_{j=1}^{m_c} R_{i,j}^{p,q}(\xi,\eta)\mathbf{B}_{i,j} \tag{3.9}$$

ここで，$R_{i,j}^{p,q}(\xi,\eta)$ は式 (3.7) を用いて $N_{i,p}(\xi)$ と $M_{j,q}(\eta)$ から求め，p 次と q 次多項式の 1 変量 B-spline 基底関数はノットベクトル Ξ と $\mathcal{H}$ にそれぞれ対応する．B-spline サーフェスの特徴の多くは，テンソル積がもつ性質によるものである．基底関数は各区分で非負であり，単位元分割である．与えられたパラメトリック方向の連続偏微分可能階数は，関連する 1 次元ノットベクトルと多項式の次数によって決まる．

テンソル積 NURBS ソリッドは，NURBS サーフェスと同様の方法で定義する．与えられたコントロールメッシュ $\{\mathbf{B}_{i,j,k}\}$ （ただし，$i = 1,2,\dots,n_c$, $j = 1,2,\dots,m_c$, $k = 1,2,\dots,l_c$），多項式の次数 p,q,r，およびノットベクトル $\Xi = \{\xi_1,\xi_2,\dots,\xi_{n_k}\}$，$\mathcal{H} = \{\eta_1,\eta_2,\dots,\eta_{m_k}\}$，$\mathcal{Z} = \{\zeta_1,\zeta_2,\dots,\zeta_{l_k}\}$ により，NURBS ソリッドは以下と定義される．

$$\mathbf{S}(\xi,\eta,\zeta) = \sum_{i=1}^{n_c}\sum_{j=1}^{m_c}\sum_{k=1}^{l_c} R_{i,j,k}^{p,q,r}(\xi,\eta,\zeta)\mathbf{B}_{i,j,k} \tag{3.10}$$

NURBS ソリッドの特徴は，NURBS サーフェスの特徴を 3 変数化したものである．NURBS ソリッドの例を図 3.1(c) に示す．オブジェクトとコントロールメッシュの両方が描かれている．

Remark 3.1 重みがすべて等しいとき，NURBS 曲線（またはサーフェス，ソリッド）は B-spline 曲線（またはサーフェス，ソリッド）となる．これは式 (3.4), (3.7), (3.8) および NURBS 基底関数の定義と B-spline 基底関数の単位元分割の特性から明らかである．

3.3 NURBS メッシュの h, p, および k 細分化

本節では，IGA に適用可能な様々なメッシュ細分化手順について概説する．

h 細分化：NURBS 曲線（および基底関数）は，以下に述べるノットの挿入により品質を向上させることができる．与えられたノットベクトル $\Xi = \{\xi_1, \xi_2, \ldots, \xi_{n_c}\}$ に対し，$\Xi \subset \overline{\Xi}$ となるような拡張ノットベクトル $\overline{\Xi} = \{\overline{\xi}_1 = \xi_1, \overline{\xi}_2, \ldots, \overline{\xi}_{n_k+m} = \xi_{n_k}\}$ を導入する．$n_c + m$ 個の新しい基底関数は，式 (3.1) と (3.2) の Cox–de Boor 漸化式を新しいノットベクトル $\overline{\Xi}$ に適用することにより得られる．新しい $n_c + m$ 個のコントロールポイントと重みは，文献 [17, 101] の線形変換を用いて，オリジナルのコントロールポイントおよび重みを線形結合することで得られる．この方法では，幾何学的にもパラメトリック的にも，もとの曲線が保持される．ノットの挿入手順は FEM の h 細分化と同様である．

Remark 3.2 ノットベクトルの中にすでに存在しているノットの値は，このように重複している可能性があり，そのためそれらの多重度が増加する．結果として NURBS 基底関数の連続性は低下する．しかし，ノット挿入の処理手順により，新しいコントロールポイントは NURBS 曲線の連続性を保つように作成される．

p 細分化：NURBS 曲線（および基底関数）はまた，FEM の p 細分化と同様，高次化によっても品質が向上する．そのプロセスには，形状表現に用いる基底関数の多項式の高次化も含まれる．NURBS 基底関数が要素境界においては $p - m_i$ 階連続微分可能であるため，多項式の次数を増加させる際，もとの曲線の連続性を維持するためにはノットの多重度も増やす必要がある．曲線の次数を 1 上げるためには各ノット値の多重度を 1 増やすが，新しいノットの値は追加しない．ノットの挿入と同様に，幾何形状およびパラメータも変更しない．高次化の過程は三つのステップからなる．一つ目のステップは，すべてのノットをそれらの多重度が p となるように重複させる．たとえば，曲線をベジェ曲線（例：文献 [84] または文献 [82] のベジェ曲線を参照）に効率的に分割する．次に，多項式の次数を各線分において 1 ずつ増やす．最後に過剰なノットを取り除き，線分を結合し，1 本の高次化曲線を作成する．詳細な処理と効率的なアルゴリズムについては文献 [83] を参照してほしい．

k 細分化：IGA には，高次化の手順とノット挿入の順番を入れ替えないことにより，上記で紹介した手法より適用性が高く高次で細分化する手法がある．次数 p の曲線上の二つの異なるノット値の間にあるノット値 $\bar{\xi}$ を挿入したとき，$\bar{\xi}$ における基底関数の微分可能階数は $p-1$ となる．続いて次数を q に上げると，基底関数の p 次導関数の不連続性を保つように，すべてのノット（挿入したノットも含む）の値の多重度が増す．すなわち，多項式の次数は q となるが，基底関数の微分可能階数は $p-1$ である．一方，もとのもっとも粗い曲線の次数を q に上げ，その後にノット値 $\bar{\xi}$ を一つ挿入すると，基底関数は $\bar{\xi}$ において $q-1$ 階連続微分可能となる．後者の手順を k 細分化とよぶ．FEM にはこれに相当する方法はない．k 細分化の構想は，p 細分化よりも高精度な解析につながる可能性をもっている．伝統的な p 細分化においては，C^0 連続性を維持するため，細分化の過程でノードの数が急増する．k 細分化においては，コントロール変数の増加は限定的である（詳細は文献 [17] 参照）．

3.4 NURBS 解析の枠組み

これまでに NURBS（および，特別な場合の B-spline）の基底関数，曲線，サーフェス，ソリッドを紹介してきた．また，いくつかのメッシュ細分化手法も紹介した．ここで，IGA の枠組みを以前述べた FEM の枠組みの拡張として説明するため，表記と用語を統一する．

本書では "B-spline" を取り扱う場合にも "NURBS" とよぶことにする．よって，1変数，2変数，3変数の基底関数，有理関数，無理関数すべてにおいて，基底関数はつねに $N(\boldsymbol{\xi})$ と記述する．

物理領域（幾何形状）を Ω，パラメトリック領域を $\hat{\Omega}$ で表す．2次元のパラメトリック領域は長方形，3次元においては直方体とする．$\hat{\Omega}$ も Ω もパッチとして参照する．パラメトリック領域上の点を対応する物理領域上の点に移す幾何学的写像を，$\mathbf{x}: \hat{\Omega} \to \Omega$ と書く．この写像は可逆であると仮定し，逆写像を $\mathbf{x}^{-1}: \Omega \to \hat{\Omega}$ と記述する．逆写像は，物理領域上の点を対応するパラメータ値に変換する．研究で使用するテストケースの幾何形状は，たいていの場合単一のパッチでモデル化するが，より複雑な形状は複数のパッチで作成する．パッチどうしは C^0 以上の連続性でマージする．

各パッチはノットスパンに分割する．ノットは 1, 2, 3 次元のトポロジーにおいて，それぞれ点，線，面である．ノットスパンの境界はノットである．これらによって滑らかな（すなわち C^∞）基底関数をもつ要素領域を定義する．ノットにおける基底関数は C^{p-m} となり，このとき p は多項式の次数，m は問題におけるノットの多重度である．NURBS ベースの IGA では，要素を，ノットスパンを NURBS 写像下に移

した像であると捉える．パラメータ空間内のこれらのノットスパンを $\hat{\Omega}^e$ で表し，それらの物理領域の像を Ω^e で表す．このとき，$e = 1, \ldots, n_{\text{el}}$，$n_{\text{el}}$ は NURBS メッシュ内の要素の総数である．結果として，$\hat{\Omega} = \bigcup_{e=1}^{n_{\text{el}}} \hat{\Omega}^e$，$\Omega = \bigcup_{e=1}^{n_{\text{el}}} \Omega^e$ となる．ソリッドオブジェクトの NURBS メッシュの例を図 3.1(d) に示す．

以下，添え字 $A, B, C, \ldots$ はグローバル基底関数であることを示す．その範囲は $1, \ldots, n_{\text{np}}$ で，n_{np} は NURBS メッシュの基底関数の総数である．同様に，添え字 $a, b, c, \ldots$ は局所基底関数あるいは既知の NURBS 要素をサポートとする基底関数であることを示し，範囲は $1, \ldots, n_{\text{en}}$，n_{en} は既知の NURBS 要素をサポートとする基底関数の総数である．NURBS のサーフェスやソリッドの定義に用いる 2 重や 3 重の添え字（式 (3.9)，(3.10) 参照）は，多重インデックスを単一のインデックスに変換する適当な関数によって，グローバルインデックス $A, B, C, \ldots$ またはローカルインデックス $a, b, c, \ldots$ に置き換えるものとする．

この新しい表記法を用いると，単一パッチの幾何学的写像は

$$\mathbf{x}(\boldsymbol{\xi}) = \sum_{A=1}^{n_{\text{np}}} \mathbf{x}_A N_A(\boldsymbol{\xi}) \tag{3.11}$$

となり，ここでの $\mathbf{x}_A$ はコントロールポイントの座標である．基底関数 $N_A(\boldsymbol{\xi})$ に関して補間特性を満足させる必要はない．上記の写像を要素レベルに限定すると，次式となる．

$$\mathbf{x}(\boldsymbol{\xi}) = \sum_{a=1}^{n_{\text{en}}} \mathbf{x}_a N_a(\boldsymbol{\xi}) \tag{3.12}$$

ここで，$\mathbf{x}_a$ と $N_a(\boldsymbol{\xi})$ は，グローバルなコントロールポイントと基底関数から抜き出した，局所コントロールポイントと局所基底関数である．これらは，式 (2.89) に示した FEM 用の IEN 配列のデータ構造と完全に同じデータ構造である必要がある．

パッチ上の IGA の解の場を求めるため，パラメトリック領域上に初期値を次式のように定義する．

$$u^h(\boldsymbol{\xi}) = \sum_{A=1}^{n_{\text{np}}} u_A N_A(\boldsymbol{\xi}) \tag{3.13}$$

ここで，u_A はコントロール変数すなわち自由度である．既知のパラメトリック領域の解を用いて，物理領域上の解を次式で定義する．

$$u^h(\mathbf{x}) = \sum_{A=1}^{n_{\text{np}}} u_A N_A(\boldsymbol{\xi}(\mathbf{x})) \tag{3.14}$$

これは物理領域上の NURBS 基底関数の自然な定義を導く．

$$N_A(\mathbf{x}) = N_A(\boldsymbol{\xi}(\mathbf{x})) \tag{3.15}$$

まさにこれが，FEM に用いられるアイソパラメトリック構造である．

基底関数とその解の場を NURBS 要素に限定すると以下となる．

$$N_a(\mathbf{x}) = N_a(\boldsymbol{\xi}(\mathbf{x})) \tag{3.16}$$

$$u^h(\mathbf{x}) = \sum_{a=1}^{n_{\text{en}}} u_a N_a(\mathbf{x}) \tag{3.17}$$

局所量とグローバル量の変換は IEN 配列を用いて行う．基底関数と解ベクトルを要素に限定することは，要素レベルの左辺行列と右辺ベクトルを作成するために必要となる．通常の FEM と同様，これらを用いてグローバルの行列とベクトルを組み立てる．

Remark 3.3 有限要素とは異なり，パラメータ空間は局所要素で，メッシュ内のすべての要素は同じパラメトリック要素の像で，NURBS ベースの解析においてパラメータ空間はパッチに局所化され，各物理領域はそのパラメトリック要素の像である．

Remark 3.4 また，ノットスパンは数値求積に便利である．現行の IGA 実装においては，パラメトリック領域内の各個別のノットスパンに対してガウス求積を定義する．これにより左辺行列と右辺ベクトルの作成に使用する積分が正確に評価できる一方，ガウス求積法は使用する基底関数の連続性に感度がないため，このアプローチはそれほど効率的でない．最近では，基底関数の連続性を考慮に入れた NURBS ベースの IGA のために，より効率的な求積法が提案されている（文献 [102] 参照）．

Remark 3.5 上で紹介したアイソパラメトリック概念に基づく NURBS ベース IGA の空間近似作成は，容易に T-spline や細分化曲面に拡張することができる．事実，簡潔かつ説明的に IGA を定義するならば，CAD 基底関数とアイソパラメトリックの概念を組み合わせたものであるといえる．

メッシュを細分化した NURBS の数値計算が収束するか否かというのが当然の疑問である．この問いに対する回答は文献 [103] の中にあり，そこで著者らが物理領域における NURBS 近似の次の補間推定を厳密に証明している．k と l は $0 \leq k \leq l \leq p+1$ を満足し，$u \in H^l(\Omega)$ とすると，

$$\sum_{e=1}^{n_{\text{el}}} |u - \Pi^h u|^2_{H^k(\Omega^e)} \leq C \sum_{e=1}^{n_{\text{el}}} h_e^{2(l-k)} \sum_{i=0}^{l} \|\nabla_\xi \mathbf{x}\|^{2(i-l)}_{L^\infty(\mathbf{x}^{-1}(\Omega^e))} |u|^2_{H^i(\Omega^e)} \tag{3.18}$$

である．ここで，$\Pi^h u$ は適切に作成した NURBS 補間すなわち射影作用素（詳細は文

献 [103] 参照）で，定数 C はメッシュ形状の規則性および p と領域 Ω の形状（サイズではない）に依存する．最近の発展により，NURBS メッシュの形状規則性は必要なくなり，それについては文献 [104] を参照してほしい．式 (3.18) において幾何学的写像の勾配を含む箇所はスケールを意味し，前項のメッシュサイズをキャンセルするものである．幾何学的写像がもっとも粗い離散化に固定される（すなわち，細分化の過程で変化しない）という事実は，上述の補間がそれぞれの次数においてメッシュサイズに対して最適な収束を得られることを意味する．計算に有理関数が使われているにもかかわらず，アイソジオメトリック解の誤差は FEM と同じ割合で収束する．これにより，NURBS ベースの IGA は現実的なシミュレーション技術となっている．

第4章 移動境界/界面のためのALE法とspace–time法

本章では，移動領域問題の基底関数の構築について説明する．移動境界や移動界面をもつ流れの ALE と space–time の定式化法を紹介する．章の最後には，移動領域問題における基本的なメッシュ更新手法について論じる．

4.1 界面追跡（移動メッシュ）手法と界面捕獲（静止メッシュ）手法

移動境界や移動界面を伴う流体問題の手法は，界面追跡（移動メッシュ）手法，界面捕獲（静止メッシュ[†]）手法，あるいはその二つの組み合わせとみなすことができる．界面追跡手法では，界面が移動し流体領域の形状が変化する際に，メッシュがその形状変化に適応し界面に追従（すなわち "追跡"）して移動する．流体メッシュが流体–固体界面を追跡することで，少なくともある程度までの複雑形状においては，界面近傍のメッシュ解像度を制御することと，そのような界面をもつ流体領域における正確な解を得ることが可能となる．界面形状の複雑度合によっては，流体メッシュを移動させることが難しかったり，理想的でなかったり，単に制御が面倒であったりする．このことが，界面捕獲手法が好んで使用される最大の理由である．この方法は，静止した流体メッシュで界面形状を定義する特別な場合の界面表現手法で，要するに流体メッシュが界面に追従しない場合に用いる．しかし，文献 [5] の中で指摘しているように，メッシュを界面追跡させない場合には，界面形状がどれだけ正確に表現できているかとは関係なく，流体–固体界面の境界層の解像度は界面がある位置の流体メッシュ解像度の制約を受ける．そのため，たとえばある程度の複雑形状において，移動メッシュ法を適度なリメッシュ（リメッシュ方法の選定については文献 [14] を参照）コストで用いれば，界面付近の流体解析精度は静止メッシュ手法を用いるより高い．界面形状が複雑すぎる場合に静止メッシュ手法が好まれるのは理解できるが，計算が可能であることと界面近傍の流体解析精度を確保できることとは，別問題であることを認識しておかなければならない．さらに，複雑な界面形状をもつ問題において移動メッシュ法を用いた計算を可能にする方法はいくつもある．いずれにしても，われわ

[†] 界面追跡による移動はしないが固定状態も保たず経時的に変化するメッシュに対し，"固定メッシュ" を一般化した "静止メッシュ" という用語を用いる．

れは界面形状がそこそこ複雑な場合でも良好な解析精度が得られることを期待している．その例は文献 [105] で示している．

4.2　界面追跡/界面捕獲混合法

　当然，界面追跡手法で扱うには複雑すぎる界面（自由界面や二相流のしぶき等）も存在し，そのためすべての実問題に対応するためには界面捕獲手法も必要となる．界面追跡/界面捕獲混合法 (MITICT: mixed interface-tracking/interface-capturing technique)[106]は，移動メッシュ法で正確に追跡できる界面と，追跡するには複雑すぎるため界面捕獲法を用いざるを得ない界面との，両方を含む流れ問題のための計算手法として 2001 年に提案された．追跡可能な界面においては，界面を追跡するようにメッシュを動かし，複雑すぎる界面においては，移動メッシュの中で捕獲する．MITICT は文献 [29, 107] において試験に成功し，文献 [108] において船の流体計算に適用された．

4.3　ALE 法

　第 1 章では，保存形と移流形の非圧縮性流れの運動量保存式の ALE 記述を導出した．それらは，式 (1.220) と (1.223) に記載した式である．初期の ALE 流体有限要素式の一つが文献 [109] にあり，粘性の圧縮性流れの研究の中で得られた．ALE 法では，保存式の定式化に用いる時間と空間の偏微分に対し，参照記述と空間記述と，異なる種類の記述が用いられる．結局のところ，これが重大な数値簡略化につながる．

　次の固定参照領域 $\hat{\Omega}$ における時間依存解法の有限次元記述を仮定する．

$$\hat{u}(\hat{\mathbf{x}},t) = \sum_{A\in\boldsymbol{\eta}^s} u_A(t)\hat{N}_A(\hat{\mathbf{x}}) \tag{4.1}$$

ここで，$\hat{N}_A$ は $\hat{\Omega}$ における有限要素離散化した固定基底関数，u_A は時間依存解法の係数である．上記式により，$\hat{u}$ の参照時間微分は次式のとおり簡単に計算することができる．

$$\left.\frac{\partial \hat{u}(\hat{\mathbf{x}},t)}{\partial t}\right|_{\hat{x}} = \sum_{A\in\boldsymbol{\eta}^s} \frac{\mathrm{d}u_A(t)}{\mathrm{d}t}\hat{N}_A(\hat{\mathbf{x}}) \tag{4.2}$$

空間領域 Ω_t 上の基底関数は，次の写像で定義する．

$$N_A(\mathbf{x},t) = \hat{N}_A(\boldsymbol{\phi}^{-1}(\mathbf{x},t)) \tag{4.3}$$

これは式 (1.199) で与えられた ALE 写像による参照領域から空間領域への基底関数の

押し出しである．離散化状態の ALE 写像は次式で与えられる．

$$\phi(\hat{\mathbf{x}},t) = \sum_{A \in \eta^s} (\hat{\mathbf{x}}_A + \hat{\mathbf{y}}_A(t))\hat{N}_A(\hat{\mathbf{x}}) \tag{4.4}$$

このとき，$\hat{\mathbf{x}}_A$ は参照領域の節点座標で，$\hat{\mathbf{y}}_A(t)$ は時間依存する節点変位である．空間領域が動くため，この構成において空間配置は時間依存する．よって，空間領域 Ω_t 上の離散解は次式で得られる．

$$u(\mathbf{x},t) = \hat{u}(\phi^{-1}(\mathbf{x},t),t) = \sum_{A \in \eta^s} u_A(t)\hat{N}_A(\phi^{-1}(\mathbf{x},t)) = \sum_{A \in \eta^s} u_A(t)N_A(\mathbf{x},t) \tag{4.5}$$

最後の等号は式 (4.3) による．式 (4.5) より，解の空間微分は次式となる．

$$\frac{\partial u(\mathbf{x},t)}{\partial \mathbf{x}} = \sum_{A \in \eta^s} u_A(t)\frac{\partial N_A(\mathbf{x},t)}{\partial \mathbf{x}} \tag{4.6}$$

ALE 記述に用いる空間配置に押し出した解の参照時間微分は，以下のとおり計算できる．

$$\left.\frac{\partial u}{\partial t}\right|_{\hat{x}}(\mathbf{x},t) = \left.\frac{\partial \hat{u}}{\partial t}\right|_{\hat{x}}(\phi^{-1}(\mathbf{x},t),t)$$

$$= \sum_{A \in \eta^s} \frac{\mathrm{d}u_A(t)}{\mathrm{d}t}\hat{N}_A(\phi^{-1}(\mathbf{x},t)) = \sum_{A \in \eta^s} \frac{\mathrm{d}u_A(t)}{\mathrm{d}t}N_A(\mathbf{x},t) \tag{4.7}$$

式 (4.6) と (4.7) を比較すると，空間微分は基底関数に作用し，時間微分は解の係数のみに影響を与えることがわかる．この時間微分と空間微分の分離が離散 ALE 解法の最重要点である．空間配置における解の参照時間微分は単純に係数の時間微分をとることで得られるため，半離散化式は有限差分をとればよい．その結果，ALE 法を従来の半離散解法を移動領域問題に拡張したものであると考えられる．これにより静止領域から移動領域にする際の有限要素プログラムの変更はわずかで済むため，このことが ALE 法が支持される理由となっている．

Remark 4.1 有限要素を考えるうえで，参照時間微分はメッシュ節点あるいは積分点における解の変化割合と理解することができる．そのため，メッシュが空間を動くとき，任意の固定された要素座標における解の変化割合を表す $\partial/\partial t|_{\hat{x}}$ は，しばしば $\partial/\partial t|_{\xi}$ に置き換えられる．

4.4 space–time 法

DSD/SST(deforming-spatial-domain/stabilized space–time) 法[1-3,5,18]では，有限要素法の支配方程式は N 個の連続した space–time スラブ Q_n にわたって表されており，このとき，Q_n は時刻 n から $n+1$ までの space–time 領域のスライスである（図 4.1 参照）．各時間刻みにおいて，有限要素式に含まれる積分は，範囲 Q_n において行われる．有限要素補間関数は space–time スラブ間で不連続である．

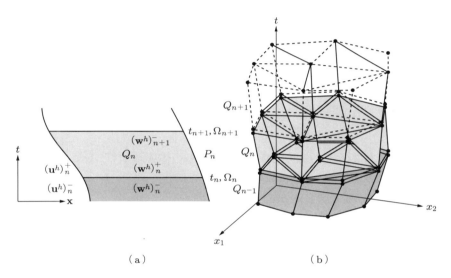

図 4.1 1 次元における (a) space–time スラブと (b) 2 次元のもの

DSD/SST 法が提案される前に，固定空間領域の安定化 space–time 法が提案，評価された（文献 [110] 参照）．

space–time 計算では，space–time スラブごとに計算を進めていく．こうすることによって，3 次元の計算問題が時間の次元を含む 4 次元問題となることを防いでいる．典型的な space–time 計算では，space–time スラブの全節点が時刻 n または $n+1$ の面，あるいはその間の面に存在し，必ずしも n か $n+1$ の面に一致する必要はないが，時間に対して非構造な space–time メッシュを必要とすることもない．言い換えると，空間メッシュ内の space–time スラブは，単にお互いに変形し合ったものとなる．そう考えると，space–time 形状関数は次のように書くことができる．

$$N_a^\alpha = T^\alpha(\theta) N_a(\boldsymbol{\xi}) \quad (a = 1,2,\ldots,n_{\mathrm{ens}},\ \alpha = 1,2,\ldots,n_{\mathrm{ent}}) \tag{4.8}$$

ここで，$\theta \in [-1,\ 1]$ は時間の要素座標（時間の基底関数については図 4.2 を参照），

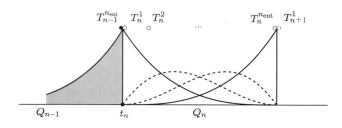

図 4.2 時間の基底関数

n_{ens} および n_{ent} は空間と時間の要素節点の数である．space–time 要素節点の数は，$n_{\text{en}} = n_{\text{ent}} \times n_{\text{ens}}$ である．一般に，

$$\phi_n^- = \lim_{t \to t_n^-} \phi^h(t) \tag{4.9}$$

および

$$\phi_n^+ = \lim_{t \to t_n^+} \phi^h(t) \tag{4.10}$$

の値は，$\phi_{n-1}^{n_{\text{ent}}}$ および ϕ_n^1（基底関数 $T_{n-1}^{n_{\text{ent}}}$ と T_n^1 の係数）と等しくなる必要はない．しかし，われわれが用いる基底関数は $\theta = -1$ および $\theta = 1$ を通るように補間するため，$\phi_n^- = \phi_{n-1}^{n_{\text{ent}}}$ および $\phi_n^+ = \phi_n^1$ が成立する．

式 (4.8) の形状関数を用いて，空間座標ベクトルと時間を以下のとおり補間する．

$$\mathbf{x}(\boldsymbol{\xi},\theta) = \sum_{\alpha=1}^{n_{\text{ent}}} \sum_{a=1}^{n_{\text{ens}}} \mathbf{x}_a^\alpha T^\alpha(\theta) N_a(\boldsymbol{\xi}) \tag{4.11}$$

$$t(\boldsymbol{\xi},\theta) = \sum_{\alpha=1}^{n_{\text{ent}}} \sum_{a=1}^{n_{\text{ens}}} t_a^\alpha T^\alpha(\theta) N_a(\boldsymbol{\xi}) \tag{4.12}$$

ここで，$\mathbf{x}_a^\alpha$ と t_a^α は，space–time 物理領域における空間と時間の有限要素節点座標である．space–time 要素写像のヤコビ行列 $\mathbf{Q}^{\text{ST}}$ は，直接微分を用いて以下となる．

$$\mathbf{Q}^{\text{ST}} \equiv \begin{Bmatrix} \partial t/\partial \theta & \partial t/\partial \boldsymbol{\xi} \\ \partial \mathbf{x}/\partial \theta & \partial \mathbf{x}/\partial \boldsymbol{\xi} \end{Bmatrix} \tag{4.13}$$

式 (4.13) の各成分は，式 (4.11) と (4.12) を用いることにより，以下となる．

$$\frac{\partial t}{\partial \theta} = \sum_{\alpha=1}^{n_{\text{ent}}} \sum_{a=1}^{n_{\text{ens}}} t_a^\alpha \frac{\mathrm{d} T^\alpha}{\mathrm{d}\theta} N_a \tag{4.14}$$

$$\frac{\partial t}{\partial \boldsymbol{\xi}} = \sum_{\alpha=1}^{n_{\text{ent}}} \sum_{a=1}^{n_{\text{ens}}} t_a^\alpha T^\alpha \frac{\partial N_a}{\partial \boldsymbol{\xi}} \tag{4.15}$$

$$\frac{\partial \mathbf{x}}{\partial \theta} = \sum_{\alpha=1}^{n_{\text{ent}}} \sum_{a=1}^{n_{\text{ens}}} \mathbf{x}_a^\alpha \frac{\mathrm{d}T^\alpha}{\mathrm{d}\theta} N_a \tag{4.16}$$

$$\frac{\partial \mathbf{x}}{\partial \boldsymbol{\xi}} = \sum_{\alpha=1}^{n_{\text{ent}}} \sum_{a=1}^{n_{\text{ens}}} \mathbf{x}_a^\alpha \frac{\partial N_a}{\partial \boldsymbol{\xi}} T^\alpha \tag{4.17}$$

space–time要素の積分を行うため，まずはじめにもとのspace–time要素領域を次のように変換する．

$$\int_{Q^e} f(\mathbf{x},t)\, \mathrm{d}Q = \int_{-1}^{1} \int_{\hat{\Omega}^e} f(\mathbf{x}(\boldsymbol{\xi},\theta),t(\theta)) J_{x\xi}^{\text{ST}}(\boldsymbol{\xi},\theta)\mathrm{d}\hat{\Omega}\, \mathrm{d}\theta \tag{4.18}$$

ここで，$f(\mathbf{x},t)$ は space–time 要素 Q^e の範囲で積分しようとする関数，$\hat{\Omega}^e$ は θ におけるもとの space–time 要素の"断面"，$J_{x\xi}^{\text{ST}}$ は $\mathbf{Q}^{\text{ST}}$ の行列式である．

$$J_{x\xi}^{\text{ST}} = \det \mathbf{Q}^{\text{ST}} \tag{4.19}$$

数値積分の際には，あらかじめ以下の関数を定義しておき，

$$g(\boldsymbol{\xi},\theta) = f(\mathbf{x}(\boldsymbol{\xi},\theta),t(\theta)) J_{x\xi}^{\text{ST}}(\boldsymbol{\xi},\theta) \tag{4.20}$$

そのうえでパラメトリック要素の積分を近似する．

$$\int_{-1}^{1} \int_{\hat{\Omega}^e} g(\mathbf{x}(\boldsymbol{\xi},\theta),t(\theta))\, \mathrm{d}\hat{\Omega}\, \mathrm{d}\theta \approx \sum_{\gamma_t}^{n_{\text{intt}}} \sum_{\gamma}^{n_{\text{int}}} g\left(\tilde{\boldsymbol{\xi}}_\gamma, \tilde{\theta}_{\gamma_t}\right) W_\gamma W_{\gamma_t} \tag{4.21}$$

ここで，n_{intt} は時間に関する積分点の数である．ヤコビ行列 $\mathbf{Q}^{\text{ST}}$ は，要素形状関数を物理空間と時間に関して微分する際に以下のように用いる．

$$\left\{ \begin{array}{c} \dfrac{\partial T^\alpha N_a}{\partial t} \\ \dfrac{\partial T^\alpha N_a}{\partial \mathbf{x}} \end{array} \right\} = (\mathbf{Q}^{\text{ST}})^{-T} \left\{ \begin{array}{c} N_a \dfrac{\mathrm{d}T^\alpha}{\mathrm{d}\theta} \\ T^\alpha \dfrac{\partial N_a}{\partial \boldsymbol{\xi}} \end{array} \right\} \tag{4.22}$$

前述のとおり，典型的なspace–time計算においては，space–timeスラブにおいてそれぞれの α のすべての節点が同じ時間の面に配置される．すなわち，$t_a^\alpha \equiv t^\alpha$ となる．そのような場合に，式 (4.14) と (4.15) を整理し直すことで，式 (4.13) を以下のとおり書き直す．

$$\mathbf{Q}^{\text{ST}} = \left\{ \begin{array}{cc} \mathrm{d}t/\mathrm{d}\theta & \mathbf{0}^T \\ \hat{\mathbf{u}}\, \mathrm{d}t/\mathrm{d}\theta & \partial \mathbf{x}/\partial \boldsymbol{\xi} \end{array} \right\} \tag{4.23}$$

このとき，

$$\frac{dt}{d\theta} = \sum_{\alpha=1}^{n_{\text{ent}}} t^\alpha \frac{dT^\alpha}{d\theta} \tag{4.24}$$

$$\hat{\mathbf{u}} = \sum_{\alpha=1}^{n_{\text{ent}}} \sum_{a=1}^{n_{\text{ens}}} \mathbf{x}_a^\alpha \frac{dT^\alpha}{dt} N_a \tag{4.25}$$

（空間領域の速度）である．それゆえ，式 (4.19) とその逆行列は以下のように単純化できる．

$$J_{x\xi}^{\text{ST}} = \frac{dt}{d\theta} \det \mathbf{Q} \tag{4.26}$$

このとき，

$$\mathbf{Q} = \sum_{a=1}^{n_{\text{ens}}} \mathbf{x}_a \frac{\partial N_a}{\partial \boldsymbol{\xi}} \tag{4.27}$$

であり，また，

$$\left(\mathbf{Q}^{\text{ST}}\right)^{-T} = \begin{Bmatrix} d\theta/dt & -\hat{\mathbf{u}}^T \mathbf{Q}^{-T} \\ \mathbf{0} & \mathbf{Q}^{-T} \end{Bmatrix} \tag{4.28}$$

である．そのため，$n_{\text{sd}} \times n_{\text{sd}}$ 行列の逆行列を求めるだけでよい．

4.5 移流拡散方程式

本節では，移動領域の移流拡散方程式の解法を解説する．ここでは ALE 法と space–time 法の両方を取り上げる．局所的に移流支配の場合にガラーキン法が不安定となる (2.5 節参照) ことはすでに述べたため，移流拡散の安定化法の説明から始めることにする．

4.5.1 ALE 法

1.3 節の式の発展に続き，ALE 記述における移流形の移流拡散方程式は次式となる．

$$\left.\frac{\partial \phi}{\partial t}\right|_{\hat{x}} + (\mathbf{u} - \hat{\mathbf{u}}) \cdot \boldsymbol{\nabla} \phi - \boldsymbol{\nabla} \cdot \nu \boldsymbol{\nabla} \phi - f = 0 \tag{4.29}$$

上式は，全時刻 $0 < t < T$ にわたる空間領域 Ω_t において成立する．この方程式の SUPG 安定化法を定義するために，移流項が空間領域の速度 $\hat{\mathbf{u}}$ によって修正されてい

ることを確認する．これにより，移流拡散方程式の SUPG 法を移動領域問題に簡単に拡張することができる．

任意の $w^h \in \mathcal{V}^h$ を満足する $\phi^h \in \mathcal{S}^h$ を求めよ：

$$\int_{\Omega_t} w^h \left.\frac{\partial \phi^h}{\partial t}\right|_{\hat{x}} \mathrm{d}\Omega + \int_{\Omega_t} w^h \left(\mathbf{u}^h - \hat{\mathbf{u}}^h\right) \cdot \boldsymbol{\nabla}\phi^h \ \mathrm{d}\Omega$$
$$+ \int_{\Omega_t} \boldsymbol{\nabla}w^h \cdot \nu \boldsymbol{\nabla}\phi^h \ \mathrm{d}\Omega - \int_{(\Gamma_t)_\mathrm{h}} w^h \mathrm{h}^h \ \mathrm{d}\Gamma - \int_{\Omega_t} w^h f^h \ \mathrm{d}\Omega$$
$$+ \sum_{e=1}^{n_\mathrm{el}} \int_{\Omega_t^e} \tau_\mathrm{SUPG} \left(\mathbf{u}^h - \hat{\mathbf{u}}^h\right) \cdot \boldsymbol{\nabla}w^h \left(\left.\frac{\partial \phi^h}{\partial t}\right|_{\hat{x}} + \left(\mathbf{u}^h - \hat{\mathbf{u}}^h\right) \cdot \boldsymbol{\nabla}\phi^h - \boldsymbol{\nabla}\cdot\nu\boldsymbol{\nabla}\phi^h - f^h\right) \mathrm{d}\Omega$$
$$= 0 \tag{4.30}$$

手法の整合性は保持されている．安定化パラメータ τ_SUPG は，移流項の新しい構成を説明するために，次式のように修正する．

$$\tau_\mathrm{SUPG} = \left(\frac{4}{\Delta t^2} + \left(\mathbf{u}^h - \hat{\mathbf{u}}^h\right)\cdot\mathbf{G}\left(\mathbf{u}^h - \hat{\mathbf{u}}^h\right) + C_I \nu^2 \mathbf{G}:\mathbf{G}\right)^{-1/2} \tag{4.31}$$

一般的に用いられるその他の τ_SUPG は

$$\tau_\mathrm{SUPG} = \left(\frac{1}{\tau_\mathrm{SUGN1}^2} + \frac{1}{\tau_\mathrm{SUGN2}^2} + \frac{1}{\tau_\mathrm{SUGN3}^2}\right)^{-1/2} \tag{4.32}$$

となり，このとき，

$$\tau_\mathrm{SUGN1} = \left(\sum_{a=1}^{n_\mathrm{en}} \left|\left(\mathbf{u}^h - \hat{\mathbf{u}}^h\right)\cdot\boldsymbol{\nabla}N_a\right|\right)^{-1} \tag{4.33}$$

であり，τ_SUGN2 と τ_SUGN3 は式 (2.143) および (2.144) で与えられる．安定化 ALE 法の行列形式は，静止領域の場合と同一形式となり，次式である．

$$\mathbf{M}\dot{\boldsymbol{\Phi}} + \mathbf{K}\boldsymbol{\Phi} = \mathbf{F} \tag{4.34}$$

このとき，

$$\mathbf{M} = [\mathrm{M}_{AB}] \tag{4.35}$$

$$\mathrm{M}_{AB} = \int_{\Omega_t} N_A N_B \ \mathrm{d}\Omega + \sum_{e=1}^{n_\mathrm{el}} \int_{\Omega_t^e} \tau_\mathrm{SUPG} \left(\mathbf{u}^h - \hat{\mathbf{u}}^h\right)\cdot\boldsymbol{\nabla}N_A N_B \ \mathrm{d}\Omega \tag{4.36}$$

$$\mathbf{K} = [\mathrm{K}_{AB}] \tag{4.37}$$

$$\mathrm{K}_{AB} = \int_{\Omega_t} N_A \left(\mathbf{u}^h - \hat{\mathbf{u}}^h\right) \cdot \boldsymbol{\nabla} N_B \, \mathrm{d}\Omega + \int_{\Omega_t} \boldsymbol{\nabla} N_A \cdot \nu \boldsymbol{\nabla} N_B \, \mathrm{d}\Omega$$
$$+ \sum_{e=1}^{n_{\mathrm{el}}} \int_{\Omega_t^e} \tau_{\mathrm{SUPG}} \left(\mathbf{u}^h - \hat{\mathbf{u}}^h\right) \cdot \boldsymbol{\nabla} N_A \left(\left(\mathbf{u}^h - \hat{\mathbf{u}}^h\right) \cdot \boldsymbol{\nabla} N_B - \boldsymbol{\nabla} \cdot \nu \boldsymbol{\nabla} N_B\right) \, \mathrm{d}\Omega$$
(4.38)

$$\mathbf{F} = [\mathrm{F}_A] \tag{4.39}$$

$$\mathrm{F}_A = \int_{\Omega_t} N_A f^h \, \mathrm{d}\Omega + \sum_{e=1}^{n_{\mathrm{el}}} \int_{\Omega_t^e} \tau_{\mathrm{SUPG}} \left(\mathbf{u}^h - \hat{\mathbf{u}}^h\right) \cdot \boldsymbol{\nabla} N_A f^h \, \mathrm{d}\Omega$$
$$+ \int_{(\Gamma_t)_{\mathrm{h}}} N_A \mathrm{h}^h \, \mathrm{d}\Gamma - \sum_{C \in \boldsymbol{\eta}_{\mathrm{g}}^s} \mathrm{K}_{AC} g_C - \sum_{C \in \boldsymbol{\eta}_{\mathrm{g}}^s} \mathrm{M}_{AC} \dot{g}_C \tag{4.40}$$

$$\boldsymbol{\Phi} = [\phi_B] \tag{4.41}$$

$$A, B \in \boldsymbol{\eta} - \boldsymbol{\eta}_{\mathrm{g}}^s \tag{4.42}$$

となる．この ALE 構成により，標準的な有限差分時間進行法を用いて式 (4.34) を積分することが可能になる．しかし，左辺行列と右辺ベクトルの積分が時間によって変化する領域 Ω_t において定義されることに注意する必要がある．その結果として，式中の左辺行列と右辺ベクトルは時間依存することになり，式を時間積分するたびに計算し直さなければならない．このことが，移動領域の場合と静止領域の場合の大きな違いである．

4.5.2 space–time 法

有限次元の試行関数と試験関数空間，$\mathcal{S}_n^h$ と $\mathcal{V}_n^h$ を適切に作成したと仮定する．下付き添え字 n は，異なる space–time スラブに対し，別々の離散化が可能であることを表す．式 (1.27) の DSD/SST 法は以下のように書くことができる．

任意の $(\phi^h)_n^-$ に対し，$\forall w^h \in \mathcal{V}_n^h$ を満たす $\phi^h \in \mathcal{S}_n^h$ を求めよ：

$$\int_{Q_n} w^h \left(\frac{\partial \phi^h}{\partial t} + \mathbf{u}^h \cdot \boldsymbol{\nabla} \phi^h - f^h\right) \mathrm{d}Q + \int_{Q_n} \boldsymbol{\nabla} w^h \cdot \nu \boldsymbol{\nabla} \phi^h \, \mathrm{d}Q$$
$$- \int_{(P_n)_{\mathrm{h}}} w^h \mathrm{h}^h \, \mathrm{d}P + \int_{\Omega_n} (w^h)_n^+ \left((\phi^h)_n^+ - (\phi^h)_n^-\right) \mathrm{d}\Omega$$
$$+ \sum_{e=1}^{(n_{\mathrm{el}})_n} \int_{Q_n^e} \tau_{\mathrm{SUPG}} \left(\frac{\partial w^h}{\partial t} + \mathbf{u}^h \cdot \boldsymbol{\nabla} w^h\right) \left(\frac{\partial \phi^h}{\partial t} + \mathbf{u}^h \cdot \boldsymbol{\nabla} \phi^h - \boldsymbol{\nabla} \cdot \nu \boldsymbol{\nabla} \phi^h - f^h\right) \mathrm{d}Q$$
$$= 0 \tag{4.43}$$

ここでは $(\phi^h)_0^- = \phi_0^h$ から始め，本手法を space–time スラブ $Q_0, Q_1, Q_2, \ldots, Q_{N-1}$ に順次適用していく．DSD/SST 法の初期の詳細については，文献 [1–3] を参照してほしい．安定化パラメータ τ_{SUPG} は以下のとおり定義する．

$$\tau_{\mathrm{SUPG}} = \left(\frac{1}{\tau_{\mathrm{SUGN12}}^2} + \frac{1}{\tau_{\mathrm{SUGN3}}^2} \right)^{-1/2} \tag{4.44}$$

$$\tau_{\mathrm{SUGN12}} = \left(\sum_{\alpha=1}^{n_{\mathrm{ent}}} \sum_{a=1}^{n_{\mathrm{ens}}} \left| \frac{\partial N_a^\alpha}{\partial t} + \mathbf{u}^h \cdot \boldsymbol{\nabla} N_a^\alpha \right| \right)^{-1} \tag{4.45}$$

$$\tau_{\mathrm{SUGN3}} = \frac{h_{\mathrm{RGN}}^2}{4\nu} \tag{4.46}$$

$$h_{\mathrm{RGN}} = 2 \left(\sum_{\alpha=1}^{n_{\mathrm{ent}}} \sum_{a=1}^{n_{\mathrm{ens}}} |\mathbf{r} \cdot \boldsymbol{\nabla} N_a^\alpha| \right)^{-1} \tag{4.47}$$

$$\mathbf{r} = \frac{\boldsymbol{\nabla} |\phi|}{\| \boldsymbol{\nabla} |\phi| \|} \tag{4.48}$$

式 (4.44)～(4.48) で与えられた τ_{SUPG} の代わりとして，文献 [14] において，移流支配と過渡支配の制約を別々の定義に基づき作成する τ_{SUPG} の下記オプションを提案した．

$$\tau_{\mathrm{SUPG}} = \left(\frac{1}{\tau_{\mathrm{SUGN1}}^2} + \frac{1}{\tau_{\mathrm{SUGN2}}^2} + \frac{1}{\tau_{\mathrm{SUGN3}}^2} \right)^{-1/2} \tag{4.49}$$

$$\tau_{\mathrm{SUGN1}} = \left(\sum_{\alpha=1}^{n_{\mathrm{ent}}} \sum_{a=1}^{n_{\mathrm{ens}}} |(\mathbf{u}^h - \hat{\mathbf{u}}^h) \cdot \boldsymbol{\nabla} N_a^\alpha| \right)^{-1} \tag{4.50}$$

$$\tau_{\mathrm{SUGN2}} = \frac{\Delta t}{2} \tag{4.51}$$

式 (4.46)～(4.48) は，そのまま使用する．

4.6 ナビエ - ストークス方程式

本節では，移動領域におけるナビエ - ストークス方程式の ALE 法と space–time 法を紹介する．はじめに RBVMS 法を説明し，その後，より標準的な安定化法に変える方法を紹介する．基本境界条件の弱形化についても説明する．

4.6.1 ALE 法

ナビエ - ストークス方程式の RBVMS 法を ALE 形式で得るため，非圧縮性流体の

対流形ナビエ–ストークス方程式から始める．

$$\rho\left(\left.\frac{\partial \mathbf{u}}{\partial t}\right|_{\hat{x}} + (\mathbf{u}-\hat{\mathbf{u}})\cdot\boldsymbol{\nabla}\mathbf{u}-\mathbf{f}\right) - \boldsymbol{\nabla}\cdot\boldsymbol{\sigma}(\mathbf{u},p) = \mathbf{0} \qquad (4.52)$$

$$\boldsymbol{\nabla}\cdot\mathbf{u} = 0 \qquad (4.53)$$

これはすべての $\mathbf{x}\in\Omega_t$, $t\in(0,T)$ において適用可能である．非圧縮性制約の形は移動領域の場合においても変わらない．上記方程式の変分形式は以下となる．

任意の $\mathbf{w}\in\mathcal{V}_u$ および $q\in\mathcal{V}_p$ を満足する $\mathbf{u}\in\mathcal{S}_u$ と $p\in\mathcal{S}_p$ を求めよ：

$$\int_{\Omega_t}\mathbf{w}\cdot\rho\left(\left.\frac{\partial\mathbf{u}}{\partial t}\right|_{\hat{x}}+(\mathbf{u}-\hat{\mathbf{u}})\cdot\boldsymbol{\nabla}\mathbf{u}-\mathbf{f}\right)\,\mathrm{d}\Omega+\int_{\Omega_t}\boldsymbol{\varepsilon}(\mathbf{w}):\boldsymbol{\sigma}(\mathbf{u},p)\,\mathrm{d}\Omega$$
$$-\int_{(\Gamma_t)_\mathrm{h}}\mathbf{w}\cdot\mathbf{h}\,\mathrm{d}\Gamma+\int_{\Omega_t}q\boldsymbol{\nabla}\cdot\mathbf{u}\,\mathrm{d}\Omega=0 \qquad (4.54)$$

式 (2.195) で与えられた非圧縮性流体の半離散化 RBVMS 法を，以下のように移動領域に拡張する．

任意の $\mathbf{w}^h\in\mathcal{V}_u^h$ および $q^h\in\mathcal{V}_p^h$ を満足する $\mathbf{u}^h\in\mathcal{S}_u^h$ と $p^h\in\mathcal{S}_p^h$ を求めよ：

$$\int_{\Omega_t}\mathbf{w}^h\cdot\rho\left(\left.\frac{\partial\mathbf{u}^h}{\partial t}\right|_{\hat{x}}+\left(\mathbf{u}^h-\hat{\mathbf{u}}^h\right)\cdot\boldsymbol{\nabla}\mathbf{u}^h-\mathbf{f}^h\right)\,\mathrm{d}\Omega+\int_{\Omega_t}\boldsymbol{\varepsilon}\left(\mathbf{w}^h\right):\boldsymbol{\sigma}\left(\mathbf{u}^h,p^h\right)\,\mathrm{d}\Omega$$
$$-\int_{(\Gamma_t)_\mathrm{h}}\mathbf{w}^h\cdot\mathbf{h}^h\,\mathrm{d}\Gamma+\int_{\Omega_t}q^h\boldsymbol{\nabla}\cdot\mathbf{u}^h\,\mathrm{d}\Omega$$
$$+\sum_{e=1}^{n_\mathrm{el}}\int_{\Omega_t^e}\tau_\mathrm{SUPS}\left(\left(\mathbf{u}^h-\hat{\mathbf{u}}^h\right)\cdot\boldsymbol{\nabla}\mathbf{w}^h+\frac{\boldsymbol{\nabla}q^h}{\rho}\right)\cdot\mathbf{r}_\mathrm{M}\left(\mathbf{u}^h,p^h\right)\,\mathrm{d}\Omega$$
$$+\sum_{e=1}^{n_\mathrm{el}}\int_{\Omega_t^e}\rho\nu_\mathrm{LSIC}\boldsymbol{\nabla}\cdot\mathbf{w}^h r_\mathrm{C}(\mathbf{u}^h)\,\mathrm{d}\Omega$$
$$-\sum_{e=1}^{n_\mathrm{el}}\int_{\Omega_t^e}\tau_\mathrm{SUPS}\mathbf{w}^h\cdot\left(\mathbf{r}_\mathrm{M}\left(\mathbf{u}^h,p^h\right)\cdot\boldsymbol{\nabla}\mathbf{u}^h\right)\,\mathrm{d}\Omega$$
$$-\sum_{e=1}^{n_\mathrm{el}}\int_{\Omega_t^e}\frac{\boldsymbol{\nabla}\mathbf{w}^h}{\rho}:\left(\tau_\mathrm{SUPS}\mathbf{r}_\mathrm{M}\left(\mathbf{u}^h,p^h\right)\right)\otimes\left(\tau_\mathrm{SUPS}\mathbf{r}_\mathrm{M}\left(\mathbf{u}^h,p^h\right)\right)\,\mathrm{d}\Omega=0 \qquad (4.55)$$

式 (4.55) の手法を ALE-VMS 法とよぶ．式 (4.55) において，$\hat{\mathbf{u}}^h$ は時間変化する空間配置において流体領域とその境界の速度を離散化したものである．τ_SUPG と ν_LSIC の定義は式 (2.196)〜(2.205) における静止状態から見た流速を流体領域から見た流速

に置き換える ($\mathbf{u}^h \leftarrow \mathbf{u}^h - \hat{\mathbf{u}}^h$) ことによって得る．運動量保存式の残差 $\mathbf{r}_{\mathrm{M}}(\mathbf{u}^h, p^h)$ の定義は，離散化の整合性を維持するように修正される．

$$\mathbf{r}_{\mathrm{M}}(\mathbf{u}^h, p^h) = \rho\left(\left.\frac{\partial \mathbf{u}^h}{\partial t}\right|_{\hat{x}} + (\mathbf{u}^h - \hat{\mathbf{u}}^h)\cdot\boldsymbol{\nabla}\mathbf{u}^h - \mathbf{f}^h\right) - \boldsymbol{\nabla}\cdot\boldsymbol{\sigma}(\mathbf{u}^h, p^h) \qquad (4.56)$$

ALE-VMS 法に対する SUPG/PSPG は，式 (4.55) の左辺の最後の 2 項を省略し，運動量保存式と連続の式に二つの異なる τ を割り当てることにより得る．

$$\begin{aligned}
&\int_{\Omega_t} \mathbf{w}^h \cdot \rho\left(\left.\frac{\partial \mathbf{u}^h}{\partial t}\right|_{\hat{x}} + (\mathbf{u}^h - \hat{\mathbf{u}}^h)\cdot\boldsymbol{\nabla}\mathbf{u}^h - \mathbf{f}^h\right)\,\mathrm{d}\Omega + \int_{\Omega_t} \boldsymbol{\varepsilon}(\mathbf{w}^h):\boldsymbol{\sigma}(\mathbf{u}^h, p^h)\,\mathrm{d}\Omega \\
&- \int_{(\Gamma_t)_{\mathrm{h}}} \mathbf{w}^h \cdot \mathbf{h}^h\,\mathrm{d}\Gamma + \int_{\Omega_t} q^h \boldsymbol{\nabla}\cdot\mathbf{u}^h\,\mathrm{d}\Omega \\
&+ \sum_{e=1}^{n_{\mathrm{el}}} \int_{\Omega_t^e} \tau_{\mathrm{SUPG}}\left((\mathbf{u}^h - \hat{\mathbf{u}}^h)\cdot\boldsymbol{\nabla}\mathbf{w}^h\right)\cdot\mathbf{r}_{\mathrm{M}}(\mathbf{u}^h, p^h)\,\mathrm{d}\Omega \\
&+ \sum_{e=1}^{n_{\mathrm{el}}} \int_{\Omega_t^e} \tau_{\mathrm{PSPG}}\left(\frac{\boldsymbol{\nabla}q^h}{\rho}\right)\cdot\mathbf{r}_{\mathrm{M}}(\mathbf{u}^h, p^h)\,\mathrm{d}\Omega \\
&+ \sum_{e=1}^{n_{\mathrm{el}}} \int_{\Omega_t^e} \rho\nu_{\mathrm{LSIC}}\boldsymbol{\nabla}\cdot\mathbf{w}^h r_{\mathrm{C}}(\mathbf{u}^h)\,\mathrm{d}\Omega = 0 \qquad (4.57)
\end{aligned}$$

基本境界条件（式 (2.217) 参照）を弱形化するため，試験関数と試行関数からそれらを取り除き，式 (4.55) と (4.57) の左辺に以下の項を追加する．

$$\begin{aligned}
&- \sum_{b=1}^{n_{\mathrm{eb}}} \int_{\Gamma^b \cap (\Gamma_t)_{\mathrm{g}}} \mathbf{w}^h \cdot \boldsymbol{\sigma}(\mathbf{u}^h, p^h)\mathbf{n}\,\mathrm{d}\Gamma \\
&- \sum_{b=1}^{n_{\mathrm{eb}}} \int_{\Gamma^b \cap (\Gamma_t)_{\mathrm{g}}} \left(2\mu\boldsymbol{\varepsilon}(\mathbf{w}^h)\mathbf{n} + q^h\mathbf{n}\right)\cdot(\mathbf{u}^h - \mathbf{g}^h)\,\mathrm{d}\Gamma \\
&- \sum_{b=1}^{n_{\mathrm{eb}}} \int_{\Gamma^b \cap (\Gamma_t)_{\mathrm{g}}^-} \mathbf{w}^h \cdot \rho\left((\mathbf{u}^h - \hat{\mathbf{u}}^h)\cdot\mathbf{n}\right)(\mathbf{u}^h - \mathbf{g}^h)\,\mathrm{d}\Gamma \\
&+ \sum_{b=1}^{n_{\mathrm{eb}}} \int_{\Gamma^b \cap (\Gamma_t)_{\mathrm{g}}} \tau^B_{\mathrm{TAN}}\left(\mathbf{w}^h - (\mathbf{w}^h\cdot\mathbf{n})\mathbf{n}\right)\cdot\left((\mathbf{u}^h - \mathbf{g}^h) - ((\mathbf{u}^h - \mathbf{g}^h)\cdot\mathbf{n})\mathbf{n}\right)\,\mathrm{d}\Gamma \\
&+ \sum_{b=1}^{n_{\mathrm{eb}}} \int_{\Gamma^b \cap (\Gamma_t)_{\mathrm{g}}} \tau^B_{\mathrm{NOR}}(\mathbf{w}^h\cdot\mathbf{n})\left((\mathbf{u}^h - \mathbf{g}^h)\cdot\mathbf{n}\right)\,\mathrm{d}\Gamma \qquad (4.58)
\end{aligned}$$

これにより，"流入"部の基本境界 $(\Gamma_t)_{\mathrm{g}}^-$ は次式で定義される．

$$(\Gamma_t)_{\mathrm{g}}^- = \left\{ \mathbf{x} \mid \left(\mathbf{u}^h - \hat{\mathbf{u}}^h\right) \cdot \mathbf{n} < 0, \forall \mathbf{x} \subset (\Gamma_t)_{\mathrm{g}} \right\} \tag{4.59}$$

これは，式 (2.218) を移動領域に拡張したものである．また，$(\Gamma_t)_{\mathrm{g}}$ が移動壁と一致する場合には，$\mathbf{g}^h$ は流体方程式の基本境界条件で与えられた壁の速度となる．

式 (4.55) で与えられた ALE-VMS 法の方程式のベクトル形式は，2.6.1 項で記したように，以下の空間で離散化した速度と圧力の試験関数と試行関数から始める．

$$\mathbf{u}^h(\mathbf{x},t) = \sum_{\boldsymbol{\eta}^s} \mathbf{u}_A(t) N_A(\mathbf{x},t) \tag{4.60}$$

$$p^h(\mathbf{x},t) = \sum_{\boldsymbol{\eta}^s} p_A(t) N_A(\mathbf{x},t) \tag{4.61}$$

$$\mathbf{w}^h(\mathbf{x},t) = \sum_{\boldsymbol{\eta}^w} \mathbf{w}_A N_A(\mathbf{x},t) \tag{4.62}$$

$$q^h(\mathbf{x},t) = \sum_{\boldsymbol{\eta}^w} q_A N_A(\mathbf{x},t) \tag{4.63}$$

空間領域上の基底関数 N_A は式 (4.3) で定義されており，空間領域が動いているためそれらも時間依存する．ここで，式 (4.55) に式 (4.62) と (4.63) を代入し，$\mathbf{w}_A$ と q_A を任意の定数とすることで，運動方程式と連続の式に対応する二つの離散化残差ベクトルを定義する．

$$\mathbf{N}_{\mathrm{M}} = [(\mathrm{N}_{\mathrm{M}})_{A,i}] \tag{4.64}$$

$$\mathbf{N}_{\mathrm{C}} = [(\mathrm{N}_{\mathrm{C}})_A] \tag{4.65}$$

$$\begin{aligned}
(\mathrm{N}_{\mathrm{M}})_{A,i} = & \int_{\Omega_t} N_A \mathbf{e}_i \cdot \rho \left(\left.\frac{\partial \mathbf{u}^h}{\partial t}\right|_{\hat{x}} + \left(\mathbf{u}^h - \hat{\mathbf{u}}^h\right) \cdot \boldsymbol{\nabla} \mathbf{u}^h - \mathbf{f}^h \right) \, \mathrm{d}\Omega \\
& + \int_{\Omega_t} \boldsymbol{\varepsilon}(N_A \mathbf{e}_i) : \boldsymbol{\sigma}\left(\mathbf{u}^h, p^h\right) \, \mathrm{d}\Omega - \int_{(\Gamma_t)_{\mathrm{h}}} N_A \mathbf{e}_i \cdot \mathbf{h}^h \, \mathrm{d}\Gamma \\
& + \sum_{e=1}^{n_{\mathrm{el}}} \int_{\Omega_t^e} \tau_{\mathrm{SUPS}} \left(\left(\mathbf{u}^h - \hat{\mathbf{u}}^h\right) \cdot \boldsymbol{\nabla} N_A \mathbf{e}_i\right) \cdot \mathbf{r}_{\mathrm{M}}\left(\mathbf{u}^h, p^h\right) \, \mathrm{d}\Omega \\
& + \sum_{e=1}^{n_{\mathrm{el}}} \int_{\Omega_t^e} \rho \nu_{\mathrm{LSIC}} (\boldsymbol{\nabla} \cdot N_A \mathbf{e}_i) r_{\mathrm{C}}\left(\mathbf{u}^h\right) \, \mathrm{d}\Omega \\
& - \sum_{e=1}^{n_{\mathrm{el}}} \int_{\Omega_t^e} \tau_{\mathrm{SUPS}} N_A \mathbf{e}_i \cdot \left(\mathbf{r}_{\mathrm{M}}\left(\mathbf{u}^h, p^h\right) \cdot \boldsymbol{\nabla} \mathbf{u}^h\right) \, \mathrm{d}\Omega
\end{aligned}$$

$$-\sum_{e=1}^{n_{\mathrm{el}}}\int_{\Omega_t^e}\frac{\boldsymbol{\nabla} N_A\mathbf{e}_i}{\rho}:\left(\tau_{\mathrm{SUPS}}\mathbf{r}_{\mathrm{M}}\left(\mathbf{u}^h,p^h\right)\right)\otimes\left(\tau_{\mathrm{SUPS}}\mathbf{r}_{\mathrm{M}}\left(\mathbf{u}^h,p^h\right)\right)\,\mathrm{d}\Omega \tag{4.66}$$

$$(\mathrm{N}_{\mathrm{C}})_A = \int_{\Omega_t} N_A\boldsymbol{\nabla}\cdot\mathbf{u}^h\,\mathrm{d}\Omega + \sum_{e=1}^{n_{\mathrm{el}}}\int_{\Omega_t^e}\tau_{\mathrm{SUPS}}\frac{\boldsymbol{\nabla} N_A}{\rho}\cdot\mathbf{r}_{\mathrm{M}}\left(\mathbf{u}^h,p^h\right)\,\mathrm{d}\Omega \tag{4.67}$$

前述と同様，$\mathbf{U}$，$\dot{\mathbf{U}}$，および $\mathbf{P}$ は，速度，速度の時間微分，圧力の節点自由度とする．式 (4.55) の半離散化方程式のベクトル形式は次のようになる．

以下を満足する $\mathbf{U}$，$\dot{\mathbf{U}}$，および $\mathbf{P}$ を求めよ：

$$\mathbf{N}_{\mathrm{M}}(\dot{\mathbf{U}},\mathbf{U},\mathbf{P}) = \mathbf{0} \tag{4.68}$$

$$\mathbf{N}_{\mathrm{C}}(\dot{\mathbf{U}},\mathbf{U},\mathbf{P}) = \mathbf{0} \tag{4.69}$$

4.6.2 ALE 方程式の一般化 α 時間積分

以下，前述の方程式系への一般化 α 積分手法の適用について説明する．非圧縮性流体のナビエ-ストークスに対する一般化 α 手法は文献 [111] で最初に提案され，この時点では静止領域が前提であった．

はじめに，解析対象とする時間間隔 $[0,T]$ を補間隔すなわち時間刻みに分割する．時間刻みレベル t_n および t_{n+1} を n 番目のステップの始点と終点とし，$\Delta t_n = t_{n+1} - t_n$ を n 番目の時間刻み幅とする．一般に，時間刻み幅はステップごとに変化する．

方程式の一般化 α 時間積分法は次のとおりである．

n における節点解 $\mathbf{U}_n$，$\dot{\mathbf{U}}_n$，$\mathbf{P}_n$ が与えられたとき，以下を満足する $n+1$ における解 $\mathbf{U}_{n+1}$，$\dot{\mathbf{U}}_{n+1}$，$\mathbf{P}_{n+1}$ を求めよ：

$$\mathbf{N}_{\mathrm{M}}(\dot{\mathbf{U}}_{n+\alpha_m},\mathbf{U}_{n+\alpha_f},\mathbf{P}_{n+1}) = \mathbf{0} \tag{4.70}$$

$$\mathbf{N}_{\mathrm{C}}(\dot{\mathbf{U}}_{n+\alpha_m},\mathbf{U}_{n+\alpha_f},\mathbf{P}_{n+1}) = \mathbf{0} \tag{4.71}$$

このとき，

$$\dot{\mathbf{U}}_{n+\alpha_m} = \dot{\mathbf{U}}_n + \alpha_m(\dot{\mathbf{U}}_{n+1} - \dot{\mathbf{U}}_n) \tag{4.72}$$

$$\mathbf{U}_{n+\alpha_f} = \mathbf{U}_n + \alpha_f(\mathbf{U}_{n+1} - \mathbf{U}_n) \tag{4.73}$$

は，節点速度ベクトルの中間値とその時間微分である．一般化 α 法において，運動方程式と連続の式の離散化は各時間刻みにおける解の中間値と同じ時刻で評価される．節点速度の自由度とその時間微分の関係は，ニューマーク法を用いて近似する（例：

文献 [51] 参照).

$$\mathbf{U}_{n+1} = \mathbf{U}_n + \Delta t_n \left((1-\gamma)\dot{\mathbf{U}}_n + \gamma \dot{\mathbf{U}}_{n+1} \right) \qquad (4.74)$$

ここで，α_m, α_f, および γ は，安定性と正確さを考慮して選択した実数パラメータである．文献 [111] では，次式を用いることにより時間 2 次精度を達成している．

$$\gamma = \frac{1}{2} + \alpha_m - \alpha_f \qquad (4.75)$$

さらに，無条件安定も次式によって達成している．

$$\alpha_m \geq \alpha_f \geq \frac{1}{2} \qquad (4.76)$$

2 次精度の 1 パラメータ群で無条件安定な積分法は，式 (4.75) に従って γ を設定し，時間の中間で以下のパラメータを用いることにより成立する．

$$\alpha_m = \frac{1}{2}\left(\frac{3-\rho_\infty}{1+\rho_\infty}\right) \quad \text{および} \quad \alpha_f = \frac{1}{1+\rho_\infty} \qquad (4.77)$$

式 (4.77) において，パラメータ ρ_∞ は増幅行列 $\Delta t_n \to \infty$ のスペクトル半径で，これは高周波の散逸を制御する（文献 [51] 参照).

　非線形系の方程式 (4.70)～(4.74) を解くために，ニュートン‐ラフソン法を用いると，2 段の予測子マルチ修正子法となる．

予測子：ここでは，与えられた時刻 n の解から，時刻 $n+1$ の解を"予測"する．

$$\dot{\mathbf{U}}_{n+1}^0 = \frac{\gamma-1}{\gamma}\dot{\mathbf{U}}_n \qquad (4.78)$$

$$\mathbf{U}_{n+1}^0 = \mathbf{U}_n \qquad (4.79)$$

$$\mathbf{P}_{n+1}^0 = \mathbf{P}_n \qquad (4.80)$$

ここで，上付き添え字 0 は反復処理のゼロ番目の値であることを表す．上記予測は，時刻 n の速度を時刻 $n+1$ の初期予測流速とする同速度予測である．式 (4.74) のニューマーク法との整合を維持するため，速度の時間微分は式 (4.78) のように初期化する．予測子のオプションは，このほかにもある．

マルチ修正子：ここでは，式 (4.70) と (4.71) を満足するまで反復計算を行う．そのために，以下のステップを $i = 0, 1, \ldots, (i_{\max}-1)$ の間繰り返す．i は反復回数，$i_{\max}$ は時間刻みごとに決めた非線形反復の最大回数である．

　(1) 中間時点での値を求める．

$$\dot{\mathbf{U}}^i_{n+\alpha_m} = \dot{\mathbf{U}}_n + \alpha_m(\dot{\mathbf{U}}^i_{n+1} - \dot{\mathbf{U}}_n) \tag{4.81}$$

$$\mathbf{U}^i_{n+\alpha_f} = \mathbf{U}_n + \alpha_f(\mathbf{U}^i_{n+1} - \mathbf{U}_n) \tag{4.82}$$

$$\mathbf{P}^i_{n+1} = \mathbf{P}^i_{n+1} \tag{4.83}$$

(2) 中間値を組み合わせて，式 (4.70) と (4.71) に対応する節点未知数 $\dot{\mathbf{U}}_{n+1}$ および $\mathbf{P}_{n+1}$ に関する線形系の方程式を作成する．

$$\left.\frac{\partial \mathbf{N}_{\mathrm{M}}}{\partial \dot{\mathbf{U}}_{n+1}}\right|_i \Delta \dot{\mathbf{U}}^i_{n+1} + \left.\frac{\partial \mathbf{N}_{\mathrm{M}}}{\partial \mathbf{P}_{n+1}}\right|_i \Delta \mathbf{P}^i_{n+1} = -\mathbf{N}^i_{\mathrm{M}} \tag{4.84}$$

$$\left.\frac{\partial \mathbf{N}_{\mathrm{C}}}{\partial \dot{\mathbf{U}}_{n+1}}\right|_i \Delta \dot{\mathbf{U}}^i_{n+1} + \left.\frac{\partial \mathbf{N}_{\mathrm{C}}}{\partial \mathbf{P}_{n+1}}\right|_i \Delta \mathbf{P}^i_{n+1} = -\mathbf{N}^i_{\mathrm{C}} \tag{4.85}$$

この線形系を，前処理付き GMRES 法（文献 [112] 参照）を用いて許容値に収まるように解く．

(3) 解を更新する．

$$\dot{\mathbf{U}}^{i+1}_{n+1} = \dot{\mathbf{U}}^i_{n+1} + \Delta \dot{\mathbf{U}}^i_{n+1} \tag{4.86}$$

$$\mathbf{U}^{i+1}_{n+1} = \mathbf{U}^i_{n+1} + \gamma \Delta t_n \Delta \dot{\mathbf{U}}^i_{n+1} \tag{4.87}$$

$$\mathbf{P}^{i+1}_{n+1} = \mathbf{P}^i_{n+1} + \Delta \mathbf{P}^i_{n+1} \tag{4.88}$$

式 (4.64) と (4.65) の離散残差ベクトルの定義で積分を求めるため，$t = t_{(n+\alpha_f)}$ における流体領域を求める．

$$\int_{\Omega_t} (\cdot) \, \mathrm{d}\Omega = \int_{\Omega_{t_{(n+\alpha_f)}}} (\cdot) \, \mathrm{d}\Omega \tag{4.89}$$

このとき，

$$\Omega_{t_{(n+\alpha_f)}} = \left\{ \mathbf{x} \mid \mathbf{x}(\hat{\mathbf{x}}, t_{(n+\alpha_f)}) = \hat{\mathbf{x}} + \hat{\mathbf{y}}^h(\hat{\mathbf{x}}, t_{(n+\alpha_f)}) \right\} \tag{4.90}$$

である．離散時刻においてのみ，流体領域の位置がわかっている場合には，以下の定義を用いる．

$$\Omega_{t_{(n+\alpha_f)}} = \left\{ \mathbf{x} \mid \mathbf{x}(\hat{\mathbf{x}}, t_{(n+\alpha_f)}) = \hat{\mathbf{x}} + \hat{\mathbf{y}}^h(\hat{\mathbf{x}}, t_n) + \alpha_f \left(\hat{\mathbf{y}}^h(\hat{\mathbf{x}}, t_{n+1}) - \hat{\mathbf{y}}^h(\hat{\mathbf{x}}, t_n) \right) \right\} \tag{4.91}$$

以下に，マルチ修正子のステップ 2 に含まれる左辺行列を示す．

$$\frac{\partial \mathbf{N}_{\mathrm{M}}}{\partial \dot{\mathbf{U}}_{n+1}} = \left[\mathrm{K}^{ij}_{AB} \right] \tag{4.92}$$

$$\mathrm{K}_{AB}^{ij} = \alpha_m \int_{\Omega_{t_{(n+\alpha_f)}}} N_A \rho N_B \, \mathrm{d}\Omega \, \delta_{ij}$$

$$+ \alpha_m \int_{\Omega_{t_{(n+\alpha_f)}}} \tau_{\mathrm{SUPS}} \left(\mathbf{u}^h - \hat{\mathbf{u}}^h\right) \cdot \boldsymbol{\nabla} N_A \rho N_B \, \mathrm{d}\Omega \, \delta_{ij}$$

$$+ \alpha_f \gamma \Delta t_n \int_{\Omega_{t_{(n+\alpha_f)}}} N_A \rho \left(\mathbf{u}^h - \hat{\mathbf{u}}^h\right) \cdot \boldsymbol{\nabla} N_B \, \mathrm{d}\Omega \, \delta_{ij}$$

$$+ \alpha_f \gamma \Delta t_n \int_{\Omega_{t_{(n+\alpha_f)}}} \boldsymbol{\nabla} N_A \cdot \mu \boldsymbol{\nabla} N_B \, \mathrm{d}\Omega \, \delta_{ij}$$

$$+ \alpha_f \gamma \Delta t_n \int_{\Omega_{t_{(n+\alpha_f)}}} \boldsymbol{\nabla} N_A \cdot \mathbf{e}_j \mu \boldsymbol{\nabla} N_B \cdot \mathbf{e}_i \, \mathrm{d}\Omega$$

$$+ \alpha_f \gamma \Delta t_n \int_{\Omega_{t_{(n+\alpha_f)}}} \tau_{\mathrm{SUPS}} \left(\mathbf{u}^h - \hat{\mathbf{u}}^h\right) \cdot \boldsymbol{\nabla} N_A \rho \left(\mathbf{u}^h - \hat{\mathbf{u}}^h\right) \cdot \boldsymbol{\nabla} N_B \, \mathrm{d}\Omega \, \delta_{ij}$$

$$+ \alpha_f \gamma \Delta t_n \int_{\Omega_{t_{(n+\alpha_f)}}} \rho \nu_{\mathrm{LSIC}} \boldsymbol{\nabla} N_A \cdot \mathbf{e}_i \boldsymbol{\nabla} N_B \cdot \mathbf{e}_j \, \mathrm{d}\Omega \tag{4.93}$$

$$\frac{\partial \mathbf{N}_{\mathrm{M}}}{\partial \mathbf{P}_{n+1}} = \left[\mathrm{G}_{AB}^i\right] \tag{4.94}$$

$$\mathrm{G}_{AB}^i = -\int_{\Omega_{t_{(n+\alpha_f)}}} \boldsymbol{\nabla} N_A \cdot \mathbf{e}_i N_B \, \mathrm{d}\Omega$$

$$+ \int_{\Omega_{t_{(n+\alpha_f)}}} \tau_{\mathrm{SUPS}} \left(\mathbf{u}^h - \hat{\mathbf{u}}^h\right) \cdot \boldsymbol{\nabla} N_A \boldsymbol{\nabla} N_B \cdot \mathbf{e}_i \, \mathrm{d}\Omega \tag{4.95}$$

$$\frac{\partial \mathbf{N}_{\mathrm{C}}}{\partial \dot{\mathbf{U}}_{n+1}} = \left[\mathrm{D}_{AB}^j\right] \tag{4.96}$$

$$\mathrm{D}_{AB}^j = \alpha_f \gamma \Delta t_n \int_{\Omega_{t_{(n+\alpha_f)}}} N_A \boldsymbol{\nabla} N_B \cdot \mathbf{e}_j \, \mathrm{d}\Omega$$

$$+ \alpha_f \gamma \Delta t_n \int_{\Omega_{t_{(n+\alpha_f)}}} \tau_{\mathrm{SUPS}} \boldsymbol{\nabla} N_A \cdot \mathbf{e}_j \left(\mathbf{u}^h - \hat{\mathbf{u}}^h\right) \cdot \boldsymbol{\nabla} N_B \, \mathrm{d}\Omega$$

$$+ \alpha_m \int_{\Omega_{t_{(n+\alpha_f)}}} \tau_{\mathrm{SUPS}} \boldsymbol{\nabla} N_A \cdot \mathbf{e}_j N_B \, \mathrm{d}\Omega \tag{4.97}$$

$$\frac{\partial \mathbf{N}_{\mathrm{C}}}{\partial \mathbf{P}_{n+1}} = [\mathrm{L}_{AB}] \tag{4.98}$$

$$L_{AB} = \int_{\Omega_{t_{(n+\alpha_f)}}} \frac{\tau_{\text{SUPS}}}{\rho} \boldsymbol{\nabla} N_A \cdot \boldsymbol{\nabla} N_B \, \mathrm{d}\Omega \qquad (4.99)$$

以上の左辺行列は解によって変化し，通常はニュートン-ラフソン反復処理のたびに計算する（反復回数の添え字 i は，表記を簡易化するために省略してある）．移流速度と安定化パラメータは 1 回の反復処理で "遅れ"，それらの導関数はこれらの行列の微分と整合しない．

> **Remark 4.2** 数式の長さを抑えるため，離散残差ベクトルと左辺行列において，弱形化基本境界条件の部分は記述しなかった．これらは，式 (4.58) の項をそのままもってくることができる．

4.6.3 space–time 法

非圧縮性流体の space–time 変分公式（文献 [1–3,5,18] 参照）を書くため，再び 4.4 節で定義した space–time スラブ Q_n を用いる．速度と圧力空間の試行関数と試験関数を $\mathbf{u} \in \mathcal{S}_u, p \in \mathcal{S}_p, \mathbf{w} \in \mathcal{V}_u, q \in \mathcal{V}_p$ で表す．変分形式を導出するため，式 (1.1) と (1.2) にそれぞれの試験関数を掛け，Q_n において積分する．

$$\int_{Q_n} \mathbf{w} \cdot \rho \left(\frac{\partial \mathbf{u}}{\partial t} + \boldsymbol{\nabla} \cdot (\mathbf{u} \otimes \mathbf{u}) - \mathbf{f} \right) \mathrm{d}Q - \int_{Q_n} \mathbf{w} \cdot \boldsymbol{\nabla} \cdot \boldsymbol{\sigma} \, \mathrm{d}Q + \int_{Q_n} q \boldsymbol{\nabla} \cdot \mathbf{u} \, \mathrm{d}Q = 0 \qquad (4.100)$$

外力項以外の項に対して部分積分を施し，基本（すなわちディリクレ）境界条件と自然境界条件を $(P_n)_\mathrm{g}$ と P_n の補集合 $(P_n)_\mathrm{h}$ に対して施す．これにより，次の変分公式が得られる．

任意の $\mathbf{w} \in \mathcal{V}_u$ および $q \in \mathcal{V}_p$ を満足する $\mathbf{u} \in \mathcal{S}_u$ と $p \in \mathcal{S}_p$ を求めよ：

$$\int_{\Omega_{n+1}} \mathbf{w}_{n+1}^- \cdot \rho \mathbf{u}_{n+1}^- \, \mathrm{d}\Omega - \int_{\Omega_n} \mathbf{w}_n^+ \cdot \rho \mathbf{u}_n^- \, \mathrm{d}\Omega - \int_{Q_n} \frac{\partial \mathbf{w}}{\partial t} \cdot \rho \mathbf{u} \, \mathrm{d}Q \\
- \int_{(P_n)_\mathrm{h}} (\mathbf{w} \cdot \rho \mathbf{u})(\mathbf{n} \cdot \hat{\mathbf{u}}) \, \mathrm{d}P + \int_{(P_n)_\mathrm{h}} (\mathbf{w} \cdot \rho \mathbf{u})(\mathbf{n} \cdot \mathbf{u}) \, \mathrm{d}P - \int_{Q_n} \boldsymbol{\nabla}\mathbf{w} : \rho \mathbf{u} \otimes \mathbf{u} \, \mathrm{d}Q \\
- \int_{Q_n} \mathbf{w} \cdot \rho \mathbf{f} \, \mathrm{d}Q - \int_{(P_n)_\mathrm{h}} \mathbf{w} \cdot \mathbf{h} \, \mathrm{d}P + \int_{Q_n} \boldsymbol{\varepsilon}(\mathbf{w}) : \boldsymbol{\sigma}(\mathbf{u}, p) \, \mathrm{d}Q \\
+ \int_{P_n} q \mathbf{n} \cdot \mathbf{u} \, \mathrm{d}P - \int_{Q_n} \boldsymbol{\nabla} q \cdot \mathbf{u} \, \mathrm{d}Q = 0 \qquad (4.101)$$

ここで，式 (2.187)〜(2.190) のスケール分離を，連続状態で行う．$\overline{(\ )}$ は粗いスケー

ルであることを表す．式 (4.101) のスケールの粗い部分は，以下のように書ける．

$$\int_{\Omega_{n+1}} \overline{\mathbf{w}}_{n+1}^- \cdot \rho \mathbf{u}_{n+1}^- \, \mathrm{d}\Omega - \int_{\Omega_n} \overline{\mathbf{w}}_n^+ \cdot \rho \mathbf{u}_n^- \, \mathrm{d}\Omega - \int_{Q_n} \frac{\partial \overline{\mathbf{w}}}{\partial t} \cdot \rho \mathbf{u} \, \mathrm{d}Q$$

$$- \int_{(P_n)_\mathrm{h}} (\overline{\mathbf{w}} \cdot \rho \mathbf{u})(\mathbf{n} \cdot \hat{\mathbf{u}}) \, \mathrm{d}P + \int_{(P_n)_\mathrm{h}} (\overline{\mathbf{w}} \cdot \rho \mathbf{u})(\mathbf{n} \cdot \mathbf{u}) \, \mathrm{d}P - \int_{Q_n} \boldsymbol{\nabla} \overline{\mathbf{w}} : \rho \mathbf{u} \otimes \mathbf{u} \, \mathrm{d}Q$$

$$- \int_{Q_n} \overline{\mathbf{w}} \cdot \rho \mathbf{f} \, \mathrm{d}Q - \int_{(P_n)_\mathrm{h}} \overline{\mathbf{w}} \cdot \mathbf{h} \, \mathrm{d}P + \int_{Q_n} \boldsymbol{\varepsilon}(\overline{\mathbf{w}}) : \boldsymbol{\sigma} \, \mathrm{d}Q$$

$$+ \int_{P_n} \overline{q} \mathbf{n} \cdot \mathbf{u} \, \mathrm{d}P - \int_{Q_n} \boldsymbol{\nabla} \overline{q} \cdot \mathbf{u} \, \mathrm{d}Q = 0 \tag{4.102}$$

細かいスケールの解は，次のとおりである．

$$\mathbf{u}' = -\frac{\tau_{\mathrm{SUPS}}}{\rho} \mathbf{r}_\mathrm{M}(\overline{\mathbf{u}}, \overline{p}) \quad p' = -\rho \nu_{\mathrm{LSIC}} r_\mathrm{C}(\overline{\mathbf{u}}) \tag{4.103}$$

式 (4.102) の速度と圧力のスケール分離により，次式が得られる．

$$\int_{\Omega_{n+1}} (\overline{\mathbf{w}})_{n+1}^- \cdot \rho \left((\overline{\mathbf{u}})_{n+1}^- + (\mathbf{u}')_{n+1}^- \right) \mathrm{d}\Omega - \int_{\Omega_n} (\overline{\mathbf{w}})_n^+ \cdot \rho \left((\overline{\mathbf{u}})_n^- + (\mathbf{u}')_n^- \right) \mathrm{d}\Omega$$

$$- \int_{Q_n} \frac{\partial \overline{\mathbf{w}}}{\partial t} \cdot \rho (\overline{\mathbf{u}} + \mathbf{u}') \, \mathrm{d}Q + \int_{(P_n)_\mathrm{h}} (\overline{\mathbf{w}} \cdot \rho (\overline{\mathbf{u}} + \mathbf{u}'))(\mathbf{n} \cdot (\overline{\mathbf{u}} + \mathbf{u}' - \hat{\mathbf{u}})) \, \mathrm{d}P$$

$$- \int_{Q_n} \boldsymbol{\nabla} \overline{\mathbf{w}} : \rho (\overline{\mathbf{u}} + \mathbf{u}') \otimes (\overline{\mathbf{u}} + \mathbf{u}') \, \mathrm{d}Q - \int_{Q_n} \overline{\mathbf{w}} \cdot \rho \mathbf{f} \, \mathrm{d}Q - \int_{(P_n)_\mathrm{h}} \overline{\mathbf{w}} \cdot \mathbf{h} \, \mathrm{d}P$$

$$+ \int_{Q_n} \boldsymbol{\varepsilon}(\overline{\mathbf{w}}) : (\boldsymbol{\sigma}(\overline{\mathbf{u}}, \overline{p}) + \boldsymbol{\sigma}') \, \mathrm{d}Q + \int_{P_n} \overline{q} \mathbf{n} \cdot (\overline{\mathbf{u}} + \mathbf{u}') \, \mathrm{d}P - \int_{Q_n} \boldsymbol{\nabla} \overline{q} \cdot (\overline{\mathbf{u}} + \mathbf{u}') \, \mathrm{d}Q = 0$$
$$\tag{4.104}$$

ここで，$\boldsymbol{\sigma}' \equiv \boldsymbol{\sigma} - \boldsymbol{\sigma}^h$ は一時的な使用のためのものである．空間と時間の境界においては，細かいスケールの解はゼロに設定し，$\boldsymbol{\varepsilon}(\mathbf{w}^h) : 2\mu \boldsymbol{\nabla} \mathbf{u}' = 0$（文献 [52, 113] 参照）を仮定すると，次式が得られる．

$$\int_{\Omega_{n+1}} (\overline{\mathbf{w}})_{n+1}^- \cdot \rho (\overline{\mathbf{u}})_{n+1}^- \, \mathrm{d}\Omega - \int_{\Omega_n} (\overline{\mathbf{w}})_n^+ \cdot \rho (\overline{\mathbf{u}})_n^- \, \mathrm{d}\Omega$$

$$- \int_{Q_n} \frac{\partial \overline{\mathbf{w}}}{\partial t} \cdot \rho (\overline{\mathbf{u}} + \mathbf{u}') \, \mathrm{d}Q + \int_{(P_n)_\mathrm{h}} (\overline{\mathbf{w}} \cdot \rho \overline{\mathbf{u}})(\mathbf{n} \cdot (\overline{\mathbf{u}} - \hat{\mathbf{u}})) \, \mathrm{d}P$$

$$- \int_{Q_n} \boldsymbol{\nabla} \overline{\mathbf{w}} : \rho (\overline{\mathbf{u}} + \mathbf{u}') \otimes (\overline{\mathbf{u}} + \mathbf{u}') \, \mathrm{d}Q - \int_{Q_n} \overline{\mathbf{w}} \cdot \rho \mathbf{f} \, \mathrm{d}Q - \int_{(P_n)_\mathrm{h}} \overline{\mathbf{w}} \cdot \mathbf{h} \, \mathrm{d}P$$

$$+ \int_{Q_n} \boldsymbol{\varepsilon}(\overline{\mathbf{w}}) : (\boldsymbol{\sigma}(\overline{\mathbf{u}}, \overline{p}) - p'\mathbf{I}) \, \mathrm{d}Q + \int_{P_n} \overline{q} \mathbf{n} \cdot \overline{\mathbf{u}} \, \mathrm{d}P - \int_{Q_n} \boldsymbol{\nabla} \overline{q} \cdot (\overline{\mathbf{u}} + \mathbf{u}') \, \mathrm{d}Q = 0$$
$$\tag{4.105}$$

細かいスケールの項を一箇所に集め，全体積分を要素積分の和として書く．

$$
\begin{aligned}
&\int_{\Omega_{n+1}} (\overline{\mathbf{w}})^-_{n+1} \cdot \rho(\overline{\mathbf{u}})^-_{n+1} \, \mathrm{d}\Omega - \int_{\Omega_n} (\overline{\mathbf{w}})^+_n \cdot \rho(\overline{\mathbf{u}})^-_n \, \mathrm{d}\Omega - \int_{Q_n} \frac{\partial \overline{\mathbf{w}}}{\partial t} \cdot \rho\overline{\mathbf{u}} \, \mathrm{d}Q \\
&+ \int_{(P_n)_\mathrm{h}} (\overline{\mathbf{w}} \cdot \rho\overline{\mathbf{u}})(\mathbf{n} \cdot (\overline{\mathbf{u}} - \hat{\mathbf{u}})) \, \mathrm{d}P - \int_{Q_n} \boldsymbol{\nabla}\overline{\mathbf{w}} : \rho\overline{\mathbf{u}} \otimes \overline{\mathbf{u}} \, \mathrm{d}Q - \int_{Q_n} \overline{\mathbf{w}} \cdot \rho\mathbf{f} \, \mathrm{d}Q \\
&- \int_{(P_n)_\mathrm{h}} \overline{\mathbf{w}} \cdot \mathbf{h} \, \mathrm{d}P + \int_{Q_n} \boldsymbol{\varepsilon}(\overline{\mathbf{w}}) : \boldsymbol{\sigma}(\overline{\mathbf{u}}, \overline{p}) \, \mathrm{d}Q + \int_{P_n} \overline{q}\mathbf{n} \cdot \overline{\mathbf{u}} \, \mathrm{d}P - \int_{Q_n} \boldsymbol{\nabla}\overline{q} \cdot \overline{\mathbf{u}} \, \mathrm{d}Q \\
&- \sum_{e=1}^{(n_\mathrm{el})_n} \int_{Q_n^e} \left(\left(\rho \frac{\partial \overline{\mathbf{w}}}{\partial t} + \boldsymbol{\nabla}\overline{q} \right) \cdot \mathbf{u}' + \boldsymbol{\nabla}\overline{\mathbf{w}} : (\rho(\mathbf{u}' \otimes \overline{\mathbf{u}} + \overline{\mathbf{u}} \otimes \mathbf{u}' + \mathbf{u}' \otimes \mathbf{u}') + p'\mathbf{I}) \right) \mathrm{d}Q \\
&= 0
\end{aligned}
\tag{4.106}
$$

ここで，それぞれの Q_n を $e = 1, 2, \ldots, (n_\mathrm{el})_n$ とする要素 Q_n^e に分解する．n_el の下付き添え字 n は，space–time 要素が space–time スラブごとに変化する一般化された場合を表す．式 (4.106) を空間離散化したものが以下である．

任意の $\mathbf{w}^h \in (\mathcal{V}_u^h)_n$ および $q^h \in (\mathcal{V}_p^h)_n$ を満たす $\mathbf{u}^h \in (\mathcal{S}_u^h)_n$ と $p^h \in (\mathcal{S}_p^h)_n$ を求めよ：

$$
\begin{aligned}
&\int_{\Omega_{n+1}} (\mathbf{w}^h)^-_{n+1} \cdot \rho(\mathbf{u}^h)^-_{n+1} \, \mathrm{d}\Omega - \int_{\Omega_n} (\mathbf{w}^h)^+_n \cdot \rho(\mathbf{u}^h)^-_n \, \mathrm{d}\Omega - \int_{Q_n} \frac{\partial \mathbf{w}^h}{\partial t} \cdot \rho\mathbf{u}^h \, \mathrm{d}Q \\
&+ \int_{(P_n)_\mathrm{h}} (\mathbf{w}^h \cdot \rho\mathbf{u}^h)(\mathbf{n}^h \cdot (\mathbf{u}^h - \hat{\mathbf{u}}^h)) \, \mathrm{d}P - \int_{Q_n} \boldsymbol{\nabla}\mathbf{w}^h : \rho\mathbf{u}^h \otimes \mathbf{u}^h \, \mathrm{d}Q - \int_{Q_n} \mathbf{w}^h \cdot \rho\mathbf{f}^h \, \mathrm{d}Q \\
&- \int_{(P_n)_\mathrm{h}} \mathbf{w}^h \cdot \mathbf{h}^h \, \mathrm{d}P + \int_{Q_n} \boldsymbol{\varepsilon}(\mathbf{w}^h) : \boldsymbol{\sigma}(\mathbf{u}^h, p^h) \, \mathrm{d}Q + \int_{P_n} q^h \mathbf{n}^h \cdot \mathbf{u}^h \, \mathrm{d}P - \int_{Q_n} \boldsymbol{\nabla}q^h \cdot \mathbf{u}^h \, \mathrm{d}Q \\
&- \sum_{e=1}^{(n_\mathrm{el})_n} \int_{Q_n^e} \left(\left(\rho \frac{\partial \mathbf{w}^h}{\partial t} + \boldsymbol{\nabla}q^h \right) \cdot \mathbf{u}' + \boldsymbol{\nabla}\mathbf{w}^h : (\rho(\mathbf{u}' \otimes \mathbf{u}^h + \mathbf{u}^h \otimes \mathbf{u}' + \mathbf{u}' \otimes \mathbf{u}') + p'\mathbf{I}) \right) \mathrm{d}Q \\
&= 0
\end{aligned}
\tag{4.107}
$$

式 (4.107) を整理すると，以下となる．

$$
\begin{aligned}
&\int_{Q_n} \mathbf{w}^h \cdot \rho \left(\frac{\partial \mathbf{u}^h}{\partial t} + \boldsymbol{\nabla} \cdot (\mathbf{u}^h \otimes \mathbf{u}^h) - \mathbf{f}^h \right) \mathrm{d}Q + \int_{Q_n} \boldsymbol{\varepsilon}(\mathbf{w}^h) : \boldsymbol{\sigma}(\mathbf{u}^h, p^h) \, \mathrm{d}Q \\
&- \int_{(P_n)_\mathrm{h}} \mathbf{w}^h \cdot \mathbf{h}^h \, \mathrm{d}P + \int_{Q_n} q^h \boldsymbol{\nabla} \cdot \mathbf{u}^h \, \mathrm{d}Q + \int_{\Omega_n} (\mathbf{w}^h)^+_n \cdot \rho \left((\mathbf{u}^h)^+_n - (\mathbf{u}^h)^-_n \right) \mathrm{d}\Omega \\
&- \sum_{e=1}^{(n_\mathrm{el})_n} \int_{Q_n^e} \left(\rho \left(\frac{\partial \mathbf{w}^h}{\partial t} + \mathbf{u}^h \cdot \boldsymbol{\nabla}\mathbf{w}^h \right) + \boldsymbol{\nabla}q^h \right) \cdot \mathbf{u}' \, \mathrm{d}Q - \sum_{e=1}^{(n_\mathrm{el})_n} \int_{Q_n^e} \boldsymbol{\nabla} \cdot \mathbf{w}^h p' \, \mathrm{d}Q
\end{aligned}
$$

$$-\sum_{e=1}^{(n_{\mathrm{el}})_n}\int_{Q_n^e}\rho\left(\boldsymbol{\nabla}\mathbf{w}^h\right):\mathbf{u}^h\otimes\mathbf{u}'\,\mathrm{d}Q-\sum_{e=1}^{(n_{\mathrm{el}})_n}\int_{Q_n^e}\rho\left(\boldsymbol{\nabla}\mathbf{w}^h\right):\mathbf{u}'\otimes\mathbf{u}'\,\mathrm{d}Q=0 \quad (4.108)$$

さらに，細かいスケールの項を式 (2.191), (2.192) を用いて展開すると，次式となる．

$$\int_{Q_n}\mathbf{w}^h\cdot\rho\left(\frac{\partial\mathbf{u}^h}{\partial t}+\boldsymbol{\nabla}\cdot(\mathbf{u}^h\otimes\mathbf{u}^h)-\mathbf{f}^h\right)\mathrm{d}Q+\int_{Q_n}\boldsymbol{\varepsilon}(\mathbf{w}^h):\boldsymbol{\sigma}(\mathbf{u}^h,p^h)\,\mathrm{d}Q$$

$$-\int_{(P_n)_{\mathrm{h}}}\mathbf{w}^h\cdot\mathbf{h}^h\,\mathrm{d}P+\int_{Q_n}q^h\boldsymbol{\nabla}\cdot\mathbf{u}^h\,\mathrm{d}Q+\int_{\Omega_n}(\mathbf{w}^h)_n^+\cdot\rho\left((\mathbf{u}^h)_n^+-(\mathbf{u}^h)_n^-\right)\mathrm{d}\Omega$$

$$+\sum_{e=1}^{(n_{\mathrm{el}})_n}\int_{Q_n^e}\frac{\tau_{\mathrm{SUPS}}}{\rho}\left(\rho\left(\frac{\partial\mathbf{w}^h}{\partial t}+\mathbf{u}^h\cdot\boldsymbol{\nabla}\mathbf{w}^h\right)+\boldsymbol{\nabla}q^h\right)\cdot\mathbf{r}_{\mathrm{M}}(\mathbf{u}^h,p^h)\,\mathrm{d}Q$$

$$+\sum_{e=1}^{(n_{\mathrm{el}})_n}\int_{Q_n^e}\rho\nu_{\mathrm{LSIC}}\boldsymbol{\nabla}\cdot\mathbf{w}^h r_{\mathrm{C}}(\mathbf{u}^h)\,\mathrm{d}Q$$

$$+\sum_{e=1}^{(n_{\mathrm{el}})_n}\int_{Q_n^e}\tau_{\mathrm{SUPS}}\left(\boldsymbol{\nabla}\mathbf{w}^h\right):\mathbf{u}^h\otimes\mathbf{r}_{\mathrm{M}}(\mathbf{u}^h,p^h)\,\mathrm{d}Q$$

$$-\sum_{e=1}^{(n_{\mathrm{el}})_n}\int_{Q_n^e}\frac{\tau_{\mathrm{SUPS}}^2}{\rho}\left(\boldsymbol{\nabla}\mathbf{w}^h\right):\mathbf{r}_{\mathrm{M}}(\mathbf{u}^h,p^h)\otimes\mathbf{r}_{\mathrm{M}}(\mathbf{u}^h,p^h)\,\mathrm{d}Q=0 \quad (4.109)$$

この方法は，文献 [18] の中で DSD/SST-VMST 法 (すなわち VMS 乱流モデル追加版) と名づけられている．文献 [21] において，これを略した "ST-VMS" ("space–time VMS" の意) が使用され，以降 DSD/SST-VMST と同意に用いられている．これは，"保存形" の DSD/SST-VMST 法である．

ここで簡単な導出として，文献 [21] にある "対流形" の DSD/SST-VMST 法を示す．式 (4.105) の第 5 項の 2 式に対して部分積分を施す．

$$-\int_{Q_n}\boldsymbol{\nabla}\overline{\mathbf{w}}:\rho\overline{\mathbf{u}}\otimes\overline{\mathbf{u}}\,\mathrm{d}Q=-\int_{(P_n)_{\mathrm{h}}}(\overline{\mathbf{w}}\cdot\rho\overline{\mathbf{u}})(\mathbf{n}\cdot\overline{\mathbf{u}})\,\mathrm{d}P+\int_{Q_n}\rho\overline{\mathbf{w}}\otimes\overline{\mathbf{u}}:(\boldsymbol{\nabla}\overline{\mathbf{u}})\,\mathrm{d}Q$$
$$+\int_{Q_n}(\overline{\mathbf{w}}\cdot\rho\overline{\mathbf{u}})\boldsymbol{\nabla}\cdot\overline{\mathbf{u}}\,\mathrm{d}Q \quad (4.110)$$

$$-\int_{Q_n}\boldsymbol{\nabla}\overline{\mathbf{w}}:\rho\overline{\mathbf{u}}\otimes\mathbf{u}'\,\mathrm{d}Q=-\int_{(P_n)_{\mathrm{h}}}(\overline{\mathbf{w}}\cdot\rho\overline{\mathbf{u}})(\mathbf{n}\cdot\mathbf{u}')\,\mathrm{d}P+\int_{Q_n}\rho\overline{\mathbf{w}}\otimes\mathbf{u}':(\boldsymbol{\nabla}\overline{\mathbf{u}})\,\mathrm{d}Q$$
$$+\int_{Q_n}(\overline{\mathbf{w}}\cdot\rho\overline{\mathbf{u}})\boldsymbol{\nabla}\cdot\mathbf{u}'\,\mathrm{d}Q \quad (4.111)$$

式 (4.110) の右辺第 1 項は，式 (4.105) の符号が逆な同じ項を打ち消す．式 (4.111) の右

辺第 1 項は，細かいスケールの解が空間領域においてゼロであるため消える．式 (4.110) と (4.111) の最後の項の合計はゼロである．式 (4.110) の右辺第 2 項の離散化版は，式 (4.108) の第 1 項の保存形の移流部分の代わりとなる．式 (4.111) の右辺第 2 項の離散化版は，式 (4.108) の第 8 項の代わりとなる．これらにより，次式が得られる．

$$\int_{Q_n} \mathbf{w}^h \cdot \rho \left(\frac{\partial \mathbf{u}^h}{\partial t} + \mathbf{u}^h \cdot \boldsymbol{\nabla} \mathbf{u}^h - \mathbf{f}^h \right) \mathrm{d}Q + \int_{Q_n} \boldsymbol{\varepsilon}(\mathbf{w}^h) : \boldsymbol{\sigma}(\mathbf{u}^h, p^h) \, \mathrm{d}Q$$
$$- \int_{(P_n)_\mathrm{h}} \mathbf{w}^h \cdot \mathbf{h}^h \, \mathrm{d}P + \int_{Q_n} q^h \boldsymbol{\nabla} \cdot \mathbf{u}^h \, \mathrm{d}Q + \int_{\Omega_n} (\mathbf{w}^h)_n^+ \cdot \rho \left((\mathbf{u}^h)_n^+ - (\mathbf{u}^h)_n^- \right) \mathrm{d}\Omega$$
$$- \sum_{e=1}^{(n_\mathrm{el})_n} \int_{Q_n^e} \left(\rho \left(\frac{\partial \mathbf{w}^h}{\partial t} + \mathbf{u}^h \cdot \boldsymbol{\nabla} \mathbf{w}^h \right) + \boldsymbol{\nabla} q^h \right) \cdot \mathbf{u}' \, \mathrm{d}Q - \sum_{e=1}^{(n_\mathrm{el})_n} \int_{Q_n^e} \boldsymbol{\nabla} \cdot \mathbf{w}^h p' \, \mathrm{d}Q$$
$$+ \sum_{e=1}^{(n_\mathrm{el})_n} \int_{Q_n^e} \rho \mathbf{w}^h \otimes \mathbf{u}' : (\boldsymbol{\nabla} \mathbf{u}^h) \, \mathrm{d}Q - \sum_{e=1}^{(n_\mathrm{el})_n} \int_{Q_n^e} (\boldsymbol{\nabla} \mathbf{w}^h) : \rho \mathbf{u}' \otimes \mathbf{u}' \, \mathrm{d}Q = 0 \quad (4.112)$$

ここで再び，細かいスケールの項を，式 (2.191) および (2.192) により拡張し，対流形の DSD/SST-VMST 式を得る．

$$\int_{Q_n} \mathbf{w}^h \cdot \rho \left(\frac{\partial \mathbf{u}^h}{\partial t} + \mathbf{u}^h \cdot \boldsymbol{\nabla} \mathbf{u}^h - \mathbf{f}^h \right) \mathrm{d}Q + \int_{Q_n} \boldsymbol{\varepsilon}(\mathbf{w}^h) : \boldsymbol{\sigma}(\mathbf{u}^h, p^h) \, \mathrm{d}Q$$
$$- \int_{(P_n)_\mathrm{h}} \mathbf{w}^h \cdot \mathbf{h}^h \, \mathrm{d}P + \int_{Q_n} q^h \boldsymbol{\nabla} \cdot \mathbf{u}^h \, \mathrm{d}Q + \int_{\Omega_n} (\mathbf{w}^h)_n^+ \cdot \rho \left((\mathbf{u}^h)_n^+ - (\mathbf{u}^h)_n^- \right) \mathrm{d}\Omega$$
$$+ \sum_{e=1}^{(n_\mathrm{el})_n} \int_{Q_n^e} \frac{\tau_\mathrm{SUPS}}{\rho} \left(\rho \left(\frac{\partial \mathbf{w}^h}{\partial t} + \mathbf{u}^h \cdot \boldsymbol{\nabla} \mathbf{w}^h \right) + \boldsymbol{\nabla} q^h \right) \cdot \mathbf{r}_\mathrm{M}(\mathbf{u}^h, p^h) \, \mathrm{d}Q$$
$$+ \sum_{e=1}^{(n_\mathrm{el})_n} \int_{Q_n^e} \rho \nu_\mathrm{LSIC} \boldsymbol{\nabla} \cdot \mathbf{w}^h r_\mathrm{C}(\mathbf{u}^h) \, \mathrm{d}Q$$
$$- \sum_{e=1}^{(n_\mathrm{el})_n} \int_{Q_n^e} \tau_\mathrm{SUPS} \mathbf{w}^h \otimes \mathbf{r}_\mathrm{M} : (\boldsymbol{\nabla} \mathbf{u}^h) \, \mathrm{d}Q$$
$$- \sum_{e=1}^{(n_\mathrm{el})_n} \int_{Q_n^e} \frac{\tau_\mathrm{SUPS}^2}{\rho} (\boldsymbol{\nabla} \mathbf{w}^h) : \mathbf{r}_\mathrm{M}(\mathbf{u}^h, p^h) \otimes \mathbf{r}_\mathrm{M}(\mathbf{u}^h, p^h) \, \mathrm{d}Q = 0 \qquad (4.113)$$

Remark 4.3 ALE と DSD/SST 型の VMS 法のおもな違いは，DSD/SST 法には細かいスケールの時間微分項 $\partial \mathbf{u}'/\partial t|_{\boldsymbol{\xi}}$ が残っている点である．この項を無視することを，"準静的"仮定とよぶ（用語については文献 [114] 参照）．これは DSD/SST の WTSE のオプション

と同様である（文献 [14] の Remark 2 参照）．とくに空間および時間多項式の次数が高いときに，これが大きな影響をもつと考えられる（文献 [18] 参照）．

式 (4.113) の最後の 2 項を消すと，DSD/SST 法[1–3, 5]の原形となる．文献 [18] にある原形の式（すなわち SUPG/PSPG 安定化版）を，"DSD/SST-SUPS" とよんでいる．DSD/SST-SUPS の略称には，"ST-SUPS" を用いる．上位互換性のために，略称 DSD/SST を "-SUPS" も "-VMST" も付けずに書く場合は，DSD/SST-SUPS であることを示す．完全を期して，文献 [5] より DSD/SST-SUPS 法を記す．

$$\int_{Q_n} \mathbf{w}^h \cdot \rho \left(\frac{\partial \mathbf{u}^h}{\partial t} + \mathbf{u}^h \cdot \boldsymbol{\nabla} \mathbf{u}^h - \mathbf{f}^h \right) dQ + \int_{Q_n} \boldsymbol{\varepsilon}(\mathbf{w}^h) : \boldsymbol{\sigma}(\mathbf{u}^h, p^h) dQ$$
$$- \int_{(P_n)_h} \mathbf{w}^h \cdot \mathbf{h}^h \, dP + \int_{Q_n} q^h \boldsymbol{\nabla} \cdot \mathbf{u}^h \, dQ + \int_{\Omega_n} (\mathbf{w}^h)_n^+ \cdot \rho \left((\mathbf{u}^h)_n^+ - (\mathbf{u}^h)_n^- \right) d\Omega$$
$$+ \sum_{e=1}^{(n_{\mathrm{el}})_n} \int_{Q_n^e} \frac{1}{\rho} \left(\tau_{\mathrm{SUPG}} \rho \left(\frac{\partial \mathbf{w}^h}{\partial t} + \mathbf{u}^h \cdot \boldsymbol{\nabla} \mathbf{w}^h \right) + \tau_{\mathrm{PSPG}} \boldsymbol{\nabla} q^h \right) \cdot \mathbf{r}_{\mathrm{M}}(\mathbf{u}^h, p^h) \, dQ$$
$$+ \sum_{e=1}^{(n_{\mathrm{el}})_n} \int_{Q_n^e} \rho \nu_{\mathrm{LSIC}} \boldsymbol{\nabla} \cdot \mathbf{w}^h r_{\mathrm{C}}(\mathbf{u}^h) \, dQ = 0 \tag{4.114}$$

さらに，式 (4.109) の最後の 2 項を消すと，保存形の DSD/SST-SUPS 法が得られる．

この後，DSD/SST 法で使用するすべての安定化パラメータを示す．はじめに以下のパラメータを記す．

$$\tau_{\mathrm{SUPS}} = \left(\frac{1}{\tau_{\mathrm{SUGN12}}^2} + \frac{1}{\tau_{\mathrm{SUGN3}}} \right)^{-1/2} \tag{4.115}$$

$$\tau_{\mathrm{SUGN12}} = \left(\sum_{\alpha=1}^{n_{\mathrm{ent}}} \sum_{a=1}^{n_{\mathrm{ens}}} \left| \frac{\partial N_a^\alpha}{\partial t} + \mathbf{u}^h \cdot \boldsymbol{\nabla} N_a^\alpha \right| \right)^{-1} \tag{4.116}$$

$$\tau_{\mathrm{SUGN3}} = \frac{h_{\mathrm{RGN}}^2}{4\nu} \tag{4.117}$$

$$h_{\mathrm{RGN}} = 2 \left(\sum_{\alpha=1}^{n_{\mathrm{ent}}} \sum_{a=1}^{n_{\mathrm{ens}}} |\mathbf{r} \cdot \boldsymbol{\nabla} N_a^\alpha| \right)^{-1} \tag{4.118}$$

$$\mathbf{r} = \frac{\boldsymbol{\nabla} \|\mathbf{u}^h\|}{\| \boldsymbol{\nabla} \|\mathbf{u}^h\| \|} \tag{4.119}$$

$$\tau_{\mathrm{PSPG}} = \tau_{\mathrm{SUPG}} = \tau_{\mathrm{SUPS}} \tag{4.120}$$

移流支配と過渡応答制約の定義の分離に基づいて τ_{SUPS} を構築する際，以下を用いる．

$$\tau_{\text{SUPS}} = \left(\frac{1}{\tau_{\text{SUGN1}}^2} + \frac{1}{\tau_{\text{SUGN2}}^2} + \frac{1}{\tau_{\text{SUGN3}}^2} \right)^{-1/2} \quad (4.121)$$

$$\tau_{\text{SUGN1}} = \left(\sum_{\alpha=1}^{n_{\text{ent}}} \sum_{a=1}^{n_{\text{ens}}} \left| (\mathbf{u}^h - \hat{\mathbf{u}}^h) \cdot \boldsymbol{\nabla} N_a^\alpha \right| \right)^{-1} \quad (4.122)$$

$$\tau_{\text{SUGN2}} = \frac{\Delta t}{2} \quad (4.123)$$

文献 [14] に記載されているとおり, τ_{SUGN12} を式 (4.122), (4.123) のように移流が支配的な成分と過渡応答が支配的な成分とに分離することは, 式 (4.116) において $\partial N_a/\partial t$ の一部 $\partial N_a/\partial t|_{\boldsymbol{\xi}}$ を除いたものを τ_{SUGN1} と定義し, 式 (4.123) で与えられる τ_{SUGN2} で $\partial N_a/\partial t|_{\boldsymbol{\xi}}$ を定義することに等しい. ここで, $\boldsymbol{\xi}$ は要素の座標ベクトルで, $\partial/\partial t|_{\boldsymbol{\xi}}$ は $\partial/\partial t|_{\hat{x}}$ と等価である. 同じ偏微分を表すどちらの表記も, 過去の論文との上位互換性をもつ.

LSIC パラメータは, 文献 [5] においては次式,

$$\nu_{\text{LSIC}} = \tau_{\text{SUPS}} \|\mathbf{u}^h\|^2 \quad (4.124)$$

文献 [14] では次式で定義され,

$$\nu_{\text{LSIC-TC2}} = \tau_{\text{SUPS}} \|\mathbf{u}^h - \hat{\mathbf{u}}^h\|^2 \quad (4.125)$$

"TC2" とよばれている. DSD/SST-VMST 法で使用される LSIC パラメータは, このほかに二つある. 次式はそのうちの一つで, 文献 [18] で紹介された.

$$\nu_{\text{LSIC-TGI}} = \left(\tau_{\text{SUPS}} \sum_{i=1}^{n_{\text{sd}}} G_{ii} \right)^{-1} \quad (4.126)$$

これは文献 [79] に端を発しており, "TGI" とよばれている. $\sum_{i=1}^{n_{\text{sd}}} G_{ii}$ は式 (2.140) で表される $\mathbf{G}$ の対角和である. もう一つは "LHC" とよばれ, 文献 [115] において次の定義が導入された.

$$\nu_{\text{LSIC-LHC}} = \left(\nu_{\text{LSIC-TC2}}^{-2} + \nu_{\text{LSIC-HRGN}}^{-2} \right)^{-1/2} \quad (4.127)$$

$$\nu_{\text{LSIC-HRGN}} = \frac{h_{\text{RGN}}^2}{\tau_{\text{SUPS}}} \quad (4.128)$$

τ_{SUPG}, τ_{PSPG}, および ν_{LSIC} を算出するこのほかの方法については, 文献 [5, 60–62, 68, 71, 72, 116–123] を参照してほしい. LSIC の代替手法として提案した文献 [5, 119] にもまた, DCDD (discontinuity-capturing directional dissipation) 安定化

について記載している．

Remark 4.4 式 (4.114) における SUPG 試験関数を定義する方法の代わりとして，文献 [14] において SUPG 試験関数 $(\partial \mathbf{w}^h/\partial t + \mathbf{u}^h \cdot \boldsymbol{\nabla} \mathbf{w}^h)$ を $((\mathbf{u}^h - \hat{\mathbf{u}}^h) \cdot \boldsymbol{\nabla} \mathbf{w}^h)$ に置き換える方法が提案されている．この置換は，$\partial \mathbf{w}^h/\partial t$ の一部である $\partial \mathbf{w}^h/\partial t|_\xi$ を除くことと等価である．文献 [14] において，この方法は "WTSE" とよばれ，$\partial \mathbf{w}^h/\partial t|_\xi$ の項を有効にする方法を "WTSA" とよんでいる．もし，SUPG 試験関数が明示されていないならば，それは WTSA であることを意味している．

Remark 4.5 移流方程式の DSD/SST 法の解析精度と安定性に関して，文献 [18, 124] では，空間と時間に対して線形な関数の場合，WTSA は WRSE よりも高次の精度をもたらすことが報告されている．

Remark 4.6 文献 [5] の (107)〜(109) で与えられる τ_{SUPG} の成分 τ_{SUGN12} の定義は，文献 [59] の原形の定義の space–time バージョンである．これらの定義は，要素の幾何形状に加え補間関数の次数にも感度がある．τ の定義については，次数に感度があるものとないものとがある．文献 [125] の 3.3.1 項と 3.3.2 項における定義は，ないものの例である．

Remark 4.7 Remark 4.6 は，補間関数が NURBS 関数である場合についても当てはまる．これは従来の p 細分化や断続的な B-spline を用いない場合の k 細分化も含む．

Remark 4.8 それぞれの space–time スラブにおいて，速度と圧力を各空間節点における二重の未知数とする．一つの値はスラブの下端，もう一つは上端の値に対応する．文献 [14] において，空間節点において二重の未知数を用いる方法を，速度については "DV"，圧力ついては "DP" とよぶ．この場合，文献 [14] で指摘しているとおり，space–time スラブの時間間隔の間に二つの積分点を用いており，この時間積分法を "TIP2" とよぶ．DSD/SST-SUPS 法のこの DV, DP, TIP2 を用いるバージョンを "DSD/SST-DP" とよぶ．

Remark 4.9 文献 [14] では，各 space–time スラブにおいて，各空間節点で一つの未知圧力の値をもたせる方法が提案されており，"SP" とよんでいる．文献 [14] では，このほかにも，DSD/SST-SUPS 法の他のバージョンが提案されており，手法の組み合わせは DV, SP および TIP2 である．このバージョンは "DSD/SST-SP" とよばれる．圧力の未知数の数が半分になるため，計算コストは抑えられる．

Remark 4.10 さらに計算コストを低減するため，space–time スラブの時間間隔の間に積分点を一つ設ける方法が文献 [14] で提案されている．この space–time 積分法を "TIP1" とよぶ．文献 [14] では，これを用いた DSD/SST-SUPS 法の三つ目のバージョンが提案されており，DV, SP, TIP1 を組み合わせている．このバージョンを "DSD/SST-TIP1" とよぶ．

Remark 4.11 計算コストを低減する三つ目の方法として，文献 [14] では，各 space–time スラブにおいて各空間節点における速度の未知数を一つとする方法が提案され，"SV" と名づけられている．SV では，式 (4.114) の二つの部分のうち $(\mathbf{w}^h)_n^+$ で作成される部分は除き，$(\mathbf{u}^h)_n^+ = (\mathbf{u}^h)_n^-$ を陽的に設定し，速度場を時間に対して連続にする．SV に基づき，四つ目の DSD/SST-SUPS 法のバージョンが文献 [14] で提案されており，手法の組み合わせは SV, SP, TIP1 である．このバージョンは "DSD/SST-SV" とよばれる．DSD/SST-SUPS 法のこのバージョンにおいては，文献 [14] で提案されているように，WTSE の SUPG 試験関数を使用する．

Remark 4.12 DSD/SST-SV と DSD/SST-TIP1 のバージョンは，DSD/SST 法が時間刻みあたりの計算コストで ALE 法に対抗できるようにするために導入された．しかし，文献 [18, 124] において DSD/SST 法の移流方程式の解析精度と安定性が報告されているように，DSD/SST-SP バージョン（とそれゆえに DSD/SST-DP バージョン）は，DSD/SST-SV や DSD/SST-TIP1 のバージョンよりも高次の時間精度をもっている．その結果，時間刻みを小さくするほかの理由がない限り，DSD/SST-SP または DSD/SST-DP を用いることで，時間刻みを大きくしても望む解析精度が得られる．これにより，DSD/SST-SP や DSD/SST-DP のバージョンは，DSD/SST-SV や DSD/SST-TIP1 よりも計算的に高効率となる．計算の並列化効率を考慮した場合においても，時間刻みあたりの計算コストが増えることが，時間刻みの回数を増やすよりも並列化効率に優位となることから，DSD/SST-SP や DSD/SST-DP バージョンの方が優れている．さらに，高次の空間補間（NURBS など）を用いると，DSD/SST-SP や DSD/SST-DP および，さらに高次な時間補間を用いた方法で行っている高次の時間補間の使用がより効率的になる．

Remark 4.13 略称 DSD/SST は，"-DP"，"-SP"，"-TIP1"，"-SV" のどれも付け加えられなければ，DSD/SST-DP のことである．

Remark 4.14 DSD/SST-SP，DSD/SST-TIP1 および DSD/SST-SV の非圧縮性制約の項の space–time スラブでの積分において，文献 [126] で提案されているように，使用する時間の積分点を一つだけにし，時刻 $n+1$ に移動する．ほかのすべての項は space–time 有限要素法において，使用されるガウス求積点を用いて時間積分する．文献 [126] でも指摘しているように，この方法を用いると，非圧縮性制約の方程式は速度場 $(\mathbf{u}^h)_{n+1}^-$ にのみ適応される．

4.7 メッシュ移動の手法

ALE 法や space–time 法などの界面追跡（移動メッシュ）法では，計算進行時に空間領域の変化に合わせてメッシュを更新する必要がある．これを可能な限り効率的に

済ませることが，きわめて重要である．どのようにすればメッシュを最適に更新できるかは，界面の複雑さや全体の幾何形状，界面の変化度合い，最初のメッシュの作成方法など，複数の因子に依存する．一般に，メッシュ更新は二つの要素をもつ．できる限り長くメッシュ移動のみで済ませ，メッシュのひずみが大きくなり過ぎたらリメッシュ（すなわち，全体的もしくは部分的に新しい節点と要素を生成する）を行う．

実問題においては，たいていの場合，複雑形状のシミュレーションが必要となる．複雑形状は，当然のように自動メッシュ生成や，固体表面周りの要素に構造格子の層を作成するなどの特殊な機能をもつ自動メッシュ生成が必要となる．たとえば，文献 [127] に書かれているメッシュ生成技術は，ある程度複雑な形状の固体物体周りの要素を構造格子の層で作成することが可能で，多数のシミュレーション（初期の例は文献 [128, 133] 参照）に非常に効果的に使われてきた．これが可能になると，固体物体周辺のメッシュ解像度を完全に制御することも可能となる．この特徴は，より精密な境界層の記述にも活かすことができる．ときには，特別な問題のための特殊な目的をもったメッシュ生成を使用することもできる．そのようなメッシュ生成は，問題の複雑さに依存して初期設計コストが高くなりがちであるが，それでも最小のメッシュ生成コストである．この概念は，文献 [129] の中の計算例に用いられた．

メッシュ移動技術において，メッシュの動きが従わなければならない唯一のルールは，界面におけるメッシュの法線速度が流体の法線速度に一致しなければならないことである．それ以外は，リメッシュの頻度を減らすことを目的としてメッシュを好きなように動かすことができる．3次元シミュレーションでは，リメッシュの際に自動メッシュ生成を実行する必要があり，自動メッシュ生成のコストが大きいため，リメッシュの頻度を減らす必要が出てくる．もし，リメッシュ（全部または一部の）が要素の連結性のみで（全部または一部の）節点再生成を含まないのであれば，古いメッシュから新しいメッシュへ解を移すことが可能である．これには並列で行う探索の過程が含まれる．これにも計算コストがかかり，リメッシュにより射影エラーも発生するため，これによってもリメッシュ頻度を減らす必要性が高まる．

もし，初期メッシュが特別な目的に対応したメッシュジェネレータで生成され，計算領域形状が変化するならば，メッシュの動きは特殊なメッシュ移動技術によって取り扱うこともできる．このことは，節点を明示的に定義されたルールによって動かすことに基づいており，リメッシュが必要とならない場合もある．シミュレーションは自動メッシュジェネレータを使うことも，メッシュの動きを計算するための追加の方程式を解くこともなく実行することができる．当初の事例の一つで，垂直振動する容器内のスロッシングの3次元並列計算が，文献 [25] に書かれている．

しかし一般に，自動メッシュ移動手法は，節点を動かすのに必要とされる．その一例

が文献 [25, 26, 130] で紹介された技術で，この方法では内部節点の動きは弾性方程式を解くことで決定される．連続体においては，流体領域の変位は次の変分定式（2.5.3 項参照）により計算する．

任意の $\mathbf{w} \in \mathcal{V}_m$ を満足する流体領域の参照配置からの変位 $\hat{\mathbf{y}} \in \mathcal{S}_m$ を求めよ：

$$\int_{\Omega_{\tilde{t}}} \boldsymbol{\epsilon}(\mathbf{w}) \cdot \mathbf{D} \boldsymbol{\epsilon} \left(\hat{\mathbf{y}}(t) - \hat{\mathbf{y}}(\tilde{t}) \right) \, \mathrm{d}\Omega = 0 \tag{4.129}$$

ここで，$\Omega_{\tilde{t}}$ および $\hat{\mathbf{y}}(\tilde{t})$ はそれぞれ，時刻 $\tilde{t} < t$ における流体の補領域と変位ベクトルで既知量，$\mathcal{S}_m$ および $\mathcal{V}_m$ は流体領域の動きの試行関数と試験関数，$\boldsymbol{\epsilon}$ は $\Omega_{\tilde{t}}$（定義は式 (2.160) 参照）上の空間座標で評価したひずみベクトル，$\mathbf{D}$ は式 (2.162) で定義した弾性テンソルである．流体領域の速度 $\hat{\mathbf{u}}$ は，参照座標を固定して流体領域の変位 $\hat{\mathbf{y}}$ の時間差分をとることで得られる．流体領域と移動境界が分離するのを避けるため，以下を満足させる．

$$\hat{\mathbf{y}} \cdot \mathbf{n} = \mathbf{y} \cdot \mathbf{n} \quad ((\Gamma_t)_{\mathrm{g}} \, \text{上で}) \tag{4.130}$$

$$\mathbf{w} \cdot \mathbf{n} = 0 \quad ((\Gamma_t)_{\mathrm{g}} \, \text{上で}) \tag{4.131}$$

ここで，$(\Gamma_t)_{\mathrm{g}}$ は流体領域境界の移動部分を表し，$\mathbf{y}$ はその変位である．

離散状態で，変分方程式 (4.129) の解は，メッシュ形状が時間依存する流体問題メッシュで定義された有限次元関数を用いることで得られる．メッシュ変形は，要素領域化から物理領域への変換ヤコビアンにより，要素サイズに基づいて選択的に取り扱われる（文献 [25, 26, 130] 参照）．その目的は，固体表面付近に配置されることの多いサイズの小さな要素を硬化することである．そのために，メッシュ移動問題の弾性テンソルはラメパラメータ μ^h および λ^h を用いて $\mathbf{D}^h$ とメッシュサイズ依存性をもつものとして表記される．これらは次式で与えられる．

$$\mu^h = \frac{E_m^h}{2(1+\nu_m)} \tag{4.132}$$

$$\lambda^h = \frac{\nu_m E_m^h}{(1+\nu_m)(1-2\nu_m)} \tag{4.133}$$

ここでの E_m^h はメッシュのヤング率で，次式で定義する．

$$E_m^h = E_m \left(\frac{J_{x\xi}}{J_{x\xi}^0} \right)^{-\chi} \tag{4.134}$$

$J_{x\xi}$ は，アイソパラメトリック要素写像のヤコビ行列式で，$\chi > 0$ は実数パラメータ，$J_{x\xi}^0$ は任意のスケール値，E_m と ν_m は与えられた公称メッシュのヤング率とポアソ

ン比である．式 (4.134) の定義により，固体物体周辺に多い小さなメッシュは"硬く"なり，一般に，大きな要素よりも変形しにくく，複雑な解挙動となりにくそうな領域に配置される．E_m の大きさは離散解にまったく影響を与えない．ただし，直接連成手法を用いる（第 6 章参照）のであれば，E_m の選定は連成した FSI 方程式の左辺行列の条件数に影響を与える．われわれのシミュレーションでは，メッシュのポアソン比 $\nu_m \in (-1, 0.5)$ には通常 0.3 を用いる．この方法が文献 [25, 26, 130] ではじめて紹介されたとき，χ は 1.0 に設定され，単に有限要素法のメッシュ移動（弾性）方程式からヤコビアンをなくしたものであった．この手法は，文献 [131] において小さな要素が大きな要素よりも硬いとみなす度合いを決定する硬直力を導入することにより，大領域に拡張された．

もちろん移動メッシュには，節点変位をラプラス方程式により支配するなど，ほかの手法も存在する．λ と μ の相対値に依存する弾性方程式により，変形の異なるモードを表現することができる．文献 [26] では，テスト問題の領域内すべての要素のアスペクト比における変化量の最大値をプロットすることで，比率 λ/μ の変化の影響を調べている．もちろん，メッシュ変形を要素サイズに応じて選択的に扱うヤコビアンに基づく硬化技術のほかにも，要素間の剛性分布に応じて扱う方法もある．たとえば，文献 [132] で提案されている剛性法では，要素体積について表現されている．

定数ヤコビアンの要素において，要素体積が最大要素体積の 10% 未満の要素では，前述した二つの剛性調整による違いは 10% 未満である．実用的な問題において，要素を体積が大きいものから順に並べていくと，体積が 10% の要素はかなり上の方にくる．なぜなら，実際の問題ではメッシュサイズは場所によって大きく異なり，加えて，要素体積 10% とは 1 辺あたりの長さに換算すると 50% となるからである．

界面追跡手法と一緒に用いるメッシュ移動技術を改良する余地はつねにある．たとえば，上述の技術に関連して文献 [14] では，要素をメッシュ変形によるせん断ひずみ不変測度に比例して硬化させる手法が提案されている．文献 [14] で提案されている特殊な不変測度は，偏差ひずみテンソルの 2 番目の不変量である．ほとんどの自動メッシュジェネレータの並列化効率は流体ソルバーの効率より大幅に劣るため，計算の並列化効率の維持の難しさが，リメッシュ頻度を低減しようとするもう一つの理由となっている．たとえば，リメッシュ頻度を 10 時間刻み以下にすれば，十分並列化効率を維持することができる．著者らのこれまでの経験からいえば，進化したメッシュ移動技術を使用することにより，リメッシュ頻度を 10 時間刻みより十分少なくすることは可能である．このことは界面追跡法と界面捕獲法の長所短所を比較するうえで，重要な比較ポイントとなる．

第5章 ALE法とspace–time法によるFSI

本章では，ALE法とspace–time法のFSIに焦点を当てる．値の連続した状態から議論を始め，流体 – 構造界面における力学的相互作用に関するFSI連成方程式の弱形式を示す．次に，FSI問題のALE法を紹介する．単純化するために，流体 – 構造界面における流体メッシュと構造メッシュは一致しているものとする．その次に，界面における流体と構造のメッシュが一致しない場合のための，FSI問題のspace–time法を説明する．本章の最後には，流体 – 構造界面の離散化の取り扱い方法について議論する．

5.1 連続体のFSI法

$\Omega_0 \subset \mathbb{R}^{n_{\mathrm{sd}}}$ を，初期配置および参照配置における流体領域と構造領域の和とし，$\Omega_t \subset \mathbb{R}^{n_{\mathrm{sd}}}$ は時刻 t における Ω_0 の配置を表すものとする．領域 Ω_0 は次式のように分割することができる．

$$\Omega_0 = \overline{(\Omega_1)_0 \cup (\Omega_2)_0} \tag{5.1}$$

このとき，$(\Omega_1)_0$ と $(\Omega_2)_0$ は，Ω_0 において流体と構造がそれぞれ占める補領域である．以降本書では，添え字 1 と 2 は流体と構造を示すことにする[†]．このとき分割領域は重複しない．つまり，

$$(\Omega_1)_0 \cap (\Omega_2)_0 = \emptyset \tag{5.2}$$

である．Ω_t に対しても同様に，

$$\Omega_t = \overline{(\Omega_1)_t \cup (\Omega_2)_t} \tag{5.3}$$

および

$$(\Omega_1)_t \cap (\Omega_2)_t = \emptyset \tag{5.4}$$

とする．さらに，流体 – 構造界面の取り扱いが理解しやすい表記を使用する．ここで

[†] 流体と構造の表記に添え字 1 と 2 を用いるのは，"流体 – 構造連成" という記述において，流体が最初で構造が 2 番目にくることから，そうしているに過ぎない．この順番の決め方は，著者らがある物理体系をほかの物理系より重視していると受け取らないでほしい．

の表記は，添え字 "I" が流体-構造界面を表すものとし，添え字 "E" は "その他 (elsewhere)" の流体および構造領域と境界を表すものとする（図 5.1 参照）．$(\Gamma_I)_0$ は，初期配置における流体と構造補領域の界面を表し，Γ_I は現配置のそれを表す．各配置および相互関係を図 5.1 に示す．

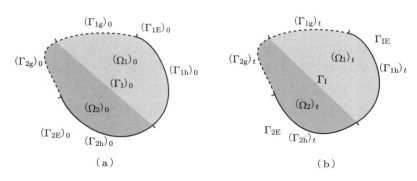

図 5.1 流体領域，構造領域および界面からなる FSI の空間領域．参照配置 (a) と現配置 (b) の領域．$\Gamma_{1E} = (\Gamma_{1h})_t \cup (\Gamma_{1g})_t$ および $\Gamma_{2E} = (\Gamma_{2h})_t \cup (\Gamma_{2g})_t$ である．

Remark 5.1 構造の補領域 $(\Omega_2)_0$ は，一般的に時刻 $t = 0$ における構造の物質配置によって決まる．流体補領域 $(\Omega_1)_0$ は，$t = 0$ において占める流体の領域とは独立しているのが普通である．流体補領域 $(\Omega_1)_0$ は，FSI 解析に都合がよいように選ばれる．一般的に補領域 $(\Omega_2)_t$ は，時刻 t における構造の物質配置によって決まり，これがラグランジュ的アプローチの本質である．$(\Omega_1)_0$ の場合と同様に，$(\Omega_1)_t$ も FSI の計算精度と利便性を考慮して定義する．本書の焦点である移動メッシュ法では，$(\Omega_1)_t$ は $(\Omega_1)_0$ を滑らかに発展させることで得られ，流体-構造界面の動きと一致する．

上記の与えられた設定に対し，連続関数上での FSI 式を示す．

任意の $\mathbf{w}_1 \in \mathcal{V}_u$，$q_1 \in \mathcal{V}_p$ および $\mathbf{w}_2 \in \mathcal{V}_y$ を満足する流体の速度と圧力 $\mathbf{u} \in \mathcal{S}_u$，$p \in \mathcal{S}_p$ および，構造の変位 $\mathbf{y} \in \mathcal{S}_y$ を求めよ：

$$\int_{(\Omega_1)_t} \mathbf{w}_1 \cdot \rho \left(\frac{\partial \mathbf{u}}{\partial t} + \mathbf{u} \cdot \boldsymbol{\nabla} \mathbf{u} - \mathbf{f} \right) d\Omega + \int_{(\Omega_1)_t} \boldsymbol{\varepsilon}(\mathbf{w}_1) : \boldsymbol{\sigma}_1 \, d\Omega$$

$$- \int_{\Gamma_{1E}} \mathbf{w}_1 \cdot \mathbf{h}_{1E} \, d\Gamma + \int_{(\Omega_1)_t} q_1 \boldsymbol{\nabla} \cdot \mathbf{u} \, d\Omega$$

$$+ \int_{(\Omega_2)_t} \mathbf{w}_2 \cdot \rho_2 \left(\frac{d^2 \mathbf{y}}{dt^2} - \mathbf{f}_2 \right) d\Omega + \int_{(\Omega_2)_t} \boldsymbol{\varepsilon}(\mathbf{w}_2) : \boldsymbol{\sigma}_2 \, d\Omega - \int_{\Gamma_{2E}} \mathbf{w}_2 \cdot \mathbf{h}_{2E} \, d\Gamma = 0$$

$$(5.5)$$

式 (5.5) において，$\boldsymbol{\sigma}_1$ と $\boldsymbol{\sigma}_2$ はそれぞれ，流体と構造のコーシー応力テンソルで，$\mathbf{h}_{1\mathrm{E}}$ と $\mathbf{h}_{2\mathrm{E}}$ は与えられたトラクションベクトルである．質量密度と体積力に関して，流体部分には引き続き添え字 1 は省略するが，構造部分に対しては添え字 2 を使用する．

式 (5.5) の FSI 式は，次の付随条件を伴う．

$$\mathbf{u} = \frac{\mathrm{d}\mathbf{y}}{\mathrm{d}t} \quad (\Gamma_\mathrm{I} \text{ 上で}) \tag{5.6}$$

$$\mathbf{w}_1 = \mathbf{w}_2 \quad (\Gamma_\mathrm{I} \text{ 上で}) \tag{5.7}$$

式 (5.6) の運動学的拘束により，流体‐構造界面の流体と構造の速度を一致させている．式 (5.7) は，流体と構造の運動方程式の試験関数を一致させる．式 (5.5) の FSI 式の意味を確認するため，対応するオイラー‐ラグランジュ条件を求める（例：文献 [51] 参照）．そのために，式 (5.5) を部分積分し，$\forall\, \mathbf{w}_1 \in \mathcal{V}_u,\ q_1 \in \mathcal{V}_p,\ \mathbf{w}_2 \in \mathcal{V}_y$ を得る．

$$\begin{aligned}
&\int_{(\Omega_1)_t} \mathbf{w}_1 \cdot \left(\rho \left(\frac{\partial \mathbf{u}}{\partial t} + \mathbf{u} \cdot \boldsymbol{\nabla} \mathbf{u} - \mathbf{f} \right) - \boldsymbol{\nabla} \cdot \boldsymbol{\sigma}_1 \right) \mathrm{d}\Omega \\
&+ \int_{\Gamma_{1\mathrm{E}}} \mathbf{w}_1 \cdot (\boldsymbol{\sigma}_1 \mathbf{n}_1 - \mathbf{h}_{1\mathrm{E}})\ \mathrm{d}\Gamma \\
&+ \int_{(\Omega_1)_t} q_1 \boldsymbol{\nabla} \cdot \mathbf{u}\ \mathrm{d}\Omega \\
&+ \int_{(\Omega_2)_t} \mathbf{w}_2 \cdot \left(\rho_2 \left(\frac{\mathrm{d}^2 \mathbf{y}}{\mathrm{d}t^2} - \mathbf{f}_2 \right) - \boldsymbol{\nabla} \cdot \boldsymbol{\sigma}_2 \right) \mathrm{d}\Omega \\
&+ \int_{\Gamma_{2\mathrm{E}}} \mathbf{w}_2 \cdot (\boldsymbol{\sigma}_2 \mathbf{n}_2 - \mathbf{h}_{2\mathrm{E}})\ \mathrm{d}\Gamma \\
&+ \int_{\Gamma_\mathrm{I}} (\mathbf{w}_1 \cdot \boldsymbol{\sigma}_1 \mathbf{n}_1 + \mathbf{w}_2 \cdot \boldsymbol{\sigma}_2 \mathbf{n}_2)\ \mathrm{d}\Gamma = 0
\end{aligned} \tag{5.8}$$

式 (5.8) は，以下のように流体と構造それぞれの方程式がそれぞれの補領域で成立することを意味している．

$$\rho \left(\frac{\partial \mathbf{u}}{\partial t} + \mathbf{u} \cdot \boldsymbol{\nabla} \mathbf{u} - \mathbf{f} \right) - \boldsymbol{\nabla} \cdot \boldsymbol{\sigma}_1 = \mathbf{0} \quad ((\Omega_1)_t \text{ 内で}) \tag{5.9}$$

$$\boldsymbol{\nabla} \cdot \mathbf{u} = 0 \quad ((\Omega_1)_t \text{ 内で}) \tag{5.10}$$

$$\rho_2 \left(\frac{\mathrm{d}^2 \mathbf{y}}{\mathrm{d}t^2} - \mathbf{f}_2 \right) - \boldsymbol{\nabla} \cdot \boldsymbol{\sigma}_2 = \mathbf{0} \quad ((\Omega_2)_t \text{ 内で}) \tag{5.11}$$

さらに，以下のとおりトラクション境界条件も満足している．

$$\boldsymbol{\sigma}_1 \mathbf{n}_1 - \mathbf{h}_{1\mathrm{E}} = \mathbf{0} \quad ((\Gamma_{1h})_t \subset \Gamma_{1\mathrm{E}} \text{ 上で}) \tag{5.12}$$

$$\sigma_2 \mathbf{n}_2 - \mathbf{h}_{2\mathrm{E}} = \mathbf{0} \quad ((\Gamma_{2\mathrm{h}})_t \subset \Gamma_{2\mathrm{E}} \text{ 上で}) \tag{5.13}$$

残った項が次式である．

$$\int_{\Gamma_\mathrm{I}} (\mathbf{w}_1 \cdot \boldsymbol{\sigma}_1 \mathbf{n}_1 + \mathbf{w}_2 \cdot \boldsymbol{\sigma}_2 \mathbf{n}_2) \, \mathrm{d}\Gamma = 0 \tag{5.14}$$

式 (5.7) を式 (5.14) に代入すると，

$$\int_{\Gamma_\mathrm{I}} \mathbf{w}_1 \cdot (\boldsymbol{\sigma}_1 \mathbf{n}_1 + \boldsymbol{\sigma}_2 \mathbf{n}_2) \, \mathrm{d}\Gamma = 0 \tag{5.15}$$

となる．式 (5.15) が $\forall \, \mathbf{w}_1 \in \mathcal{V}_u$ で成立することから，次式が導かれる．

$$\boldsymbol{\sigma}_1 \mathbf{n}_1 + \boldsymbol{\sigma}_2 \mathbf{n}_2 = \mathbf{0} \quad (\Gamma_\mathrm{I} \text{ 上で}) \tag{5.16}$$

式 (5.16) は厳密に，流体 – 構造界面におけるトラクションベクトルの連続性である．

Remark 5.2 流体 – 構造界面におけるトラクションベクトルの連続性は，試験関数の連続性によるものである（式 (5.7) 参照）．また，トラクションの連続性は，構造の構成方程式の選択とは無関係である．

Remark 5.3 式 (5.6) と (5.16) の流体 – 構造界面条件は，連続体力学の古典的仮定を表現しており，実際にもっとも多く使用されている．しかし，FSI 問題ではほかの形式の界面条件をもつ場合がある．たとえば，構造が多孔体物質（パラシュートの生地や血管壁など）で作られている場合，界面を通過する流量は流体 – 構造界面を横切る圧力差に比例する．パラシュートの生地の場合，式 (5.6) を適宜修正する必要がある．数式およびこのような界面条件の取り扱いについては，後節で議論する．

5.2　ALE 法による FSI

5.2.1　流体と構造の離散化を一致させた ALE FSI の空間離散化

ALE アプローチを用いて FSI 問題を定式化するため，式 (5.5) から始め，ALE の体系の FSI 方程式の流体部分を記述する．これにより，次の ALE FSI 式を導く．

任意の $\mathbf{w}_1 \in \mathcal{V}_u$, $q_1 \in \mathcal{V}_p$, $\mathbf{w}_2 \in \mathcal{V}_y$ を満たする $\mathbf{u} \in \mathcal{S}_u$, $p \in \mathcal{S}_p$, $\mathbf{y} \in \mathcal{S}_y$ を求めよ：

$$\int_{(\Omega_1)_t} \mathbf{w}_1 \cdot \rho \left(\left. \frac{\partial \mathbf{u}}{\partial t} \right|_{\hat{x}} + (\mathbf{u} - \hat{\mathbf{u}}) \cdot \boldsymbol{\nabla} \mathbf{u} - \mathbf{f} \right) \mathrm{d}\Omega + \int_{(\Omega_1)_t} \boldsymbol{\varepsilon}(\mathbf{w}_1) : \boldsymbol{\sigma}_1 \, \mathrm{d}\Omega$$

$$- \int_{\Gamma_{1\mathrm{E}}} \mathbf{w}_1 \cdot \mathbf{h}_{1\mathrm{E}} \, \mathrm{d}\Gamma + \int_{(\Omega_1)_t} q_1 \boldsymbol{\nabla} \cdot \mathbf{u} \, \mathrm{d}\Omega$$

$$+ \int_{(\Omega_2)_t} \mathbf{w}_2 \cdot \rho_2 \left(\frac{\mathrm{d}^2 \mathbf{y}}{\mathrm{d}t^2} - \mathbf{f}_2 \right) \mathrm{d}\Omega + \int_{(\Omega_2)_t} \varepsilon(\mathbf{w}_2) : \boldsymbol{\sigma}_2 \, \mathrm{d}\Omega - \int_{\Gamma_{2\mathrm{E}}} \mathbf{w}_2 \cdot \mathbf{h}_{2\mathrm{E}} \, \mathrm{d}\Gamma = 0 \tag{5.17}$$

出発点として式 (5.17) の連続定式を用い，FSI 問題の構造力学部分にはガラーキン法を使用し，流体力学部分には ALE-VMS 法を使用する（式 (4.55) 参照）．これにより，以下の FSI 問題の半離散 ALE 定式化が得られる．

任意の $\mathbf{w}_1^h \in \mathcal{V}_u^h$, $q_1^h \in \mathcal{V}_p^h$, $\mathbf{w}_2^h \in \mathcal{V}_y^h$, $\mathbf{w}_3^h \in \mathcal{V}_m^h$ を満足する $\mathbf{u}^h \in \mathcal{S}_u^h$, $p^h \in \mathcal{S}_p^h$, $\mathbf{y}^h \in \mathcal{S}_y^h$, $\hat{\mathbf{y}}^h \in \mathcal{S}_m^h$ を求めよ：

$$\int_{(\Omega_1)_t} \mathbf{w}_1^h \cdot \rho \left(\left. \frac{\partial \mathbf{u}^h}{\partial t} \right|_{\hat{x}} + \left(\mathbf{u}^h - \hat{\mathbf{u}}^h \right) \cdot \boldsymbol{\nabla} \mathbf{u}^h - \mathbf{f}^h \right) \mathrm{d}\Omega + \int_{(\Omega_1)_t} \varepsilon\left(\mathbf{w}_1^h\right) : \boldsymbol{\sigma}_1^h \, \mathrm{d}\Omega$$

$$- \int_{\Gamma_{1\mathrm{E}}} \mathbf{w}_1^h \cdot \mathbf{h}_{1\mathrm{E}}^h \, \mathrm{d}\Gamma + \int_{(\Omega_1)_t} q_1^h \boldsymbol{\nabla} \cdot \mathbf{u}^h \, \mathrm{d}\Omega$$

$$+ \sum_{e=1}^{n_\mathrm{el}} \int_{(\Omega_1)_t^e} \tau_\mathrm{SUPS} \left(\left(\mathbf{u}^h - \hat{\mathbf{u}}^h \right) \cdot \boldsymbol{\nabla} \mathbf{w}_1^h + \frac{\boldsymbol{\nabla} q_1^h}{\rho} \right) \cdot \mathbf{r}_\mathrm{M}\left(\mathbf{u}^h, p^h\right) \mathrm{d}\Omega$$

$$+ \sum_{e=1}^{n_\mathrm{el}} \int_{(\Omega_1)_t^e} \rho \nu_\mathrm{LSIC} \boldsymbol{\nabla} \cdot \mathbf{w}_1^h r_\mathrm{C}(\mathbf{u}^h) \, \mathrm{d}\Omega$$

$$- \sum_{e=1}^{n_\mathrm{el}} \int_{(\Omega_1)_t^e} \tau_\mathrm{SUPS} \mathbf{w}_1^h \cdot \left(\mathbf{r}_\mathrm{M}\left(\mathbf{u}^h, p^h\right) \cdot \boldsymbol{\nabla} \mathbf{u}^h \right) \mathrm{d}\Omega$$

$$- \sum_{e=1}^{n_\mathrm{el}} \int_{(\Omega_1)_t^e} \frac{\boldsymbol{\nabla} \mathbf{w}_1^h}{\rho} : \left(\tau_\mathrm{SUPS} \mathbf{r}_\mathrm{M}\left(\mathbf{u}^h, p^h\right) \right) \otimes \left(\tau_\mathrm{SUPS} \mathbf{r}_\mathrm{M}\left(\mathbf{u}^h, p^h\right) \right) \mathrm{d}\Omega$$

$$+ \int_{(\Omega_2)_t} \mathbf{w}_2^h \cdot \rho_2 \left(\frac{\mathrm{d}^2 \mathbf{y}^h}{\mathrm{d}t^2} - \mathbf{f}_2^h \right) \mathrm{d}\Omega + \int_{(\Omega_2)_t} \varepsilon\left(\mathbf{w}_2^h\right) : \boldsymbol{\sigma}_2^h \, \mathrm{d}\Omega$$

$$- \int_{\Gamma_{2\mathrm{E}}} \mathbf{w}_2^h \cdot \mathbf{h}_{2\mathrm{E}}^h \, \mathrm{d}\Gamma$$

$$+ \int_{(\Omega_1)_{\tilde{t}}} \boldsymbol{\epsilon}\left(\mathbf{w}_3^h\right) \cdot \mathbf{D}^h \boldsymbol{\epsilon}\left(\hat{\mathbf{y}}^h(t) - \hat{\mathbf{y}}^h(\tilde{t})\right) \mathrm{d}\Omega = 0 \tag{5.18}$$

式 (5.18) の FSI 式には，最終項に流体領域のメッシュ移動項が含まれている．メッシュ移動項は，時刻 $\tilde{t} < t$ における流体領域の配置上に立てた流体 – 構造界面の時間依存の変位（4.7 節，式 (4.129) 参照）を対象とする線形の弾性静力学方程式によって支配されている．時刻 t における流体メッシュの位置は，流体メッシュの変位 $\hat{\mathbf{y}}^h(t)$ により定義される．ALE FSI 式から陽的に導かれるメッシュ速度 $\hat{\mathbf{u}}^h$ は次式である．

$$\hat{\mathbf{u}}^h = \left.\frac{\partial \hat{\mathbf{y}}^h}{\partial t}\right|_{\hat{x}} \tag{5.19}$$

FSI における流体-構造カップリングの正確さを確保するためには，式 (5.6) および (5.7) に示した運動学的拘束が，離散化状態でも以下のように成立している必要がある．

$$\mathbf{u}^h = \frac{\mathrm{d}\mathbf{y}^h}{\mathrm{d}t} \quad (\Gamma_\mathrm{I} \text{ 上で}) \tag{5.20}$$

$$\mathbf{w}_1^h = \mathbf{w}_2^h \quad (\Gamma_\mathrm{I} \text{ 上で}) \tag{5.21}$$

さらに，流体と構造のメッシュが界面で離れてしまうのを防ぐため，以下の条件も必要となる．

$$\hat{\mathbf{y}}^h = \mathbf{y}^h \quad (\Gamma_\mathrm{I} \text{ 上で}) \tag{5.22}$$

$$\mathbf{w}_3^h = \mathbf{0} \quad (\Gamma_\mathrm{I} \text{ 上で}) \tag{5.23}$$

この条件は実際には，流体と構造のメッシュが界面において一致するということである．このことは流体-構造領域を結合した状態（流体-構造界面において節点を共有した状態）でメッシュを生成すれば達成できる．流体-構造界面の離散点を一致させた例は FSI 適用事例でたびたび目にするが，それには限界があるように感じる．そのため柔軟性をより高くするためには，流体-構造界面でメッシュが不一致となることを許容することが望ましい．しかしその場合，式 (5.20), (5.21) および (5.22) は，強形式の状態で満足されなくなる．本節では，この課題を克服し，界面で離散点が一致しないメッシュを使用可能な FSI 技術について解説する．

Remark 5.4 式 (5.22) では，メッシュ変位ベクトルの全成分を流体-構造境界の境界条件として記述しているが，式 (4.130) では，与える必要があるのは法線成分のみである．前者の条件は，界面離散点の一致を保証するために必要である．界面の離散点が不一致の場合には，後者の条件を使用した方がよい場合もある．

式 (5.17), (5.18) 中の構造力学方程式に該当する項は，更新ラグランジュ形式で，そのため積分は $(\Omega_2)_t$ で評価される．構造力学方程式を $(\Omega_2)_0$ において記述すると便利なことが多く，これは初期項と応力項の変数を変えることと同じである．

$$\int_{(\Omega_2)_t} \mathbf{w}_2^h \cdot \rho_2 \frac{\mathrm{d}^2 \mathbf{y}^h}{\mathrm{d}t^2} \,\mathrm{d}\Omega \to \int_{(\Omega_2)_0} \mathbf{w}_2^h \cdot (\rho_2)_0 \frac{\mathrm{d}^2 \mathbf{y}^h}{\mathrm{d}t^2} \,\mathrm{d}\Omega \tag{5.24}$$

$$\int_{(\Omega_2)_t} \boldsymbol{\varepsilon}\left(\mathbf{w}_2^h\right) : \boldsymbol{\sigma}_2^h \,\mathrm{d}\Omega \to \int_{(\Omega_2)_0} \boldsymbol{\nabla}_X \mathbf{w}_2^h : \left(\mathbf{F}^h \mathbf{S}^h\right) \,\mathrm{d}\Omega \tag{5.25}$$

式 (5.25) において，変形勾配と第 2 ピオラ–キルヒホッフ応力テンソルに使われている上付き添え字 h は，離散化構造力学解に依存することを表す．

ベクトル形式の ALE FSI 方程式を記述するため，流体力学問題の離散化試行関数，試験関数に加え（式 (4.60)～(4.63) 参照），構造とメッシュの離散化試行関数，試験関数を定義する．

$$\mathbf{y}^h(\mathbf{X},t) = \sum_{\boldsymbol{\eta}_{\mathrm{struc}}^s} \mathbf{y}_A(t) N_A(\mathbf{X}) \tag{5.26}$$

$$\hat{\mathbf{y}}^h(\hat{\mathbf{x}},t) = \sum_{\boldsymbol{\eta}_{\mathrm{mesh}}^s} \hat{\mathbf{y}}_A(t) N_A(\hat{\mathbf{x}}) \tag{5.27}$$

$$\mathbf{w}_2^h(\mathbf{X}) = \sum_{\boldsymbol{\eta}_{\mathrm{struc}}^w} (\mathbf{w}_2)_A N_A(\mathbf{X}) \tag{5.28}$$

$$\mathbf{w}_3^h(\hat{\mathbf{x}}) = \sum_{\boldsymbol{\eta}_{\mathrm{mesh}}^w} (\mathbf{w}_3)_A N_A(\hat{\mathbf{x}}) \tag{5.29}$$

ここで，$\boldsymbol{\eta}_{\mathrm{struc}}^s$ と $\boldsymbol{\eta}_{\mathrm{struc}}^w$ は構造の方程式の節点インデックス，$\boldsymbol{\eta}_{\mathrm{mesh}}^s$ と $\boldsymbol{\eta}_{\mathrm{mesh}}^w$ はメッシュ移動方程式の節点インデックスである．上述の場は，構造とメッシュの参照領域で定義されている．式 (5.26)～(5.29) の現配置に相当するものは，式 (4.5) で与えられた押し出し演算子を用いることで得られる．式 (4.62), (4.63), (5.28) および (5.29) を式 (5.18) に代入し，$(\mathbf{w}_1)_A$, $(\mathbf{w}_2)_A$, $(\mathbf{w}_3)_A$, q_A を任意の定数とすることにより，流体の運動方程式と非圧縮性制約，構造の運動方程式，メッシュ移動方程式のそれぞれに対応する四つの離散化残差ベクトルを定義する．

$$\mathbf{N}_{\mathrm{1M}} = [(\mathrm{N}_{\mathrm{1M}})_{A,i}] \tag{5.30}$$

$$\mathbf{N}_{\mathrm{1C}} = [(\mathrm{N}_{\mathrm{1C}})_A] \tag{5.31}$$

$$\mathbf{N}_2 = [(\mathrm{N}_2)_{A,i}] \tag{5.32}$$

$$\mathbf{N}_3 = [(\mathrm{N}_3)_{A,i}] \tag{5.33}$$

$$\begin{aligned}
(\mathrm{N}_{\mathrm{1M}})_{A,i} &= \int_{(\Omega_1)_t} N_A \mathbf{e}_i \cdot \rho \left(\left. \frac{\partial \mathbf{u}^h}{\partial t} \right|_{\hat{x}} + \left(\mathbf{u}^h - \hat{\mathbf{u}}^h \right) \cdot \boldsymbol{\nabla} \mathbf{u}^h - \mathbf{f}^h \right) \mathrm{d}\Omega \\
&+ \int_{(\Omega_1)_t} \boldsymbol{\varepsilon}(N_A \mathbf{e}_i) : \boldsymbol{\sigma} \left(\mathbf{u}^h, p^h \right) \mathrm{d}\Omega - \int_{\Gamma_{\mathrm{1E}}} N_A \mathbf{e}_i \cdot \mathbf{h}_{\mathrm{1E}}^h \, \mathrm{d}\Gamma \\
&+ \sum_{e=1}^{n_{\mathrm{el}}} \int_{(\Omega_1)_t^e} \tau_{\mathrm{SUPS}} \left(\left(\mathbf{u}^h - \hat{\mathbf{u}}^h \right) \cdot \boldsymbol{\nabla} N_A \mathbf{e}_i \right) \cdot \mathbf{r}_{\mathrm{M}} \left(\mathbf{u}^h, p^h \right) \mathrm{d}\Omega
\end{aligned}$$

$$+ \sum_{e=1}^{n_{\text{el}}} \int_{(\Omega_1)^e_t} \rho \nu_{\text{LSIC}} (\boldsymbol{\nabla} \cdot N_A \mathbf{e}_i) r_{\text{C}} \left(\mathbf{u}^h\right) \, \mathrm{d}\Omega$$

$$- \sum_{e=1}^{n_{\text{el}}} \int_{(\Omega_1)^e_t} \tau_{\text{SUPS}} N_A \mathbf{e}_i \cdot \left(\mathbf{r}_{\text{M}}\left(\mathbf{u}^h, p^h\right) \cdot \boldsymbol{\nabla} \mathbf{u}^h\right) \, \mathrm{d}\Omega$$

$$- \sum_{e=1}^{n_{\text{el}}} \int_{(\Omega_1)^e_t} \frac{\boldsymbol{\nabla} N_A \mathbf{e}_i}{\rho} : \left(\tau_{\text{SUPS}} \mathbf{r}_{\text{M}}\left(\mathbf{u}^h, p^h\right)\right) \otimes \left(\tau_{\text{SUPS}} \mathbf{r}_{\text{M}}\left(\mathbf{u}^h, p^h\right)\right) \, \mathrm{d}\Omega \tag{5.34}$$

$$(\mathbf{N}_{1\text{C}})_A = \int_{(\Omega_1)_t} N_A \boldsymbol{\nabla} \cdot \mathbf{u}^h \, \mathrm{d}\Omega + \sum_{e=1}^{n_{\text{el}}} \int_{(\Omega_1)^e_t} \tau_{\text{SUPS}} \frac{\boldsymbol{\nabla} N_A}{\rho} \cdot \mathbf{r}_{\text{M}}\left(\mathbf{u}^h, p^h\right) \, \mathrm{d}\Omega \tag{5.35}$$

$$(\mathbf{N}_2)_{A,i} = \int_{(\Omega_2)_t} N_A \mathbf{e}_i \cdot \rho_2 \left(\frac{\mathrm{d}^2 \mathbf{y}^h}{\mathrm{d}t^2} - \mathbf{f}_2^h\right) \, \mathrm{d}\Omega + \int_{(\Omega_2)_t} \boldsymbol{\nabla} N_A \mathbf{e}_i : \boldsymbol{\sigma}_2^h \, \mathrm{d}\Omega$$

$$- \int_{\Gamma_{2\text{E}}} N_A \mathbf{e}_i \cdot \mathbf{h}_{2\text{E}}^h \, \mathrm{d}\Gamma \tag{5.36}$$

$$(\mathbf{N}_3)_{A,i} = \int_{(\Omega_1)_{\tilde{t}}} \boldsymbol{\epsilon}(N_A \mathbf{e}_i) \cdot \mathbf{D}^h \boldsymbol{\epsilon} \left(\hat{\mathbf{y}}^h(t) - \hat{\mathbf{y}}^h(\tilde{t})\right) \, \mathrm{d}\Omega \tag{5.37}$$

さらに，流体の運動方程式と非圧縮性制約の式を組み合わせた残差を次のとおり定義する．

$$\mathbf{N}_1 = \begin{bmatrix} \mathbf{N}_{1\text{M}} \\ \mathbf{N}_{1\text{C}} \end{bmatrix} \tag{5.38}$$

この残差は第 6 章で使用する．

前述同様，$\mathbf{U}$, $\dot{\mathbf{U}}$, $\mathbf{P}$ はそれぞれ，流速，時間導関数，圧力の節点自由度ベクトルを表す．また，$\mathbf{Y}$, $\dot{\mathbf{Y}}$, $\ddot{\mathbf{Y}}$ はそれぞれ，構造変位，速度，加速度の節点自由度ベクトルを表す．最後に，$\hat{\mathbf{Y}}$, $\dot{\hat{\mathbf{Y}}}$, $\ddot{\hat{\mathbf{Y}}}$ はそれぞれ，メッシュ変位，速度，加速度の節点自由度ベクトルを表している．式 (5.18) に相当するベクトル形式の半離散方程式は以下となる．

以下を満足する $\mathbf{U}$, $\dot{\mathbf{U}}$, $\mathbf{P}$, $\mathbf{Y}$, $\dot{\mathbf{Y}}$, $\ddot{\mathbf{Y}}$, $\hat{\mathbf{Y}}$, $\dot{\hat{\mathbf{Y}}}$ および $\ddot{\hat{\mathbf{Y}}}$ を求めよ：

$$\mathbf{N}_{1\text{M}}(\dot{\mathbf{U}}, \mathbf{U}, \mathbf{P}, \ddot{\mathbf{Y}}, \dot{\mathbf{Y}}, \mathbf{Y}, \ddot{\hat{\mathbf{Y}}}, \dot{\hat{\mathbf{Y}}}, \hat{\mathbf{Y}}) = \mathbf{0} \tag{5.39}$$

$$\mathbf{N}_{1\text{C}}(\dot{\mathbf{U}}, \mathbf{U}, \mathbf{P}, \ddot{\mathbf{Y}}, \dot{\mathbf{Y}}, \mathbf{Y}, \ddot{\hat{\mathbf{Y}}}, \dot{\hat{\mathbf{Y}}}, \hat{\mathbf{Y}}) = \mathbf{0} \tag{5.40}$$

$$\mathbf{N}_2(\dot{\mathbf{U}}, \mathbf{U}, \mathbf{P}, \ddot{\mathbf{Y}}, \dot{\mathbf{Y}}, \mathbf{Y}, \ddot{\hat{\mathbf{Y}}}, \dot{\hat{\mathbf{Y}}}, \hat{\mathbf{Y}}) = \mathbf{0} \tag{5.41}$$

$$\mathbf{N}_3(\dot{\mathbf{U}}, \mathbf{U}, \mathbf{P}, \ddot{\mathbf{Y}}, \dot{\mathbf{Y}}, \mathbf{Y}, \ddot{\hat{\mathbf{Y}}}, \dot{\hat{\mathbf{Y}}}, \hat{\mathbf{Y}}) = \mathbf{0} \tag{5.42}$$

5.2.2 ALE FSI 方程式の一般化 α 時間積分

構造力学方程式の時間積分の一般化 α 法は，文献 [134] で提案された．これを FSI に拡張したものが文献 [16] で提案されており，ここではそれを説明する．ここで，中間時刻における節点解を以下のように定義する．

$$\dot{\mathbf{U}}_{n+\alpha_m} = \dot{\mathbf{U}}_n + \alpha_m(\dot{\mathbf{U}}_{n+1} - \dot{\mathbf{U}}_n) \tag{5.43}$$

$$\mathbf{U}_{n+\alpha_f} = \mathbf{U}_n + \alpha_f(\mathbf{U}_{n+1} - \mathbf{U}_n) \tag{5.44}$$

$$\ddot{\mathbf{Y}}_{n+\alpha_m} = \ddot{\mathbf{Y}}_n + \alpha_m(\ddot{\mathbf{Y}}_{n+1} - \ddot{\mathbf{Y}}_n) \tag{5.45}$$

$$\dot{\mathbf{Y}}_{n+\alpha_f} = \dot{\mathbf{Y}}_n + \alpha_f(\dot{\mathbf{Y}}_{n+1} - \dot{\mathbf{Y}}_n) \tag{5.46}$$

$$\mathbf{Y}_{n+\alpha_f} = \mathbf{Y}_n + \alpha_f(\mathbf{Y}_{n+1} - \mathbf{Y}_n) \tag{5.47}$$

$$\ddot{\hat{\mathbf{Y}}}_{n+\alpha_m} = \ddot{\hat{\mathbf{Y}}}_n + \alpha_m(\ddot{\hat{\mathbf{Y}}}_{n+1} - \ddot{\hat{\mathbf{Y}}}_n) \tag{5.48}$$

$$\dot{\hat{\mathbf{Y}}}_{n+\alpha_f} = \dot{\hat{\mathbf{Y}}}_n + \alpha_f(\dot{\hat{\mathbf{Y}}}_{n+1} - \dot{\hat{\mathbf{Y}}}_n) \tag{5.49}$$

$$\hat{\mathbf{Y}}_{n+\alpha_f} = \hat{\mathbf{Y}}_n + \alpha_f(\hat{\mathbf{Y}}_{n+1} - \hat{\mathbf{Y}}_n) \tag{5.50}$$

そして，これらの中間時刻における流体，構造，メッシュの残差を以下のような配列とする．

$$\mathbf{N}_{1\mathrm{M}}(\dot{\mathbf{U}}_{n+\alpha_m}, \mathbf{U}_{n+\alpha_f}, \mathbf{P}_{n+1}, \ddot{\mathbf{Y}}_{n+\alpha_m}, \dot{\mathbf{Y}}_{n+\alpha_f}, \mathbf{Y}_{n+\alpha_f}, \ddot{\hat{\mathbf{Y}}}_{n+\alpha_m}, \dot{\hat{\mathbf{Y}}}_{n+\alpha_f}, \hat{\mathbf{Y}}_{n+\alpha_f}) = \mathbf{0} \tag{5.51}$$

$$\mathbf{N}_{1\mathrm{C}}(\dot{\mathbf{U}}_{n+\alpha_m}, \mathbf{U}_{n+\alpha_f}, \mathbf{P}_{n+1}, \ddot{\mathbf{Y}}_{n+\alpha_m}, \dot{\mathbf{Y}}_{n+\alpha_f}, \mathbf{Y}_{n+\alpha_f}, \ddot{\hat{\mathbf{Y}}}_{n+\alpha_m}, \dot{\hat{\mathbf{Y}}}_{n+\alpha_f}, \hat{\mathbf{Y}}_{n+\alpha_f}) = \mathbf{0} \tag{5.52}$$

$$\mathbf{N}_2(\dot{\mathbf{U}}_{n+\alpha_m}, \mathbf{U}_{n+\alpha_f}, \mathbf{P}_{n+1}, \ddot{\mathbf{Y}}_{n+\alpha_m}, \dot{\mathbf{Y}}_{n+\alpha_f}, \mathbf{Y}_{n+\alpha_f}, \ddot{\hat{\mathbf{Y}}}_{n+\alpha_m}, \dot{\hat{\mathbf{Y}}}_{n+\alpha_f}, \hat{\mathbf{Y}}_{n+\alpha_f}) = \mathbf{0} \tag{5.53}$$

$$\mathbf{N}_3(\dot{\mathbf{U}}_{n+\alpha_m}, \mathbf{U}_{n+\alpha_f}, \mathbf{P}_{n+1}, \ddot{\mathbf{Y}}_{n+\alpha_m}, \dot{\mathbf{Y}}_{n+\alpha_f}, \mathbf{Y}_{n+\alpha_f}, \ddot{\hat{\mathbf{Y}}}_{n+\alpha_m}, \dot{\hat{\mathbf{Y}}}_{n+\alpha_f}, \hat{\mathbf{Y}}_{n+\alpha_f}) = \mathbf{0} \tag{5.54}$$

式 (5.43)〜(5.54) は，t_n における解が与えられた場合の t_{n+1} における節点未知数を求めるための式である．式 (5.43)〜(5.54) に加え，節点自由度の時間導関数の関係は離散化ニューマークの式に置き換えられる．

$$\mathbf{U}_{n+1} = \mathbf{U}_n + \Delta t_n\left((1-\gamma)\dot{\mathbf{U}}_n + \gamma\dot{\mathbf{U}}_{n+1}\right) \tag{5.55}$$

$$\dot{\mathbf{Y}}_{n+1} = \dot{\mathbf{Y}}_n + \Delta t_n\left((1-\gamma)\ddot{\mathbf{Y}}_n + \gamma\ddot{\mathbf{Y}}_{n+1}\right) \tag{5.56}$$

$$\mathbf{Y}_{n+1} = \mathbf{Y}_n + \Delta t_n \dot{\mathbf{Y}}_n + \frac{\Delta t_n^2}{2}\left((1-2\beta)\ddot{\mathbf{Y}}_n + 2\beta \ddot{\mathbf{Y}}_{n+1}\right) \tag{5.57}$$

$$\dot{\hat{\mathbf{Y}}}_{n+1} = \dot{\hat{\mathbf{Y}}}_n + \Delta t_n \left((1-\gamma)\ddot{\hat{\mathbf{Y}}}_n + \gamma \ddot{\hat{\mathbf{Y}}}_{n+1}\right) \tag{5.58}$$

$$\hat{\mathbf{Y}}_{n+1} = \hat{\mathbf{Y}}_n + \Delta t_n \dot{\hat{\mathbf{Y}}}_n + \frac{\Delta t_n^2}{2}\left((1-2\beta)\ddot{\hat{\mathbf{Y}}}_n + 2\beta \ddot{\hat{\mathbf{Y}}}_{n+1}\right) \tag{5.59}$$

上記において,α_m, α_f, γ および β は,時間積分法を定義するための実数パラメータである.FSI 方程式の構造部分とメッシュ部分に関する以下の定数係数をもつ 2 次の線形常微分方程式は,文献 [134] において時間 2 次精度を達成している.

$$\gamma = \frac{1}{2} + \alpha_m - \alpha_f \tag{5.60}$$

$$\beta = \frac{1}{4}(1 + \alpha_m - \alpha_f)^2 \tag{5.61}$$

さらに,次式により無条件安定性も確保している.

$$\alpha_m \geq \alpha_f \geq \frac{1}{2} \tag{5.62}$$

式 (5.60) と (5.62) は,FSI 方程式の流体部分に関する定数係数をもつ 1 次の線形常微分方程式においても適用することができる.その結果,原理的に一般化 α 法は,FSI 方程式に対して一つの方法で適用することが可能である.

高周波散逸をコントロールするために,α_m と α_f を,増幅行列を無限大の時間刻みとしたスペクトル半径 ρ_∞ のパラメータとする (4.6.2 項参照).すべての増幅行列の固有値が同じ値 $-\rho_\infty$ となるとき,高周波散逸は最適となる.文献 [111] によると,流体力学方程式ではパラメータが下記のときである.

$$(\alpha_m)_1 = \frac{1}{2}\left(\frac{3 - (\rho_\infty)_1}{1 + (\rho_\infty)_1}\right), \quad (\alpha_f)_1 = \frac{1}{1 + (\rho_\infty)_1} \tag{5.63}$$

一方,文献 [134] によると,構造力学方程式では次のパラメータのときである.

$$(\alpha_m)_2 = \frac{2 - (\rho_\infty)_2}{1 + (\rho_\infty)_2}, \quad (\alpha_f)_2 = \frac{1}{1 + (\rho_\infty)_2} \tag{5.64}$$

式 (5.63) と (5.64) および以下においては,添え字 1 と 2 は二つの手法からくる量を区別するために用いる.この方程式において ρ_∞ を一致させる (つまり,$(\rho_\infty)_1 = (\rho_\infty)_2 = \rho_\infty$) ためには,$(\alpha_m)_1$ と $(\alpha_m)_2$ の間に不整合が生じる.これにより式 (5.51)〜(5.54) の速度時間微分項が不整合な計算となり,FSI 方程式に適用した際に一般化 α 法の 2 次精度が損なわれることになる.この不整合は,中点則に相当

するゼロ高周波散逸の設定を $(\rho_\infty)_1 = (\rho_\infty)_2 = 1$ とすることで抑えることができるが，これでは実問題の計算ロバスト性が十分ではない．文献 [16] で著者らは，この代わりに FSI 方程式の流体と構造の両方に式 (5.63) の式を採用することを提案している．この方法を選択することにより，最適な流体力学方程式において高周波散逸が得られる．構造力学方程式に文献 [134] 中の式を使用し，式 (5.63) のパラメータを代入すると，増幅行列の（解と二つの時間微分に相当する）三つの固有値は次式となる．

$$\lim_{\Delta t \to \infty} \lambda = \left\{ \frac{-1-3(\rho_\infty)_1}{3+(\rho_\infty)_1}, \frac{-1-3(\rho_\infty)_1}{3+(\rho_\infty)_1}, -(\rho_\infty)_1 \right\} \tag{5.65}$$

はじめの二つの固有値は $-(\rho_\infty)_1$ の最適値とは異なるが，$(\rho_\infty)_1$ が単調減少関数であることを示すのは簡単で，次式の範囲をとる．

$$\frac{1}{3} \leq \left| \frac{-1-3(\rho_\infty)_1}{3+(\rho_\infty)_1} \right| \leq 1, \quad \forall |(\rho_\infty)_1| \leq 1 \tag{5.66}$$

そのため，スペクトル半径の増幅行列の大きさは 1 を超えることはなく，2 次精度の体系に不安定性を引き起こすことは考えられない．このパラメータ選定により，式 (5.60)〜(5.62) が満足されるため，2 次精度と無条件安定性をもつ時間積分法とすることができる．

5.2.3　予測子マルチ修正子アルゴリズムと ALE FSI 方程式の線形化

4.6.2 項で紹介した予測子マルチ修正子アルゴリズムを，ALE-VMS 方程式から ALE FSI 方程式に拡張する．

予測子：時刻 n における与えられた解に対し，同じ速度予測子を使用し，以下と設定する．

$$\dot{\mathbf{U}}_{n+1}^0 = \frac{\gamma-1}{\gamma} \dot{\mathbf{U}}_n \tag{5.67}$$

$$\mathbf{U}_{n+1}^0 = \mathbf{U}_n \tag{5.68}$$

$$\mathbf{P}_{n+1}^0 = \mathbf{P}_n \tag{5.69}$$

$$\ddot{\mathbf{Y}}_{n+1}^0 = \frac{\gamma-1}{\gamma} \ddot{\mathbf{Y}}_n \tag{5.70}$$

$$\dot{\mathbf{Y}}_{n+1}^0 = \dot{\mathbf{Y}}_n \tag{5.71}$$

$$\mathbf{Y}_{n+1}^0 = \mathbf{Y}_n + \Delta t_n \dot{\mathbf{Y}}_n + \frac{\Delta t_n^2}{2} \left((1-2\beta) \ddot{\mathbf{Y}}_n + 2\beta \ddot{\mathbf{Y}}_{n+1}^0 \right) \tag{5.72}$$

126　第 5 章　ALE 法と space–time 法による FSI

$$\ddot{\hat{\mathbf{Y}}}^0_{n+1} = \frac{\gamma-1}{\gamma}\ddot{\hat{\mathbf{Y}}}_n \tag{5.73}$$

$$\dot{\hat{\mathbf{Y}}}^0_{n+1} = \dot{\hat{\mathbf{Y}}}_n, \tag{5.74}$$

$$\hat{\mathbf{Y}}^0_{n+1} = \hat{\mathbf{Y}}_n + \Delta t_n \dot{\hat{\mathbf{Y}}}_n + \frac{\Delta t_n^2}{2}\left((1-2\beta)\ddot{\hat{\mathbf{Y}}}_n + 2\beta\ddot{\hat{\mathbf{Y}}}^0_{n+1}\right) \tag{5.75}$$

このとき，上付き添え字 0 はゼロ回目の反復であることを示す．

マルチ修正子：ここでは以下のステップを $i=0,1,\ldots,(i_{\max}-1)$ の間繰り返し，このとき i は反復回数，$i_{\max}$ は時間刻みごとに決めた非線形反復の最大回数である．

(1) 中間時点の時刻での値を求める．

$$\dot{\mathbf{U}}^i_{n+\alpha_m} = \dot{\mathbf{U}}_n + \alpha_m(\dot{\mathbf{U}}^i_{n+1} - \dot{\mathbf{U}}_n) \tag{5.76}$$

$$\mathbf{U}^i_{n+\alpha_f} = \mathbf{U}_n + \alpha_f(\mathbf{U}^i_{n+1} - \mathbf{U}_n) \tag{5.77}$$

$$\mathbf{P}^i_{n+1} = \mathbf{P}^i_{n+1} \tag{5.78}$$

$$\ddot{\mathbf{Y}}^i_{n+\alpha_m} = \ddot{\mathbf{Y}}_n + \alpha_m(\ddot{\mathbf{Y}}^i_{n+1} - \ddot{\mathbf{Y}}_n) \tag{5.79}$$

$$\dot{\mathbf{Y}}^i_{n+\alpha_f} = \dot{\mathbf{Y}}_n + \alpha_f(\dot{\mathbf{Y}}^i_{n+1} - \dot{\mathbf{Y}}_n) \tag{5.80}$$

$$\mathbf{Y}^i_{n+\alpha_f} = \mathbf{Y}_n + \alpha_f(\mathbf{Y}^i_{n+1} - \mathbf{Y}_n) \tag{5.81}$$

$$\ddot{\hat{\mathbf{Y}}}^i_{n+\alpha_m} = \ddot{\hat{\mathbf{Y}}}_n + \alpha_m(\ddot{\hat{\mathbf{Y}}}^i_{n+1} - \ddot{\hat{\mathbf{Y}}}_n) \tag{5.82}$$

$$\dot{\hat{\mathbf{Y}}}^i_{n+\alpha_f} = \dot{\hat{\mathbf{Y}}}_n + \alpha_f(\dot{\hat{\mathbf{Y}}}^i_{n+1} - \dot{\hat{\mathbf{Y}}}_n) \tag{5.83}$$

$$\hat{\mathbf{Y}}^i_{n+\alpha_f} = \hat{\mathbf{Y}}_n + \alpha_f(\hat{\mathbf{Y}}^i_{n+1} - \hat{\mathbf{Y}}_n) \tag{5.84}$$

(2) 中間値を組み合わせて，式 (5.51)〜(5.54) に対応する節点未知数 $\dot{\mathbf{U}}_{n+1}$, $\mathbf{P}_{n+1}$, $\ddot{\mathbf{Y}}_{n+1}$ および $\ddot{\hat{\mathbf{Y}}}_{n+1}$ に関する線形の方程式系を作成する．

$$\left.\frac{\partial \mathbf{N}_{1\mathrm{M}}}{\partial \dot{\mathbf{U}}_{n+1}}\right|_i \Delta\dot{\mathbf{U}}^i_{n+1} + \left.\frac{\partial \mathbf{N}_{1\mathrm{M}}}{\partial \mathbf{P}_{n+1}}\right|_i \Delta\mathbf{P}^i_{n+1} + \left.\frac{\partial \mathbf{N}_{1\mathrm{M}}}{\partial \ddot{\mathbf{Y}}_{n+1}}\right|_i \Delta\ddot{\mathbf{Y}}^i_{n+1} + \left.\frac{\partial \mathbf{N}_{1\mathrm{M}}}{\partial \ddot{\hat{\mathbf{Y}}}_{n+1}}\right|_i \Delta\ddot{\hat{\mathbf{Y}}}^i_{n+1}$$

$$= -\mathbf{N}^i_{1\mathrm{M}} \tag{5.85}$$

$$\left.\frac{\partial \mathbf{N}_{1\mathrm{C}}}{\partial \dot{\mathbf{U}}_{n+1}}\right|_i \Delta\dot{\mathbf{U}}^i_{n+1} + \left.\frac{\partial \mathbf{N}_{1\mathrm{C}}}{\partial \mathbf{P}_{n+1}}\right|_i \Delta\mathbf{P}^i_{n+1} + \left.\frac{\partial \mathbf{N}_{1\mathrm{C}}}{\partial \ddot{\mathbf{Y}}_{n+1}}\right|_i \Delta\ddot{\mathbf{Y}}^i_{n+1} + \left.\frac{\partial \mathbf{N}_{1\mathrm{C}}}{\partial \ddot{\hat{\mathbf{Y}}}_{n+1}}\right|_i \Delta\ddot{\hat{\mathbf{Y}}}^i_{n+1}$$

$$= -\mathbf{N}^i_{1\mathrm{C}} \tag{5.86}$$

$$\left.\frac{\partial \mathbf{N}_2}{\partial \dot{\mathbf{U}}_{n+1}}\right|_i \Delta \dot{\mathbf{U}}_{n+1}^i + \left.\frac{\partial \mathbf{N}_2}{\partial \mathbf{P}_{n+1}}\right|_i \Delta \mathbf{P}_{n+1}^i + \left.\frac{\partial \mathbf{N}_2}{\partial \ddot{\mathbf{Y}}_{n+1}}\right|_i \Delta \ddot{\mathbf{Y}}_{n+1}^i + \left.\frac{\partial \mathbf{N}_2}{\partial \ddot{\hat{\mathbf{Y}}}_{n+1}}\right|_i \Delta \ddot{\hat{\mathbf{Y}}}_{n+1}^i$$
$$= -\mathbf{N}_2^i \tag{5.87}$$

$$\left.\frac{\partial \mathbf{N}_3}{\partial \dot{\mathbf{U}}_{n+1}}\right|_i \Delta \dot{\mathbf{U}}_{n+1}^i + \left.\frac{\partial \mathbf{N}_3}{\partial \mathbf{P}_{n+1}}\right|_i \Delta \mathbf{P}_{n+1}^i + \left.\frac{\partial \mathbf{N}_3}{\partial \ddot{\mathbf{Y}}_{n+1}}\right|_i \Delta \ddot{\mathbf{Y}}_{n+1}^i + \left.\frac{\partial \mathbf{N}_3}{\partial \ddot{\hat{\mathbf{Y}}}_{n+1}}\right|_i \Delta \ddot{\hat{\mathbf{Y}}}_{n+1}^i$$
$$= -\mathbf{N}_3^i \tag{5.88}$$

これらの線形方程式系は,流体力学,構造力学,メッシュ移動における未知量の増分を解く.上記線形方程式系を解くためのほかの選択肢については,次章で説明する.

(3) 解を更新する.

$$\dot{\mathbf{U}}_{n+1}^{i+1} = \dot{\mathbf{U}}_{n+1}^i + \Delta \dot{\mathbf{U}}_{n+1}^i \tag{5.89}$$

$$\mathbf{U}_{n+1}^{i+1} = \mathbf{U}_{n+1}^i + \gamma \Delta t_n \Delta \dot{\mathbf{U}}_{n+1}^i \tag{5.90}$$

$$\mathbf{P}_{n+1}^{i+1} = \mathbf{P}_{n+1}^i + \Delta \mathbf{P}_{n+1}^i \tag{5.91}$$

$$\ddot{\mathbf{Y}}_{n+1}^{i+1} = \ddot{\mathbf{Y}}_{n+1}^i + \Delta \ddot{\mathbf{Y}}_{n+1}^i \tag{5.92}$$

$$\dot{\mathbf{Y}}_{n+1}^{i+1} = \dot{\mathbf{Y}}_{n+1}^i + \gamma \Delta t_n \Delta \ddot{\mathbf{Y}}_{n+1}^i \tag{5.93}$$

$$\mathbf{Y}_{n+1}^{i+1} = \mathbf{Y}_{n+1}^i + \beta \Delta t_n^2 \Delta \ddot{\mathbf{Y}}_{n+1}^i \tag{5.94}$$

$$\ddot{\hat{\mathbf{Y}}}_{n+1}^{i+1} = \ddot{\hat{\mathbf{Y}}}_{n+1}^i + \Delta \ddot{\hat{\mathbf{Y}}}_{n+1}^i \tag{5.95}$$

$$\dot{\hat{\mathbf{Y}}}_{n+1}^{i+1} = \dot{\hat{\mathbf{Y}}}_{n+1}^i + \gamma \Delta t_n \Delta \ddot{\hat{\mathbf{Y}}}_{n+1}^i \tag{5.96}$$

$$\hat{\mathbf{Y}}_{n+1}^{i+1} = \hat{\mathbf{Y}}_{n+1}^i + \beta \Delta t_n^2 \Delta \ddot{\hat{\mathbf{Y}}}_{n+1}^i \tag{5.97}$$

修正子のステップ2において,以下の左辺行列(すなわち接線行列)を使用する.

- 流体力学方程式の左辺行列 $\partial \mathbf{N}_{1M}/\partial \dot{\mathbf{U}}_{n+1}$, $\partial \mathbf{N}_{1M}/\partial \mathbf{P}_{n+1}$, $\partial \mathbf{N}_{1C}/\partial \dot{\mathbf{U}}_{n+1}$, $\partial \mathbf{N}_{1C}/\partial \mathbf{P}_{n+1}$ は,式 (4.92)〜(4.98) で与えられる.
- 構造の左辺行列は,線形化された構造力学方程式(式 (1.155) 参照)からそのまま得られる.

$$\frac{\partial \mathbf{N}_2}{\partial \ddot{\mathbf{Y}}_{n+1}} = \left[\mathbf{K}_{AB}^{ik}\right] \tag{5.98}$$

$$\mathrm{K}_{AB}^{ik} = \alpha_m \int_{(\Omega_2)_0} N_A (\rho_2)_0 N_B \, \mathrm{d}\Omega \, \delta_{ik} + \alpha_f \beta \Delta t_n^2 \int_{(\Omega_2)_0} \frac{\partial N_A}{\partial X_J} D_{iJkL}^X \frac{\partial N_B}{\partial X_L} \, \mathrm{d}\Omega \tag{5.99}$$

D_{iJkL}^X は,参照配置の接線剛性テンソルの成分である(式 (1.152) 参照).

$$D_{iJkL}^X = F_{iI} \mathbb{C}_{IJKL} F_{kK} + \delta_{ik} S_{JL} \tag{5.100}$$

式 (5.98) の左辺行列は,参照配置の変数に関して書かれたものである.これは現配置の変数に関しても算出することが可能である.そのために,変数を現配置に変換することで,次式が得られる.

$$\frac{\partial \mathbf{N}_2}{\partial \ddot{\mathbf{Y}}_{n+1}} = \left[\mathrm{K}_{AB}^{ik} \right] \tag{5.101}$$

$$\mathrm{K}_{AB}^{ik} = \alpha_m \int_{(\Omega_2)_t} N_A \rho_2 N_B \, \mathrm{d}\Omega \, \delta_{ik} + \alpha_f \beta \Delta t_n^2 \int_{(\Omega_2)_t} \frac{\partial N_A}{\partial x_j} D_{ijkl}^x \frac{\partial N_B}{\partial x_l} \, \mathrm{d}\Omega \tag{5.102}$$

ここで,D_{ijkl}^x は,現配置における接線剛性テンソルの成分である.

$$D_{ijkl}^x = J^{-1} F_{iI} F_{jJ} \mathbb{C}_{IJKL} F_{kK} F_{lL} + \delta_{ik} J^{-1} F_{jJ} S_{JL} F_{lL} \tag{5.103}$$

$$= J^{-1} F_{iI} F_{jJ} \mathbb{C}_{IJKL} F_{kK} F_{lL} + \delta_{ik} (\sigma_2)_{jl} \tag{5.104}$$

このとき,2 番目の等号はコーシー応力テンソルの定義によるものである.現配置と参照配置における構造の左辺行列の定義は,等価である.

- 弾性静力学方程式(式 (2.167) および (2.168) 参照)の左辺行列に対応するメッシュ移動方程式の左辺行列 $\partial \mathbf{N}_3 / \partial \ddot{\mathbf{Y}}_{n+1}$ は,倍率 $\alpha_f \beta \Delta t_n^2$ により基準化される.
- メッシュ移動の節点における未知量 $\partial \mathbf{N}_{1\mathrm{M}} / \partial \ddot{\mathbf{Y}}_{n+1}$ と $\partial \mathbf{N}_{1\mathrm{C}} / \partial \ddot{\mathbf{Y}}_{n+1}$ に関する流体力学方程式の離散化誤差の導関数を,形状導関数とよぶ.これらは離散化 FSI 方程式の線形化の整合性に必要で,文献 [16, 135, 136] など最近の研究でも議論されている.形状導関数の詳細な導出については文献 [16] に記述されている.また文献 [16] では,FSI 方程式の線形化から形状導関数を省いても,ニュートン-ラフソン反復計算の収束性に対する影響がほとんどないことが示されている.さらに,形状導関数の省略はマルチ修正子のステップ 2 の線形システムの残りからメッシュの解析を切り離すことが可能であることを意味しており,ゆえに,計算コストが大幅に節約できる.この方法は文献 [6, 137, 138] において "準直接連成" (6.1.2 項参照)と名づけられた.文献 [6, 137–139] で提案された "直接連成" 法では,形状導関数に関する行列・ベクトル積は NEVB (numerical element-vector-based) 法

によって算出される．連成方程式の収束演算に含まれるこのほかのすべての行列・ベクトル積は，文献 [106, 139, 140] に記載されている AEVB (analytical EVB) 法によって算出され，合わせて AEVB/NEVB 法[106, 139, 140] （6.1.3 項参照）とする．

5.3 space–time 法による FSI

本節で扱う space–time FSI 法は，文献 [14] で紹介され，文献 [18, 21] にて改良された SSTFSI (stabilized space–time FSI) 法である．SSTFSI 法は DSD/SST 法[1–3, 5, 18, 21] を基にしている（4.4 節および 4.6.3 項参照）．

5.3.1 コア部分の定式化

SSTFSI 法は，界面における流体メッシュと構造メッシュが不一致であるところから始める．この定式化には，DSD/SST-VMST(ST-VMS) 法（式 (4.113) 参照）の二つの安定化項も追加する．すでに定義済みの添え字 "I", "E" とともに，前節を少し拡張した関数空間記述を用いる（図 5.2 参照）．これを用いると，対流形の SSTFSI-VMST 法は以下のように定式化することができる．

$$\int_{Q_n} \mathbf{w}_{1\mathrm{E}}^h \cdot \rho \left(\frac{\partial \mathbf{u}^h}{\partial t} + \mathbf{u}^h \cdot \boldsymbol{\nabla} \mathbf{u}^h - \mathbf{f}^h \right) \mathrm{d}Q + \int_{Q_n} \varepsilon(\mathbf{w}_{1\mathrm{E}}^h) : \boldsymbol{\sigma}_1(\mathbf{u}^h, p^h) \, \mathrm{d}Q$$

$$- \int_{P_n} \mathbf{w}_{1\mathrm{E}}^h \cdot \mathbf{h}_{1\mathrm{E}}^h \, \mathrm{d}P + \int_{Q_n} q_{1\mathrm{E}}^h \boldsymbol{\nabla} \cdot \mathbf{u}^h \, \mathrm{d}Q + \int_{(\Omega_1)_n} (\mathbf{w}_{1\mathrm{E}}^h)_n^+ \cdot \rho \left((\mathbf{u}^h)_n^+ - (\mathbf{u}^h)_n^-\right) \mathrm{d}\Omega$$

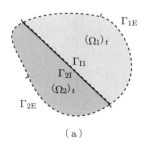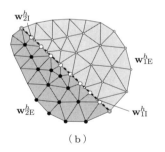

図 5.2 SSTFSI 法で使用する時刻 t における流体補領域，構造補領域およびその界面 (a)．$(\Omega_1)_t$ と $\Gamma_{1\mathrm{E}}$ はそれぞれ，時刻 t における Q_n と P_n の部分集合である．添え字 t は，0, n, または $n+1$ に置き換えてもよい．試験関数は，流体－構造界面に関するもの ($\mathbf{w}_{1\mathrm{I}}^h$ と $\mathbf{w}_{2\mathrm{I}}^h$) とそれ以外 ($\mathbf{w}_{1\mathrm{E}}^h$ と $\mathbf{w}_{2\mathrm{E}}^h$) とに分ける (b)．

$$+ \sum_{e=1}^{(n_{\text{el}})_n} \int_{Q_n^e} \frac{\tau_{\text{SUPS}}}{\rho} \left(\rho \left(\frac{\partial \mathbf{w}_{1\text{E}}^h}{\partial t} + \mathbf{u}^h \cdot \boldsymbol{\nabla} \mathbf{w}_{1\text{E}}^h \right) + \boldsymbol{\nabla} q_{1\text{E}}^h \right) \cdot \mathbf{r}_{\text{M}}(\mathbf{u}^h, p^h) \, \mathrm{d}Q$$

$$+ \sum_{e=1}^{(n_{\text{el}})_n} \int_{Q_n^e} \rho \nu_{\text{LSIC}} \boldsymbol{\nabla} \cdot \mathbf{w}_{1\text{E}}^h r_{\text{C}}(\mathbf{u}^h) \, \mathrm{d}Q$$

$$- \sum_{e=1}^{(n_{\text{el}})_n} \int_{Q_n^e} \tau_{\text{SUPS}} \mathbf{w}_{1\text{E}}^h \otimes \mathbf{r}_{\text{M}}(\mathbf{u}^h, p^h) : (\boldsymbol{\nabla} \mathbf{u}^h) \, \mathrm{d}Q$$

$$- \sum_{e=1}^{(n_{\text{el}})_n} \int_{Q_n^e} \frac{\tau_{\text{SUPS}}^2}{\rho} \left(\boldsymbol{\nabla} \mathbf{w}_{1\text{E}}^h \right) : \mathbf{r}_{\text{M}}(\mathbf{u}^h, p^h) \otimes \mathbf{r}_{\text{M}}(\mathbf{u}^h, p^h) \, \mathrm{d}Q = 0 \tag{5.105}$$

$$\int_{Q_n} q_{1\text{I}}^h \boldsymbol{\nabla} \cdot \mathbf{u}^h \, \mathrm{d}Q + \sum_{e=1}^{(n_{\text{el}})_n} \int_{Q_n^e} \frac{\tau_{\text{SUPS}}}{\rho} \boldsymbol{\nabla} q_{1\text{I}}^h \cdot \mathbf{r}_{\text{M}}(\mathbf{u}^h, p^h) \, \mathrm{d}Q = 0 \tag{5.106}$$

$$\int_{(\Gamma_{1\text{I}})_{n+1}} \left(\mathbf{w}_{1\text{I}}^h \right)_{n+1}^{-} \cdot \left(\left(\mathbf{u}_{1\text{I}}^h \right)_{n+1}^{-} - \mathbf{u}_{2\text{I}}^h \right) \, \mathrm{d}\Gamma = 0 \tag{5.107}$$

$$\int_{Q_n} \left(\mathbf{w}_{1\text{I}}^h \right)_{n+1}^{-} \cdot \rho \left(\frac{\partial \mathbf{u}^h}{\partial t} + \mathbf{u}^h \cdot \boldsymbol{\nabla} \mathbf{u}^h - \mathbf{f}^h \right) \mathrm{d}Q + \int_{Q_n} \boldsymbol{\varepsilon} \left(\left(\mathbf{w}_{1\text{I}}^h \right)_{n+1}^{-} \right) : \boldsymbol{\sigma}_1(\mathbf{u}^h, p^h) \, \mathrm{d}Q$$

$$- \int_{P_n} \left(\mathbf{w}_{1\text{I}}^h \right)_{n+1}^{-} \cdot \mathbf{h}_{1\text{I}}^h \, \mathrm{d}P$$

$$+ \sum_{e=1}^{(n_{\text{el}})_n} \int_{Q_n^e} \tau_{\text{SUPS}} \rho \left(\frac{\partial \left(\mathbf{w}_{1\text{I}}^h \right)_{n+1}^{-}}{\partial t} + \mathbf{u}^h \cdot \boldsymbol{\nabla} \left(\mathbf{w}_{1\text{I}}^h \right)_{n+1}^{-} \right) \cdot \mathbf{r}_{\text{M}}(\mathbf{u}^h, p^h) \, \mathrm{d}Q$$

$$+ \sum_{e=1}^{(n_{\text{el}})_n} \int_{Q_n^e} \rho \nu_{\text{LSIC}} \boldsymbol{\nabla} \cdot \left(\mathbf{w}_{1\text{I}}^h \right)_{n+1}^{-} r_{\text{C}}(\mathbf{u}^h) \, \mathrm{d}Q$$

$$- \sum_{e=1}^{(n_{\text{el}})_n} \int_{Q_n^e} \tau_{\text{SUPS}} \left(\mathbf{w}_{1\text{I}}^h \right)_{n+1}^{-} \otimes \mathbf{r}_{\text{M}}(\mathbf{u}^h, p^h) : (\boldsymbol{\nabla} \mathbf{u}^h) \, \mathrm{d}Q$$

$$- \sum_{e=1}^{(n_{\text{el}})_n} \int_{Q_n^e} \frac{\tau_{\text{SUPS}}^2}{\rho} \left(\boldsymbol{\nabla} \left(\mathbf{w}_{1\text{I}}^h \right)_{n+1}^{-} \right) : \mathbf{r}_{\text{M}}(\mathbf{u}^h, p^h) \otimes \mathbf{r}_{\text{M}}(\mathbf{u}^h, p^h) \, \mathrm{d}Q = 0 \tag{5.108}$$

$$\int_{\Gamma_{2\text{I}}} \mathbf{w}_{2\text{I}}^h \cdot \left(\mathbf{h}_{2\text{I}}^h + \mathbf{h}_{1\text{I}}^h \right) \, \mathrm{d}\Gamma = 0 \tag{5.109}$$

$$\int_{(\Omega_2)_0} \mathbf{w}_2^h \cdot (\rho_2)_0 \left(\frac{\mathrm{d}^2 \mathbf{y}^h}{\mathrm{d}t^2} - \mathbf{f}_2 \right) \mathrm{d}\Omega + \int_{(\Omega_2)_0} \boldsymbol{\nabla}_X \mathbf{w}_2^h : \left(\mathbf{F}^h \mathbf{S}^h \right) \, \mathrm{d}\Omega$$

$$-\int_{\Gamma_{2\mathrm{E}}} \mathbf{w}_{2\mathrm{E}}^h \cdot \mathbf{h}_{2\mathrm{E}}^h \, \mathrm{d}\Gamma - \int_{\Gamma_{2\mathrm{I}}} \mathbf{w}_{2\mathrm{I}}^h \cdot \mathbf{h}_{2\mathrm{I}}^h \, \mathrm{d}\Gamma = 0 \qquad (5.110)$$

$$\int_{(\Omega_1)_{\tilde{t}}} \boldsymbol{\epsilon}\left(\mathbf{w}_{3\mathrm{E}}^h\right) \cdot \mathbf{D}^h \boldsymbol{\epsilon}\left(\hat{\mathbf{y}}_{n+1}^h - \hat{\mathbf{y}}^h\left(\tilde{t}\right)\right) \, \mathrm{d}\Omega = 0 \qquad (5.111)$$

$$\int_{(\Gamma_{1\mathrm{I}})_{\tilde{t}}} \mathbf{w}_{3\mathrm{I}}^h \cdot \left(\hat{\mathbf{y}}_{n+1}^h - \mathbf{y}_{n+1}^h\right) \, \mathrm{d}\Gamma = 0 \qquad (5.112)$$

これらの式において，$(\mathbf{u}_{1\mathrm{I}}^h)_{n+1}^-$，$\mathbf{h}_{1\mathrm{I}}^h$ および $\mathbf{h}_{2\mathrm{I}}^h$（流体－構造界面における流速，流体応力，構造の応力）はそれぞれ独立した未知数として扱い，また，式 (5.107)，(5.108)，(5.109) はそれぞれ，これら三つの未知数に対するものとみなすことが可能である．界面における構造変位速度 $\mathbf{u}_2^h$ は，$\mathbf{y}^h$ から導く（式 (5.6) 参照）．

Remark 5.5 space–time 法を流体解析部分のみに使用するため，Q と P に対する添え字"1"の記述は省略する．

Remark 5.6 式の生成に $(\mathbf{w}_{1\mathrm{I}}^h)_n^+$ は用いない．なぜなら，$(\mathbf{u}_{1\mathrm{I}}^h)_n^+$ に $(\mathbf{u}_{1\mathrm{I}}^h)_n^-$ を設定するからである．

文献 [14] と同様，式 (5.108) を以下の方程式に置き換えることも可能である．

$$\int_{P_n} \left(\mathbf{w}_{1\mathrm{I}}^h\right)_{n+1}^- \cdot \mathbf{h}_{1\mathrm{I}}^h \, \mathrm{d}P = -\int_{P_n} \left(\mathbf{w}_{1\mathrm{I}}^h\right)_{n+1}^- \cdot p^h \mathbf{n} \, \mathrm{d}P$$
$$+ \int_{Q_n} 2\mu \boldsymbol{\varepsilon}\left(\left(\mathbf{w}_{1\mathrm{I}}^h\right)_{n+1}^-\right) : \boldsymbol{\varepsilon}(\mathbf{u}^h) \, \mathrm{d}Q$$
$$+ \sum_{e=1}^{(n_{\mathrm{el}})_n} \int_{Q_n^e} \left(\mathbf{w}_{1\mathrm{I}}^h\right)_{n+1}^- \cdot \boldsymbol{\nabla} \cdot \left(2\mu \boldsymbol{\varepsilon}(\mathbf{u}^h)\right) \, \mathrm{d}Q \qquad (5.113)$$

式 (5.113) は，要素界面を横切る粘性流束ジャンプの項を無視する過程を与えることで導かれる．あるいは次式のように，射影方程式を部分積分する前の形を残し，

$$\int_{P_n} \left(\mathbf{w}_{1\mathrm{I}}^h\right)_{n+1}^- \cdot \mathbf{h}_{1\mathrm{I}}^h \, \mathrm{d}P = \int_{P_n} \left(\mathbf{w}_{1\mathrm{I}}^h\right)_{n+1}^- \cdot \left(-p^h \mathbf{n} + 2\mu \boldsymbol{\varepsilon}(\mathbf{u}^h)\mathbf{n}\right) \, \mathrm{d}P \qquad (5.114)$$

$\boldsymbol{\varepsilon}(\mathbf{u}^h)$ を要素内部から節点に射影する．

Remark 5.7 保存形の SSTFSI-VMST 法は，式 (5.105) と (5.108) を式 (4.109) に示した保存形の DSD/SST-VMST 式に置き換えることによって得られる．

Remark 5.8 SSTFSI-SUPS とよばれる初期の SSTFSI 法は，式 (5.105) と (5.108) の最後の 2 項を落とすことで得られる．上位互換性を保つため，"-SUPS" または "-VMST" の

表記を伴うことなく略称 SSTFSI を用いた場合は，SSTFSI-SUPS であることを示す．

Remark 5.9 文献 [14] の中で，DSD/SST-DP, DSD/SST-SP, DSD/SST-TIP1, DSD/SST-SV 法（Remark 4.8〜4.11 参照）をそれぞれ派生させた SSTFSI 法の改良版について書かれており，これらは "SSTFSI-DP", "SSTFSI-SP", "SSTFSI-TIP1", "SSTFSI-SV" と名づけられている．

Remark 5.10 略称 SSTFSI は，"-DP", "-SP", "-TIP1", "-SV" の四つのうちのどれも追記しない場合，SSTFSI-DP であることを意味する．

Remark 5.11 Remark 4.12 に記述した DSD/SST 法のバージョンに関する説明は，SSTFSI 法にも適用される．

文献 [14] のように，膜の布地の多孔性を考慮した計算をする際に，式 (5.107) を次式に置き換える．

$$\int_{(\Gamma_{1\mathrm{I}})_{n+1}} (\mathbf{w}_{1\mathrm{I}}^h)_{n+1}^{-} \cdot ((\mathbf{u}_{1\mathrm{I}}^h)_{n+1}^{-} - \mathbf{u}_{2\mathrm{I}}^h + k_{\mathrm{PORO}} (\mathbf{n} \cdot \mathbf{h}_{1\mathrm{I}}^h) \mathbf{n}) \, \mathrm{d}\Gamma = 0 \quad (5.115)$$

ここで，k_{PORO} は多孔体流量係数である．この係数の単位には通常 "CFM" を用いる．多孔体流量係数が 1 CFM の布地は，水の 1/2 の圧力差を仮定すると，$1\,\mathrm{ft}^2$ あたり $1\,\mathrm{ft}^3/\mathrm{min}$ の流量が透過する．つまり法線速度が $1\,\mathrm{ft/min}$ である．式 (5.115) のとおり，現段階では圧力成分 $\mathbf{h}_{1\mathrm{I}}^h$ のみを考慮している．

Remark 5.12 膜やシェルの FSI 計算では，膜やシェルの表裏の流体表面の節点に別々の流体圧力をもたせる．文献 [14] では，膜の境界（すなわち端部）においても別々の節点圧力をもたせることを提案している．文献 [14] でも示しているとおり，この方法を用いることで，計算における膜の端部での数値安定性は向上している．

5.3.2 不連続流体 − 構造界面のための界面射影法

式 (5.105)〜(5.112) で紹介した手法は，界面において流体メッシュと構造メッシュが一致しない場合を許容することを前提としていた．文献 [14] で述べているように，もしメッシュが一致していても同じ手法を用いることが可能であり，適切な界面射影アルゴリズムを用いれば，一体型解法と等価となる．ここではいくつかの界面射影法を紹介する．

(1) 最小二乗射影法

式 (5.107)，(5.109)，(5.112) のような射影方程式を解く際には，求積点の探索を

行う必要がある．この過程には時間がかかり，並列化計算の効率も悪い．時間刻みごとにこの探索を行うのを避けるため，以下のような参照配置での射影式を作成する．

$$\int_{(\Gamma_{1I})_{\text{REF}}} (\mathbf{w}_{1I})_{n+1}^{-} \cdot \left((\mathbf{u}_{1I}^h)_{n+1}^{-} - \mathbf{u}_{2I}^h \right) \, d\Gamma = 0 \tag{5.116}$$

$$\int_{(\Gamma_{2I})_{\text{REF}}} \mathbf{w}_{2I}^h \cdot \left(\mathbf{h}_{2I}^h + \mathbf{h}_{1I}^h \right) \, d\Gamma = 0 \tag{5.117}$$

$$\int_{(\Gamma_{1I})_{\text{REF}}} \mathbf{w}_{3I}^h \cdot \left(\hat{\mathbf{y}}_{n+1}^h - \mathbf{y}_{n+1}^h \right) \, d\Gamma = 0 \tag{5.118}$$

ここで，$(\Gamma_{1I})_{\text{REF}}$ と $(\Gamma_{2I})_{\text{REF}}$ は参照配置の Γ_{1I} と Γ_{2I} を示す．

(2) 数値置換と直接置換

各非線形反復処理に含まれる線形方程式を反復計算ごとに計算する．それゆえ，式 (5.116) と (5.117) をいかに取り扱うかが，流体-構造連成の良否を左右する．文献 [141] で述べたように，この二つの射影式は "数値置換" である GMRES 反復法によって解く．この方法は，式 (5.107)～(5.109)，(5.112)～(5.114)，(5.116)～(5.118) に対しても適用可能である．もし界面における流体と構造のメッシュが一致していれば，式 (5.107)，(5.109)，(5.112) で与えられた射影は単純化されて "直接置換" となる．こうすることで一体型解法とすることができる．

(3) SSP 法

SSP(separated stress projection) 法は文献 [105] で提案された方法で，流体界面応力の圧力部分をスカラー値とし，粘性部分をベクトル値として別々に構造界面に射影する．射影されたものは，構造力学方程式の中で界面応力を統合する際に合成する．SSP 法では，式 (5.113) と (5.109) の代わりに以下の射影を用いる．

$$\int_{P_n} \left(\mathbf{w}_{1I}^h\right)_{n+1}^{-} \cdot \left(\mathbf{h}_v^h\right)_{1I} \, dP = \int_{Q_n} 2\mu\varepsilon\left(\left(\mathbf{w}_{1I}^h\right)_{n+1}^{-}\right) : \varepsilon(\mathbf{u}^h) \, dQ$$
$$+ \sum_{e=1}^{(n_{\text{el}})_n} \int_{Q_n^e} \left(\mathbf{w}_{1I}^h\right)_{n+1}^{-} \cdot \boldsymbol{\nabla} \cdot \left(2\mu\varepsilon(\mathbf{u}^h)\right) \, dQ \tag{5.119}$$

$$\int_{\Gamma_{2I}} q_{2I}^h \left(p_{2I}^h - p_{1I}^h \right) \, d\Gamma = 0 \tag{5.120}$$

$$\int_{\Gamma_{2I}} \mathbf{w}_{2I}^h \cdot \left(\left(\mathbf{h}_v^h\right)_{2I} + \left(\mathbf{h}_v^h\right)_{1I} \right) \, d\Gamma = 0 \tag{5.121}$$

$$\mathbf{h}_{2\mathrm{I}}^h = -p_{2\mathrm{I}}^h \mathbf{n}_{2\mathrm{I}} + \left(\mathbf{h}_v^h\right)_{2\mathrm{I}} \tag{5.122}$$

ここで，$\mathbf{h}_v^h$ は粘性に関する応力ベクトル，$p_{1\mathrm{I}}^h$ は流体界面の圧力，$p_{2\mathrm{I}}^h$ と $q_{2\mathrm{I}}^h$ は圧力とその試験関数の構造界面への射影，$\mathbf{n}_{2\mathrm{I}}$ は構造界面の単位法線ベクトルである．式 (5.122) で与えられた構造界面の応力ベクトルは，構造方程式の界面応力を統合する際に求める．それゆえ，式 (5.122) を使用する際，積分点における $\mathbf{n}_{2\mathrm{I}}$ が求められ，$p_{2\mathrm{I}}^h$ と $\left(\mathbf{h}_v^h\right)_{2\mathrm{I}}$ は積分点における補間値が求められる．

式 (5.119) で与えられた射影の代わりに，部分積分する前の形に戻した射影式を用いることもできる．

$$\int_{P_n} \left(\mathbf{w}_{1\mathrm{I}}^h\right)_{n+1}^{-} \cdot \mathbf{h}_{1\mathrm{I}}^h \, \mathrm{d}P = \int_{P_n} \left(\mathbf{w}_{1\mathrm{I}}^h\right)_{n+1}^{-} \cdot 2\mu\boldsymbol{\varepsilon}(\mathbf{u}^h)\mathbf{n}_{1\mathrm{I}} \, \mathrm{d}P \tag{5.123}$$

これは式 (5.114) に相当する式で，再び $\boldsymbol{\varepsilon}(\mathbf{u}^h)$ を要素内部から節点へ射影する必要がある．

Remark 5.13 文献 [141] では，式 (5.119) の第 1 項に関する "質量" 行列を集中化することで直接置換と等価とする手法が提案されており，これを用いることにより計算は効率化される．この質量集中化はまた，式 (5.108) の第 3 項と式 (5.113)，(5.114)，(5.123) の第 1 項にも適用可能である．

Remark 5.14 文献 [141] で示したように，質量集中化行列を用いることで整合質量行列を用いた場合よりも応力分布は滑らかになる．

Remark 5.15 文献 [141] や [142] で行われた計算では，構造側に射影する前に，圧力と粘性から流体界面の応力ベクトルを再構築している．その意味で，文献 [141] および [142] で使用した方法は SSP 法の一部ということになるが，これだけでも計算の精度と効率に効果がある．

Remark 5.16 文献 [142] で提案したように，一般的には SSP 法のすべてを使用する方がよい．つまり，流体界面応力を圧力と粘性別々に計算するだけではなく，別々に射影し，射影後に構造界面でそれらを合成することが望ましい．文献 [143] では実際に，SSP 法のすべてが実装されている．文献 [142, 144] で示したとおり，射影するデータ量は 4/3 倍になるが，界面の構造メッシュが流体メッシュより細かい場合には，より正確な結果が得られる．

5.4 高度なメッシュ更新手法

ヤコビアンに基づく硬化メッシュ更新は，誕生以来多くの手法に発展してきた．以下でそれらを概説する．

5.4.1 SEMMT

流体 - 構造界面を扱うにあたって，文献 [25, 26, 130] で紹介したメッシュ移動技術では，剛体の動きを受けとめる固体物体周りのメッシュ解像度の動きを完全に制御するため，固体物体周りに構造化された要素レイヤーを生成する．これらのレイヤーでは，節点の動きは弾性方程式に支配されないため，節点の動きはまったく計算しない．そのため計算コストはいくらか低減される．しかし，さらに重要なのは，これらのレイヤー内のメッシュ解像度を完璧に制御できるようになることである．固体の剛体運動を受ける構造化された要素レイヤーの自動メッシュ移動に関する初期事例に関しては，文献 [25, 26] を参照してほしい．変形する構造メッシュを用いた，剛体運動を受ける要素レイヤーのさらに以前の例については，文献 [1] に記述してある．

固体の変形を伴う流体 - 固体界面をもつ流体計算において，界面付近の流体メッシュの動きは剛体運動では表現することができない．固体の変形モードに応じて，4.7 節で説明したメッシュ移動手法を使用する必要がある．その場合，構造表面付近の薄い流体要素はメッシュ移動手法の課題となる．SEMMT (solid-extension mesh moving technique)[145, 146]では，これらの薄い流体要素を固体要素から伸ばした要素として扱う手法が提案されている．SEMMT では，流体節点の動きが弾性方程式によって支配されるため，これらの薄い要素にはほかの流体要素よりも高い剛性が与えられる．文献 [145, 146] にはこれを実行するための二つの方法が記載されている．二つの方法とは，薄いレイヤーに接続している節点の弾性方程式をほかの節点の弾性方程式と別々に解く方法と，一緒に解く方法である．別々に解く場合，薄い要素にはほかの要素との界面境界条件として，トラクションフリー条件が用いられる．この分離解法を"SEMMT-multiple domain (SEMMT-MD)" とよび，一方の一体型解法を "SEMMT-single domain (SEMMT-SD)" とよぶ．文献 [147, 148] では試験計算を紹介しており，弾性方程式に基づくヤコビ行列による剛性制御によるメッシュ移動技術の一部としての SEMMT のはたらきについて論じている．上述の 2 種類の SEMMT を使用しており，試験計算にはメッシュ変形試験[147, 148]や，2D モデルの FSI 問題[148]などもある．ここでは，それらの試験計算のいくつかについても記述する．

(1) 試験条件全般とメッシュ品質測定

試験計算は標準的な方法 ($\chi = 1.0$ とし全要素, 節点を一緒に動かす), SEMMT-SD (内部要素を $\chi = 2.0$, 外側の要素を $\chi = 1.0$ とする), SEMMT-MD (両領域のすべての要素において $\chi = 1.0$ とする) の3種類について行った. 弾性方程式を解くメッシュはインクリメントごとに更新する. 異なるメッシュ移動技術の効果を調べるため, 文献 [128] と同様にメッシュ品質の二つの評価指標を定義する. 要素サイズ変化 (f_A^e) と要素形状変化 (f_{AR}^e) である.

$$\mathrm{f}_A^e = \left| \log\left(\frac{A^e}{A_0^e}\right) \right| \tag{5.124}$$

$$\mathrm{f}_{AR}^e = \left| \log\left(\frac{AR^e}{AR_0^e}\right) \right| \tag{5.125}$$

ここで, 添え字"0"はメッシュの原形を参照し (すなわち, 最新のリメッシュで得られたメッシュ), AR^e は以下で定義する要素のアスペクト比である.

$$AR^e = \frac{(\ell^e{}_{\max})^2}{A^e} \tag{5.126}$$

$\ell^e{}_{\max}$ は要素 e の最大エッジ長さである. ここで, 要素メッシュ品質測定のための配列ノルムを以下のとおり定義する.

$$\|\mathrm{f}_A\|_p = \left\{ \sum_e (\mathrm{f}_A^e)^p \right\}^{1/p} \tag{5.127}$$

$$\|\mathrm{f}_{AR}\|_p = \left\{ \sum_e (\mathrm{f}_{AR}^e)^p \right\}^{1/p} \tag{5.128}$$

このとき, f_A と f_{AR} は, 対象とする全要素のメッシュ品質値 f_A と f_{AR} の配列であり, p はノルムであることを示す. 以下の例では, $p = \infty$, すなわち次式を使用する.

$$\|\mathrm{f}_A\|_\infty = \max_e (\mathrm{f}_A^e) \tag{5.129}$$

$$\|\mathrm{f}_{AR}\|_\infty = \max_e (\mathrm{f}_{AR}^e) \tag{5.130}$$

つまり, 与えられた要素において, 全体面積と形状変化は, 要素面積と形状変化の最大値であると定義する.

(2) メッシュ変形試験

本試験においては, 2次元非構造三角形要素メッシュと厚みゼロの埋め込み構造を

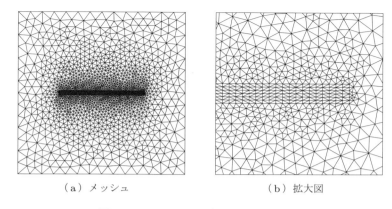

(a) メッシュ　　　　　　　　　(b) 拡大図

図 5.3　SEMMT の 2 次元テストメッシュ

使用する．メッシュ幅は，$|x| \leq 1.0$，$|y| \leq 1.0$ の範囲とする．構造の幅は，$y = 0.0$，$|x| \leq 0.5$ とする．要素レイヤー ($\ell_y = 0.01$) は，構造の両側に構造に沿って 50 要素配置する（すなわち，$\ell_x = 0.02$）．図 5.3 にメッシュと構造付近の拡大図を示した．試験では，構造の動きや変形を変化させた 3 水準の計算を実施した．それぞれ，y 方向の剛体並進，原点を中心とした剛体回転，曲げを与えた場合である．曲げを与える場合には，構造は直線から円弧上に変形し，伸びや全体としての縦横への移動はないものとした．それぞれの試験では，50 インクリメントで変位や変形の最大値に達するものとした．これらの最大値は，並進試験では $\Delta y = 0.5$，回転試験では $\Delta \theta = \pi/4$，曲げ試験では半弧 ($\theta = \pi$) とした．

図 5.4 に，SEMMT-MD による並進，回転，曲げ試験のメッシュ変形結果を示す．SEMMT を用いることにより，明らかに内部要素のひずみが軽減されている．図 5.5 に，標準的手法，SEMMT-SD，SEMMT-MD の曲げ試験における 2 種類のメッシュ品質測定結果（全要素に基づいて定義）を示している．グラフの横軸は曲げの大きさで，SEMMT を用いた場合には標準的手法と比較して全体のメッシュ品質が改善していることがわかる．標準的手法と SEMMT の内部要素（すなわちレイヤー）の結果を比較すると，全体の動きを観察したときに比べて，さらに劇的な改善が見られる．図 5.6 に，標準的手法，SEMMT-SD，SEMMT-MD それぞれの並進試験における二つのメッシュ品質測定（内部要素のみで評価）結果を並進量に対してプロットした．SEMMT を使用することにより，標準的手法に比べ，メッシュひずみが大幅に低減されていることがわかる．図 5.7 には，回転試験における SEMMT-SD，SEMMT-MD それぞれの場合の回転量に対する二つのメッシュ品質測定結果（要素内部のみで評価）をプロットした．ここでもまた，SEMMT の使用により，メッシュひずみが大幅に

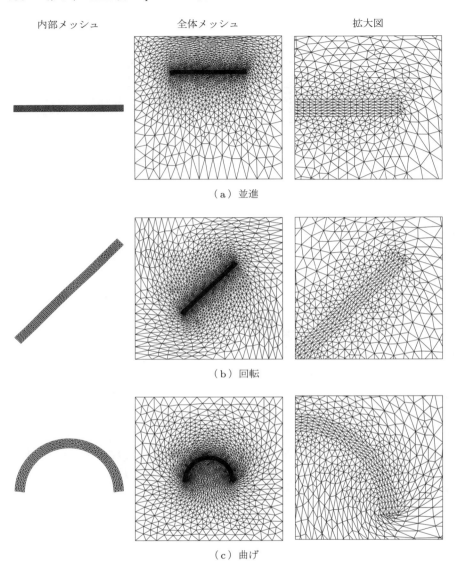

図 5.4 SEMMT-MD を用いたメッシュ変形試験

低減される結果となった．図 5.8 に，曲げ試験における標準的手法，SEMMT-SD，SEMMT-MD の曲げ量に対する二つのメッシュ品質測定結果（内部要素のみで評価）をプロットした．ここでもまた，SEMMT の使用により，メッシュひずみが大幅に低減される結果となった．これらの試験についての詳細は文献 [148] を参照してほしい．

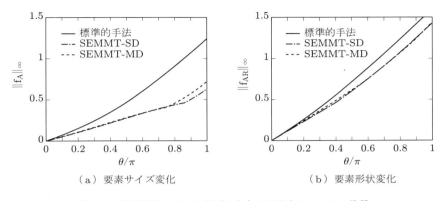

図 5.5 曲げ試験における曲げの大きさに対するメッシュ品質
（全要素で評価）

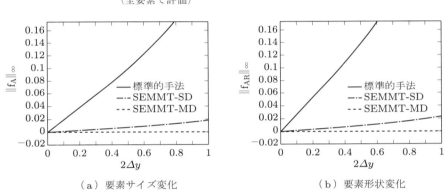

図 5.6 並進試験における標準的手法，SEMMT-SD，SEMMT-MD の，
並進量に対するメッシュ品質（内部要素のみで評価）

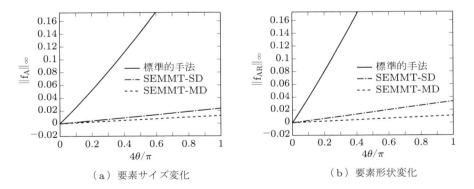

図 5.7 回転試験における標準的手法，SEMMT-SD，SEMMT-MD の，
回転量に対するメッシュ品質（内部要素のみで評価）

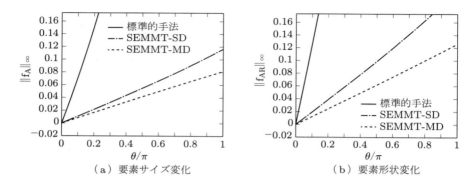

図 5.8 曲げ試験における標準的手法，SEMMT-SD，SEMMT-MD の，曲げ量に対するメッシュ品質（内部要素のみで評価）

5.4.2 MRRMUM

MRRMUM (move-reconnect-renode mesh update method) は，文献 [149] で提案された．MRRMUM（文献 [149, 150] 参照）では，2種類のリメッシュ方法が定義されており，その場に応じてより適切な方を使用することを提案している．そのうちの一つである"リコネクト"法では，接続された節点が変化し，それゆえ要素のみが（部分的もしくは全体的に）新しい要素に置き換えられる方法である．たとえば文献 [151] で開発されたメッシュ生成法は，リコネクト法である．"リノード"法では，節点を（部分的もしくは全体的に）新しい節点に置き換える．もちろんその際，要素も新しい要素に置き換える．リコネクト法の方が，単純で射影誤差が起きにくいため，リノード法より好んで使用される．MRRMUM では，メッシュをできるだけ多くの時間刻みを刻んだ後に動かし，リコネクトの頻度を必要最低限に抑え，ほかに手がなくなったときにだけリノード法を実施する．

文献 [149] では，与えられたパラシュートの剛体回転における，2種類のリメッシュ方法を比較した．パラシュートの3方向すべてにかかる流体力を調査することで，リコネクト法とリノード法を用いたリメッシュ法の性能を評価する．これにより，リメッシュ直後に見られる力の振動が，リコネクト法を用いることにより事実上抑制される．

5.4.3 圧力クリップ

圧力クリップは，リメッシュに伴うメッシュからメッシュへの射影の際に起こる圧力スパイクを抑制する目的で，文献 [128] で紹介された．非圧縮性制約は，射影後にわずかに乱されるが，次の非線形反復計算で回復する．しかし，非線形反復計算において，非圧縮制約を施すと圧力は必要以上に変化する．それゆえ，リメッシュ後の時

間刻みでは，流体-構造界面の流体力を計算する際に，圧力のクリップ値を用いる．クリップ値は，リメッシュ前の圧力値から求める最小二乗射影から求める．文献 [14] では，このクリップ値を次の時間刻みの非線形反復計算の初期推定値に用いることを提案している．圧力クリップを MRRMUM と併せて用いることにより，リメッシュにリコネクト法を用いて改善できた解の品質をさらに改良することができる．圧力クリップを用いることにより，文献 [18] では，FSI の逐次連成にも成功している．その目的は，すでに計算した粗いメッシュの計算データを用いて，微細メッシュ計算のための初期条件を構築することである．

5.5 FSI-GST

FSI-GST (FSI geometric smoothing technique) は，文献 [14] において，構造が幾何学的に複雑なために流体メッシュのメッシュ移動が不可能，もしくは望ましくない，あるいは単に制御しにくい計算のために導入された．この方法では，幾何形状を平滑化した後，構造メッシュと界面の変位割合を流体メッシュに射影する．幾何平滑化の際，節点の値（メッシュ座標あるいは変位割合）は，重みづけした有限の節点平均値近くの節点の限界に置き換えられる．平滑化界面から構造に応力値を射影する際，一番簡単な方法は，それらの値を構造の対応する節点にそのまま移動させることである．計算によっては，等方性の幾何平滑化ではなく，特定の方向に沿った直接平滑化が必要な場合もある．FSI-DGST (FSI directional geometric smoothing technique) もまた，そのような計算に向けて文献 [14] で紹介されている．FSI-DGST では，可能であれば界面メッシュのグリッドラインで表現される適した平滑化方向に界面メッシュを生成する．その後，そのグリッドライン上の節点の重み付き平均がグリッドラインに沿った付近の節点のみで行われる．方向依存の平滑化の概念は，SUPG 法の"風上"方向の概念と似ており，残差ベースの数値消散は流線方向にのみ効果がある．

第6章 高度なFSI法とspace–time法

本章では，著者らが発展させた数種類の高度な FSI 法と，space–time 法について論じる．FSI 連成方程式の解法から説明を始め，space–time アプローチと DSD/SST 法のどのような特徴がどのようにして計算技術の発展につながるかを議論し，FSI 計算のために発展させた接触アルゴリズムについて説明する．これらの FSI と space–time 手順の発展により，現代における重要で興味深い工学問題において，解析は正確で効率的なものとなった．

6.1 完全に離散化された FSI 連成方程式の解法

前章で紹介した FSI 式を完全に離散化すると，時間刻みごとに解く必要のある非線形連成方程式となる．非線形方程式は，この概念上のそれぞれのモデルとして次のように書くことができる．

$$\mathbf{N}_1\,(\mathbf{d}_1,\mathbf{d}_2,\mathbf{d}_3) = \mathbf{0} \tag{6.1}$$

$$\mathbf{N}_2\,(\mathbf{d}_1,\mathbf{d}_2,\mathbf{d}_3) = \mathbf{0} \tag{6.2}$$

$$\mathbf{N}_3\,(\mathbf{d}_1,\mathbf{d}_2,\mathbf{d}_3) = \mathbf{0} \tag{6.3}$$

ここで，$\mathbf{d}_1, \mathbf{d}_2, \mathbf{d}_3$ はそれぞれ，未知の汎関数 $\mathbf{u}_1, \mathbf{u}_2, \mathbf{u}_3$ に対応する節点未知ベクトルである．FSI 問題において，汎関数 $\mathbf{u}_1, \mathbf{u}_2, \mathbf{u}_3$ は，流体，構造，メッシュの未知数を表す．流体問題の space–time 式において，$\mathbf{d}_1$ は時刻 n から $n+1$ について書かれた space–time スラブに関する有限要素式中の未知数を表す（文献 [1–3, 5, 14, 18, 21] 参照）．これらの方程式のニュートン – ラフソン法による解法には，すべてのニュートン – ラフソン解法のステップにおいて，次の線形方程式が必要である．

$$\mathbf{A}_{11}\mathbf{x}_1 + \mathbf{A}_{12}\mathbf{x}_2 + \mathbf{A}_{13}\mathbf{x}_3 = \mathbf{b}_1 \tag{6.4}$$

$$\mathbf{A}_{21}\mathbf{x}_1 + \mathbf{A}_{22}\mathbf{x}_2 + \mathbf{A}_{23}\mathbf{x}_3 = \mathbf{b}_2 \tag{6.5}$$

$$\mathbf{A}_{31}\mathbf{x}_1 + \mathbf{A}_{32}\mathbf{x}_2 + \mathbf{A}_{33}\mathbf{x}_3 = \mathbf{b}_3 \tag{6.6}$$

ここで，$\mathbf{b}_1 = -\mathbf{N}_1$, $\mathbf{b}_2 = -\mathbf{N}_2$, $\mathbf{b}_3 = -\mathbf{N}_3$ は非線形方程式の残差であり，$\mathbf{x}_1$, $\mathbf{x}_2$,

$\mathbf{x}_3$ は,$\mathbf{d}_1$,$\mathbf{d}_2$,$\mathbf{d}_3$ の補正増分,また $\mathbf{A}_{\beta\gamma} = \partial \mathbf{N}_\beta/\partial \mathbf{d}_\gamma$ は,前章で議論した FSI 問題の左辺行列である.

> **Remark 6.1** 変動するトラクション出口境界をもつ FSI 計算において,非線形反復演算の収束性を改良するため,文献 [14] では p_{n+1} の初期推定値を $p_{n+1}^0 = p_n + (\Delta p_{\mathrm{OUTF}})_n$ から計算することを提案している.この方法では,$(\Delta p_{\mathrm{OUTF}})_n$ は時刻 n から $n+1$ における出口トラクションの変化量である.

完全に離散化した FSI 連成方程式の解法には 2 種類ある.2 種類とは弱連成と強連成であり,それぞれスタッガード手法とモノリシック手法ともよばれる.さらに,強連成解法は,ブロック反復法,直接連成法,および準直接連成法に分類される.弱連成アプローチでは,流体方程式,構造方程式,メッシュ移動方程式を連成させるのではなく,順番に解いていく.通常,各時間刻みにおいて,固定空間領域上の流体解析の増分を計算し,構造が受ける流体力をまとめ,構造解の増分を計算し,その後にメッシュ配置を更新する.こうすることで既存の流体ソルバーや構造ソルバーを使用可能なことが,本アプローチを採用するおもな理由である.ただし,構造が軽く流体が重い場合や,非圧縮性流体が完全に構造に囲まれている場合には,決まって収束性の問題に直面する.一方,強連成アプローチでは,流体,構造,メッシュ変形の方程式を完全に連成させて同時に解く.この方法のおもな利点は,モノリシックソルバーのロバスト性がよいことである.スタッガードアプローチを用いた場合に起きる多くの収束性の問題は,完全に回避できる.モノリシックアプローチには流体‐構造連成ソルバーを新たに作成する必要があり,既存の流体ソルバーや構造ソルバーを利用することは不可能である.

6.1.1 ブロック反復連成法

ブロック反復連成法[6, 14, 137–140, 152–154] では,流体,構造,メッシュを別々のブロックとして扱い,非線形反復計算は 1 ブロックずつ実施する.未知ブロックの方程式ブロックを解く際,ほかの未知ブロックの最新値を使用する.循環順序を $1 \to 2 \to 3$ とし,反復解 i から $i+1$ を求める反復ステップでは,以下の方程式を解く.

$$\left.\frac{\partial \mathbf{N}_1}{\partial \mathbf{d}_1}\right|_{\left(\mathbf{d}_1^i,\ \mathbf{d}_2^i,\ \mathbf{d}_3^i\right)} \Delta \mathbf{d}_1^i = -\mathbf{N}_1\left(\mathbf{d}_1^i,\ \mathbf{d}_2^i,\ \mathbf{d}_3^i\right) \tag{6.7}$$

$$\mathbf{d}_1^{i+1} = \mathbf{d}_1^i + \Delta \mathbf{d}_1^i \tag{6.8}$$

$$\left.\frac{\partial \mathbf{N}_2}{\partial \mathbf{d}_2}\right|_{\left(\mathbf{d}_1^{i+1},\ \mathbf{d}_2^i,\ \mathbf{d}_3^i\right)} \Delta \mathbf{d}_2^i = -\mathbf{N}_2\left(\mathbf{d}_1^{i+1},\ \mathbf{d}_2^i,\ \mathbf{d}_3^i\right) \tag{6.9}$$

$$\mathbf{d}_2^{i+1} = \mathbf{d}_2^i + \Delta \mathbf{d}_2^i \tag{6.10}$$

$$\left. \frac{\partial \mathbf{N}_3}{\partial \mathbf{d}_3} \right|_{\left(\mathbf{d}_1^{i+1},\ \mathbf{d}_2^{i+1},\ \mathbf{d}_3^i\right)} \Delta \mathbf{d}_3^i = -\mathbf{N}_3\left(\mathbf{d}_1^{i+1},\ \mathbf{d}_2^{i+1},\ \mathbf{d}_3^i\right) \tag{6.11}$$

$$\mathbf{d}_3^{i+1} = \mathbf{d}_3^i + \Delta \mathbf{d}_3^i \tag{6.12}$$

式 (6.7)，(6.9)，(6.11) の三つの線形方程式も，GMRES 探索手法[112]を用いて反復的に解く．

構造が軽い FSI 計算では，構造は小さな流体力の変化にも敏感に反応する．そのような場合，式 (6.4)〜(6.6) の三つの方程式ブロックの連成に，直接連成法でなくブロック反復連成法を用いると，収束解を得るのが困難になる．6.1.2 項および 6.1.3 項では，連成を扱うためのより直接的な手法について解説する．文献 [140, 152, 153]（および文献 [6, 137–139, 154]）では，ブロック反復連成法の収束性を改善する近道としてのアプローチが提案されている．このアプローチでは，ブロック反復計算時の構造変位の"過修正"（すなわち"過増分"）を低減するために，$\mathbf{A}_{22}$ への質量行列の寄与を増やす．これは，$\mathbf{b}_1$, $\mathbf{b}_2$, $\mathbf{b}_3$ を変えることなく（すなわち，$\mathbf{N}_1\left(\mathbf{d}_1,\mathbf{d}_2,\mathbf{d}_3\right)$, $\mathbf{N}_2\left(\mathbf{d}_1,\mathbf{d}_2,\mathbf{d}_3\right)$, $\mathbf{N}_3\left(\mathbf{d}_1,\mathbf{d}_2,\mathbf{d}_3\right)$ を変えることなく）実現することができ，それゆえブロック反復が収束するとき，正しい質量をもつ構造問題の収束解が得られる．

6.1.2 準直接連成

準直接連成[6, 14, 137, 138]では，流体＋構造とメッシュを二つの別々のブロックとして扱い，1 ブロックごとに非線形反復計算を実施する．未知ブロックをもつブロック方程式を解く際には，ブロック未知数の最新値を用いて解く．反復解 i から $i+1$ を求める反復ステップでは，以下の 2 ブロック方程式を解く．

$$\left. \frac{\partial \mathbf{N}_1}{\partial \mathbf{d}_1} \right|_{\left(\mathbf{d}_1^i,\ \mathbf{d}_2^i,\ \mathbf{d}_3^i\right)} \Delta \mathbf{d}_1^i + \left. \frac{\partial \mathbf{N}_1}{\partial \mathbf{d}_2} \right|_{\left(\mathbf{d}_1^i,\ \mathbf{d}_2^i,\ \mathbf{d}_3^i\right)} \Delta \mathbf{d}_2^i = -\mathbf{N}_1\left(\mathbf{d}_1^i,\ \mathbf{d}_2^i,\ \mathbf{d}_3^i\right) \tag{6.13}$$

$$\left. \frac{\partial \mathbf{N}_2}{\partial \mathbf{d}_1} \right|_{\left(\mathbf{d}_1^i,\ \mathbf{d}_2^i,\ \mathbf{d}_3^i\right)} \Delta \mathbf{d}_1^i + \left. \frac{\partial \mathbf{N}_2}{\partial \mathbf{d}_2} \right|_{\left(\mathbf{d}_1^i,\ \mathbf{d}_2^i,\ \mathbf{d}_3^i\right)} \Delta \mathbf{d}_2^i = -\mathbf{N}_2\left(\mathbf{d}_1^i,\ \mathbf{d}_2^i,\ \mathbf{d}_3^i\right) \tag{6.14}$$

$$\mathbf{d}_1^{i+1} = \mathbf{d}_1^i + \Delta \mathbf{d}_1^i \tag{6.15}$$

$$\mathbf{d}_2^{i+1} = \mathbf{d}_2^i + \Delta \mathbf{d}_2^i \tag{6.16}$$

$$\left. \frac{\partial \mathbf{N}_3}{\partial \mathbf{d}_3} \right|_{\left(\mathbf{d}_1^{i+1},\ \mathbf{d}_2^{i+1},\ \mathbf{d}_3^i\right)} \Delta \mathbf{d}_3^i = -\mathbf{N}_3\left(\mathbf{d}_1^{i+1},\ \mathbf{d}_2^{i+1},\ \mathbf{d}_3^i\right) \tag{6.17}$$

$$\mathbf{d}_3^{i+1} = \mathbf{d}_3^i + \Delta \mathbf{d}_3^i \tag{6.18}$$

式 (6.13)，(6.14) および (6.17) で示したそれぞれの線形ブロック方程式も，GMRES 探索手法を用いて反復的に解く．

Remark 6.2 GMRES 探索手法と対角前処理を用いた流体＋構造（すなわち 1+2）の結合ブロックの反復解法は，問題の性質に応じて，これら二つの部分のうち一方がもう一方に比べ大幅に収束困難となる．収束性の課題は，非圧縮性制約，計算領域の薄さや狭さ，その他の要因によって引き起こされる．対角前処理によって施されるスケーリングでは，一般に残差の大きさではなく残差減衰割合の格差による二つの部分の収束性の差の課題は改善されない．場合によっては，対角前処理によるスケーリングでは流体と構造に対応する残差の大きさの違いに対応できない．そこで"セレクティブスケーリング"が文献 [14] で提案され，GMRES 反復計算時の収束性の課題に焦点を当てている．この（対角前処理に追加する）追加スケーリングを用いて GMRES 探索手法のクリロフベクトルを構築するにあたって，流体と構造に関する残差ベクトルの相対的な重みは，それら二つの部分の相対的収束性の課題に基づいて決定する．文献 [14] では，それらケースバイケースの相対的重みを，残差減衰割合が減るに従って自動的に増やすように決定することを提案している．

Remark 6.3 文献 [142] では，セレクティブスケーリングを拡張して，運動量保存と非圧縮性制約に対応する流体方程式の部分にも重点を置く方法を提案している．

6.1.3 直接連成

直接連成解析[6, 14, 137, 138]では，流体＋構造＋メッシュの体系を一つのブロックとして扱い，式 (6.4)〜(6.6) に示した線形方程式を反復解析する．

$$\mathbf{P}_{11}\mathbf{z}_1 + \mathbf{P}_{12}\mathbf{z}_2 + \mathbf{P}_{13}\mathbf{z}_3 = \mathbf{b}_1 - (\mathbf{A}_{11}\mathbf{x}_1 + \mathbf{A}_{12}\mathbf{x}_2 + \mathbf{A}_{13}\mathbf{x}_3) \quad (6.19)$$

$$\mathbf{P}_{21}\mathbf{z}_1 + \mathbf{P}_{22}\mathbf{z}_2 + \mathbf{P}_{23}\mathbf{z}_3 = \mathbf{b}_2 - (\mathbf{A}_{21}\mathbf{x}_1 + \mathbf{A}_{22}\mathbf{x}_2 + \mathbf{A}_{23}\mathbf{x}_3) \quad (6.20)$$

$$\mathbf{P}_{31}\mathbf{z}_1 + \mathbf{P}_{32}\mathbf{z}_2 + \mathbf{P}_{33}\mathbf{z}_3 = \mathbf{b}_3 - (\mathbf{A}_{31}\mathbf{x}_1 + \mathbf{A}_{32}\mathbf{x}_2 + \mathbf{A}_{33}\mathbf{x}_3) \quad (6.21)$$

このとき，$\mathbf{P}_{\beta\gamma}$ は前処理行列 $\mathbf{P}$ のブロックを表す．準直接連成法とブロック反復連成法もまた，同様の線形システム解法を含んでいる．なお，線形システムは，準直接連成では 2×2 および 1×1 のブロックに分割され，ブロック反復法では三つの 1×1 のブロックに分割される．式 (6.19)〜(6.21) においてもっとも計算負荷が集中する部分は，$\mathbf{A}_{\beta\gamma}\mathbf{x}_{\gamma}$（$\beta, \gamma = 1, 2, \ldots, N$ で γ の総和をとらない）の形で表された行列・ベクトル積を求める部分である．われわれの研究グループが行う FSI 計算では，それらを求める際に EVB (element-vector-based) 法（文献 [14, 106, 139, 140, 155, 156] 参照）と疎行列計算法（文献 [157, 158] 参照）とを用いる．EVB 法は，要素単位でもまったく行列計算を必要としない．EVB の計算法には，NEVB (numerical EVB) と AEVB (analytical EVB) の 2 種類がある.

(1) NEVB 計算

NEVB 計算法はマトリックスフリー法ともよばれ（文献 [155, 156] 参照），行列・ベクトル積の形で表される $\mathbf{Ax}$ は $\mathbf{N}$ の $\mathbf{x}$ 方向の微分係数であり，次式から計算される.

$$\mathbf{Ax} = \underset{e=1}{\overset{n_{\mathrm{el}}}{\mathbf{A}}} \left[\frac{\mathbf{N}^e(\mathbf{d}+\epsilon\mathbf{x}) - \mathbf{N}^e(\mathbf{d})}{\epsilon} \right] \tag{6.22}$$

ここで，$\mathbf{N}^e$ は各要素における要素 e の $\mathbf{N}$ への寄与を表すベクトルで，ϵ は方向微分を表す数値計算極限に使用する小さな値のパラメータである．この概念は文献 [14, 106, 139, 140] において FSI 計算に拡張され，行列・ベクトル積 $\mathbf{A}_{\beta\gamma}\mathbf{x}_\gamma$ を求める必要がある.

$$\mathbf{A}_{\beta\gamma}\mathbf{x}_\gamma = \underset{e=1}{\overset{n_{\mathrm{el}}}{\mathbf{A}}} \left[\frac{\mathbf{N}^e_\beta(\ldots,\mathbf{d}_\gamma+\epsilon_{\beta\gamma}\mathbf{x}_\gamma,\ldots) - \mathbf{N}^e_\beta(\ldots,\mathbf{d}_\gamma,\ldots)}{\epsilon_{\beta\gamma}} \right] \tag{6.23}$$

ここで，$\mathbf{N}^e_\beta$ は各要素におけるベクトルで，要素 e の $\mathbf{N}_\beta$ への寄与を表し，$\epsilon_{\beta\gamma}$ は式集合 β 中の未知集合 γ に選ばれた極限算出パラメータである．もし，それらのパラメータを一つの ϵ_β に置き換えるなら，以下の計算を行う.

$$\sum_{\gamma=1}^{N} \mathbf{A}_{\beta\gamma}\mathbf{x}_\gamma = \underset{e=1}{\overset{n_{\mathrm{el}}}{\mathbf{A}}} \left[\frac{\mathbf{N}^e_\beta(\mathbf{d}+\epsilon_\beta\mathbf{x}) - \mathbf{N}^e_\beta(\mathbf{d})}{\epsilon_\beta} \right] \tag{6.24}$$

Remark 6.4 式集合 β 中のすべての未知集合に単一の限界算出パラメータを使用すると，計算量を節約することができる．一方，未知集合ごとに異なる限界算出パラメータを使用すると，$\partial\mathbf{N}_\beta/\partial\mathbf{d}_\gamma$ が $\mathbf{d}_\gamma$ とともにどのように変化するかを含む，各未知量 $\mathbf{d}_\gamma$ における $\mathbf{N}_\beta$ の寄与を別々に考慮することができる．FSI 計算はマルチフィジックスでマルチスケールな性質をもつため，これは重要なことである．

(2) AEVB 計算

AEVB 計算法（文献 [14, 106, 139, 140] 参照）は，導関数の解析的な導出が比較的容易で，数値的な微分を行いたくない場合に，行列・ベクトル積 $\mathbf{A}_{\beta\gamma}\mathbf{x}_\gamma$ の算出に用いることができる.

有限要素積分形 $\mathbf{B}_\beta(\mathbf{W}_\beta,\mathbf{u}_1,\ldots,\mathbf{u}_N)$ に相当する非線形ベクトル関数 $\mathbf{N}_\beta$ を考える．ここで，$\mathbf{W}_\beta$ は，非線形方程式ブロック β を生成する重み関数 $\mathbf{w}_\beta$ に関する節点値ベクトルを表す．また，$\mathbf{u}_\gamma$ において $\mathbf{B}_\beta(\mathbf{W}_\beta,\mathbf{u}_1,\ldots,\mathbf{u}_N)$ の 1 次の級数展開がそれほど難

しくない場合，$\Delta\mathbf{u}_\gamma$ 中のそれらの 1 次項は有限要素積分形 $\mathbf{G}_{\beta\gamma}(\mathbf{W}_\beta,\mathbf{u}_1,...,\mathbf{u}_N,\Delta\mathbf{u}_\gamma)$ で表される．たとえば，$\mathbf{G}_{11}(\mathbf{W}_1,\mathbf{u}_1,...,\mathbf{u}_N,\Delta\mathbf{u}_1)$ は有限要素法の流体の未知数（すなわち流速と圧力）に関する流体方程式（すなわち運動方程式と非圧縮性制約）を級数展開することによって得られる 1 次の項を表す．

積分形 $\mathbf{G}_{\beta\gamma}$ により $\partial\mathbf{N}_\beta/\partial\mathbf{d}_\gamma$ を生成する．その結果として，文献 [14, 106, 139, 140] に記述したとおり，積 $\mathbf{A}_{\beta\gamma}\mathbf{x}_\gamma$ は次式で算出できる．

$$\mathbf{A}_{\beta\gamma}\mathbf{x}_\gamma = \frac{\partial\mathbf{N}_\beta}{\partial\mathbf{d}_\gamma}\mathbf{x}_\gamma = \overset{n_{\text{el}}}{\underset{e=1}{\mathbf{A}}} \mathbf{G}_{\beta\gamma}(\mathbf{W}_\beta,\mathbf{u}_1,...,\mathbf{u}_N,\mathbf{v}_\gamma) \tag{6.25}$$

ここで，$\mathbf{v}_\gamma$ は $\mathbf{x}_\gamma$ の補間関数で，同様に $\mathbf{u}_\gamma$ は $\mathbf{d}_\gamma$ の補間関数である．

混合 AEVB/NEVB 計算手法[14, 106, 139, 140] において，β と γ の各組み合わせにおける $\mathbf{A}_{\beta\gamma}\mathbf{x}_\gamma$ の算出は，その特定の算出に含まれる性質に応じ，AEVB と NEVB の計算手法を使い分けることができる．

直接連成による FSI 計算では，疎行列計算法もしくは AEVB 法を用いた行列・ベクトル積（すなわち，ベクトル $\mathbf{x}_3$ の形状導関数の動き）$\mathbf{A}_{13}\mathbf{x}_3$ の算出を伴う．直接連成では[6, 14, 137–139]，行列・ベクトル積 $\mathbf{A}_{13}\mathbf{x}_3$ は NEVB 法により計算する．

$$\mathbf{A}_{13}\mathbf{x}_3 = \overset{n_{\text{el}}}{\underset{e=1}{\mathbf{A}}} \left[\frac{\mathbf{N}_1^e(\mathbf{d}_1,\mathbf{d}_2,\mathbf{d}_3+\epsilon_{13}\mathbf{x}_3) - \mathbf{N}_1^e(\mathbf{d}_1,\mathbf{d}_2,\mathbf{d}_3)}{\epsilon_{13}} \right] \tag{6.26}$$

Remark 6.5 Remark 6.2 は，流体＋構造＋メッシュ（すなわち 1+2+3）の体系に拡張することによって，直接連成にも適用可能となる．

6.2 分離型方程式ソルバーと前処理

本節の基本概念を明確にするため，まずはじめに構造を伴わない非圧縮性流体のナビエ－ストークス方程式を考える．流体力学問題に安定化法を用いると，すべての時間刻みにおいて非線形方程式系を解くことになる．速度と圧力を別々にした形（分離型）にすると，以下の式となる．

$$\mathbf{N}_\text{U}(\mathbf{d}_\text{U},\mathbf{d}_\text{P}) = \mathbf{0} \tag{6.27}$$

$$\mathbf{N}_\text{P}(\mathbf{d}_\text{U},\mathbf{d}_\text{P}) = \mathbf{0} \tag{6.28}$$

ここで，$\mathbf{d}_\text{U}$ と $\mathbf{d}_\text{P}$ は速度と圧力の節点における未知ベクトルである．この非線形方程式系をニュートン－ラフソン法を用いて解くためには，以下の線形方程式系のニュートン－ラフソン法の全ステップにおける解が必要となる．

$$\mathbf{A}_{UU}\mathbf{x}_U + \mathbf{A}_{UP}\mathbf{x}_P = \mathbf{b}_U \tag{6.29}$$

$$\mathbf{A}_{PU}\mathbf{x}_U + \mathbf{A}_{PP}\mathbf{x}_P = \mathbf{b}_P \tag{6.30}$$

ここで, $\mathbf{b}_U$ と $\mathbf{b}_P$ は非線形方程式の残差, $\mathbf{x}_U$ と $\mathbf{x}_P$ は $\mathbf{d}_U$ と $\mathbf{d}_P$ の修正増分であり, $\mathbf{A}_{\beta\gamma} = \partial \mathbf{N}_\beta / \partial \mathbf{d}_\gamma$, β, $\gamma = $ U, P である.

6.2.1 SESNS 法

SESNS (segregated equation solver for nonlinear systems) 法は, 文献 [1, 56, 159–161] で報告された分離型ソルバーから始まった. 文献 [56] では, 1 次の速度と 0 次の圧力による四角形要素を基にした SUPG 法とともに, はじめて分離型ソルバーが使用された. 0 次の圧力におけるワンステップの SUPG 法の過剰な散逸性が, マルチステップ SUPG 法を導入するきっかけとなり, 文献 [159] において分離型解法がマルチステップ法に拡張された. 文献 [160] では, 分離型解法は時間と圧力の高次補間要素をもつワンステップとマルチステップ両方の SUPG 法に適用された. 文献 [1, 161] においては, 速度と圧力の同次補間要素における SUPG/PSPG 法に分離型ソルバーが適用された. この場合, PSPG 安定化のため, 部分行列 $\mathbf{A}_{PP}$ はゼロとはならない.

SESNS 法においては, 与えられた式 (6.29) と (6.30) の方程式系をそのまま解く代わりに, $\mathbf{A}_{UU}$ を対角行列 $\mathbf{D}_{UU}$ で近似した式を解く.

$$\mathbf{D}_{UU}\mathbf{x}_U + \mathbf{A}_{UP}\mathbf{x}_P = \mathbf{b}_U \tag{6.31}$$

$$\mathbf{A}_{PU}\mathbf{x}_U + \mathbf{A}_{PP}\mathbf{x}_P = \mathbf{b}_P \tag{6.32}$$

ここで, $\mathbf{D}_{UU} = \mathrm{DIAG}(\mathbf{A}_{UU})$ である. 式 (6.31) および (6.32) から, 以下の方程式が得られる.

$$\mathbf{x}_U + \mathbf{D}_{UU}^{-1}\mathbf{A}_{UP}\mathbf{x}_P = \mathbf{D}_{UU}^{-1}\mathbf{b}_U \tag{6.33}$$

$$(\mathbf{A}_{PU}\mathbf{D}_{UU}^{-1}\mathbf{A}_{UP} - \mathbf{A}_{PP})\mathbf{x}_P = \mathbf{A}_{PU}\mathbf{D}_{UU}^{-1}\mathbf{b}_U - \mathbf{b}_P \tag{6.34}$$

式 (6.34) は GMRES 反復法により解くことができる. 式 (6.34) で $\mathbf{x}_P$ を求めた後, それを式 (6.33) に代入し, $\mathbf{x}_U$ を求める. これを 2 度繰り返すと, 二つの処理を行う予測子マルチ修正子アルゴリズムと類似した手法となる. この二つの処理により時間 2 次精度が得られるが, 安定性を考慮すると時間刻み幅には限界がある.

6.2.2 SESLS 法

SESLS (segregated equation solver for linear systems) 法では, 式 (6.29) および

(6.30) で与えられた式の近似式への置き換えは行わず，前処理付き反復計算によって解く．式 (6.19)～(6.21) で用いた概念と同等の表記を用いることにより，式 (6.29) と (6.30) の反復解法を以下のとおり記述する．

$$\mathbf{P}_{UU}\mathbf{z}_U + \mathbf{P}_{UP}\mathbf{z}_P = \mathbf{b}_U - (\mathbf{A}_{UU}\mathbf{x}_U + \mathbf{A}_{UP}\mathbf{x}_P) \tag{6.35}$$

$$\mathbf{P}_{PU}\mathbf{z}_U + \mathbf{P}_{PP}\mathbf{z}_P = \mathbf{b}_P - (\mathbf{A}_{PU}\mathbf{x}_U + \mathbf{A}_{PP}\mathbf{x}_P) \tag{6.36}$$

ここで，以下を定義し，

$$\mathbf{r}_U = \mathbf{b}_U - (\mathbf{A}_{UU}\mathbf{x}_U + \mathbf{A}_{UP}\mathbf{x}_P) \tag{6.37}$$

$$\mathbf{r}_P = \mathbf{b}_P - (\mathbf{A}_{PU}\mathbf{x}_U + \mathbf{A}_{PP}\mathbf{x}_P) \tag{6.38}$$

前処理行列ブロックを以下のように設定する．

$$\mathbf{P}_{UU} = \mathbf{D}_{UU}, \quad \mathbf{P}_{UP} = \mathbf{A}_{UP} \tag{6.39}$$

$$\mathbf{P}_{PU} = \mathbf{A}_{PU}, \quad \mathbf{P}_{PP} = \mathbf{A}_{PP} \tag{6.40}$$

そして，式 (6.35) および (6.36) を以下のとおり書き換える．

$$\mathbf{D}_{UU}\mathbf{z}_U + \mathbf{A}_{UP}\mathbf{z}_P = \mathbf{r}_U \tag{6.41}$$

$$\mathbf{A}_{PU}\mathbf{z}_U + \mathbf{A}_{PP}\mathbf{z}_P = \mathbf{r}_P \tag{6.42}$$

ここで，先ほどの式 (6.31) と (6.32) に施した処理とまったく同じ処理を，式 (6.41) および (6.42) に施すと，次式が得られる．

$$\mathbf{z}_U + \mathbf{D}_{UU}^{-1}\mathbf{A}_{UP}\mathbf{z}_P = \mathbf{D}_{UU}^{-1}\mathbf{r}_U \tag{6.43}$$

$$(\mathbf{A}_{PU}\mathbf{D}_{UU}^{-1}\mathbf{A}_{UP} - \mathbf{A}_{PP})\mathbf{z}_P = \mathbf{A}_{PU}\mathbf{D}_{UU}^{-1}\mathbf{r}_U - \mathbf{r}_P \tag{6.44}$$

式 (6.44) は，GMRES 法による反復計算により解くことができる．これらの反復処理を"サブレベル"反復とよぶ．式 (6.44) を解いて $\mathbf{z}_P$ を求めた後，それを式 (6.43) に代入し $\mathbf{z}_U$ を求める．以上で，式 (6.39) および (6.40) の前処理を式 (6.29) と (6.30) の反復解法に適用するのと等価な式 (6.41) と (6.42) の完全な解が求められる．

SESLS 法は，各ニュートン-ラフソンステップで解く必要のある線形方程式系に対して，SESNS 法の概念を単純に拡張したものである．サブレベルを用いた，より高度な反復手法については，文献 [162–168] を参照してほしい．

6.2.3 SESFSI 法

SESFSI (segregated equation solver for fluid–structure interactions) 法は，

SESLS 法の概念を FSI 計算に拡張したものである．このソルバーの解説には，方程式と未知ブロックを識別するため，本節ではローカル状態を維持するために拡張した記法を使用する．ベクトル $\mathbf{x}$, $\mathbf{b}$, $\mathbf{z}$, $\mathbf{r}$ を以下のように定義する．

$$\mathbf{x} = \begin{pmatrix} \mathbf{x}_E \\ \mathbf{x}_I \\ \mathbf{x}_Y \\ \mathbf{x}_S \\ \mathbf{x}_F \\ \mathbf{x}_H \\ \mathbf{x}_P \end{pmatrix}, \quad \mathbf{b} = \begin{pmatrix} \mathbf{b}_E \\ \mathbf{b}_I \\ \mathbf{b}_Y \\ \mathbf{b}_S \\ \mathbf{b}_F \\ \mathbf{b}_H \\ \mathbf{b}_P \end{pmatrix}, \quad \mathbf{z} = \begin{pmatrix} \mathbf{z}_E \\ \mathbf{z}_I \\ \mathbf{z}_Y \\ \mathbf{z}_S \\ \mathbf{z}_F \\ \mathbf{z}_H \\ \mathbf{z}_P \end{pmatrix}, \quad \mathbf{r} = \begin{pmatrix} \mathbf{r}_E \\ \mathbf{r}_I \\ \mathbf{r}_Y \\ \mathbf{r}_S \\ \mathbf{r}_F \\ \mathbf{r}_H \\ \mathbf{r}_P \end{pmatrix} \quad (6.45)$$

各添え字の意味は，表 6.1 に示すとおりである．

表 6.1　SESFSI 法における添え字の意味

E	残るすべての流速
I	界面（ALE の $\mathbf{u}_{n+1}^h$）における流速 $(\mathbf{u}^h)_{n+1}^-$
Y	界面における構造変位
S	残るすべての構造変位
F	構造にはたらく界面応力
H	流体にはたらく界面応力
P	流体の圧力

行列 $\mathbf{A}$ を以下で表す．

$$\mathbf{A} = \begin{pmatrix} \mathbf{A}_{EE} & \mathbf{A}_{EI} & & & & & \mathbf{A}_{EP} \\ & \mathbf{A}_{II} & \mathbf{A}_{IY} & & & & \mathbf{A}_{IP} \\ & & \mathbf{A}_{YY} & \mathbf{A}_{YS} & \mathbf{A}_{YF} & & \\ & & \mathbf{A}_{SY} & \mathbf{A}_{SS} & & & \\ & & & & \mathbf{A}_{FF} & \mathbf{A}_{FH} & \\ \mathbf{A}_{HE} & \mathbf{A}_{HI} & & & & \mathbf{A}_{HH} & \mathbf{A}_{HP} \\ \mathbf{A}_{PE} & \mathbf{A}_{PI} & & & & & \mathbf{A}_{PP} \end{pmatrix} \quad (6.46)$$

行列 $\mathbf{A}_{IP}$ は多孔性の項により生成され，式 (5.115) 中では $\mathbf{h}_{II}^h$ は圧力成分のみを考慮する．$\mathbf{h}_{II}^h$ の全成分を考慮に入れると，生成される連成行列は $\mathbf{A}_{IP}$ ではなく $\mathbf{A}_{IH}$ となる．

次に，式 (6.39), (6.40) で行ったのと同様，SESFSI 法の前にいくつかの処理オプ

ションを定義する．一つ目はきわめて単純な前処理法であり，$\mathbf{P}_{\mathrm{SIMP}}$ とよぶことにする．

$$\mathbf{P}_{\mathrm{SIMP}} = \begin{pmatrix} \mathbf{D}_{\mathrm{EE}} & \mathbf{0} & & & & & \mathbf{A}_{\mathrm{EP}} \\ & \mathbf{L}_{\mathrm{II}} & \mathbf{0} & & & & \mathbf{0} \\ & & \mathbf{D}_{\mathrm{YY}} & \mathbf{0} & \mathbf{0} & & \\ & & & \mathbf{0} & \mathbf{D}_{\mathrm{SS}} & & \\ & & & & & \mathbf{L}_{\mathrm{FF}} & \mathbf{0} & \\ \mathbf{0} & \mathbf{0} & & & & & \mathbf{L}_{\mathrm{HH}} & \mathbf{0} \\ \mathbf{A}_{\mathrm{PE}} & \mathbf{A}_{\mathrm{PI}} & & & & & & \mathbf{A}_{\mathrm{PP}} \end{pmatrix} \tag{6.47}$$

このとき，$\mathbf{D}_{\mathrm{EE}} = \mathrm{DIAG}(\mathbf{A}_{\mathrm{EE}})$, $\mathbf{L}_{\mathrm{II}} = \mathrm{LUMP}(\mathbf{A}_{\mathrm{II}})$, $\mathbf{D}_{\mathrm{YY}} = \mathrm{DIAG}(\mathbf{A}_{\mathrm{YY}})$, $\mathbf{D}_{\mathrm{SS}} = \mathrm{DIAG}(\mathbf{A}_{\mathrm{SS}})$, $\mathbf{L}_{\mathrm{FF}} = \mathrm{LUMP}(\mathbf{A}_{\mathrm{FF}})$, $\mathbf{L}_{\mathrm{HH}} = \mathrm{LUMP}(\mathbf{A}_{\mathrm{HH}})$ で，演算子 "LUMP" は行列集中化演算子である．$\mathbf{A}_{\mathrm{IP}}$ を $\mathbf{0}$ に置き換えると，構造が多孔性をもつ場合にのみ近似を構築する．

二つ目の前処理法は $\mathbf{P}_{\mathrm{SIMP}}$ に追加したバージョンで，連成行列をより多く含み，これを $\mathbf{P}_{\mathrm{AUGM}}$ とよぶ．

$$\mathbf{P}_{\mathrm{AUGM}} = \begin{pmatrix} \mathbf{D}_{\mathrm{EE}} & \mathbf{0} & & & & & \mathbf{A}_{\mathrm{EP}} \\ & \mathbf{L}_{\mathrm{II}} & \mathbf{0} & & & & \mathbf{A}_{\mathrm{IP}} \\ & & \mathbf{D}_{\mathrm{YY}} & \mathbf{0} & \mathbf{A}_{\mathrm{YF}} & & \\ & & & \mathbf{0} & \mathbf{D}_{\mathrm{SS}} & & \\ & & & & & \mathbf{L}_{\mathrm{FF}} & \mathbf{0} & \\ \mathbf{A}_{\mathrm{HE}} & \mathbf{A}_{\mathrm{HI}} & & & & & \mathbf{L}_{\mathrm{HH}} & \mathbf{0} \\ \mathbf{A}_{\mathrm{PE}} & \mathbf{A}_{\mathrm{PI}} & & & & & & \mathbf{A}_{\mathrm{PP}} \end{pmatrix} \tag{6.48}$$

三つ目の前処理法は，$\mathbf{P}_{\mathrm{SIMP}}$ に対して，より直接的な射影の扱いにつながる連成行列を含み，これを $\mathbf{P}_{\mathrm{DPRO}}$ とよぶ．

$$\mathbf{P}_{\mathrm{DPRO}} = \begin{pmatrix} \mathbf{D}_{\mathrm{EE}} & \mathbf{0} & & & & & \mathbf{A}_{\mathrm{EP}} \\ & \mathbf{L}_{\mathrm{II}} & \mathbf{B}_{\mathrm{IY}} & & & & \mathbf{0} \\ & & \mathbf{D}_{\mathrm{YY}} & \mathbf{0} & \mathbf{0} & & \\ & & & \mathbf{0} & \mathbf{D}_{\mathrm{SS}} & & \\ & & & & & \mathbf{L}_{\mathrm{FF}} & \mathbf{B}_{\mathrm{FH}} & \\ \mathbf{0} & \mathbf{0} & & & & & \mathbf{L}_{\mathrm{HH}} & \mathbf{B}_{\mathrm{HP}} \\ \mathbf{A}_{\mathrm{PE}} & \mathbf{A}_{\mathrm{PI}} & & & & & & \mathbf{A}_{\mathrm{PP}} \end{pmatrix} \tag{6.49}$$

$\mathbf{B}_{\mathrm{IY}}$ および $\mathbf{B}_{\mathrm{FH}}$ を定義するために，まずはじめにブロック E, I, Y, S, F, H,

P 内の節点数を考え，それらを $(n_n)_\mathrm{E}$, $(n_n)_\mathrm{I}$, $(n_n)_\mathrm{Y}$, $(n_n)_\mathrm{S}$, $(n_n)_\mathrm{F}$, $(n_n)_\mathrm{H}$, $(n_n)_\mathrm{P}$ とする．

各ブロック I の節点において $(n_n)_\mathrm{I} < (n_n)_\mathrm{Y}$ ならば，ブロック Y の一番近い節点を選択する．それらの節点に関するブロック Y の部分には添え字 YI を使用する．ブロック Y のその他の（すなわち残りの）節点に関するブロック Y の部分は YO で示す．この方法により，$\mathbf{D}_\mathrm{YY}$ を $\mathbf{D}_\mathrm{YIYI}$ と $\mathbf{D}_\mathrm{YOYO}$ に分割する．これを用いて，$\mathbf{B}_\mathrm{IY}$ を以下のとおり定義する．

$$\begin{pmatrix} \mathbf{L}_\mathrm{II} & \mathbf{B}_\mathrm{IY} \\ & \mathbf{D}_\mathrm{YY} \end{pmatrix} = \begin{pmatrix} \mathbf{L}_\mathrm{II} & -\mathbf{L}_\mathrm{II} & \mathbf{0} \\ & \mathbf{D}_\mathrm{YIYI} & \\ & & \mathbf{D}_\mathrm{YOYO} \end{pmatrix} \quad ((n_n)_\mathrm{I} < (n_n)_\mathrm{Y} \text{ のとき}) \quad (6.50)$$

ブロック Y の各節点において $(n_n)_\mathrm{I} > (n_n)_\mathrm{Y}$ である場合，ブロック I 中の最近接節点を選択する．添え字 IY は，それらの節点に関するブロック I の部分であり，添え字 IO は，ブロック I 中のその他の節点に関するブロック I の部分であることを示す．こうすることで，$\mathbf{L}_\mathrm{II}$ を $\mathbf{L}_\mathrm{IYIY}$ と $\mathbf{L}_\mathrm{IOIO}$ に分割する．これを用いて，$\mathbf{B}_\mathrm{IY}$ を次のとおり定義する．

$$\begin{pmatrix} \mathbf{L}_\mathrm{II} & \mathbf{B}_\mathrm{IY} \\ & \mathbf{D}_\mathrm{YY} \end{pmatrix} = \begin{pmatrix} \mathbf{L}_\mathrm{IOIO} & & \mathbf{0} \\ & \mathbf{L}_\mathrm{IYIY} & -\mathbf{L}_\mathrm{IYIY} \\ & & \mathbf{D}_\mathrm{YY} \end{pmatrix} \quad ((n_n)_\mathrm{I} > (n_n)_\mathrm{Y} \text{ のとき})$$
$$(6.51)$$

$(n_n)_\mathrm{F} < (n_n)_\mathrm{H}$ の場合には，近接点を使用するという概念を使用して，ブロック H をブロック HF と HO，$\mathbf{L}_\mathrm{HH}$ を $\mathbf{L}_\mathrm{HFHF}$ と $\mathbf{L}_\mathrm{HOHO}$ に分割し，$\mathbf{B}_\mathrm{FH}$ を次のように定義する．

$$\begin{pmatrix} \mathbf{L}_\mathrm{FF} & \mathbf{B}_\mathrm{FH} \\ & \mathbf{L}_\mathrm{HH} \end{pmatrix} = \begin{pmatrix} \mathbf{L}_\mathrm{FF} & -\mathbf{L}_\mathrm{FF} & \mathbf{0} \\ & \mathbf{L}_\mathrm{HFHF} & \\ & & \mathbf{L}_\mathrm{HOHO} \end{pmatrix} \quad ((n_n)_\mathrm{F} < (n_n)_\mathrm{H} \text{ のとき})$$
$$(6.52)$$

$(n_n)_\mathrm{F} > (n_n)_\mathrm{H}$ の場合には，ブロック F をブロック FH と FO，$\mathbf{L}_\mathrm{FF}$ を $\mathbf{L}_\mathrm{FHFH}$ と $\mathbf{L}_\mathrm{FOFO}$ に分割し，$\mathbf{B}_\mathrm{FH}$ を次のとおり定義する．

$$\begin{pmatrix} \mathbf{L}_\mathrm{FF} & \mathbf{B}_\mathrm{FH} \\ & \mathbf{L}_\mathrm{HH} \end{pmatrix} = \begin{pmatrix} \mathbf{L}_\mathrm{FOFO} & & \mathbf{0} \\ & \mathbf{L}_\mathrm{FHFH} & -\mathbf{L}_\mathrm{FHFH} \\ & & \mathbf{L}_\mathrm{HH} \end{pmatrix} \quad ((n_n)_\mathrm{F} > (n_n)_\mathrm{H} \text{ のとき})$$
$$(6.53)$$

$\mathbf{B}_{\mathrm{HP}}$ を定義するために，はじめにブロック H を（空間の 3 方向に対応する）ブロック H1, H2, H3 に分割し，$\mathbf{L}_{\mathrm{HH}}$ を $\mathbf{L}_{\mathrm{H1H1}}$, $\mathbf{L}_{\mathrm{H2H2}}$, $\mathbf{L}_{\mathrm{H3H3}}$ に分割する．このとき，$\mathbf{L}_{\mathrm{H2H2}} = \mathbf{L}_{\mathrm{H1H1}}$ および $\mathbf{L}_{\mathrm{H3H3}} = \mathbf{L}_{\mathrm{H1H1}}$ である．さらに，ブロック P を（界面および流体領域のある位置での節点圧力値に対応する）ブロック PH と PD に分割し，$\mathbf{A}_{\mathrm{PP}}$ を $\mathbf{A}_{\mathrm{PHPH}}$, $\mathbf{A}_{\mathrm{PHPD}}$, $\mathbf{A}_{\mathrm{PDPH}}$, $\mathbf{A}_{\mathrm{PDPD}}$ に分割する．さらに，三つの対角行列 $\mathbf{D}^1$, $\mathbf{D}^2$, $\mathbf{D}^3$ を定義し，界面の節点における単位法線ベクトルの三つの空間成分を表す．これらの対角行列を次式で定義する．

$$\mathbf{D}^j = \left[(\mathbf{n}_A)^j \delta_{AB} \right] \quad (\text{総和なし}) \quad j = 1, 2, 3, \tag{6.54}$$

ここで，δ_{AB} は恒等テンソルの成分，$(\mathbf{n}_A)^j$ は界面節点 A における単位法線ベクトルの j 番目の成分である．これを用いて，$\mathbf{B}_{\mathrm{HP}}$ を次のとおり定義する．

$$\begin{pmatrix} \mathbf{L}_{\mathrm{HH}} & \mathbf{B}_{\mathrm{HP}} \\ & \mathbf{A}_{\mathrm{PP}} \end{pmatrix} = \begin{pmatrix} \mathbf{L}_{\mathrm{H1H1}} & & & -\mathbf{L}_{\mathrm{H1H1}}\,\mathbf{D}^1 & \\ & \mathbf{L}_{\mathrm{H2H2}} & & -\mathbf{L}_{\mathrm{H2H2}}\,\mathbf{D}^2 & \\ & & \mathbf{L}_{\mathrm{H3H3}} & -\mathbf{L}_{\mathrm{H3H3}}\,\mathbf{D}^3 & \\ & & & \mathbf{A}_{\mathrm{PHPH}} & \mathbf{A}_{\mathrm{PHPD}} \\ & & & \mathbf{A}_{\mathrm{PDPH}} & \mathbf{A}_{\mathrm{PDPD}} \end{pmatrix} \tag{6.55}$$

6.3 新世代の space–time 法

以下 5 節にわたって，DSD/SST 法の優位性についてさらに述べる．文献 [18] で指摘しているように，様々な変数（すなわち未知数）とそれに対応する試験関数は，それぞれ異なる基底関数の集合で離散化可能である．文献 [18] では，厳密な増加関数である 2 次写像 $\Theta_\zeta(\theta) \in [-1, 1]$ を導入し，要素インデックス (a, α) の一般化 space–time 基底関数を次式のように書き直している．

$$(N_a^\alpha)_\zeta = T^\alpha(\Theta_\zeta(\theta)) N_a(\boldsymbol{\xi}) \tag{6.56}$$

ここで，ζ は成分を表し，"t" でもある．また，異なる成分には異なる関数 T^α を使うことも可能で，たとえば，DSD/SST-SP で使用する際に 2 次写像と組み合わせることも可能である．前処理された未知変数は，未知変数を表現するには space–time スラブの積分点における前処理値を与えるだけでよいため，異なる space–time スラブ上で表現することができる．時間精度のよい基底関数の多くでは，少ないコントロールポイントで複雑な関数を表現することができる．これは I/O 強度を減らす点において，マ

ルチスケールの逐次連成 FSI 手法において非常に有用である（文献 [18, 169–171] および 8.7 節参照）．

初期の新世代 space–time 法（SP, TIP1, SV）は，同時に解く方程式の数を減らすために使用されていた（Remark 4.12 参照）．図 6.1 に示す線形な時間基底関数を考えよう．SP オプションを用いると，それぞれに定数基底関数 ($n_\mathrm{ent} = 1$) を使用することにより，圧力を個々の未知数とすることができる．SV オプションは，$n_\mathrm{ent} = 2$ を "frozen" オプションとともに用いることで，速度を個々の未知ベクトルとすることができる．"frozen" オプションとは，$\alpha = 1$ に対応する試験関数を除き，さらに $\phi_n^1 = \phi_{n-1}^2$ とすることを意味する．このオプションは，$\alpha = 1$ の試験関数を削除し，$\phi_n^1 = \phi_{n-1}^2$ とする（図 6.2 参照）．frozen オプションは，関数空間の一部のみを使用する．文献 [124] で簡単に報告され，文献 [18] で完全に紹介された DSD/SST 法の発展方程式の安定性と解析精度に見られるように，frozen オプションで $n_\mathrm{ent} = 2$ とすると，各部の関数に定数を用いる 1 次精度より高精度となる．文献 [18] で示しているように，$n_\mathrm{ent} > 2$ においては frozen オプションを使用する理由はまったくない．なぜなら，たとえば $n_\mathrm{ent} = 3$ の frozen オプションの代わりに，もっと単純な $n_\mathrm{ent} = 2$ を使用することができるからである．

文献 [18] には，メッシュ変位，運動方程式，非圧縮性制約を表現する三つの異なる基底関数が記述されており，それぞれ，下付き添え字 **x**, **u**, p で示す．

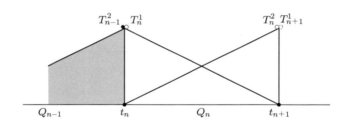

図 6.1 　線形時間基底関数

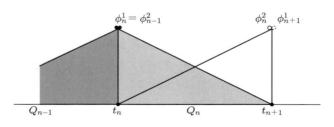

図 6.2 　"frozen" オプション

6.3.1 メッシュ表現

一般に FSI 事例の移動メッシュでは，メッシュの時間基底関数がメッシュの軌跡を表す．文献 [18] で示しているように，軌跡に沿った速度を特定するための適応性が必要である．メッシュの位置ベクトルが以下で与えられているとする．

$$\mathbf{x}(\theta) = T^\alpha(\Theta_\mathbf{x}(\theta)) N_a \mathbf{x}_a^\alpha \tag{6.57}$$

二つある添え字は適用範囲内の合計であることを意味する．文献 [18] では，速度を特定するために $\Theta_\mathbf{x}(\theta)$ を使用することを提案している．次式が軌跡に沿って望ましいメッシュ速度を表すように，関数 $\Theta_\mathbf{x}$ を求める．

$$\hat{\mathbf{u}} = \frac{\mathrm{d}\theta}{\mathrm{d}t} \frac{\mathrm{d}\Theta_\mathbf{x}}{\mathrm{d}\theta} \frac{\mathrm{d}T^\alpha}{\mathrm{d}\Theta_\mathbf{x}} N_a \mathbf{x}_a^\alpha \tag{6.58}$$

この方法により，NURBS の制約を超えた範囲の space–time パラメトリック空間を形成することができる．

6.3.2 運動方程式

最低次オプションが SV で，$(n_{\mathrm{ent}})_\mathbf{u} = 2$ の frozen オプションである．このオプションの精度は 2 次精度である（文献 [18] 参照）．精度を向上させるためには，$(n_{\mathrm{ent}})_\mathbf{u} = 2$ または $(n_{\mathrm{ent}})_\mathbf{u} = 3$，および高次の NURBS 基底関数を使用する．

6.3.3 非圧縮性制約

SP オプションでは，圧力 p^h とその試験関数 q^h に区分定数関数を使用する．すなわち，$(n_{\mathrm{ent}})_p = 1$ とする．非圧縮性制約を扱う場合，元来の SP オプションでは速度の微小振動が発生することがある．この問題は文献 [126] において非圧縮性制約の時間積分点を $\theta = 1$ に移動させることで解決した（Remark 4.14 参照）．速度および圧力方程式の数をつり合わせる必要があるため，非圧縮性制約の方程式の数を変更することが必須となる．SP オプションはそれに成功したオプションの一つである．

6.4 時間の表現

時刻 $t \in (0, T)$ を p 次の NURBS 基底関数 R^β ($\beta = 0, \ldots, n_{\mathrm{ct}} - 1$) を用いて表す．この基底関数はオープンノットベクトル $\{\vartheta_1, \ldots, \vartheta_{n_{\mathrm{kt}}}\}$ で記述されたパラメータ空間上に定義する．n_{ct} および n_{kt} はコントロールポイントとコントロールノットの数である．つまり，時刻 t は以下のように書くことができる．

$$t = \sum_{\beta=0}^{n_{\mathrm{ct}}-1} t_c^\beta R^\beta(\vartheta) \tag{6.59}$$

ここで，t_c^β は時間のコントロールポイントを表す．space–time 法では，時間ごとのコントロールポイント t_c^β に対応するメッシュがそれぞれある．文献 [21, 172] で提案されているとおり，要素座標をノットスパンや NURBS パラメータ空間に関連づけるために，厳密な増加写像関数 $\Theta_t(\theta)$ を使用する．

$$\vartheta = \frac{(1-\Theta_t(\theta))\vartheta_{e+p+1} + (1+\Theta_t(\theta))\vartheta_{e+p+2}}{2} \tag{6.60}$$

ここで，e は要素のインデックス ($e = 0, \ldots, n_{\mathrm{elt}} - 1$，$n_{\mathrm{elt}}$ は要素数) を表す．$n_{\mathrm{ct}} = n_{\mathrm{kt}} - p - 1$ とし，ノットベクトル $n_{\mathrm{elt}} = n_{\mathrm{kt}} - 2p - 1$ 内のノットの重複はないものとする．要素形状関数は次式で定義する．

$$T_e^\alpha(\Theta_t(\theta)) = R^{e+\alpha-1}(\vartheta) \tag{6.61}$$

要素 e の時刻間における t は，以下のように局所形状関数で表現する．

$$t(\Theta_t(\theta)) = \sum_{\alpha=1}^{p+1} t_c^{e+\alpha-1} T_e^\alpha(\Theta_t(\theta)) \tag{6.62}$$

Remark 6.6 6.3 節において $\Theta_{\mathbf{x}}(\theta)$ を用いたのと同様，写像関数 $\Theta_t(\theta)$ による再パラメータ化をすることにより時間表現の適応性が向上し，場合によってはよい方法となる．たとえば，円弧は NURBS で表現できるが，円弧上の一定速度は表現できない．再パラメータ化によって，円弧上の一定速度を扱うことができるようになる（6.4.4 項参照）．

6.4.1 時間進行問題

これから使用していくデータを表すために用いる一組の NURBS 基底関数を考える．図 6.3 はその一例である．これに対し，文献 [21, 172] で提案したとおり，図 6.4 のように各要素がそれぞれ一つの節となるようにノットを挿入することで，新しい基底を作成することができる．その後，これらの基底を，ノットスパンを space–time スラブの時間間隔とする space–time 計算に使用することができ，データを正確に表現することができる．文献 [21, 172] では別の方法も提案されており，前述の方法と同じ機能をもつが，新しい基底データを明確に表現する必要はない．その方法では，一つひとつの要素を一つのパッチとする新たな単純な基底を作成し，データはそのおのおのの基底に関する式で表す．一般に，単純に作成した基底は前述の手順で得られたものと必ずしも一致はしないが，もし一致するのであれば，二つの解法は等価であること

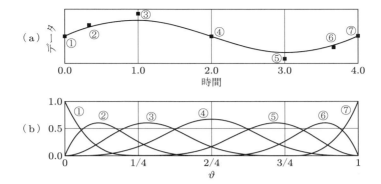

図 6.3 NURBS で表現したデータ．(a) データとコントロール変数．(b) 各コントロール変数に対応する基底関数．

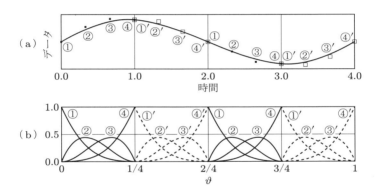

図 6.4 ノット挿入後の基底関数で表現したデータ．(a) データとコントロール変数．(b) 各コントロール変数に対応する基底関数．

になる．図 6.5 は，単純な方法で作成した基底関数である．

異なる基底を用いる必要があるため，あるパラメータ空間から別のパラメータ空間へ物理時刻 t によって変換する．式 (6.59) によって定義された関数を用いると，パラメータ空間 ϑ から時刻 t が求められる．ここで逆の相関，すなわち $t \to \vartheta$ を考慮する．文献 [21, 172] では，下記のようにパラメータ空間座標を求めることを提案している．

(1) ノットスパン $(\vartheta_{e+p+1}, \vartheta_{e+p+2})$ で表された要素 e を求める．この工程で必要なものは各要素境界における時刻値のみであり，二分探索法によって速やかに要素インデックス e を求めることができる．

(2) ニュートン-ラフソン反復法により，以下のように，与えられた t における θ

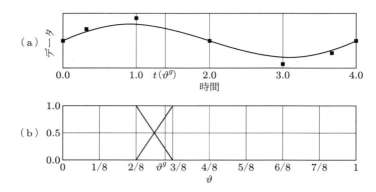

図 6.5 (a) データとコントロール変数．(b) space–time 計算の与えられた区間において，単純な方法で作成した基底関数．区間を積分するための，NURBS 表現のデータ時刻 $t(\vartheta^g)$ の各求積点 ϑ^g の対応する要素とパラメータ座標，およびデータの補間値が必要となる．

を計算する．

$$\theta^{i+1} = \theta^i - \left(t - t\left(\Theta_t\left(\theta^i\right)\right)\right)\left(\left.\frac{\mathrm{d}t}{\mathrm{d}\theta}\right|^i\right)^{-1} \quad (6.63)$$

ここで，上付き添え字 "i" は反復回数で，$t\left(\Theta_t\left(\theta^i\right)\right)$ は式 (6.62) によって計算することができる．また，

$$\left.\frac{\mathrm{d}t}{\mathrm{d}\theta}\right|^i = \sum_{\alpha=1}^{p+1} t_c^{e+\alpha-1} \left.\frac{\mathrm{d}T_e^\alpha}{\mathrm{d}\Theta_t}\right|_{\Theta_t(\theta^i)} \left.\frac{\mathrm{d}\Theta_t}{\mathrm{d}\theta}\right|_{\theta^i} \quad (6.64)$$

である．初期推定値には $\theta^0 = 0$ を用いる．

(3) 式 (6.60) から ϑ を計算する．

6.4.2 時間 NURBS 基底関数の設計

前項では，物理時間に対応するパラメータ空間値の求め方について説明した．ここでは文献 [21, 172] から，いくつかの特殊な時間表現について解説する．

実装時の利便性と計算効率向上のため，space–time スラブの時間間隔を，時間の区間がデータやメッシュに使用される基底の時刻ノットに相当する時刻をまたぐことがないように制限する．そのため，各 space–time スラブの支持メッシュは特定の $p+1$ 個のメッシュとなる．このとき p は，データおよびメッシュの表現に使用する基底の次数である．この制約のために，要素サイズを均一，すなわち $t(\vartheta_{e+p+2}) - t(\vartheta_{e+p+1}) = \Delta t$（ただし $\Delta t = T/n_\mathrm{elt}$）とすると都合がよい．さらに，次式を満たす必要がある．

$$\frac{dt}{d\theta} = \frac{\Delta t}{2} \tag{6.65}$$

B-spline 基底関数において，恒等写像 $\Theta_t(\theta) = \theta$ の場合，式 (6.65) の条件はコントロールポイントを以下のとおり選択することで満足することができる．

$$t_c^\beta = t_c^{\beta-1} + \frac{\vartheta_{\beta+p+1} - \vartheta_{\beta+1}}{p(\vartheta_{n_{\text{kt}}} - \vartheta_1)} T \tag{6.66}$$

ただし，$\beta = 1,\ldots,n_{\text{ct}}-1$ および $t_c^0 = 0$ とする．

6.4.3 時間近似

$\boldsymbol{\chi}_A^s$ を時間依存する空間位置ベクトル $\mathbf{x}_A$ のサンプリング時刻 t^s ($s = 0,\ldots,n_{\text{sp}}-1$, ただし，$n_{\text{sp}}$ はサンプリングポイントの数) におけるサンプリング値であるとする．$\mathbf{x}_A$ は，たとえば空間節点 A の位置ベクトル，あるいは映像データから抽出した幾何表面上の点の位置ベクトルである．文献 [21, 172] で提案されているように，各 A において NURBS のサンプリングポイントの経路を表現する．これには二つの目的があり，一つは時間表現の平滑化，もう一つはコントロールポイント削減時の精度の確保である．はじめに，2 節点要素からなる時間に対して線形な有限要素メッシュを作成する．その後，最小二乗射影により NURBS 表現に変換する．

$$\int_0^T \boldsymbol{R}_A^h \cdot (\mathbf{x}_A^h - \boldsymbol{\chi}_A^h)\, dt = 0 \tag{6.67}$$

$\boldsymbol{R}_A^h$ および $\mathbf{x}_A^h$ は時間の試験関数と NURBS 表現で，$\boldsymbol{\chi}_A^h$ は時間の線形表現である．ゆえに，各時間のコントロールポイント t_c^β に対応するコントロールポイント $\mathbf{x}_A^\beta$ が求められる．図 6.6 はその例である．

図 6.6　時間依存の空間位置ベクトルの NURBS 表記．丸は各サンプリング時刻の空間位置ベクトル．四角は時間のコントロールポイントで，これにより滑らかな曲線を表現する．

Remark 6.7 これは単純な射影である．しかしこの概念は，滑らかな動きを得るための複雑な方法にも適用可能である．

6.4.4 例：円弧の動き

文献 [21, 172] より，実例を紹介する．

（1） 粒子経路の表現

NURBS の時間基底関数は円弧上の粒子の軌跡を表現するために用いる．円弧の円の中心を軸に設定する．図 6.7 に示すように，粒子は $\mathbf{x}^1$ から $\mathbf{x}^3(\|\mathbf{x}^1\| = \|\mathbf{x}^3\|)$ に動くものとする．円弧が 2 次の NURBS 基底関数をもつ 3 点のコントロールポイントで表現可能であることは知られている（ただし，$q < \pi/2$ の範囲において）．重みは $w_1 = w_3 = 1$，下式のとき $w_2 = \cos q$ である．

$$\cos 2q = \frac{\mathbf{x}^1 \cdot \mathbf{x}^3}{r^2}, \quad r = \|\mathbf{x}^1\| = \|\mathbf{x}^3\| \tag{6.68}$$

これにより基底関数は以下となる．

$$T^1(\Theta) = \frac{(1-\Theta)^2}{2((1+\Theta^2) + w_2(1-\Theta^2))} \tag{6.69}$$

$$T^2(\Theta) = \frac{w_2(1-\Theta^2)}{(1+\Theta^2) + w_2(1-\Theta^2)} \tag{6.70}$$

$$T^3(\Theta) = \frac{(1+\Theta)^2}{2((1+\Theta^2) + w_2(1-\Theta^2))} \tag{6.71}$$

およびコントロールポイントは，$\mathbf{x}^1$ と，

$$\mathbf{x}^2 = \frac{r}{w_2} \frac{\mathbf{x}^1 + \mathbf{x}^3}{\|\mathbf{x}^1 + \mathbf{x}^3\|} \tag{6.72}$$

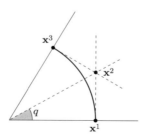

図 6.7　2 次 NURBS で表現された円弧

$$= \frac{1}{2w_2^2}\left(\mathbf{x}^1 + \mathbf{x}^3\right) \quad (6.73)$$

および $\mathbf{x}^3$ となる．以上より，弧は次式で表される．

$$\mathbf{x}(\Theta_\mathbf{x}) = \mathbf{x}^1 T^1(\Theta_\mathbf{x}) + \mathbf{x}^2 T^2(\Theta_\mathbf{x}) + \mathbf{x}^3 T^3(\Theta_\mathbf{x}) \quad (6.74)$$

(2) 定角速度

はじめに，式 (6.73) を用いて，式 (6.74) を以下のように書き換える．

$$\mathbf{x}(\Theta_\mathbf{x}) = \underbrace{\left(T^1(\Theta_\mathbf{x}) + \frac{1}{2w_2^2}T^2(\Theta_\mathbf{x})\right)}_{Q^1(\Theta_\mathbf{x})}\mathbf{x}^1 + \underbrace{\left(T^3(\Theta_\mathbf{x}) + \frac{1}{2w_2^2}T^2(\Theta_\mathbf{x})\right)}_{Q^3(\Theta_\mathbf{x})}\mathbf{x}^3 \quad (6.75)$$

記述を簡単にするため，Q^1 と Q^3 を導入する．これに，$\mathbf{x}^2$ の方向をもつ単位ベクトルの外積をとると，次式となる．

$$\frac{\mathbf{x}^1 + \mathbf{x}^3}{\|\mathbf{x}^1 + \mathbf{x}^3\|} \times \mathbf{x}(\Theta_\mathbf{x}) = \frac{\mathbf{x}^1 \times \mathbf{x}^3}{r^2 \sin(2q)} r\sin(\omega t) \quad (6.76)$$

このとき，$-\Delta t/2 \leq t \leq \Delta t/2$ とし，記述の簡略化のため $\omega \Delta t = 2q$ とする．これにより式 (6.76) は次式となる．

$$\frac{\mathbf{x}^1 + \mathbf{x}^3}{2r\cos q} \times \mathbf{x}(\Theta_\mathbf{x}) = \frac{\mathbf{x}^1 \times \mathbf{x}^3}{2r\sin q \cos q}\sin(\omega t) \quad (6.77)$$

式 (6.75) と (6.77) から，次式が得られる．

$$Q^3 - Q^1 = \frac{\sin(\omega t)}{\sin q} \quad (6.78)$$

式 (6.78) から，次式が導かれる．

$$\Theta_\mathbf{x} = \frac{\sin q}{1 - \cos q}\frac{\sin(\omega t)}{1 + \cos(\omega t)} \quad (6.79)$$

同じ基底関数で時間も表すため，以下となる．

$$t(\Theta_t) = \frac{\Delta t}{2}\left(T^3(\Theta_t) - T^1(\Theta_t)\right) = \frac{\Delta t \Theta_t}{1 + \Theta_t^2 + (1 - \Theta_t^2)\cos q} \quad (6.80)$$

$$\frac{\mathrm{d}t}{\mathrm{d}\theta} = \Delta t \frac{1 - \Theta_t^2 + (1 + \Theta_t^2)\cos q}{(1 + \Theta_t^2 + (1 - \Theta_t^2)\cos q)^2}\frac{\mathrm{d}\Theta_t}{\mathrm{d}\theta} \quad (6.81)$$

- $\Theta_t = \theta$ を選択する場合：
  式 (6.79) は t を式 (6.80) に置き換えることにより求められ，導関数 $dt/d\theta$ は次式となる．

$$\frac{dt}{d\theta} = \Delta t \frac{1 - \theta^2 + (1 + \theta^2)\cos q}{(1 + \theta^2 + (1 - \theta^2)\cos q)^2} \tag{6.82}$$

$$\frac{d\Theta_\mathbf{x}}{d\theta} = \frac{2q\sin q}{1 - \cos q} \frac{1 + \cos(\omega t)}{(1 + \cos(\omega t))^2} \frac{1 - \theta^2 + (1 + \theta^2)\cos q}{(1 + \theta^2 + (1 - \theta^2)\cos q)^2} \tag{6.83}$$

- $dt/d\theta = \Delta t/2$ を選択する場合：
  式 (6.81) より，

$$\frac{d\Theta_t}{d\theta} = \frac{1}{2} \frac{\left(1 + \Theta_t^2 + (1 - \Theta_t^2)\cos q\right)^2}{1 - \Theta_t^2 + (1 + \Theta_t^2)\cos q} \tag{6.84}$$

となる．粒子経路の写像は以下となる．

$$\Theta_\mathbf{x} = \frac{\sin q}{1 - \cos q} \frac{\sin(q\theta)}{1 + \cos(q\theta)} \tag{6.85}$$

$$\frac{d\Theta_\mathbf{x}}{d\theta} = \frac{q\sin q}{1 - \cos q} \frac{1}{1 + \cos(q\theta)} \tag{6.86}$$

6.5 SSDM

　詳細を完全に追跡するには複雑すぎる表面形状をもつ物体の動き/変形を追跡しようとしており，複雑形状内の有限個の点を追跡する以外には追跡方法がないと仮定する．SSDM (simple-shape deformation model) では，文献 [172] で提案されているように，それらの追跡点は複雑な実形状ではなく単純形状 (SS) に紐づいていると仮定する．SS の空間表現には NURBS を使用する．このとき SS は複雑形状より大きい．参照配置からスタートし，SS，複雑形状および追跡点はすべて同じパラメータ空間内に存在する（図 6.8）．複雑形状は，有限要素もしくは NURBS で表現できる．追跡中の異なる時刻における SS のコントロールポイントは，最小二乗射影によって決定する．射影により（参照配置に関する）SS 上の追跡点と実際の追跡点との位置の差を最小化する．所定の時間コントロールポイントにおける複雑形状は，有限要素表現の場合にはパラメータ空間の補間によって，NURBS 表現の場合には最小二乗射影によって決定する．最小二乗射影は複雑形状のパラメータ空間にわたって積分し，複雑形状のコントロールポイントに関して，複雑形状と単純形状表現の差を最小化する．完全な space–time 表現では，上記で説明した手法が実際の物理的な位置ではなく 6.4.3 項

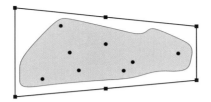

図 6.8　SSDM. 影付き部が複雑形状. 円が追跡点. SS は四角形で表示（コントロールポイント）.

での説明のとおりに決定される時間コントロール値に適用される.

6.6 space–time フレームワークでのメッシュ更新法

6.6.1 メッシュの計算とメッシュ表現

　与えられた表面メッシュを用いて，4.7 節で説明したメッシュ移動法により体積メッシュを計算する．ここで，文献 [172] で提案しているように，この方法で時間のコントロールポイントとして用いるメッシュを計算する．すると，メッシュ計算の時間間隔は長くなるが，座標やその時間微分などのメッシュに関する情報は，いつでも必要なときに時間の記述から取り出すことができる．これにより当然，メッシュに関しての情報量やアクセス回数を減らすこともできる．しかし，コントロールメッシュの間隔が広くなるため，時間方向のコントロールポイント間のメッシュ移動技術には，面の線形補間を用いる必要が出てくる．

Remark 6.8　計算に使用するメッシュの時間記述は，コントロールメッシュを計算する際に用いる時間方向には依存せずに得ることができる．

6.6.2　リメッシュ法

　多くの数値計算において，リメッシュは避けられないものとなっている．文献 [172] には 2 種類の選択肢が提案されている．二つの選択肢を説明するにあたり，コントロールメッシュ M_c^β から $M_c^{\beta+1}$ へ動こうとする際に，$M_c^{\beta+1}$ の品質が目標以下であると仮定する．一つ目の選択は"トリミング"とよばれ，$M_c^{\beta-p+1}$ に戻ってリメッシュを行う．その後計算でメッシュが必要なときに，時間に応じてリメッシュ前のメッシュか，リメッシュ後のメッシュのどちらかを使用する（図 6.9）.

　二つ目の選択肢では，$t_c^{\beta+1}$ の基底関数が最大値をとる一番右側のノットの時間の面にノットを p 回挿入する．次に，新しく追加した境界だけでなく，過去の $(p-1)$ 個

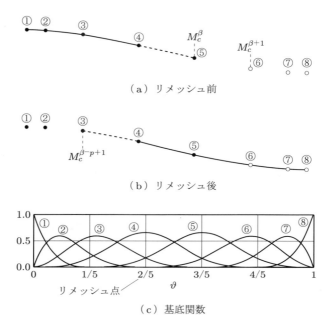

図 6.9 リメッシュと NURBS のトリミング

の基底関数も含む新しい基底関数に関して，コントロールメッシュのメッシュ移動計算を行う（図 6.10）．

われわれはこの二つ目の選択肢を採用する．その理由は，リメッシュを必要とする場合の多くはトポロジーの変化が原因であり，ノットの挿入を行うことによって大きなステップとなることを回避できるからである．

6.7 時間 NURBS メッシュを用いた流体力学計算

流体力学方程式を DSD/SST 法を用いて計算する．ここでは，文献 [172, 173] に記された移動メッシュ問題に関する二つの方法について解説する．

6.7.1 既知境界上のスリップなし条件

メッシュの動きは与えられていると仮定し，その境界の一部をスリップなし条件とする．このディリクレ境界は，メッシュ境界の動きから得ることができる．

space–time スラブ Q_n を使って方程式を解く前に，次式のように各節点の最小二乗射影を用いる．

6.7 時間 NURBS メッシュを用いた流体力学計算

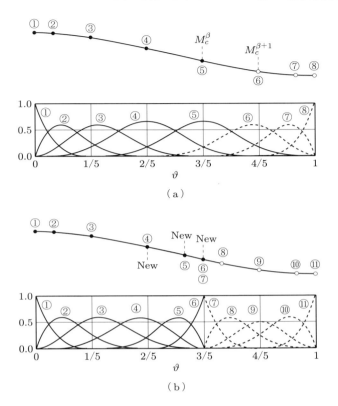

図 6.10 ノット挿入を用いたリメッシュ．リメッシュ前のメッシュに対し，新しく定義した p 個の基底関数と"New"と記したコントロールポイントが存在する．これらのメッシュを用いてメッシュ移動を計算する．

$$\int_{t_n}^{t_{n+1}} \boldsymbol{R}_A^h \cdot \left(\mathbf{u}_A^h - \frac{\mathrm{d}\mathbf{x}_A^h}{\mathrm{d}t} \right) \mathrm{d}t = 0 \tag{6.87}$$

このとき，$\boldsymbol{R}_A^h$ は試験関数，$\mathbf{u}_A^h$ は時間のコントロール速度（未知）とその時間基底関数を表す．メッシュ速度はメッシュの変位を微分することで得られ，これもまた時間コントロール位置とその基底関数で表される．上側と下側から近づけた時刻 t_n における $\mathbf{u}_A^h$ の値は異なるので注意が必要である．

6.7.2 開始条件

移動境界を伴う場合には，流体計算を始めることが簡単でない場合もある．たとえば，文献 [169, 174–176] では，FSI 計算の開始条件を作成する前処理法が開発されて

いる．ここでは，文献 [172] で提案された既知の移動境界を伴う流れ計算の前計算方法について説明する．

NURBS($M_c^0, M_c^1, \cdots$) で時間記述されたメッシュを用いて計算を行うものとする．k 番目のコントロールメッシュ M_c^k と互換性をもつ，時間コントロール値 $\mathbf{x}_c^k$ を定義する．

（1） 2次 NURBS 表現を用いる方法

図 6.11 は，時間 2 次の NURBS を用いたメッシュ表現の例である．以下の二つの追加メッシュを生成する．

$$M_c^{-1} = \frac{M_c^0 - \alpha M_c^1}{1-\alpha} \tag{6.88}$$

$$M_c^{-2} = M_c^{-1} \tag{6.89}$$

$0 < \alpha < 1$ は，外挿パラメータである．メッシュ M_c^{-1} は外挿である．M_c^{-1} に対応する時間コントロールポイントは，

$$t_c^{-1} = \frac{t_c^0 - \alpha t_c^1}{1-\alpha} \tag{6.90}$$

であり，前計算時間の長さを決める際の唯一の制約が，$t_c^{-2} \equiv t_s < t_c^{-1}$ である．本書で取り扱う計算では，メッシュの時間表現に使用する NURBS の基底関数として，ノットベクトル $\{0,0,0,1,1,1\}$ で定義される B-spline 関数を使用する．文献 [172] では，加速度を連続にするために前計算と同じ次数の NURBS 基底関数を使用することを推奨している．このことは文献 [173] で説明されており，本書では次節で解説する．

（2） 3次 NURBS 表現を用いる方法

図 6.12 は，時間 3 次の NURBS を用いたメッシュ表現の例である．ここでは，次式で表される C^2 連続なパッチをもつ開始条件を構築する．

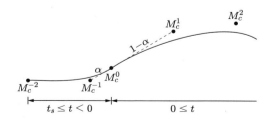

図 6.11 開始条件に時間 2 次の NURBS を用いたメッシュ表現

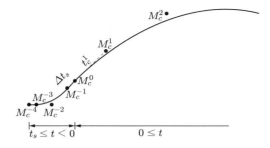

図 6.12 開始条件に時間 3 次の NURBS を用いたメッシュ表現

$$\lim_{t \to 0^-} \mathbf{x} = \lim_{t \to 0^+} \mathbf{x} \tag{6.91}$$

$$\lim_{t \to 0^-} \frac{d\mathbf{x}}{dt} = \lim_{t \to 0^+} \frac{d\mathbf{x}}{dt} \tag{6.92}$$

$$\lim_{t \to 0^-} \frac{d^2\mathbf{x}}{dt^2} = \lim_{t \to 0^+} \frac{d^2\mathbf{x}}{dt^2} \tag{6.93}$$

ここで，$\mathbf{x}$ は時間コントロールメッシュで定義されたメッシュの位置を表す．時間のパッチにおけるメッシュの初期速度および初期化速度はゼロとするとよい．

$$\left.\frac{d\mathbf{x}}{dt}\right|_{t=t_s} = \mathbf{0} \tag{6.94}$$

$$\left.\frac{d^2\mathbf{x}}{dt^2}\right|_{t=t_s} = \mathbf{0} \tag{6.95}$$

Remark 6.9 本条件により速度と加速度をゼロにできるため，流れ場を発達させるための時間パッチの計算の前に静的なメッシュで計算することができる．

上記条件を満たすために，$\{0,0,0,0,1/2,1,1,1,1\}$ で定義される 3 次 B-spline 関数を使用する．開始条件パッチの最新の時間コントロールメッシュは M_c^0 であるため，式 (6.91) の条件は自動的に満たされる．式 (6.94) および (6.95) の条件は，$M_c^{-4} = M_c^{-3} = M_c^{-2}$ と設定することで，あらゆる時間 $t_c^{-4} \equiv t^s < t_c^{-3} < t_c^{-2}$ のコントロールポイントに対して満足させることができる．しかし，式 (6.92) および (6.93) の条件を満足することは簡単ではない．

以下は 3 次の B-spline を使用した例である．$t \to 0^+$ におけるメッシュ位置の導関数は以下となる．

$$\left.\frac{d\mathbf{x}}{d\vartheta}\right|_{\vartheta=\vartheta_1} = \frac{3}{\vartheta_5 - \vartheta_2}\left(\mathbf{x}_c^1 - \mathbf{x}_c^0\right) \tag{6.96}$$

$$\left.\frac{d^2\mathbf{x}}{d\vartheta^2}\right|_{\vartheta=\vartheta_1} = \frac{6}{\vartheta_5 - \vartheta_3}\left(\frac{\mathbf{x}_c^2 - \mathbf{x}_c^1}{\vartheta_6 - \vartheta_3} - \frac{\mathbf{x}_c^1 - \mathbf{x}_c^0}{\vartheta_5 - \vartheta_2}\right) \tag{6.97}$$

ここで，ϑ は，最初のパッチ上に定義したパラメータ座標[†]である．

$$\left.\frac{dt}{d\vartheta}\right|_{\vartheta=\vartheta_1} = \frac{3}{\vartheta_5 - \vartheta_2}t_c^1 \tag{6.98}$$

$$\left.\frac{d^2 t}{d\vartheta^2}\right|_{\vartheta=\vartheta_1} = \frac{6}{\vartheta_5 - \vartheta_3}\left(\frac{t_c^2 - t_c^1}{\vartheta_6 - \vartheta_3} - \frac{t_c^1}{\vartheta_5 - \vartheta_2}\right) \tag{6.99}$$

よって，メッシュの速度と加速度は次式および式 (6.97)〜(6.99) のとおり決定できる．

$$\lim_{t\to 0^+}\frac{d\mathbf{x}}{dt} = \frac{\mathbf{x}_c^1 - \mathbf{x}_c^0}{t_c^1} \tag{6.100}$$

$$\lim_{t\to 0^+}\frac{d^2\mathbf{x}}{dt^2} = \left(\frac{dt}{d\vartheta}\right)^{-2}\left(\frac{d^2\mathbf{x}}{d\vartheta^2} - \frac{d\mathbf{x}}{dt}\frac{d^2 t}{d\vartheta^2}\right)\bigg|_{\vartheta=\vartheta_1} \tag{6.101}$$

時間コントロールポイントが式 (6.66) で与えられるならば，式 (6.101) の第 2 項はゼロとなる．

同様に，$t \to 0^-$ における導関数は以下となる．

$$\lim_{t\to 0^-}\frac{d\mathbf{x}}{dt} = -\frac{\mathbf{x}_c^0 - \mathbf{x}_c^{-1}}{t_c^{-1}} \tag{6.102}$$

$$\lim_{t\to 0^-}\frac{d^2\mathbf{x}}{dt^2} = \frac{1}{3\left(t_c^{-1}\right)^2}\left(\mathbf{x}_c^{-2} - 3\mathbf{x}_c^{-1} + 2\mathbf{x}_c^0 + \frac{t_c^{-2} - 3t_c^{-1}}{t_c^{-1}}\left(\mathbf{x}_c^0 - \mathbf{x}_c^{-1}\right)\right) \tag{6.103}$$

そして，式 (6.92) および (6.93) の条件を満足させる方法は複数存在する．ここでは $t_c^{-1} = -\Delta t_s$ と設定する．さらに，式 (6.103) の $d^2 t/d\vartheta^2$ にかかる部分が $t \to 0^-$ においてゼロとなるように，つまり $t_c^{-2} = 3t_c^{-1}$ に，時間のコントロールポイントを定義する．ゆえに，$\mathbf{x}_c^{-1}$ および $\mathbf{x}_c^{-2}$ を以下のとおり設定することができる．

$$\mathbf{x}_c^{-1} = \mathbf{x}_c^0 - \frac{\Delta t_s}{t_c^1}\left(\mathbf{x}_c^1 - \mathbf{x}_c^0\right) \tag{6.104}$$

$$\mathbf{x}_c^{-2} = \mathbf{x}_c^0 - 3\left(\frac{\Delta t_s}{t_c^1}\left(\mathbf{x}_c^1 - \mathbf{x}_c^0\right) - \Delta t_s^2 \lim_{t\to 0^+}\frac{d^2\mathbf{x}}{dt^2}\right) \tag{6.105}$$

さらに，時間とパラメータ空間の間に線形関係をもたせるため，$t_c^{-3} = -5\Delta t_s$ および $t_s = -6\Delta t_s$ と設定する．Δt_s については，加速度や M_c^0 からの変位の抑制などの目

[†] ノットベクトルのインデックスは 1 から始まる．

Remark 6.10 固体表面や計算されたボリュームメッシュの動きや変形の時間表現に NURBS 基底関数を使用することに加えて，space–time 計算の時間基底関数として NURBS を使用することも可能である．それにより，空間基底関数として NURBS を使用することにより得られる空間発展と同様の時間発展を得ることができる．

6.8 SENCT-FC 法

SENCT (surface-edge-node contact tracking)-FC 法は，パラシュートの FSI 計算において複数のパラシュートが存在する場合のパラシュートどうしの接触問題を解決するために開発された．このような FSI 計算や類似する計算で必要となる接触アルゴリズムにおいて，その目的は構造表面の間の流体メッシュの品質が悪くならないよう，構造表面どうしがあらかじめ決めた距離より狭くなることを防ぐことである．この目的のために，文献 [14] で SENCT 法が紹介された．SENCT 法については文献 [14] で二つのバージョンが提案されている．SENCT-F(SENCT-Force) 法では，接触した節点は接触面，線，点からの投影距離に反比例するペナルティ力に従う．SENCT-D(SENCT-displacement) 法では，接触節点の変位を接触面，線，点の動きに関連させて調整する．SENCT 法の詳細は，多くのテスト計算とともに文献 [177] に記載されている．界面において流体メッシュと構造メッシュが一致しない FSI 問題のために，文献 [105] の Remark 1 では界面の流体メッシュを基にする接触モデル式が提案されている (9.2 節の Remark 9.1 参照)．このバージョンの SENCT は "-M1." のキーワードで表す．

SENCT-FC 法は，パラシュート集合の計算で使用されたものが文献 [124] で報告されており，詳細は文献 [178] で紹介されている．SENCT-F と共通する特徴が多くあるが，よりロバストである．また，SENCT-F 法と比較して力が保存した状態で適用されるため，"FC" の "C" の文字は "conservative" を指す．本節では後ほど，SENCT-FC と SENCT-F の相違点についてもう少し触れる (Remark 6.12 参照)．新しい方法は，SENCT-FC-M1 として計算に用いられる．これには，接触判定，力の表現，接触力方程式の解法の三つの要素が含まれている．以降では文献 [178] より，それらを説明する．

6.8.1 接触判定とノードセット

接触を判定するため，ある点とそれにもっとも近い点を計算する．限られた数に収めるため，最近接点は表面上で探す．たとえば，自己接触は除外した方がよい．ここ

では，接触判定のために流体表面上の節点を使用するが，この方法はほかの種類の点（例：積分点）においても適用可能である．はじめに文献 [14, 177] に説明されている初期の SENCT 法と同じ方法で最近接点，つまり，節点，エッジ，サーフェスの一番近い点を見つける．ここで，$\mathbf{d}_A = \mathbf{x}_A^C - \mathbf{x}_A$ を，各節点と $\mathbf{x}^C$ で表す最近接点の距離ベクトルとして定義する．$\|\mathbf{d}_A\| < \epsilon_A$ となるとき，この節点は接触している．次式は前もって決めておく最小距離である．

$$\epsilon_A \equiv \epsilon_A^S + \epsilon_A^C \tag{6.106}$$

このとき，$\epsilon_A^S \geq 0$ と $\epsilon_A^C \geq 0$ はそれぞれ，節点 A と最近接点の長さパラメータである．図 6.13 にその例を示す．接触節点は次式で定義する．

$$\eta_D = \{A \mid \|\mathbf{d}_A\| < \epsilon_A, \forall A \in \eta\} \tag{6.107}$$

ここで，η は流体面上のすべての接触可能な節点を表す．各接触節点 A は γ_A で表すいくつかの接触節点をもつ．

$$\eta_C = \bigcup_{A \in \eta_D} \{A + \gamma_A\} \tag{6.108}$$

一般的に，$\eta_D \subseteq \eta_C$ となる．逆の相関として，ξ_A を節点 A により接触されている節点（被接触節点）として定義する．これらの定義を図 6.13 および図 6.14 に示す．

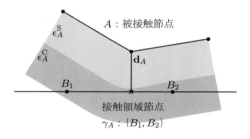

図 6.13　接触判定と"被接触節点"および"接触領域節点"の定義

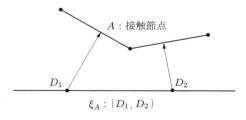

図 6.14　ξ_A は節点 A と接触する点の集合

6.8.2 接触力と反力

ここで,各接触節点 A に対して仮想的な接触力 φ_A を,節点 $B \in \gamma_A$ に対して反力 φ_B^{R} を導入する.まずはじめに,力と反力を以下のようにモデル化する.

$$\varphi_A = -\varphi_A \mathbf{n}_A \tag{6.109}$$

$$\mathbf{n}_A = \frac{\mathbf{d}_A}{\|\mathbf{d}_A\|} \tag{6.110}$$

$$\varphi_B^{\mathrm{R}} = E_{BA}\varphi_A \mathbf{n}_A \tag{6.111}$$

ここで,E_{BA} は各節点 $B \in \gamma_A$ のスカラー値である.図 6.15 に力と反力の定義を示す.スカラー値は以下の方程式から求める.

$$\varphi_A + \sum_{B \in \gamma_A} \varphi_B^{\mathrm{R}} = \mathbf{0} \tag{6.112}$$

$$\sum_{B \in \gamma_A} \left(\mathbf{x}_B - \mathbf{x}_A^C\right) \times \varphi_B^{\mathrm{R}} = \mathbf{0} \tag{6.113}$$

一つ目の方程式は力のつり合いで,二つ目がモーメントゼロ条件である.節点,エッジ,三角形区間の場合,式 (6.112) と (6.113) の解 E_{BA} は一つに決まる.

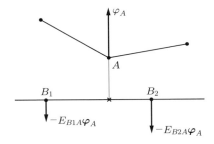

図 6.15 被接触節点 A の接触力と接触節点 γ_A の反力

> **Remark 6.11** 節点,エッジ,三角形領域の場合,スカラー値 E_{BA} は値 $N_B\left(\mathbf{x}_A^C\right)$ と同じである.

各接触節点 A における力の合計は

$$\mathbf{f}_A = -\varphi_A \mathbf{n}_A + \sum_{D \in \xi_A} E_{AD}\varphi_D \mathbf{n}_D, \quad \forall A \in \eta_{\mathrm{D}} \tag{6.114}$$

であり,ほかの節点については

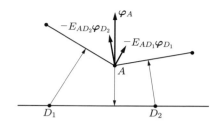

図 6.16 ノード A にかかるすべての力．節点 A は "被接触" と "接触" の両方となる．

$$\mathbf{f}_A = \sum_{D \in \xi_A} E_{AD} \varphi_D \mathbf{n}_D, \quad \forall A \in \eta_C - \eta_D \tag{6.115}$$

である．図 6.16 に，節点 A にはたらくすべての力を示す．

Remark 6.12 式 (6.109) および (6.111)，すなわち，(6.114) および (6.115) に表されたとおり，被接触節点にはたらく力を計算する際には，接触節点にはたらく反力も計算するため，SENCT-FC で用いる接触力は保存形となる．一方，SENCT-F では，被接触節点にはたらく力のみを計算するため，すべての接触節点は，検索過程の間は被接触接点となり，そのため接触力は保存形とはならない．

節点 $A \in \eta_C$ における力の合計の i 番目の成分を，以下のとおり書き直す．

$$f_{Ai} = (E_{AC}\delta_{ij} - \delta_{AC}\delta_{ij})\delta_{CD}n_{Dj}\varphi_D \tag{6.116}$$

このとき，総和規約 ($C,D \in \eta_D$ および $j = 1,\ldots, n_{\text{sd}}$) を用いる．行列・ベクトル記述を用いると，上式は以下となる．

$$\mathbf{F} = \mathbf{QV\Phi} \tag{6.117}$$

ただし，以下とする．

$$\mathbf{F} = [f_{Ai}] \tag{6.118}$$

$$\mathbf{Q} = [E_{AC}\delta_{ij} - \delta_{AC}\delta_{ij}] \tag{6.119}$$

$$\mathbf{V} = [\delta_{CD}n_{Dj}] \tag{6.120}$$

$$\mathbf{\Phi} = [\varphi_D] \tag{6.121}$$

6.8.3 接触力の計算

被接触点 A に対して以下の方程式を使用する．

$$\mathbf{d}_A \cdot \mathbf{d}_A = \epsilon_A^2 \tag{6.122}$$

実装時の利便性のため，式 (6.122) と FSI 体系の流体＋構造ブロックの間にブロック反復連成を用いる．その枠組みの中で，式 (6.122) に相当するブロックは以下となる．

$$\mathbf{n}_A^i \cdot \left(\left(\frac{\partial \mathbf{d}_A}{\partial \mathbf{x}_1} \right)^i \frac{\partial \mathbf{x}_1}{\partial \mathbf{x}_2} \left(\frac{\partial \mathbf{x}_2}{\partial \mathbf{F}_2} \right)^i \frac{\partial \mathbf{F}_2}{\partial \mathbf{F}_1} (\Delta \mathbf{F})^i \right) = \frac{\epsilon_A^2 - \|\mathbf{d}_A^i\|^2}{2\|\mathbf{d}_A^i\|} \tag{6.123}$$

ここで，添え字 "1" と "2" は流体と構造を表し，上付き添え字 i は i 番目の非線形反復であることを示す．界面において流体と構造のメッシュが一致している場合には，$\partial \mathbf{x}_1 / \partial \mathbf{x}_2$ と $\partial \mathbf{F}_2 / \partial \mathbf{F}_1$ は同一の行列である．この接触力を計算した後，合力を作成し外力として構造に与え，その後，流体＋構造ブロックを解く．

以下，それぞれの項の詳細を解説する．最近接点は次のように表現できる．

$$\mathbf{x}_A^C = \sum_{B \in \gamma_A} N_B \left(\mathbf{x}_A^C \right) \mathbf{x}_B \tag{6.124}$$

$H_{AB} \equiv N_B \left(\mathbf{x}_A^C \right)$ と定義すると，$A \in \eta_\mathrm{D}$ の距離ベクトルの i 番目の成分は次式のように書くことができる．

$$d_{Ai} = (H_{AB} \delta_{ij} - \delta_{AB} \delta_{ij}) x_{Bj} \tag{6.125}$$

このとき，$B \in \eta_\mathrm{C}$ である．行列・ベクトル記述を用いると次式となる．

$$\mathbf{D} = \mathbf{S} \mathbf{X} \tag{6.126}$$

このとき，以下である．

$$\mathbf{D} = [d_{Ai}] \tag{6.127}$$

$$\mathbf{S} = [(H_{AB} \delta_{ij} - \delta_{AB} \delta_{ij})] \tag{6.128}$$

$$\mathbf{X} = [x_{Bj}] \tag{6.129}$$

さらに，

$$\frac{\partial \mathbf{D}}{\partial \mathbf{X}} = \mathbf{S} \tag{6.130}$$

となる．Remark 6.11 より，$\mathbf{S}$ は $\mathbf{Q}$ の転置行列である．ここで，三つの行列を定義する．

$$\mathbf{C} = \frac{\partial \mathbf{x}_1}{\partial \mathbf{x}_2} \tag{6.131}$$

$$\mathbf{Z} = \frac{\partial \mathbf{x}_2}{\partial \mathbf{F}_2} \tag{6.132}$$

$$\mathbf{B} = \frac{\partial \mathbf{F}_2}{\partial \mathbf{F}_1} \tag{6.133}$$

すると，次の方程式が得られる．

$$\left[\left(\mathbf{Q}^i \mathbf{V}^i\right)^T \left(\mathbf{C}\mathbf{Z}^i \mathbf{B}\right)\left(\mathbf{Q}^i \mathbf{V}^i\right)\right] \Delta \mathbf{\Phi}^i = \mathbf{\Psi}^i \tag{6.134}$$

このとき，

$$\mathbf{\Psi}^i = \left[\frac{\epsilon_A^2 - \|\mathbf{d}_A^i\|^2}{2\|\mathbf{d}_A^i\|}\right] \tag{6.135}$$

である．$\mathbf{Z}^i$ を $\beta \Delta t^2 \mathbf{M}^{-1}$ で近似する．$\mathbf{M}$ は質量行列，β は Hilber–Hughes–Taylor 法（文献 [179] の方法）の一部である．連成させていない複数の接触を扱う場合，選択した節点の次数から，$\Delta \mathbf{\Phi}^i$ に掛ける係数行列はブロック対角化形式となる．これを，ブロック対角化行列に分割し，各ブロックを LAPACK により直接的に解く．その後，外力と同じように，構造に力 $\mathbf{B}\mathbf{Q}^i \mathbf{V}^i \Delta \mathbf{\Phi}^i$ を与える．

> **Remark 6.13** 接触が node-to-node の場合，二つの被接触節点の力は 1 次独立でない．そのため，式の一つを除外する．

第7章 FSIモデリングの一般的な適用と例

本章では，FSIや移動界面を伴う流体問題の一般的な数値計算例を紹介する．これらの計算例を用いて，これまでの章で紹介してきた理論や手法をどのように用いるかを説明していく．最初に紹介する例は，弾性ばり周りの2次元流れである．これはFSI問題のベンチマークとしてよく用いられる例題で，移動メッシュを伴うFSI数値計算としていくつかの特徴をもつ．その特徴とは，流体力学と構造力学の非定常連成問題であることと，流体メッシュが大きく変形することである．二つ目の例は，コイルばねに取り付けられた剛体翼周りの2次元流れである．ここでは，翼とともに回転する翼周りのメッシュに対して適用する，特別なメッシュ移動手法について説明する．この手法を用いることにより，数値計算中の境界層メッシュ品質を維持する．この計算ではまた，DSD/SST法のSUPSとVMSTの2バージョンの数値的パフォーマンステストについても触れる．三つ目の例は，非圧縮性流体による風船の膨張の3次元計算である．この問題では，流体が非圧縮性であるため構造物の変形が制限され，スタッガード解法のFSIカップリングの収束が難しくなる．一方で，準直接FSI連成手法はこの種の問題に対してとてもよく機能する．四つ目の例は，吹流しの内部とその周りの3次元流れ計算である．構造メッシュと流体メッシュの界面においては，特殊な幾何形状平滑化手法を用いることによって，流体メッシュに過度なひずみが生じないようにしており，リメッシュによって生じる問題を回避している．最後の例は，はばたく羽の周りの3次元空力計算で，風洞中のイナゴの動きを撮影した高速度カメラの撮影データから羽の動きと変形パターンを抽出している．この計算により，時間のNURBS基底関数が，リメッシュおよびイナゴの羽と体積メッシュの動きの表現にどのように使われているかを示し，これらによって風洞データとメッシュを扱う際に正確で効率的な方法となっていることを実証する．

7.1 固定された剛体に取り付けられた弾性ばり周りの2次元流れ

最初の例は，文献[16]で述べられている，正方形の剛体ブロックに取り付けられた細い弾性ばりの周りの流れである．この試験は，FSIの精度と安定性を研究するために文献[180]で提案された問題である．問題設定を図7.1に示す．流れは均一流入速

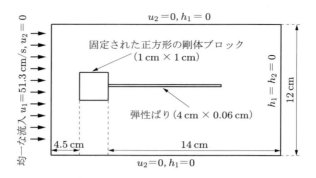

図 7.1 固定された剛体に取り付けられた弾性ばり周りの 2 次元流れの問題設定

度 51.3 cm/s で与える．両側面境界条件は，垂直方向の速度がゼロ，接線方向の応力もゼロとする．出口境界には，トラクションフリーの境界条件を設定する．

流体密度と粘性係数はそれぞれ，1.18×10^{-3} g/cm^3 と 1.82×10^{-4} g/(cm·s) であり，そのときブロックのエッジ長を基準としたときのレイノルズ数は 100 となる．はりは，1.2 節で説明したネオ・フック固体としてモデル化する．はりの密度は 0.1 g/cm^3，ヤング率とポアソン比はそれぞれ 2.5×10^6 g/(cm·s^2) と 0.35 である．問題の次元，物性値，境界条件は，元の文献のものをそのまま用いている．

本計算では ALE FSI 手法を用いている．流体および構造メッシュは，合わせて 6,936 個の NURBS 2 次要素で構成されている．はりの厚み方向の離散化は，二つの C^1 連続な 2 次要素と四つの基底関数である．メッシュの動きは，入口境界と剛体ブロックでは固定し，出口と側面境界では垂直方向にのみ拘束し，それ以外の流体領域は自由に動くことができる．時間刻み幅は 0.00165 s である．

図 7.2 に各時刻の速度ベクトルと圧力分布を示す．Re = 100 の場合に特有の流れの特徴が出ている．正方形ブロックから生じた渦がはりに当たり，それによってはりを振動させている．その際，はりは大変形するため，ロバストなメッシュ移動アルゴリズムが必要となる．本例ではヤコビアンに基づく硬化法（4.7 節参照）を用いている．ヤコビアンに基づく硬化法を用いた結果，計算中にリメッシュすることなく NURBS メッシュの品質は高く保たれている（図 7.2 の右上小枠参照）．図 7.3 に，安定状態となった周期流れの文献 [180] との比較を示す．変位の振幅は 1.0～1.5 cm で，周期は約 0.33 s である．この結果は文献 [180] とよく一致している．

7.1 固定された剛体に取り付けられた弾性ばり周りの2次元流れ　　177

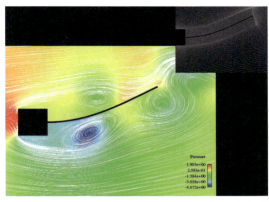

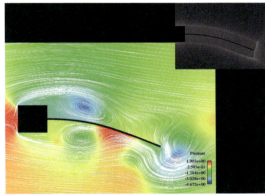

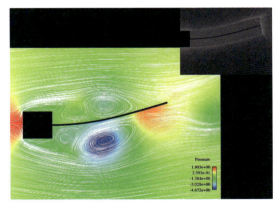

図 7.2 固定された剛体に取り付けられた弾性ばり周りの 2 次元流れ．圧力と流速ベクトル．右上部は流体メッシュの変形．

178   第 7 章   FSI モデリングの一般的な適用と例

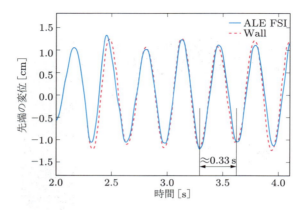

図 7.3 固定された剛体に取り付けられた弾性ばり周りの 2 次元流れ．弾性ばりの先端の変位の時刻歴．赤破線は，文献 [180] より．

7.2 コイルばねに取り付けられた翼周りの 2 次元流れ

　この計算は文献 [21] で実施したものである．使用する翼型は，NACA 64-618 である．計算領域は，$(-5,10) \times (-5,5)$ で，翼の先端は $(0,0)$ に配置する．代表長さ，速度，密度はそれぞれ，翼弦長，流入速度，流体密度とする．レイノルズ数は 1,000 である．翼は位置 $(0.9, 0)$ にコイルばねで取り付けられている．迎角が 15° のとき，ばねのねじりがゼロとなる．取り付け位置に関する翼のイナーシャは 0.5 で，ばね定数は 10 rad^{-1} である．メッシュは線形有限要素（図 7.4 参照）で作成されており，1,450 節点と 2,780 要素をもつ．図のように，中核部の長方形領域のメッシュは翼とともに回転し，残りのメッシュは 4.7 節で説明したメッシュ移動技術によって変形する．境

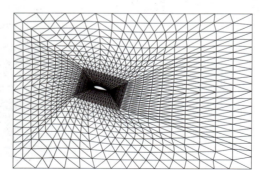

図 7.4 コイルばねに取り付けられた翼周りの 2 次元流れ．線形な有限要素で作成したメッシュ．メッシュ内に 1,450 節点と 2,780 個の要素を含む．影付き部は翼とともに剛体回転する．

界条件としては，流入境界には均一速度，出口境界には応力ゼロ，翼表面にはスリップなし条件，上下境界にはスリップ境界を設定する．準直接連成手法を用いる（6.1.2項参照）．流体と翼の速度は，前時間刻みの速度場から予測する．この結果，翼の速度がゼロでないとき，界面は動くことになる．それゆえ，まずはドメインの領域予測のためにメッシュ移動計算を行う．

本計算の前に，初期擾乱をなくすため時間刻み幅を 1.0 にして 200 ステップ計算し，さらに時間精度向上のため時間刻み幅を 0.1 にして 200 ステップ計算し，さらに時間刻み幅を 0.01 とした計算を 200 ステップ追加する．これらの計算は，すべて DSD/SST-SUPS 技術を用いて実施している．この時点で $t = 0.0$ と設定し，DSD/SST-SUPS を用いた計算と保存形の DSD/SST-VMST を用いた計算の両方を実施した．安定化パラメータは式 (4.115)〜(4.120) および (4.125) で与えられるものを用いる．時間刻み幅は 0.01 である．どの段階での計算でも，時間刻みあたりの非線形反復回数は 4 回である．流体＋構造ブロックの GMRES 反復回数は，非線形反復のはじめが 30 回，2 回目が 60 回，3 回目が 270 回，4 回目が 270 回である．メッシュ移動ブロックの計算

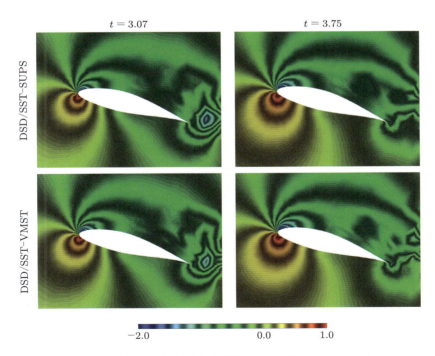

図 7.5 コイルばねに取り付けられた翼周りの 2 次元流れ．$t = 3.07$ と $t = 3.75$ における圧力係数．DSD/SST-SUPS と DSD/SST-VMST の計算結果．

には，領域予測に使用する分も含めて，1回の非線形反復あたり30回のGMRES反復を実施する．構造部分には，セレクティブスケール（6.1.2項参照）を用い，100と設定する．

図7.5に，迎角がほぼ最小と最大になる $t = 3.07$ と $t = 3.75$ における圧力係数を示す．迎角は自由流れの流速に関して測定した．どちらのケースにおいても，圧力係数は $t = 3.75$ におけるよどみ点を基準に規格化している．図7.6は，迎角の時刻歴である．図7.7は翼にはたらくトルクの時刻歴で，空力とばねトルクで構成される．DSD/SST-VMST より DSD/SST-SUPS を用いた計算結果の方が，翼の動きが抑制される結果となった．

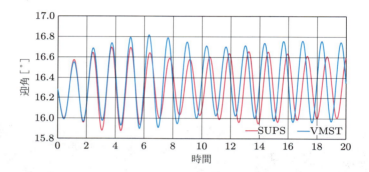

図 7.6 コイルばねに取り付けられた翼周りの2次元流れ．迎角の時刻歴．DSD/SST-SUPS と DSD/SST-VMST の計算結果．

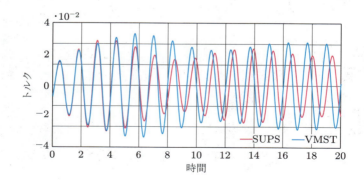

図 7.7 コイルばねに取り付けられた翼周りの2次元流れ．翼にはたらく全（空力とばねの）トルクの時刻歴．DSD/SST-SUPS および DSD/SST-VMST の計算結果．

7.3 風船の膨張

この計算は文献 [14] で実施したものである．風船ははじめ球形で，図 7.8 のように丸い穴から空気を送り込んで膨張させる．入口からは周期 2 s の余弦波の波形状の流入を与える．流入速度の最大値と最小値は 0.0 m/s と 2.0 m/s である．初期状態として，風船の直径は 2 m，流入口の直径は 0.625 m とする．風船の厚み，密度，ヤング率はそれぞれ，2.0 mm，100 kg/m^3，1.0×10^3 N/m^2 とする．風船のメッシュは 1,479 個のノードと 2,936 個の 3 節点三角形要素で構成されている．風船内部の空気部分の流体メッシュは，6,204 の節点と 32,455 の 4 節点四面体要素で構成されている．計算は SSTFSI-TIP1 技術（Remark 4.10 および 5.9 参照）と，SUPG 試験関数の WTSA

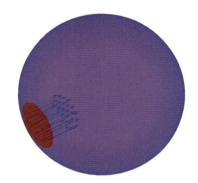

図 7.8　風船の膨張の問題設定

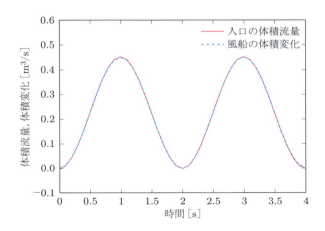

図 7.9　入口の体積流量および風船の体積変化

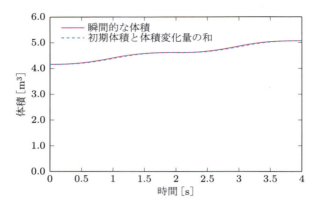

図 7.10 瞬間的な風船の体積と,風船の初期体積と体積変化量の和との比較

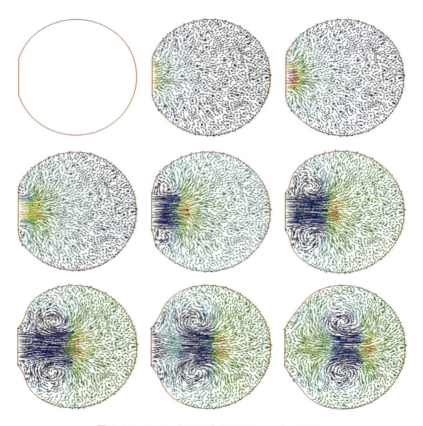

図 7.11 0〜2s までの速度ベクトル.色は圧力.

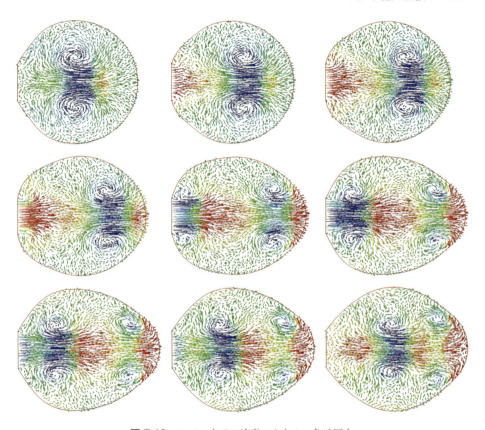

図 7.12　2〜4 s までの速度ベクトル．色は圧力．

オプション（Remark 4.4 参照）を用いて行った．安定化パラメータは，式 (4.115)〜(4.120) および (4.124) で与えられるものを使用した．連成には，準直接連成手法 (6.1.2 項参照) を用いた．またここでは，対角前処理と GMRES 探索法を用いた．時間刻み幅は 0.1 s とし，4 s まで計算を行った．時間刻みあたりの非線形反復回数は 5 回で，非線形反復ごとに 30 回の GMRES 反復計算を実施した．計算は，一度もリメッシュを行うことなく終了した．図 7.9 から，入口の体積流量と風船の体積変化が一致していることがわかる．図 7.10 は，瞬間的な風船の体積が，初期体積に流入させた空気の体積と一致していることを示している．図 7.11 と図 7.12 には，2 周期分の膨張の間の流れ場を示す．

7.4 吹流し内部と周囲の流れ

この計算は文献 [14] で実施したものである．吹流しの長さは 1.5 m，直径は上流の 0.25 m から下流の 0.15 m の範囲である（図 7.13 参照）．吹流しの初期配置は水平な状態で，初期流れ場は水平に置かれた剛体の吹流しの周りに発達させた流れ場を用いる．その状態で吹流しに重力を作用させ，FSI をスタートさせると，吹流しは下がる．風速は一定で 10 m/s とする．吹流しの厚み，密度，ヤング率はそれぞれ，2.0 mm，100 kg/m^3，1.0×10^6 N/m^2 である．構造物の上流側の端は固定されているが，構造物の動きは自由で周期的にはためく．吹流しのメッシュはおおむね構造的で，984 個の節点と 1,920 個の三角形膜要素で構成されている（図 7.14 参照）．流体のメッシュは 19,579 個の節点と 113,245 個の 4 節点四面体要素で構成されている．初期状態では，界面の流体メッシュは吹流しのメッシュと一致させておく．計算には SSTFSI-SV 法（Remark 4.11 および 5.9 節参照）と SUPG 試験関数の WTSE オプション（Remark 4.4 参照）を用いて実施した．また，式 (4.117)〜(4.123) と (4.125) によって与えられる安定化パラメータを使用した．連成には，準直接連成手法（6.1.2 項参照）を用いた．また，GMRES 探索法と対角前処理を使用した．時間刻み幅は 0.0125 s とし，2 周期分のはためきを計算した．時間刻みあたりの非線形反復は 5 回，非線形反復あたりの GMRES 反復回数は 30 回とした．

吹流しが風の中をはためく間に座屈が起きると予想されたので，FSI-GST（5.5 節参照）を用い，界面の流体メッシュが滑らかになるようにした．吹流しのメッシュの

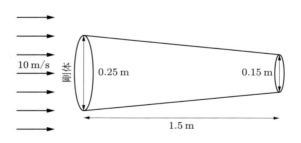

図 7.13　吹流し内部と周囲の流れの問題設定

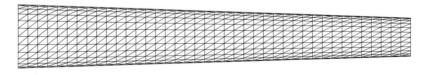

図 7.14　吹流しの初期メッシュ

節点を長手方向のグリッドライン上に作成することで，方向性をもつ (directional) FSI-GST，すなわち FSI-DGST（5.5節参照）を使えるようにした．グリッドライン上の節点 A に対しては，4方向の隣接節点：$A\pm 1, A\pm 2, A\pm 3$ および $A\pm 4$ を含む重み付き平均をとった．重み付き平均の式は以下のとおりである．

$$\mathbf{x}_A^{\mathrm{SMOOTH}} = 0.2\mathbf{x}_A + 0.16(\mathbf{x}_{A-1}+\mathbf{x}_{A+1}) + 0.12(\mathbf{x}_{A-2}+\mathbf{x}_{A+2})$$
$$+ 0.08(\mathbf{x}_{A-3}+\mathbf{x}_{A+3}) + 0.04(\mathbf{x}_{A-4}+\mathbf{x}_{A+4}) \tag{7.1}$$

この方向性平滑化は，円周方向の滑らかさにはまったく適用されていない．FSI 計算の間に構造物が座屈すると，メッシュの更新がさらに難しくなり，リメッシュの頻度も増加する．FSI-DGST を用いることにより，一度もリメッシュを行うことなく 2 周期分のはためきを計算できた．図 7.15 は界面における構造メッシュと流体メッシュであるが，一方は座屈しており，もう一方は滑らかである．図 7.16 は図 7.15 の座屈部付近を拡大したものである．図 7.17 は各時刻における吹流しと流れ場である．

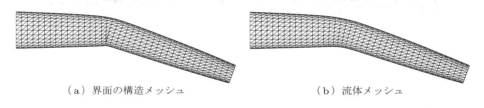

（a）界面の構造メッシュ　　　　　　（b）流体メッシュ

図 7.15　界面の構造メッシュと流体メッシュ

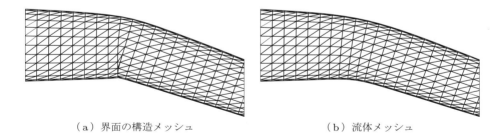

（a）界面の構造メッシュ　　　　　　（b）流体メッシュ

図 7.16　座屈部付近の拡大図

186　第 7 章　FSI モデリングの一般的な適用と例

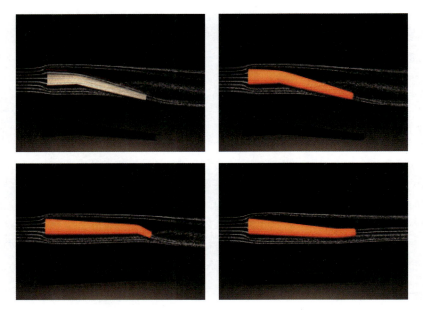

図 7.17　異なる瞬間の吹流しと流れ場（流跡線）．左上は断面図．

7.5　羽のはばたきの空力

　この計算は文献 [172] によるものである．羽の動きと変形パターンは与えている．それらは，風洞中のイナゴを複数の高速度カメラで撮影したデータから抽出したものである．

7.5.1　サーフェスメッシュとボリュームメッシュ

　デジタルスキャンしたイナゴの羽を基に，NURBS により前羽 (FW) と後羽 (HW) のサーフェスメッシュを作成した．FW は先端のコントロールポイントを縮退させた一つのパッチである．HW は二つのパッチでできており，一方は通常どおり，もう一方は先端のコントロールポイントを縮退させてある．FW には 21 点，HW には 51 点のコントロールポイントを作成する（図 7.18 参照）．

　続いてイナゴの体部を 16 の NURBS 区分に分け，サーフェスメッシュを作成する．五つの断面で測定したイナゴの高さと幅，およびイナゴが飛んでいる画像から見積もった体部の軸の曲率を基に，メッシュを作成した．羽の空間コントロールメッシュは 7.5.2 項で説明する方法で時間のコントロールポイントへ移動され，そこで空間離散化される．図 7.19 は，計算に使用した三角形メッシュである．

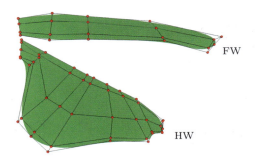

図 7.18 前羽 (FW) と後羽 (HW) のサーフェイスの NURBS とコントロールポイント

図 7.19 羽と体部の三角形要素のサーフェスメッシュ

　ボリュームメッシュを自動生成するため，羽の付け根に翼弦長の 1% の厚みをもたせ，傾斜を付けることで翼端の厚みはゼロとする．羽の表面付近には 1 層の細分化した領域を生成する．この領域における要素の高さは，FW の付け根部翼弦長の 10% である．さらに，イナゴの周りに円柱状の微細化領域を設ける．また，FW と HW の間にも，特別に微細化したメッシュ領域を付け加える．この円柱領域内のボリュームメッシュは，その後に自動で四面体メッシュを生成する．次に，この円柱領域を含む箱を定義し，再度自動メッシュジェネレータを用いて四面体メッシュをその中に生成する．こうして生成したメッシュを，全体の計算領域の中でおおよそのイナゴの体の角度に合わせて回転させる．全体領域のボリュームメッシュも同様に，自動で四面体要素として生成する．ボリュームメッシュ内の節点と要素の数は，時間領域によって異なる．平均的な節点数は 430,000，要素数は 2,600,000 である．ボリュームメッシュと細分化領域を図 7.20 に示す．

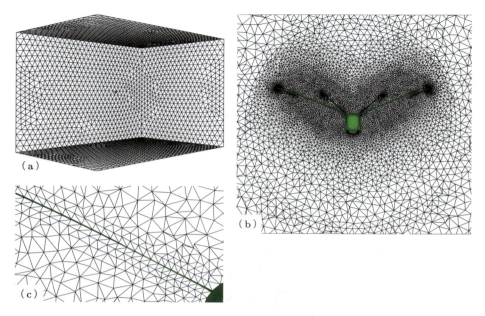

図 7.20 （a）計算領域全体のボリュームメッシュ，（b）円筒状の細分化領域，（c）羽表面付近の細分化領域．

7.5.2 羽の動きの表現

　直線飛行時の羽の動きについても，これを与える必要がある．その際，写真から得たデータを数値解析のインプットデータに適したデータに変換する課題に直面する．そこで，風洞実験結果から，体部の 4 点，HW の 1 点（羽の先端），FW の 10 点（うち 1 点は体部と同じ）の追跡点データを使用する．この動きをイナゴの正中断面にて反転させることで，左右対称な羽の動きを作成する．羽を変形させるため，風洞のビデオ観察で HW にさらなる追跡点を生成する．理想的な羽の動きを表現するため，合計で 76 の追跡点を使用した．

　次に，代表的なデータセットの時間補間を行う．各追跡点において，6.4.2 項および 6.4.3 項で述べた時間の NURBS 表現を適用する．式 (6.66) で定義した時間コントロールポイントとともに 2 次の B-spline を用いることで，式 (6.67) により 171 のサンプリングポイント（約 7 周期のはばたき）を 60 の時間コントロールポイントに削減した．

　その後，各時間コントロールポイントにおいて，追跡点の空間再現を実施する．空間補間には，6.5 節で説明した SSDM 記述を用いた．左側の HW における，この過程の説明図を図 7.21 に示す．FW と HW の SS はそれぞれ，6 点と 9 点のコントロー

7.5 羽のはばたきの空力　189

図 7.21 変形した SS に射影された FW の NURBS サーフェスと SS の
コントロールポイント

ルポイントで構成した．

最小二乗法により追跡点を SS コントロールポイントにフィッティングする際，体部にもっとも近いコントロールポイントは固定している．先端部 1 点だけの追跡点を用いることによる最小二乗フィッティングの非現実性を最小化するため，もっとも遠い追跡点を線形外挿して追加の点を生成する．これらの追加点は先ほど述べた 76 点に含まれている．各時間コントロールポイントにおいて，各 SS と対応するサーフェスの間で最終的な最小二乗射影を行う．以上により，**図 7.22** のように両翼の FW の空間と時間両方の NURBS 表現データセットが完了する．

図 7.22 三つの時間コントロールポイントにおける FW コントロールメッシュとそのサーフェス

羽の動きには，羽のはばたく周期の間に何度かリメッシュを行う必要がある．リメッシュを容易にするため，ボリュームメッシュの前に持続時間の等しい時間パッチを作成するための時間ノット挿入を実施する（6.6.2 項参照）．各時間パッチには 5 点のコントロールポイントが含まれる．各時間パッチの最新のコントロールポイントに対応する空間位置は，次のパッチの最初のコントロールポイントのそれと同じである．各時間パッチ内において，中間のコントロールポイントを選択し，ボリュームメッシュを作成する．

7.5.3 メッシュの動き

各時間パッチの羽の動きと変形を捉えるため，領域内のボリュームメッシュを対応する時間コントロールサーフェスメッシュに変形させる必要がある．時間コントロールポイント間の変形が比較的大きいため，メッシュ計算には時間コントロールポイントを20の小ステップに分割した補反復を使用する．真ん中のコントロールポイントに相当するメッシュを，1,500回のGMRES反復を用いた各小ステップにおいて，前後に動かす．この方法を使用すると，図7.23のように，各時間パッチの最初と最後でメッシュ品質が最悪となる．

まとめると，各パッチは五つのコントロールポイント（三つのノットスパン）をもっている．それぞれのパッチにおいてメッシュを（中間のコントロールポイントで）1度だけ作成し，それをメッシュ移動方程式により（ほかの四つのコントロールポイント

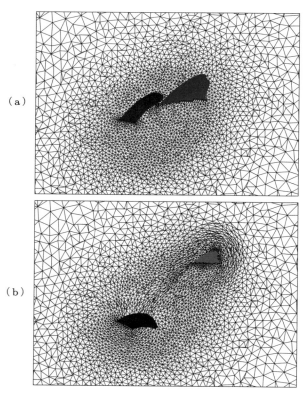

図7.23 (a) 自動メッシュジェネレータで作成したボリュームメッシュと (b) それをパッチの最初の時間コントロールポイントに動かした直後のメッシュ

で) 4 回動かす．その後の space–time 計算では，その後時間刻み幅が必要とするだけのノットスパンをもつ space–time スラブをもつことができる．それらの space–time スラブにおける計算では，メッシュの時間 NURBS 表現に必要となるメッシュの情報を補間する．

流体の開始条件には，6.7.2 項で解説したものを使用する．式 (6.88) と (6.89) から，時間コントロールメッシュ M_c^{-1} および M_c^{-2} が得られる．この開始条件を示したのが，図 7.24 の灰色の部分である．

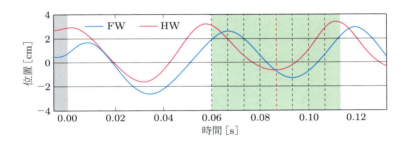

図 7.24　FW および HW のチップ位置．灰色部は外挿領域，緑色部は結果の可視化に用いた区間．縦方向の破線は，図 7.25，7.26，7.27 に使用した周期内の点を示す．

7.5.4　流体の数値計算

羽に動きを与える前に，流れ場を発達させるために 200 時間刻みの計算を行う．はじめの 100 時間刻みでは，流入速度を 0 m/s から風洞の平均流速の 2.4 m/s まで，余弦波状に滑らかに増やしていく．この流れを発達させるための計算における時間刻み幅は 2.2×10^{-4} s とし，時間刻みあたり 3 回の非線形反復計算を行った．DSD/SST-SUPS 法を使用する．安定化パラメータには，式 (4.115)～(4.120) および (4.127) のものを使用している．安定化パラメータは予測子の後で計算し，3 回の非線形反復の間，すべて同じ値を使用する．非線形反復の GMRES 反復回数は，30，60，90 回である．

羽の動きを伴う計算のメッシュ記述には，三つノットスパンに対しそれぞれ 25 の（線形基底関数をもつ）space–time スラブを使用するため，結果としてリメッシング頻度は 75 時間刻みごととなる．時間刻み幅は 2.2×10^{-4} s である．時間刻みあたり，4 回の非線形反復を行った．最初の 2 回と最後の 2 回の非線形反復には，DSD/SST-SUPS と保存形の DSD/SST-VMST を用いた．安定化パラメータは，式 (4.115)～(4.120) および (4.127) から得たものを使用した．

安定化パラメータは，予測子と最初の 2 回の非線形反復計算が終了してから計算す

る．非線形反復の GMRES 反復回数はそれぞれ，30，60，60，120 回である．

7.5.3 項の最後に解説した流体計算の開始条件は，一つのノットスパンをもつパッチで本計算と同じ計算パラメータを用いて行う．

> **Remark 7.1** 時間刻み幅が大きいときには，ゼロ近傍や負の対角項が発生する場合がある．これは，細かい（離散化）スケールの速度が，粗いスケールの速度を大きく上回る場合に発生する．これは，基本境界以外のすべての速度が前時間刻みと同じであると仮定する予測子によるものと考えられる．

羽の速度はストロークの最中に変化するため，（翼弦の付け根から先端までを測定した）羽の全長の 75% で見積もると，レイノルズ数の範囲は 1,000〜2,500 である．図 7.25〜7.27 に予備計算の結果を示す．

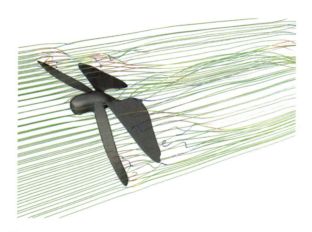

図 7.25　図 7.24 の赤い縦破線の瞬間における流線．色は速度．

7.5 羽のはばたきの空力 *193*

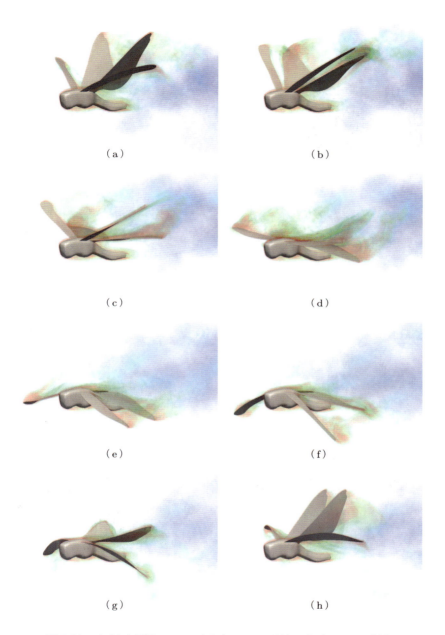

図 7.26 はばたき周期の八つの瞬間（図 7.24 の縦線の瞬間）における渦度

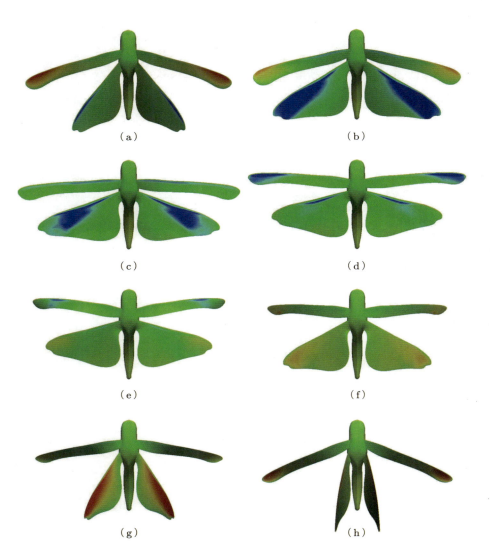

図 7.27 はばたき周期の八つの瞬間（図 7.24 の縦線の瞬間）における表面圧力

第8章 心臓血管系のFSI

FSIを伴わない数値流体計算 (CFD) の，患者固有の幾何形状を用いた血流シミュレーションへの適用は，文献 [181] ではじめて書かれて以来，血流現象や血管壁の形状や境界条件が血液動態に及ぼす影響の理解において目覚ましい進展を見せている．過去 10〜15 年にわたって CFD は，主要な血管内の流れの研究，休息状態と活動状態の比較，外科的療法オプションの試験，血液ポンプや薬剤溶出ステントといった医療機器のシミュレーション，その他様々な臨床問題（文献 [182] のレビューおよび参考文献を参照）への適用に成功してきた．FSI を考慮しない CFD だけのモデルばかりが血流計算に使われ続けているのは，商用の汎用ソフトで計算することができるからである．流れの安定状態や複雑さの指標となる収縮期のピークのレイノルズ数は，大脳動脈内で 400〜500，大動脈弓では数千ほどである．このレイノルズ数範囲は，複雑な 3 次元流れではあるが層流域である．軽い乱流が観察されるのはまれな環境下のみである．したがって，最新の商用 CFD ソフトウェアにより，患者固有の血液動態の計算結果を，適切な精度で適切な自由度のメッシュを用いて安定的に得ることができる．

それでもやはり，CFD のみのモデルは血管壁が静止している剛体であるという仮定をおいており，現実的ではない．血管壁は（粘）弾性体で，血液流動の力により大きく変形する．壁の変形により血流パターンが変わり，その結果，血液動態も変化する．そのため生理的に現実的な計算モデルとするためには，血液の流れと壁の変形を連成させて扱う必要があり，すなわち血液を流体，血管壁を構造とする FSI 問題となる．

連成問題は次のように定式化する．血液の流れは非圧縮性流体のナビエ-ストークス方程式によって支配される．血管壁は通常，大変形[183]を許容する弾性体とみなす．簡易化のため，この場合は一般的に，超弾性体が用いられる（文献 [35, 183] およびその参考文献を参照）．超弾性は，都合のよい参照形状との相対的なひずみに依存する蓄積されたエネルギー汎関数として作成され，しばしばその参照形状を無荷重と仮定する．異なる形の貯蔵エネルギー機能は，表現しようとする現象に応じて複雑さが変化する異なる壁の構成モデルを生み出す．管壁組織の構成モデルの主部は豊富にあり，文献 [184] のレビュー記事やその参考文献で得ることができる．血液で満たされた管腔と血管壁の界面である血管表面においては，運動学と力学の適合条件がすべての点において満たされていると仮定する．つまり，血液の流速は壁のそれと一致していな

ければならず，流体と構造のトラクションが，すべての点においてつり合う必要がある．これらの条件はどれも物理的に意味があるもので，数学的にも良設定問題である．FSI 問題の定式化を完成させるために，血管壁と血液で満された内腔を含む血管の動きを，各節点において計算しなければならない．このため，CFD のみのモデリングに対し FSI モデリングは複雑さを増し，本章で議論していく計算上の課題となる．弱連成手法の性能の低さと流体-構造の一体型連成が可能な商用ソフトウェアがないことから，血行動態の研究においては，FSI モデリングよりも CFD のみのモデリングの方が使いやすいものとなっている．

血流解析に FSI を導入することでモデリングとシミュレーションは複雑さを増すが，計算結果は CFD のみの計算よりも生理学上現実的なものとなる．血管のシミュレーションにおける壁面の弾性による効果が調べられており，たとえば，頸動脈に関するもの[185, 186]，脳動脈瘤に関するもの[187–189]，上下大静脈肺動脈吻合に関するもの[190]などである．壁面を剛体と仮定すると，必ず壁面せん断応力 (WSS) が弾性壁面に比べて過大評価され，場合によっては 50％に及ぶ．剛体壁と弾性壁の定性的な差は血液の流れパターンにも見られる．小さな子供の血管は大人のものよりも弾力があるため，小児心臓[182]において FSI モデリングはとくに重要である．

剛体壁の仮定とは異なり，FSI では，血流による管壁への荷重と壁面内部の荷重の両方を含む血管壁の物理環境を完全にシミュレーションすることが可能である．後者の荷重はとくに重要で，壁の構造と機能をコントロールするセルに作用する．そのため壁面バルクの弾性特性が変化し，ゆえに血行動態を変化させる．

患者固有の心血行動態の FSI モデリングにおいて，移動界面を扱う際の手法として好まれるのは，ALE 有限要素法である．ガラーキン法による ALE 法では，文献 [135, 191] で使用された BB 安定な速度変数と圧力変数を使用する．ALE-VMS 法 (4.6.1 項参照) は，同次の速度-圧力補間に適したロバストな CFD 手法で，数多くの患者固有の主要血管モデルの心臓血管系 FSI シミュレーションに用いられた (文献 [16, 189, 190, 192–198] 参照)．

DSD/SST 法を用いた患者固有の動脈 FSI モデルは，文献 [185] ではじめて発表された．その後何年にもわたって，数多くの患者の脳動脈瘤の動脈モデリングを行ってきた[186–188, 199–204]．鳥井らによりこれらの文献で研究されているのは，そのほとんどが中大脳動脈で，形状は CT (computed tomography) 画像から構築している．これらの動脈 FSI 計算には，DSD/SST 法と高度なメッシュ更新手法[25, 26, 106, 130]が用いられており，ブロック反復連成[140]を実行している．計算の流入境界条件はパルス状の速度プロファイルで，心臓の鼓動周期において測定した流量をよく再現している．文献 [185–187, 199] で発表された計算の簡単な年譜が文献 [174] に示されている．

SSTFSI 手法は文献 [126, 141, 169–171, 174, 205] において，動脈瘤をもつ動脈に主眼を置いた心臓血管系の FSI モデルに拡張された．

動脈の FSI に使用される多くの特別な技術は，SSTFSI 法とともに発展した．これらには EZP (estimated zero-pressure) による動脈形状[126, 141, 170, 205, 206]の計算技術，円形でない[126, 170]流入境界の速度プロファイルを特定するための特別なマッピング技術，壁面の厚み変化を扱う技術[126, 141, 170]，動脈壁近傍に細い層状の流体メッシュを構築するメッシュ生成技術[126, 141, 169, 170]，FSI 計算の収束性を改善するための前処理計算の手順[174, 205]，SCAFSI (sequentially-coupled arterial FSI) 法[169–171, 205, 207]とそのマルチスケール版[169–171]，流体－構造界面の応力射影技術[141]，WSS の計算と振動せん断指数 (OSI) の計算を含んでいる．文献 [142] に記された動脈瘤をもつ三つの大脳動脈の FSI モデル化では，動脈の形状は 3 次元回転血管造影法 (3DRA) から作成する．文献 [142] では，3DRA から動脈管腔を抽出する際の計算課題，その形状に対するメッシュ生成，FSI 計算の開始条件の構築の三つの問題が解決されている．文献 [143, 144] では，EZP 過程の収縮量，動脈壁厚み，動脈壁近傍の細い層状の流体ボリュームメッシュの厚み，これらを決定する新技術が紹介されている．これらの技術がはじめて提案されたのは文献 [142] の Remark 3 であるが，その記述はとても簡素であった．文献 [143, 144] では，より現実的な体積流量を決定するための新しいスケーリング技術も紹介されている．

文献 [190] では，血管壁厚みの決定にラプラス方程式を用いる技術が提案されており，文献 [189, 198] では，血管のプレストレス技術が開発された．前者は，空間的に変化する血管壁厚みをどのように決めるかという課題を解決した．これは，血管壁厚みを決めるために管腔を覆うサーフェスメッシュにラプラス方程式を使用するというアイデアを引き出した[142–144]．後者は，応力フリーでない状態の幾何形状から患者固有の血管形状データをもってくるという事実により発生する課題を解決し，またその事実が EZP 動脈形状[205, 206]の計算手法が発達するきっかけとなった．どちらの技術もとても重要で汎用的であり，患者固有の血管形状のためだけの技術ではない．

本章では，著者らが患者固有の心臓血管系 FSI モデルのために研究を進めてきたこれらの特別な space–time 法と ALE 法を解説し，過去の計算結果を紹介する．これらの特別な技術は，これまでの章で紹介してきた FSI 法の中核を患者固有の心臓血管系 FSI に適用するためのものである．

8.1 特別な技術

8.1.1 流入境界のマッピング技術

流入境界のための特別なマッピング技術が文献 [126] で紹介された．ここでは文献 [126] に従い，本マッピング技術の必要性と，この技術がどのように機能するかを述べる．

円形の入口に与える流入プロファイルはいくつかあるが，われわれが取り扱うことになる入り口形状の多くは円形ではない．さらに，動脈の変形に伴い入口形状も変化する．そのため，初期の入口形状は円形であったとしても，その後もそのままではない．$U(\mathbf{z},t)$ を，理想的な流入プロファイル $U^{\mathrm{P}}(r,t)$ からマッピングした実際の流入プロファイルとする．$\mathbf{z}$ は流入面の座標ベクトルである．ここで，r は円筒座標で $0 \leq r \leq r_{\mathrm{B}}$ とし，このとき，r_{B} は画像データから抽出した流入断面積の平均半径である．これは面積を π で割り，その平方根をとることで算出している．

この方法は二つのステップからなる．

(1) $\mathbf{z}$ を r に変換し，"試行"速度を計算する：

$$r(\mathbf{z}) = \frac{||\mathbf{z} - \mathbf{z}_{\mathrm{C}}||}{||\mathbf{z} - \mathbf{z}_{\mathrm{B}}|| + ||\mathbf{z} - \mathbf{z}_{\mathrm{C}}||} r_{\mathrm{B}} \tag{8.1}$$

$$U^{\mathrm{T}}(\mathbf{z},t) = U^{\mathrm{P}}(r,t) \tag{8.2}$$

図 8.1 に示すように，添え字 "C" は重心，"B" はもっとも近い境界を表し，上付き添え字 "T" は "試行" を表す．

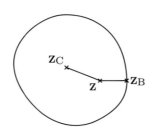

図 8.1 特別なマッピング技術

(2) 速度を補正する：

$$U(\mathbf{z},t) = \frac{Q(t)}{\int_{\Gamma_{\mathrm{IN}}} U^{\mathrm{T}}(\mathbf{z},t) \, \mathrm{d}\Gamma} U^{\mathrm{T}}(\mathbf{z},t) \tag{8.3}$$

ここで，Q は流量であり，Γ_{IN} は流入面積を離散化したもの，つまり，有限要

素空間における積分面積である．

8.1.2 前処理技術

超弾性材料の計算では，接線剛性行列の対角成分は計算しない．そのため，文献 [169] で提案しているように，要素ごとにまとめられた質量行列 $\mathbf{m}^e_{\text{LUMP}}$ のみの集合に基づいた対角前処理を行うが，ある程度，材料剛性を考慮に入れた係数が掛けられている．Fung 材料の計算では，文献 [169] で提案されているとおり，増倍率に $(C^e_{\text{HYFU}})^2$ を使用する．ただし，

$$C^e_{\text{HYFU}} = \max\left(\frac{\sqrt{\lambda^{\text{FP}}/\rho}\,\Delta t}{h^e}, \frac{\sqrt{\mu^{\text{FP}}/\rho}\,\Delta t}{h^e}\right) \tag{8.4}$$

である．ここで，h^e は要素体積の三乗根，λ^{FP} および μ^{FP} は以下のとおりである．

$$\lambda^{\text{FP}} = \frac{6D_1 D_2 \nu_{\text{PEN}}}{(1+\nu_{\text{PEN}})(1-2\nu_{\text{PEN}})} \tag{8.5}$$

$$\mu^{\text{FP}} = \frac{3D_1 D_2}{1+\nu_{\text{PEN}}} \tag{8.6}$$

文献 [169] では，$\left(1 + (1-\alpha)\beta(2\,C^e_{\text{HYFU}})^2\right)$ が増倍率の代案として提案されている．α と β は Hilber–Hughes–Taylor 時間積分法[179]のパラメータである．

> **Remark 8.1** 本書では流体と構造部分の重点を変えるため，セレクティブスケーリング (6.1.2 項参照) を行う．文献 [126] で指摘しているように，本節で説明される前処理では，流体＋構造ブロック内の流体部分と構造部分の相対的スケーリングを改善し，さらにセレクティブスケーリングが必要であれば，そのためのよい初期状態を作成することができる．

8.1.3 壁面せん断応力の算出

WSS を算出するための新しい方法が文献 [141] で提案されている．文献 [141] より，その方法の説明を行う．

まずはじめに，空間の $(\mathbf{w}^h_{1\text{I}})^-_{n+1}$ を二つの成分に分ける．

$$\mathbf{w}^h_{1\text{I}} = \left(\mathbf{w}^h_{1\text{I}}\right)^{\text{W}} + \left(\mathbf{w}^h_{1\text{I}}\right)^{\text{R}} \tag{8.7}$$

$\left(\mathbf{w}^h_{1\text{I}}\right)^{\text{R}}$ は管腔の端のリムの節点，$\left(\mathbf{w}^h_{1\text{I}}\right)^{\text{W}}$ は動脈壁におけるそれ以外の流体節点に対応する試験関数である．次に，$\left(\mathbf{h}^h_v\right)_{1\text{I}}$ を以下のとおり計算する．

$$\int_{\Gamma_h} \left(\mathbf{w}^h_{1\text{I}}\right)^{\text{W}} \cdot \left(\mathbf{h}^h_v\right)_{1\text{I}} \,\mathrm{d}\Gamma = \int_\Omega 2\mu \varepsilon\left(\left(\mathbf{w}^h_{1\text{I}}\right)^{\text{W}}\right) : \varepsilon(\mathbf{u}^h) \,\mathrm{d}\Omega$$

$$+ \sum_{e=1}^{(n_{\text{el}})_n} \int_{\Omega^e} \left(\mathbf{w}_{1\text{I}}^h\right)^{\text{W}} \cdot \boldsymbol{\nabla} \cdot \left(2\mu\boldsymbol{\varepsilon}(\mathbf{u}^h)\right) \, \mathrm{d}\Omega \qquad (8.8)$$

$$\int_{\Gamma_{\text{h}}} \left(\mathbf{w}_{1\text{I}}^h\right)^{\text{R}} \cdot \left((\mathbf{n} \times \mathbf{e}^{\text{R}}) \cdot \boldsymbol{\nabla}\right) \left(\mathbf{h}_v^h\right)_{1\text{I}} \, \mathrm{d}\Gamma = 0 \qquad (8.9)$$

ただし, $\mathbf{e}^{\text{R}}$ はリムに沿った単位ベクトルである.

8.1.4 OSI の計算

OSI (oscillatory shear index) は, 心臓の鼓動サイクルにおける WSS 振動の指標である. この定義 (文献 [208] 参照) は次のとおりである.

$$\text{OSI} = \frac{1}{2}\left(1 - \frac{\left(\mathbf{h}_v^h\right)_{1\text{I}}^{\text{NM}}}{\left(\mathbf{h}_v^h\right)_{1\text{I}}^{\text{MN}}}\right) \qquad (8.10)$$

文献 [141] で用いられた記法に従い, "NM" および "MN" は "平均値のノルム (norm of the mean)" および "ノルムの平均値 (mean of the norm)" を表し, また,

$$\left(\mathbf{h}_v^h\right)_{1\text{I}}^{\text{NM}} = \frac{1}{T} \left\| \int_0^T \left(\mathbf{h}_v^h\right)_{1\text{I}} \, \mathrm{d}t \right\| \qquad (8.11)$$

および

$$\left(\mathbf{h}_v^h\right)_{1\text{I}}^{\text{MN}} = \frac{1}{T} \int_0^T \left\|\left(\mathbf{h}_v^h\right)_{1\text{I}}\right\| \, \mathrm{d}t \qquad (8.12)$$

である. ここで, T は心拍周期である. OSI の値が大きいほど心拍周期内の流れ方向の変動が大きいことを意味する. 文献 [141] で指摘しているように, OSI を固定された枠に対して計算するのはよいやり方ではない. なぜなら, たとえば動脈が剛体回転運動の下に置かれた場合, それが OSI に影響を与えるべきではないからである. OSI 計算から剛体回転を除外するための二つの方法が, 文献 [141] の中で提案されている.

(方法 1)

$$\left(\mathbf{h}_v^h\right)_{1\text{I}}^{\Delta} = J\mathbf{F}^{-1}\left(\mathbf{h}_v^h\right)_{1\text{I}} \qquad (8.13)$$

$\mathbf{F}$ は流体 – 構造界面の変形に関する変形勾配テンソル (流体領域の動きの体積変形勾配ではない), $J = \det \mathbf{F}$ である.

(方法 2)
$$\left(\mathbf{h}_v^h\right)_{1\mathrm{I}}^{\Delta} = \mathbf{R}^T \left(\mathbf{h}_v^h\right)_{1\mathrm{I}} \tag{8.14}$$

$\mathbf{R}$ は，$\mathbf{F}$ を以下のように分解して得られる回転テンソルである．

$$\mathbf{F} = \mathbf{R}\mathbf{U} \tag{8.15}$$

$\mathbf{U}$ は右ストレッチテンソルである．

どちらの方法においても，$\left(\mathbf{h}_v^h\right)_{1\mathrm{I}}^{\Delta}$ は以下のように計算する．

$$\int_{(\Gamma_{1\mathrm{I}})_{\mathrm{ROSI}}} \mathbf{w}_{1\mathrm{I}}^h \cdot \left(\mathbf{h}_v^h\right)_{1\mathrm{I}}^{\Delta} \mathrm{d}\Gamma = \int_{(\Gamma_{1\mathrm{I}})_{\mathrm{ROSI}}} \mathbf{w}_{1\mathrm{I}}^h \cdot \mathcal{R} \left(\mathbf{h}_v^h\right)_{1\mathrm{I}} \mathrm{d}\Gamma \tag{8.16}$$

$\mathcal{R} = J\mathbf{F}^{-1}$ もしくは $\mathcal{R} = \mathbf{R}^T$ であり，$(\Gamma_{1\mathrm{I}})_{\mathrm{ROSI}}$ は OSI の計算に使用される流体－構造界面の参照配置である．式 (8.11) および (8.12) の $\left(\mathbf{h}_v^h\right)_{1\mathrm{I}}$ を $\left(\mathbf{h}_v^h\right)_{1\mathrm{I}}^{\Delta}$ に置き換える．

> **Remark 8.2** 文献 [209] にも，共回転コーシー応力 $\mathbf{R}^T \boldsymbol{\sigma} \mathbf{R}$ が，類似する概念として記されている．

> **Remark 8.3** 本書で書く OSI の計算は，式 (8.13) に基づいている．

> **Remark 8.4** 文献 [141] で指摘しているとおり，式 (8.16) で使われる参照配置は流体－構造界面の応力フリーの配置である必要はない．本書で扱う計算では，それは圧力が時間平均値になる瞬間（上昇する間，つまり圧力曲線が増加する部分）の配置である．

8.1.5 勾配をもつ流入/流出面の境界条件

SSTFSI 法を用いた以前の動脈 FSI 計算[126, 141, 169, 171, 205]では，流入面と流出面はデカルト座標の面に平行で，それらの面の構造とメッシュ移動方程式に対しては，スリップ境界条件が付与されていた．文献 [142] で紹介されている方法を用いて，それらのスリップ境界条件を勾配をもつ流入流出面に拡張した．ここでは，文献 [142] に記されたそれらの方法を解説する．

(1) 構造力学方程式

流入流出面における構造力学節点の未知空間は面に対して鉛直な方向に回転する．その面の法線ベクトル $\mathbf{n}_{\mathrm{S2}}$ は，端部の要素サーフェスの面積で重みづけした法線ベクトルの平均値により，それぞれの動脈の端で計算される．添え字 "S" と "2" は，スリップ面と構造力学方程式を指している．このようにして構造変位の法線成分はゼロに設

定される．

(2) メッシュ移動方程式

式 (5.112) により計算される流体節点の位置には，管腔端部のリムの節点位置も含まれる．しかし，文献 [142] でも指摘しているように，それらの節点が同じ面上にある保証はどこにもない．文献 [142] では，下記の方法でそれらの節点位置が同じ面上となるように調整することを提案している．

$$(\mathbf{x}_{1\mathrm{I}}^h)_{n+1} \leftarrow (\mathbf{x}_{1\mathrm{I}}^h)_{n+1} \left(((\mathbf{x}_{\mathrm{S}1}^h)_{n+1} - (\mathbf{x}_{1\mathrm{I}}^h)_{n+1}) \cdot \frac{\mathbf{n}_{\mathrm{S}1}}{\|\mathbf{n}_{\mathrm{S}1}\|} \right) \frac{\mathbf{n}_{\mathrm{S}1}}{\|\mathbf{n}_{\mathrm{S}1}\|} \qquad (8.17)$$

このとき，$\mathbf{x}_{\mathrm{S}1}^h$ はリムに一致する流体要素エッジの重心であり，面の法線ベクトル $\mathbf{n}_{\mathrm{S}1}$ は次式から計算する．

$$\mathbf{n}_{\mathrm{S}1} = \sum_{k=1}^{n_{\mathrm{S}1}} \left((\mathbf{x}_{\mathrm{L}}^k)_{n+1} - (\mathbf{x}_{\mathrm{S}1}^h)_{n+1} \right) \times \left((\mathbf{x}_{\mathrm{R}}^k)_{n+1} - (\mathbf{x}_{\mathrm{S}1}^h)_{n+1} \right) \qquad (8.18)$$

ここで，$n_{\mathrm{S}1}$ はリムに一致する要素エッジの数，$(\mathbf{x}_{\mathrm{L}}^k)_{n+1}$ と $(\mathbf{x}_{\mathrm{R}}^k)_{n+1}$ は左側と右側の k 番目のエッジの位置である．式 (8.17) の調整を，流入流出境界のほかの節点にも施す．流入と流出境界におけるそれぞれの $\mathbf{n}_{\mathrm{S}1}$ では，流体のメッシュ移動方程式を流入流出面においてスリップ条件とともに解き，構造方程式も同様にして解く．

Remark 8.5 文献 [142] では，動脈壁の抽出に用いる動脈の端部と断面を使用することも可能であると指摘している（8.2.1 項参照）が，その断面は構造から抽出したメッシュで表現されており，もともとの定義と異なるデータとして保持されていない．

Remark 8.6 流入面と流出面に用いる境界条件は，本節で紹介する最新のものである．しかし，文献 [142] で報告されている結果は以前のものであり，ここで述べた方法と共通しているのは，式 (8.17) によるリムの節点への調整のみである．

8.2 血管の形状，壁厚み変化，メッシュ生成，EZP 形状

8.2.1 医療画像からの動脈サーフェスの抽出

Team for Advanced Flow Simulation and Modeling (T★AFSM) (`tafsm.org`) の最新の動脈 FSI 研究では，動脈の形状を，Texas Medical Center の Memorial Hermann Hospital で撮影された 3 次元の血管撮影 (3DRA:3D rotational angiography) から得られたボクセルデータを使用している．撮影には 2 方向からの血管造影装置 (Allura FD20/10; Philips Medical System, Best, the Netherlands) を使用してい

る．このボクセルデータのコントラストを調整することにより，可視化とマーチングキューブ法による三角形メッシュの生成が可能となる．その後，サーフェスメッシュの頂点をガウスの平滑化フィルターに通して高周波ノイズを除去することにより，滑らかなサーフェスを得る．動脈の入口と出口においては，流れ方向に対してほぼ垂直な切断面を選択する．文献 [142] で指摘しているように，これにより流体の境界条件を設定するのによりよい流入流出断面とすることができ，また，構造と流体メッシュ運動の入口と出口にも適切なスリップ境界条件を与えることができる（8.1.5 項参照）．この過程全体は，人間の肺の構造を双方向に表現するために Warren と McPhail によって考案されたソフトウェア[210]を用いて行った．ALE-VMS 計算に対しても，管腔のサーフェス抽出において同様の手順を用いた．

8.2.2 メッシュ生成と EZP 動脈形状

四辺形サーフェスメッシュを生成するため，動脈管腔の幾何形状を ANSYS メッシングツールのインプットとして用いた．文献 [142] で述べたとおり，動脈の曲率が大きい部分にはさらに細かいメッシュを使用する．サーフェスメッシュを基に血管壁の厚みを決定し，動脈壁に六面体の構造メッシュ（通常は動脈の厚み方向に 2 要素の層）を生成し，EZP (estimated zero-pressure) 動脈形状を計算する[126, 141, 170, 205]．

EZP 形状の概念は文献 [205] で導入された．画像から得た形状を血圧がゼロの動脈形状として使用することはよくあるが，文献 [205] で指摘しているように，画像形状を血圧の時間平均値の動脈形状としたほうがはるかに現実に近い．そのためには，与えられた圧力の時間平均値の動脈形状から，血圧がゼロの動脈形状を構築する必要がある．これが EZP 動脈形状が必要となる理由である．この形状推定に用いた心拍周期における血圧の時間平均値は 92 mmHg である．

文献 [142] において，流入部で（管腔の直径に対して）約 10％ が得られるまで圧力ゼロの形状に異なる壁の厚み比を試した．それぞれの反復において，試行壁厚み比は全体で均一（反復終了時に 12～13％の範囲と判明）であるが，基準となる "パッチ" の長さスケールは，パッチ間のつながりは滑らかにしつつ，個別に定義される．パッチは流入トランク，枝分かれした流出部，動脈瘤/分岐領域に関連する領域に識別される．流入と流出パッチの長さスケールはそれぞれの端部における管腔直径とする．動脈瘤/分岐パッチの流さスケールは入口の管腔直径に 1 未満の係数を掛けたもので，文献 [142] における実際の患者の動脈モデルではそれぞれ違う値を使用している．各 EZP 反復における圧力ゼロ形状は，サーフェス抽出過程（8.2.1 項参照）で生成されるサーフェスメッシュを，上述の壁厚みの試行と同じだけ縮小することにより得られる．文献 [142] で指摘しているように，これは処理の簡略化であり，われわれはその

ような試行壁厚みから縮小量を直接もってくるのではなく，もっと洗練された規則に則って独立した試行対象に依存，もしくは基づいて計算することを推奨している．

文献 [126, 141, 170, 171] では，EZP 形状は単純な方法で算出していた．それぞれの EZP 反復に使用する圧力ゼロ形状は，単にサーフェス抽出過程で生成された縮小もされていないサーフェスメッシュであった．文献 [169, 205] の場合は計算も単純であるため，動脈全体を一つのパッチとして扱っていた．

EZP 形状の計算の後，構造を計算周期（心拍周期）の開始圧力まで膨張させる．その後，ANSYS メッシングツールにより，膨張させた動脈壁構造から流体のサーフェスメッシュを生成する．その後，そのサーフェスメッシュを用いて，動脈壁近傍に必要な層数の流体ボリュームメッシュを生成する．残った流体ボリュームのメッシュは，T★AFSM 自動メッシュジェネレータを使用して生成する．動脈壁近傍の流体のボリュームメッシュの層は，文献 [169] の発表と同じ時期に T★AFSM の計算に使用され，その後，文献 [126, 141, 142, 170, 171] などの計算が行われた．

文献 [142] では，非常に小さな径の動脈枝も存在するため，それらのメッシュ層の厚みは場所によって変化（厚みの異なる領域どうしは滑らかにつなぐ）させている．微細なメッシュ層の厚みは，文献 [142] で動脈壁の厚みを決めたのと同様な方法で決定する．文献 [126, 141, 169–171] ではもっと単純な方法で微細なメッシュ層を生成しており，動脈全体を一つのパッチとして扱っている．文献 [169] におけるメッシュ層は 6 層で，増幅係数は約 1.25，文献 [126, 141, 142, 170, 171] においては 4 層で，増幅係数は 1.75 とした．

文献 [142] の Remark 3 では，EZP 過程における収縮量，動脈壁厚み，および動脈壁近傍の流体ボリュームメッシュの微細化層の厚みを決定するための新しい方法を提案している．これらの新手法の詳細は文献 [143, 144] で説明しているが，ここでももう一度説明する．（おおよその）EZP 収縮量，壁厚み，微細化メッシュ層の厚みとしてパッチごとに定めた定数（パッチ間は滑らかにつなぐ）を使用する代わりに，これら三つの値を，管腔を覆うサーフェスメッシュ上のラプラス方程式の解に基づいて決定する．三つそれぞれのケースにおいて，ラプラス方程式は流入流出境界において特定された値を用いて収縮量と壁厚みを解き，必要に応じて[†]パッチ間の点についても特定した値を用いる（すなわち，パッチ間の境界における点を特定する）．収縮量と壁厚みの試行比率は全体で均一ではないが，流入流出境界では個別に定義しており（ここでも反復終了時の壁厚みは 12～13％程度），パッチ間の点の値はこれらの比とは直接

[†] 場合によっては，流出径が大きく異なりラプラス方程式から得られる収縮量と動脈瘤/分岐部の壁厚みが望ましくない分布となる．パッチ間の値を明確にする必要性は，それらの領域の良好な分布を求めることからきている．

関連しない．さらに，流入部のみにおける 10% の壁の厚み比を目的値とするのではなく，流出境界においても 10% の壁の厚み比，動脈瘤あるいはパッチ間の壁の厚み，動脈瘤のサイズや全体形状の合理性，メッシュ品質を目的値とする．必要に応じて試行収縮を多段階ステップに適用し，ステップ間ではサーフェスのリメッシュを行う．パラメータ空間が広く目的値が複数あるため，この過程にはユーザーの経験や勘と判断が必要になる．もちろん，収縮量と壁の厚みの値を反復させる目的は，3DRA でとった管腔の形状に近い平均圧力で膨張させた EZP 形状を得ることである．境界における収縮量と壁厚みの試行比は，独立量ではなく非圧縮性制約に関連している．壁面近傍で細分化した流体のボリュームメッシュの生成では，層数は 4 で成長比は 1.75 である．

Remark 8.7 EZP 形状の計算手法の原形は，2007 年の学会誌[206]と 2008 年のジャーナル論文[205]に課題解決のための"発展途上の方法"として掲載された．以降新しい方法が発表されており，たとえば文献 [144] で紹介されたバージョンや，文献 [189] で提案されたアプローチ，さらに洗練された文献 [198] などがある．8.3 節で説明するが，文献 [189, 198] に書かれた方法では，血管の形状を変化させずに心周期平均圧力（および粘性力）下の動脈を平衡状態にするようにプレストレスを与える．その後，FSI 計算時には，プレストレスを血管壁組織のモデル化に直接使用する．

Remark 8.8 壁厚みを決める方法として，流体のボリュームメッシュにおけるラプラス方程式の解を用いる方法が，文献 [190] で開発された．詳細は次項で解説する．EZP 収縮量，動脈壁厚み，細分化メッシュ層の厚みを決定するために管腔を覆うサーフェスメッシュに対するラプラス方程式を使用するという考えは，この初期の壁厚み決定法に端を発している．

8.2.3 血管壁厚みの再構築

血管壁のモデル化と離散化には，物性値情報だけでなく局所壁厚みも必要となる．文献上は，壁厚みはしばしば血管半径のパーセンテージで表されている．この定義は血管が直線で円形である場合には意味をもつが，実際の患者の血管には局所的な曲率，枝分かれ，動脈瘤のような奇形形状が存在するため，意味をもたない．CT 画像により正確な血管の体積データを生成することは可能であるが，血管壁の厚み情報を容易に得ることはできない．しかし，場所ごとの壁厚みは，3 次元連続体モデルにおける構造メッシュを生成する場合や，膜やシェルの構造モデルを用いる場合において，重要なパラメータとなる．

可変壁厚みの特定の必要性とそのやり方については 8.2.2 項で議論した．本項では，血管のタイプや形状の複雑さに依存しない血管壁厚み特定の一般的な方法を説明する．この手法は文献 [190] で開発された．

$\Omega \in \mathbb{R}^3$ を血液が通る血管領域とし，Γ をその境界とする．Γ_a，$a = 1, 2, \ldots, n_{\mathrm{srf}}$ は，流入出の a 個目のサーフェスであることを示し，n_{srf} は計算対象とする患者固有モデルの流入出面の総数とする．体積厚み関数 $h_{\mathrm{th}} : \Omega \to \mathbb{R}$ を導入し，サーフェス上のすべての点において血管壁厚み境界の拘束を加える．厚み関数 h_{th} は，以下の境界値を満足するものとする．

$$-\Delta h_{\mathrm{th}} = 0 \quad (\Omega \text{ 内で}) \tag{8.19}$$

$$h_{\mathrm{th}} = \left(\frac{\int_{\Gamma_a} \mathrm{d}\Gamma}{\pi} \right)^{1/2} \times x\% \quad (\Gamma_a \text{ 上で}) \tag{8.20}$$

$$\mathbf{n} \cdot \boldsymbol{\nabla} h_{\mathrm{th}} = 0 \quad (\Gamma \setminus \cup_{a=1}^{n_{\mathrm{srf}}} \Gamma_a \text{ 上で}) \tag{8.21}$$

これはモデルの流入出部に基本境界条件を与えたラプラスまたは伝熱方程式で，管腔表面には均一な自然境界条件を与えている．ここで，x は流入面または流出面の有効半径のパーセンテージで表した壁厚みである．

この手法では，患者のモデル流入出部における壁の厚み情報を効果的に集め，領域内部にそれを伝える．ラプラス演算子の特徴により，形状が複雑な分岐部を含む領域内のすべての場所において壁厚み分布は滑らかになると予想される．これにより，その複雑さに関係なくどの患者のモデルに対しても適用することが可能で，すべての流入出境界の壁厚みが正確に $x\,[\%]$ の平均半径となることを保証する．式 (8.19)～(8.21) による手法では，入口と出口に温度を与え，その他の境界は熱交換しないものとする．

われわれは，Fontan 外科の患者の形状と同様に，理想的な分岐でも提案した厚み再構築手法をテストした．どちらのケースでも，流入部と流出部の血管壁厚みは有効半径

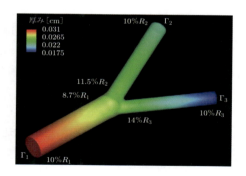

図 8.2 理想的な分岐モデルにおける，流入と流出データから再構築した厚み分布．動脈枝の半径は $R_1 = 0.31\,\mathrm{cm}$，$R_2 = 0.22\,\mathrm{cm}$，$R_3 = 0.175\,\mathrm{cm}$ である．分岐付近で，最大の枝は半径の 8.7%薄くなり，二つの小さな枝はそれぞれ 11.5%と 14%厚くなる．

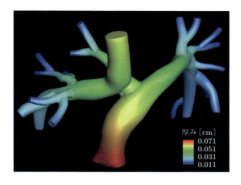

図 8.3 Fontan 外科の患者の形状における流入出データから再構築した厚み分布

の10%と仮定した．図 8.2 および 8.3 に，理想形状と Fontan モデルの厚み分布結果を示す．どちらのケースにおいても，インプットデータとして与えた情報量の少なさを考えると，とても理に適った滑らかな壁の厚み分布が得られた．とくに，Fontan 形状の大きな枝から小さな枝に血管壁が次第に薄くなる様子は，生理学上現実的である．

Remark 8.9 8.2.2 項で述べたとおり，厚みの境界条件の特定は入口と出口に制限されない．この情報は，測定やその他の情報源が使えるならば，患者モデルのほかの部分に組み込むことも可能である．（狭窄症や動脈瘤のように）幾何形状が部分的に複雑である場合には，領域内の特定の箇所に厚みの制約を追加する必要がある．

Remark 8.10 ここでは，血管壁厚みがラプラス方程式によって分布しているといっているわけではない．提案手法は，限られたインプットデータを利用して，かなり現実的な壁厚み変数をシミュレーションに組み込むことが可能な近似法である．このアプローチにより，壁厚みを定数とするよりも生理学上さらに現実的な結果が得られ，研究者により文書化された多くの患者の血管 FSI 計算に使用されている．

8.3 血管組織のプレストレス

血管壁の構造力学方程式は，参照配置の応力がゼロであると仮定している．しかし，8.2.2 項で指摘しているとおり，通常，画像データから得た血管の形状は応力フリーではない．血液の圧力と粘性によるトラクションを受け，これらの荷重に耐えるように内部応力状態が発達する．8.2.2 項では，EZP 血管形状を計算する方法について解説した．ここでは代案として，最初に血管壁の応力状態（すなわちプレストレス）を計算し，血流から生じる心周期平均トラクションを含む平衡状態に入れ，その後これを

患者の血流力学 FSI シミュレーションに直接入れるという概念に基づいた方法を提案する．この手法は文献 [189] ではじめて提案され，文献 [198] で改良を加えられた．ここではその手法を解説し，数値計算結果の紹介は後節で行う．

8.3.1 組織プレストレスの定式化

ここで，構造方程式を以下のように改造する．

任意の $\mathbf{w}_2^h \in \mathcal{V}_y$ を満足する $\mathbf{y}^h \in \mathcal{S}_y$ を求めよ：

$$\int_{(\Omega_2)_t} \mathbf{w}_2^h \cdot \rho_2 \frac{\mathrm{d}^2 \mathbf{y}^h}{\mathrm{d}t^2} \, \mathrm{d}\Omega + \int_{(\Omega_2)_0} \delta \mathbf{E}^h : (\mathbf{S}^h + \mathbf{S}_0^h) \, \mathrm{d}\Omega - \int_{(\Omega_2)_t} \mathbf{w}_2^h \cdot \rho_2 \mathbf{f}_2^h \, \mathrm{d}\Omega$$
$$- \int_{\Gamma_{2E}} \mathbf{w}_{2E}^h \cdot \mathbf{h}_{2E}^h \, \mathrm{d}\Gamma - \int_{\Gamma_{2I}} \mathbf{w}_{2I}^h \cdot \mathbf{h}_{2I}^h \, \mathrm{d}\Gamma = 0 \tag{8.22}$$

この改造では，上記方程式のように，応力項（参照配置で記述）内の演繹的に特定した対称なプレストレステンソル $\mathbf{S}_0^h$ を加える．プレストレステンソルは，変位がゼロのときに血管が血流による力のもとで平衡状態となるように設計する．この設計条件は以下の変分問題となり，式 (8.22) において $\mathbf{y}^h = \mathbf{0}$ とすることで得られる．

任意の $\mathbf{w}_2^h \in \mathcal{V}_y$ を満足する $\mathbf{S}_0^h$ を求めよ：

$$\int_{(\Omega_2)_0} \boldsymbol{\nabla}_X \mathbf{w}_2^h : \mathbf{S}_0^h \, \mathrm{d}\Omega - \int_{(\Omega_2)_0} \mathbf{w}_2^h \cdot (\rho_2)_0 \mathbf{f}_2^h \, \mathrm{d}\Omega$$
$$- \int_{(\Gamma_{2E})_0} \mathbf{w}_{2E}^h \cdot \hat{\mathbf{h}}_{2E}^h \, \mathrm{d}\Gamma - \int_{(\Gamma_{2I})_0} \mathbf{w}_{2I}^h \cdot \hat{\mathbf{h}}_{2I}^h \, \mathrm{d}\Gamma = 0 \tag{8.23}$$

式 (8.22) および (8.23) において，$(\Omega_2)_0$ は画像データから得た血管の参照配置を表す．界面トラクションベクトル $\hat{\mathbf{h}}_{2I}^h$ は，参照領域上で別途計算する定常の入口出口条件を用いた剛体壁の血流シミュレーションから得る．後者は生理的な壁内の血圧レベルを保証する．プレストレス問題に用いる流入量は，壁内圧力が心周期平均圧力（本ケースでは約 85 mmHg）となるように選定する．

式 (8.23) は未知テンソル $\mathbf{S}_0^h$ をもつベクトル方程式であるため，原則として無限個の解をもつことができる．以下の手順により，プレストレス状態の特別解を得る．

ステップ $n = 0$ から始め，$\mathbf{S}_0^h = \mathbf{0}$ と設定し，以下のステップを繰り返す：

(1) 変位をゼロに設定 ($\mathbf{y}^h = \mathbf{0}$) し，$\mathbf{S}^h = \mathbf{0}$ とする．

(2) 式 (8.22) を t_n から t_{n+1} まで積分し，出てきた変位場 $\mathbf{y}^h$ を用いて変形勾配，ひずみ，選択した構成モデル（1.2 節参照）に相当する応力 $\mathbf{S}^h$ を計算する．

(3) プレストレス $\mathbf{S}_0^h = \mathbf{S}^h + \mathbf{S}_0^h$ およびカウンター n を更新する．

上記 3 ステップを $\mathbf{y}^h \to \mathbf{0}$, $\mathbf{S}^h \to \mathbf{0}$ となるまで繰り返し，式 (8.23) の解を得る．プレストレスを計算したら，式 (8.22) の改造した構造方程式を使用して FSI シミュレーションを行う．上記手順のステップ 2 では，一般化 α 時間積分法（5.2 節参照）を用いて t_n から t_{n+1} に移動する．

8.3.2 線形弾性演算子

プレストレスを用いない旧来の構造方程式における変位増分 $\Delta \mathbf{y}$ に関する応力項の線形化は，以下の双線形型となる（式 (1.151) 参照）．

$$\int_{(\Omega_2)_0} \boldsymbol{\nabla}_X \mathbf{w}_2 : \mathbf{D} \boldsymbol{\nabla}_X \Delta \mathbf{y} \, d\Omega \tag{8.24}$$

ただし，以下とする．

$$\mathbf{D} = [\overline{D}_{iJkL}] \tag{8.25}$$

$$\overline{D}_{iJkL} = \overline{F}_{iI} \overline{\mathbb{C}}_{IJKL} \overline{F}_{kK} + \delta_{ik} \overline{S}_{JL} \tag{8.26}$$

現配置と参照配置が一致する場合には，

$$\overline{D}_{IJKL} = \mathbb{C}_{IJKL} \tag{8.27}$$

であり，物性の寄与のみが接線剛性に残る．プレストレステンソル $\mathbf{S}_0$ は構造方程式の中に存在し，接線剛性は次式のとおり修正される．

$$\overline{D}_{iJkL} = \overline{F}_{iI} \overline{\mathbb{C}}_{IJKL} \overline{F}_{kK} + \delta_{ik}(\overline{S}_{JL} + (S_0)_{JL}) \tag{8.28}$$

このとき，$(S_0)_{JL}$ は $\mathbf{S}_0$ の成分である．参照配置と現配置が一致する場合，次式が成り立つ．

$$\overline{D}_{IJKL} = \mathbb{C}_{IJKL} + \delta_{IK}(S_0)_{JL} \tag{8.29}$$

これは，プレストレスが形状剛性項の中で正しく考慮されていることを表している．

8.4 流体-構造特性と境界条件

8.4.1 流体-構造特性

文献 [185–187, 199, 200] で発表された計算で行われているように，血液はニュートン流体であると仮定している（文献 [205] の 2.1 節参照）．密度と動粘性係数は，$1,000 \, \text{kg/m}^3$ および $4.0 \times 10^{-6} \, \text{m}^2/\text{s}$ とした．動脈壁の密度は血液の密度とほぼ同じ

であるとされているため，$1{,}000\,\mathrm{kg/m^3}$ と設定する．動脈壁は超弾性 (Fung) 連続体要素でモデル化する．Fung の材料定数 D_1, D_2（文献 [211] より）は $2.6447\times 10^3\,\mathrm{N/m^2}$ と 8.365 で，ペナルティポアソン比は 0.45 とする．大脳動脈は脳脊髄液に囲まれており，動脈に対して構造力学的な減衰効果が期待される．それゆえ，質量に比例する減衰を加え，これにより高周波モードの構造変形を除去することができる．減衰係数は計算に用いる時間刻みにおいて構造計算が安定するように選定する．その値は $1.5\times 10^4\,\mathrm{s^{-1}}$ である．

8.4.2 境界条件

流れ計算の境界条件として，動脈壁上にスリップなし境界を設定する．構造計算の境界条件には，動脈の端部における変位の法線成分をゼロとし（8.1.5 項参照），剛体の動きを排除するために，それらの中の一つの節点においても変位の接線成分をゼロに設定する．

以下，シミュレーションに用いる流体の流入流出境界条件の詳細を説明する．

（1）流入境界条件

流入境界に対しては，文献 [126] で紹介された方法を用いて速度プロファイルを時間の関数として与える．ここではその方法を説明する．時間の関数で表された断面最高速度の速度波形を使用する．$r=0$ において最高速度をとり，動脈は剛体で，断面形状は真円であると仮定すると，以下に示す Womersley[212] の解を適用することができる．

$$U^{\mathrm{P}}(r,t) = A_0\left(1-\left(\frac{r}{r_{\mathrm{B}}}\right)^2\right)$$
$$+ \sum_{k=1}^{N} A_k \frac{J_0(\alpha\sqrt{k}i^{3/2}) - J_0(\alpha\sqrt{k}(r/r_{\mathrm{B}})i^{3/2})}{J_0(\alpha\sqrt{k}i^{3/2})-1}\exp\left(i2\pi k\frac{t}{T}\right) \quad (8.30)$$

ここで，N をフーリエ係数の数（$N=20$ とする），$A_k \in \mathbb{C}$ をフーリエ係数の波形とし，T は心拍周期，J_0 は 0 次の第一種ベッセル関数，i は虚数，α は Womersley パラメータである．

$$\alpha = r_{\mathrm{B}}\sqrt{\frac{2\pi}{\nu T}} \quad (8.31)$$

円以外の形状のために，8.1.1 項で解説した特別なマッピング法を使用する．図 8.4 は時間の関数で表した体積流量の一例である．

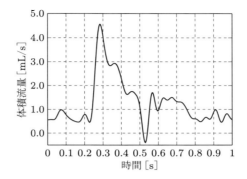

図 8.4 体積流量の一例

Remark 8.11 現在の T★AFSM 計算では，体積流量（断面最大速度の速度波形から算出）に倍率をかけてスケーリングしている．その倍率は，心拍周期平均流量のポアズイユ流れの WSS が目標値となるように決定する．現行の T★AFSM 計算における WSS の目標値は $10\,\mathrm{dyn/cm^2}$ である．この方法は文献 [143, 144] で紹介している．

(2) 陽的流出境界条件

すべての動脈部の流出境界に同じトラクション境界条件を設定する．このトラクション境界条件は，文献 [126] で説明している計算から得た圧力プロファイルに基づく．その計算では圧力プロファイルは時間の関数で，流量と Windkessel モデル[213]を用いて決定する．式 (8.30) より，以下の流量を得る．

$$Q(t) = \int_0^{r_\mathrm{B}} 2\pi r U^\mathrm{P}(r,t)\mathrm{d}r \tag{8.32}$$

$$= \pi r_\mathrm{B}^2 \frac{A_0}{2}$$
$$+ \pi r_\mathrm{B}^2 \sum_{n=1}^N A_k \frac{J_0(\alpha\sqrt{k}i^{3/2}) - 2\left(\alpha\sqrt{k}i^{3/2}\right)^{-1} J_1(\alpha\sqrt{k}i^{3/2})}{J_0(\alpha\sqrt{k}i^{3/2}) - 1} \exp\left(\imath 2\pi k \frac{t}{T}\right) \tag{8.33}$$

$$= \sum_{k=0}^N B_k \exp\left(\imath 2\pi k \frac{t}{T}\right) \tag{8.34}$$

ここで，J_1 は1次の第一種ベッセル関数である．また表記の都合上，係数 $B_k \in \mathbb{C}$ を導入する．圧力は Windkessel モデルを用いると，以下のように書くことができる．

$$p(t) = p_0 + \exp\left(-\frac{t}{RC}\right) \int_0^t \frac{1}{C} Q(\tau) \exp\left(\frac{\tau}{RC}\right) \mathrm{d}\tau \tag{8.35}$$

ここで，C と R は末端動脈網のコンプライアンスと抵抗，p_0 は積分定数である．式 (8.34) を式 (8.35) に代入すると，次式が得られる．

$$p(t) = p_0 + \sum_{k=0}^{N} \frac{B_k}{i2\pi kC/T + 1/R} \left(\exp\left(i2\pi k \frac{t}{T}\right) - \exp\left(-\frac{t}{RC}\right) \right) \tag{8.36}$$

十分な時間経過をとると，式 (8.36) の $\exp(-t/RC)$ の項は 0 に近づく．

$$p(t) = p_0 + \frac{T}{C} \sum_{k=0}^{N} \frac{B_k}{i2\pi k + T/RC} \exp\left(i2\pi k \frac{t}{T}\right) \tag{8.37}$$

ここで，T/RC は単に各フーリエ係数にかかるパラメータであるため，単なるプロファイル係数である．T/RC を 18.2 と設定し，その他のパラメータ T/C と p_0 は，圧力プロファイルが通常血圧である 80〜120 mmHg の範囲となるように設定する．図 8.5 は，図 8.4 に示したサンプル流量に対応する圧力プロファイルである．

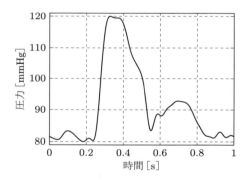

図 8.5　図 8.4 のサンプル流量に対応する出口圧力

(3) 陰的流出境界条件

前述の陽的トラクション境界条件に対して，ここでは，流出トラクションが境界を流れる流量の関数となる流出境界条件を考える．

流出面を Γ_a で表すこととし，a は出口境界を表す添え字である．全流出面 Γ_a に対して，以下を設定する．

$$\mathbf{n} \cdot \tilde{\boldsymbol{\sigma}}(\mathbf{u},p)\mathbf{n} + f(Q_a) = 0 \tag{8.38}$$

$$\mathbf{t}_1 \cdot \tilde{\boldsymbol{\sigma}}(\mathbf{u},p)\mathbf{n} = 0 \tag{8.39}$$

$$\mathbf{t}_2 \cdot \tilde{\boldsymbol{\sigma}}(\mathbf{u},p)\mathbf{n} = 0 \tag{8.40}$$

次式は改造したトラクションベクトルであり，

$$\tilde{\boldsymbol{\sigma}}(\mathbf{u},p)\mathbf{n} = -p\mathbf{n} + 2\mu\boldsymbol{\varepsilon}(\mathbf{u})\mathbf{n} - \beta\rho\{(\mathbf{u}-\hat{\mathbf{u}})\cdot\mathbf{n}\}_{-}\mathbf{u} \tag{8.41}$$

$\{A\}_{-}$ は A の負の部分を表す．すなわち，

$$\begin{cases} \{(\mathbf{u}-\hat{\mathbf{u}})\cdot\mathbf{n}\}_{-} = (\mathbf{u}-\hat{\mathbf{u}})\cdot\mathbf{n} & ((\mathbf{u}-\hat{\mathbf{u}})\cdot\mathbf{n} < 0 \text{ のとき}) \\ \{(\mathbf{u}-\hat{\mathbf{u}})\cdot\mathbf{n}\}_{-} = 0 & (\text{その他}) \end{cases} \tag{8.42}$$

となり，このとき $\mathbf{n}$ は流出面に対して外向きの単位法線ベクトル，$\mathbf{t}_1$ および $\mathbf{t}_2$ は互いに直交する流出面上の接線ベクトル，β は正の定数である．式 (8.41) の最後の項は，流出境界を流れが逆流する場合にのみ有効となる．それ以外の場合には，式 (8.41) は通常の流体トラクションベクトルの定義と同一となる．

式 (8.38) において，Q_a は出口面 Γ_a を流れる体積流量を表し，

$$Q_a = \int_{\Gamma_a} \mathbf{u}\cdot\mathbf{n}\,d\Gamma \tag{8.43}$$

である．$f(Q_a)$ は関数従属性を表す．$f(Q_a)$ を以下のとおり設定すると，よく知られたアフィン抵抗境界条件となる（例：文献 [195] 参照）．

$$f(Q_a) = C_a Q_a + p_0 \tag{8.44}$$

ここで，C_a は正の抵抗定数であり，p_0 には生理学上の内部血圧を設定する．より複雑な $f(Q_a)$ には，インピーダンスと RCR 型の境界条件を含む．$f(Q_a)$ もまた，下流の血管をモデル化した一般的な差分方程式の解として，陰的に定義する（例：文献 [214, 215] 参照）．

FSI 問題の流体部分の全流出面に，式 (8.38) を弱形化した次式を用いる．

$$\sum_a \left(-\beta \int_{\Gamma_a} \mathbf{w}_1^h \cdot \rho\{(\mathbf{u}^h - \hat{\mathbf{u}}^h)\cdot\mathbf{n}\}_{-} \mathbf{u}^h\,d\Gamma + \left(\int_{\Gamma_a} \mathbf{w}_1^h \cdot \mathbf{n}\,d\Gamma\right) f(Q_a)\right) \tag{8.45}$$

流出境界条件の付与には，しばしばこれらの項の計算手順のロバスト性を維持するために，これらの項を陰的に処理する必要が出てくる．式 (8.45) を線形化すると次式となる．

$$\begin{aligned}\sum_a \Bigg(&-\beta \int_{\Gamma_a} \mathbf{w}_1^h \cdot \rho\{(\mathbf{u}^h - \hat{\mathbf{u}}^h)\cdot\mathbf{n}\}_{-} \Delta\mathbf{u}^h\,d\Gamma \\ &+ \left(\int_{\Gamma_a} \mathbf{w}_1^h \cdot \mathbf{n}\,d\Gamma\right) f'(Q_a) \left(\int_{\Gamma_a} \Delta\mathbf{u}^h \cdot \mathbf{n}\,d\Gamma\right)\Bigg)\end{aligned} \tag{8.46}$$

このとき，$\Delta \mathbf{u}^h$ は流体速度解の増分（線形化の間，移流速度を "frozen" とする）である．式 (8.46) の第 2 項には表面積分が含まれており，左辺行列は通常とは異なる疎行列となる．そのような項の数値的な取り扱いについては文献 [195] で議論している．

Remark 8.12 $-\beta \int_{\Gamma_a} \mathbf{w}_1^h \cdot \rho \{(\mathbf{u}^h - \hat{\mathbf{u}}^h) \cdot \mathbf{n}\}_- \mathbf{u}^h \, d\Gamma$ の項は，流出境界において局所的に逆流が生じている場合に，本手法の安定性を改良する．このような逆流は，遅い流れや出口付近のよどみ領域により，速度の振動が計算領域にかかることによって発生する．われわれは，この項の追加が，とくに，複雑で乱流遷移域のシミュレーションにおける大きな血管において，全体の計算安定性に影響をもつことを発見した．

Remark 8.13 安定性のためには $\beta > 1/2$ とすることがよいことは解析的にわかる．しかし実際には，β にもっと小さい値（0.2 程度）を用いても安定解が求められる（文献 [216] 参照）．

Remark 8.14 文献 [216] にあるように，流出部の発散を防ぐためのいくつかの方法の中で，提案した方法はもっとも安定かつ低コストであり，かつ流出部から遠い部分の血流の影響を最小化できる方法である．

8.5 シミュレーションシーケンス

FSI 計算の開始状態を作成し計算の収束性を向上させるための FSI 事前計算方法は，文献 [174] で紹介されている．T★AFSM で実施するすべての動脈シミュレーションにおいては，FSI 計算の前に FSI 事前計算を行う．これらの FSI 事前計算には，流体のみの計算と構造のみの計算が含まれる．文献 [174] で紹介されているのと同じ方法が，文献 [169, 205] においても使用されている．これを若干変更した方法が文献 [126] において導入されており，そのシーケンスは "S→F→S→FSI" とよばれ，それ以降はこの方法が T★AFSM の動脈シミュレーションに用いられている．

Structure→Fluid→Structure→FSI シーケンス：
(S→F→S→FSI)
(1) 応力無負荷状態の形状から構造メッシュを生成する．
(2) 80 mmHg（高血圧の場合には 100 mmHg）付近の均一な流体圧力をかけた状態で，構造変位を計算する．
　● 定常計算あるいは定常状態に落ち着く非定常計算により，構造変位を決定する．
(3) 変形した構造から流体メッシュを生成する．
(4) ステップ 2 で計算した構造を剛体として，発達流れ場を計算する．

- 流出トラクションを 80 mmHg 付近に設定する.
- 流入速度は流出トラクションに応じて設定する.

(5) ステップ 4 で定常となった界面の流体応力から構造変位を再計算し, 同時に流体メッシュを更新する.
   - ステップ 2 で求めたどちらかを用いて構造変位を求める.

(6) ステップ 4 の流体速度を初期条件とし, ステップ 4 と同じ流入流出境界条件により FSI を計算する.

(7) 脈動する流入/流出条件を用いて FSI を計算する.

8.6 SCAFSI 法

SCAFSI (sequentially-coupled arterial FSI) 法は, 文献 [169, 207] において, 動脈流を解くための FSI の近似的手法としてはじめて提案された. SCAFSI 法では, まずはじめに心周期の圧力時間プロファイルとして与えられた血圧から "参照"(すなわち, "ベースとなる")動脈変形を時間の関数として計算する. その後メッシュの動き, 流体計算, 動脈変形の再計算を含むシーケンスを計算する. SCAFSI のステップの前に, FSI の前処理計算を行う. この計算は文献 [174, 205] が原形で, 最新版については 8.5 節で記述した. SCAFSI のステップの詳細は以下のとおりである.

(ステップ 1)
"参照" 動脈変位の算出: $(\mathbf{Y}_R)_n$ $(n = 1, 2, ..., n_{\text{ts}})$
作用力は血圧のみ: $p_R(t)$
時刻 n から $n+1$ への予測子オプション:

$$((\mathbf{Y}_R)_{n+1})^0 = (\mathbf{Y}_R)_n \tag{8.47}$$

$$((\mathbf{Y}_R)_{n+1})^0 = 2(\mathbf{Y}_R)_n - (\mathbf{Y}_R)_{n-1} \tag{8.48}$$

$$((\mathbf{Y}_R)_{n+1})^0 = 3(\mathbf{Y}_R)_n - 3(\mathbf{Y}_R)_{n-1} + (\mathbf{Y}_R)_{n-2} \tag{8.49}$$

$$((\mathbf{Y}_R)_{n+1})^0 = (\mathbf{Y}_R)_n + \frac{(\mathbf{Y}_R)_n - (\mathbf{Y}_R)_{n-1}}{p_R(t_n) - p_R(t_{n-1})} (p_R(t_{n+1}) - p_R(t_n)) \tag{8.50}$$

節点における $p_R(t_n)$ の値: $(\mathbf{P}_R)_n$
節点におけるトラクション: $(\mathbf{H}_R)_n$

(ステップ 2)
"参照" メッシュ運動の計算: $(\hat{\mathbf{Y}}_R)_n$ $(n = 1, 2, ..., n_{\text{ts}})$
予測子オプション:

$$((\hat{\mathbf{Y}}_R)_{n+1})^0 = \mathbf{0} \tag{8.51}$$

$$((\hat{\mathbf{Y}}_R)_{n+1})^0 = (\hat{\mathbf{Y}}_R)_n \tag{8.52}$$

$$((\hat{\mathbf{Y}}_R)_{n+1})^0 = 2(\hat{\mathbf{Y}}_R)_n - (\hat{\mathbf{Y}}_R)_{n-1} \tag{8.53}$$

$$((\hat{\mathbf{Y}}_R)_{n+1})^0 = 3(\hat{\mathbf{Y}}_R)_n - 3(\hat{\mathbf{Y}}_R)_{n-1} + (\hat{\mathbf{Y}}_R)_{n-2} \tag{8.54}$$

$$((\hat{\mathbf{Y}}_R)_{n+1})^0 = (\hat{\mathbf{Y}}_R)_n + \frac{(\hat{\mathbf{Y}}_R)_n - (\hat{\mathbf{Y}}_R)_{n-1}}{p_R(t_n) - p_R(t_{n-1})}(p_R(t_{n+1}) - p_R(t_n)) \tag{8.55}$$

これはステップ 5 でも登場する.$\hat{\mathbf{Y}}$ は時刻 n に対する相対的なメッシュ運動を表す.

(ステップ 3)
出口境界におけるゼロ応力条件下で,時間依存の流れ場とトラクションを計算:$(\mathbf{H}_1)_n$ $(n = 1, 2, \ldots, n_{\mathrm{ts}})$
予測子オプション:

$$((\mathbf{P}_1)_{n+1})^0 = (\mathbf{P}_1)_n \tag{8.56}$$

$$((\mathbf{P}_1)_{n+1})^0 = 2(\mathbf{P}_1)_n - (\mathbf{P}_1)_{n-1} \tag{8.57}$$

$$((\mathbf{P}_1)_{n+1})^0 = 3(\mathbf{P}_1)_n - 3(\mathbf{P}_1)_{n-1} + (\mathbf{P}_1)_{n-2} \tag{8.58}$$

$$((\mathbf{P}_1)_{n+1})^0 = (\mathbf{P}_1)_n + \frac{(\mathbf{P}_1)_n - (\mathbf{P}_1)_{n-1}}{U(t_n) - U(t_{n-1})}(U(t_{n+1}) - U(t_n)) \tag{8.59}$$

このときの $U(t)$ は,流入速度の断面平均である.ステップ 4 の計算安定性を向上させるため,時間平均をとり,$(\mathbf{H}_1)_n$ を平滑化する.

$$\begin{aligned}(\mathbf{H}_1)_n \leftarrow{} & \omega_0(\mathbf{H}_1)_n + \omega_{\pm 1}((\mathbf{H}_1)_{n+1} + (\mathbf{H}_1)_{n-1}) \\ & + \omega_{\pm 2}((\mathbf{H}_1)_{n+2} + (\mathbf{H}_1)_{n-2}) \\ & + \omega_{\pm 3}((\mathbf{H}_1)_{n+3} + (\mathbf{H}_1)_{n-3}) \\ & + \omega_{\pm 4}((\mathbf{H}_1)_{n+4} + (\mathbf{H}_1)_{n-4}) \end{aligned} \tag{8.60}$$

時間平均の重みオプション:

$$(\omega_0, \omega_{\pm 1}, \omega_{\pm 2}, \omega_{\pm 3}, \omega_{\pm 4}) = \frac{1}{9}(3, 2, 1, 0, 0) \tag{8.61}$$

$$(\omega_0, \omega_{\pm 1}, \omega_{\pm 2}, \omega_{\pm 3}, \omega_{\pm 4}) = \frac{1}{16}(4, 3, 2, 1, 0) \tag{8.62}$$

$$(\omega_0, \omega_{\pm 1}, \omega_{\pm 2}, \omega_{\pm 3}, \omega_{\pm 4}) = \frac{1}{25}(5, 4, 3, 2, 1) \tag{8.63}$$

トラクションの総和：$(\mathbf{H}_R)_n + (\mathbf{H}_1)_n$

(ステップ 4)
動脈変位の更新：$\mathbf{Y}_n$ $(n = 1, 2, \ldots, n_{\text{ts}})$
予測子オプション：

$$(\mathbf{Y}_{n+1})^0 = 2\mathbf{Y}_n - \mathbf{Y}_{n-1} \tag{8.64}$$

$$(\mathbf{Y}_{n+1})^0 = (\mathbf{Y}_R)_{n+1} + ((\mathbf{Y}_1)_{n+1})^0 \tag{8.65}$$

変位増分：$(\mathbf{Y}_1)_n = \mathbf{Y}_n - (\mathbf{Y}_R)_n$
変位増分の予測子オプション：

$$((\mathbf{Y}_1)_{n+1})^0 = (\mathbf{Y}_1)_n \tag{8.66}$$

$$((\mathbf{Y}_1)_{n+1})^0 = 2(\mathbf{Y}_1)_n - (\mathbf{Y}_1)_{n-1} \tag{8.67}$$

$$((\mathbf{Y}_1)_{n+1})^0 = 3(\mathbf{Y}_1)_n - 3(\mathbf{Y}_1)_{n-1} + (\mathbf{Y}_1)_{n-2} \tag{8.68}$$

(ステップ 5)
メッシュ運動の更新：$\hat{\mathbf{Y}}_n$ $(n = 1, 2, \ldots, n_{\text{ts}})$
予測子オプション：

$$(\hat{\mathbf{Y}}_{n+1})^0 = \mathbf{0} \tag{8.69}$$

$$(\hat{\mathbf{Y}}_{n+1})^0 = (\hat{\mathbf{Y}}_R)_{n+1} + ((\hat{\mathbf{Y}}_1)_{n+1})^0 \tag{8.70}$$

メッシュ運動の増分：$(\hat{\mathbf{Y}}_1)_n = \hat{\mathbf{Y}}_n - (\hat{\mathbf{Y}}_R)_n$
メッシュ運動増分の予測子オプション：

$$((\hat{\mathbf{Y}}_1)_{n+1})^0 = \mathbf{0} \tag{8.71}$$

$$((\hat{\mathbf{Y}}_1)_{n+1})^0 = (\hat{\mathbf{Y}}_1)_n \tag{8.72}$$

$$((\hat{\mathbf{Y}}_1)_{n+1})^0 = 2(\hat{\mathbf{Y}}_1)_n - (\hat{\mathbf{Y}}_1)_{n-1} \tag{8.73}$$

$$((\hat{\mathbf{Y}}_1)_{n+1})^0 = 3(\hat{\mathbf{Y}}_1)_n - 3(\hat{\mathbf{Y}}_1)_{n-1} + (\hat{\mathbf{Y}}_1)_{n-2} \tag{8.74}$$

(ステップ 6)
流出境界におけるゼロ応力条件下，時間依存する流体場とトラクションを算出：$(\mathbf{H}_2)_n$ $(n = 1, 2, \ldots, n_{\text{ts}})$
予測子オプション：

$$((\mathbf{P}_2)_{n+1})^0 = (\mathbf{P}_2)_n \tag{8.75}$$

$$((\mathbf{P}_2)_{n+1})^0 = 2(\mathbf{P}_2)_n - (\mathbf{P}_2)_{n-1} \tag{8.76}$$

$$((\mathbf{P}_2)_{n+1})^0 = 3(\mathbf{P}_2)_n - 3(\mathbf{P}_2)_{n-1} + (\mathbf{P}_2)_{n-2} \tag{8.77}$$

$$((\mathbf{P}_2)_{n+1})^0 = (\mathbf{P}_2)_n + \frac{(\mathbf{P}_2)_n - (\mathbf{P}_2)_{n-1}}{U(t_n) - U(t_{n-1})}(U(t_{n+1}) - U(t_n)) \tag{8.78}$$

$$((\mathbf{P}_2)_{n+1})^0 = (\mathbf{P}_1)_{n+1} \tag{8.79}$$

トラクションの総和：$(\mathbf{H}_R)_n + (\mathbf{H}_2)_n$

　以上のSCAFSIアルゴリズムは，複数の流出境界においてすべて同一のトラクション条件を設定することを前提としている．この前提を設定しないSCAFSI法のバージョンは，文献[169]にて提案されている．これらのバージョンは流体トラクション条件が陽的に定義できず，出口境界における流量の関数であっても適用可能である．興味のある読者は文献[169]を参照してほしい．

> **Remark 8.15** 明らかに，SCAFSI法は（完全な）連成法（CAFSI:coupled arterial FSI）と比較して計算時間を節約できる．文献[169]でも述べたとおり，節約のポイントはSCAFSIの至るところにある．

> **Remark 8.16** 文献[169]において，式(8.76)および(8.77)の予測子に誤った添え字が記載されている．明白な誤植ではあるが，文献[171]にて訂正している．

> **Remark 8.17** 出版社のタイプセッティングエラーと計算に使用されているセッティングの誤解とが合わさって，文献[169]でテスト計算に使用したとしている予測子オプションは，実際に使用したものではない．実際に使用した予測子オプションは，本書の式(8.48)，(8.51)，(8.56)，(8.64)，(8.69)，(8.79)である．これは，文献[171]の中で訂正している．

8.7　マルチスケールSCAFSI法

（1）　時間マルチスケール

　SCAFSIの時間マルチスケール法は文献[169]のRemark 1で提案されたもので，構造と流体に異なる時間刻み幅を用いる．この方法は文献[169]の中で，動脈瘤をもつ大脳動脈の中央部のモデリングにおいてテストされた．このときの動脈形状は，文献[187]で使用した患者の画像を基にした高精度近似を使用している．文献[187]で使用した形状は，57歳男性の動脈のCTモデルから抽出したものである．動脈壁は超

弾性 (Fung) 体の連続体要素でモデル化した．動脈のメッシュは断面方向に 2 要素の 4 節点三角形要素とした．構造部分の時間刻み幅は流体部分の 2 倍とした．マルチスケール SCAFSI 法は質量保存が良好で，得られる流体場は CAFSI 法で計算した流体場と実質上同じである．マルチスケール SCAFSI 法を用いて得た動脈のボリュームと（空間平均化された）トラクションの時刻歴もまた，CAFSI 法で得られるそれらとほぼ同じである．

(2) 空間マルチスケール

SCAFSI の時間マルチスケール法は文献 [169] の Remark 2 で提案されたもので，SCAFSI 計算の各ステージにおいて異なる解像度の流体メッシュを用いる．SCAFSI M1SC とよばれるバージョンにおいては，SCAFSI のステップ 5 および 6 で使用するメッシュには，ステップ 2 と 3 で使用するメッシュより細かい流体メッシュを使用する．このアプローチにより，WSS などの流体量を計算する前の最終ステージにおける流体解の精度を向上させることができる．文献 [169, 171] で指摘しているように，ステップ 2, 3 で比較的粗い流体メッシュを用いることにより，時間の関数である動脈形状を正確に計算するために，それほど細かい流体メッシュが必要ないステージの計算コスト増大を回避することができる．SCAFSI M1C とよばれるバージョンでは，はじめに比較的粗いメッシュを用いた CAFSI 法で動脈形状を計算し，その後，より細かいメッシュを使用してメッシュ運動と流体を計算する．再度，文献 [169, 171] のとおり，高解像な流体メッシュが必要ないステージにおいて比較的粗いメッシュを用いることにより，WSS などの流体量を計算するために高解像な流体メッシュが必要となる最終ステージに，計算労力を費やす．SCAFSI M1SC と SCAFSI M1C 法を用いたテスト計算については，文献 [171] に記載した．

Remark 8.18 SCAFSI 法を開発する元来の目的は，動脈の流体計算に用いるための手法として，完全連成 FSI 法の代わりとなる計算コストのかからない手法を得ることであった．しかし，文献 [169] で指摘しているとおり，マルチスケールの要素を含む柔軟性が加わることでさらに魅力的な手法となっている．

Remark 8.19 マルチスケール sequentially-coupled FSI (SCFSI) 法の動脈流からほかの適用先への拡張については文献 [170] で述べている．背景にある概念は，本節の前半で述べたものと本質的に同じである．文献 [170] で付けられた名前はマルチスケール SCFSI 法であるが，動脈計算のみに限定するような機能はまったくない．とくに SCFSI M1C 法は，文献 [170] に必要ない部分の FSI 計算労力を低減し，精密な流体計算が必要な部分における流体計算の精度を向上させるための方法として提案された．はじめに，比較的粗いメッシュ

による（完全な）FSI 連成 (CFSI: coupled FSI) を用いて構造変位を計算し，その後，細分化したメッシュにより運動と流体力学を計算する．この時間積分バージョンが文献 [170] で提案されており，そこでははじめに CFSI 法により時間刻み幅を必要なだけ小さくして構造変位を計算し，その後，流体計算の精度と解像度の必要性にあわせてメッシュをさらに細かくして，メッシュ運動と流体を計算する．流れに対して垂直に配置された弾性ばり周りの 2 次元流れの FSI テスト計算について文献 [170, 217] で紹介しており，空間マルチスケール SCFSI M1C 法がどのように機能するかを説明している．

Remark 8.20 文献 [169, 170] で紹介された空間マルチスケール SCFSI 法，とくに空間マルチスケール SCFSI M1C 法とよばれるバージョンをベースとして，構造部分の空間マルチスケールバージョンが文献 [218] で紹介され，頭文字から SCFSI M2C と名づけられている．この手法では，はじめに比較的粗い構造メッシュを用いて CFSI 法により非定常流れ場を解き，その後，CFSI 計算結果から出た時間依存の界面応力を用いてより細かいメッシュで構造計算を行う．この手法を用いると，不必要な FSI 計算の労力を減らすことができ，計算精度とパラシュートの布の応力計算など詳細な構造計算が必要な部分における構造計算の精度を向上させることができる．別の目的のために SCFSI M2C 法を用いて計算したパラシュートモデルのテスト計算について，文献 [124, 176, 218] で紹介している．

8.8 SSTFSI 法を用いた数値計算

すべての計算は並列化した環境で行い，リメッシュは行っていない．完全に離散化された流体と構造とメッシュ運動の連成方程式は，準直接連成法（6.1.2 項参照）により計算される．非線形反復中の線形方程式系の解法には，対角化前処理を伴う GMRES 探索法[112]を用いる．

8.8.1 構造メッシュの性能評価

動脈モデルの研究に関しては，文献 [126] で 4 種類の異なる構造メッシュの性能評価が紹介されている．動脈壁の断面方向を，1 層，2 層，3 層の要素とした 3 種類の六面体メッシュと，動脈壁断面を 2 層の要素とした四面体メッシュである．ここでは，文献 [126] より性能評価試験について記述する．

テストに使用された動脈管腔の幾何形状は文献 [188, 200, 201] によるもので，動脈瘤をもつ 67 歳女性の中大脳動脈の分岐部の CT モデルから抽出した．動脈管腔の流入直径は 2.39 mm，二つの流出端直径は 1.53 mm と 1.73 mm である．心拍周期は 1.0 s である．動脈壁厚みは（ほぼ）パッチごとに定義した定数をベースにした（8.2.2 項参照）．動脈瘤/分岐部のパッチの長さスケールは，$0.67 \times$（流入部の管腔直径）である．

それぞれの EZP 反復に使用するゼロ圧力形状は，単に表面抽出工程（8.2.1 項参照）で生成したサーフェスメッシュである．図 8.6 に，流入部の厚みで正規化した壁厚みにより色づけしたゼロ圧力形状を示す．このモデルに対して T★AFSM で使用する"標準的な"メッシュは，8,067 の節点をもつ 5,316 の 8 節点六面体要素からなる構造メッシュ，2,689 の節点と 2,658 の 4 節点四辺形要素からなる流体－構造界面メッシュ，および動脈壁を横断する 2 層分の要素である．これを図 8.7 に示す．文献 [126] で報告された構造メッシュのテストは，心拍周期にわたってトラクションを与えて行った．付与したトラクションは，8.8.2 項で解説した"中間の"流体メッシュを用いた FSI 計算の結果を用いる．構造メッシュの特性を表 8.1 に示す．六面体メッシュ間の違いは動脈壁厚み方向の要素層数のみである．四面体メッシュは，FSI 計算における流体の界面メッシュと同じ三角形のサーフェスメッシュから構成されている．どのメッシュにおいても流入出境界の節点数は同じである．四面体メッシュの幾何形状は微妙に異なるが，六面体メッシュはどれも心拍周期の間幾何学的にほぼ同一である．変形した四面体メッシュが回転および移動する際，図 8.8 に示すように幾何形状は酷似する．三角形サーフェスメッシュから四辺形サーフェスメッシュへのトラクションの最小二乗射影は，構造メッシュの変形に見られたわずかな差異の原因となっているようである．この差異は動脈内部の流れ場を解く分には影響を与えない．結果は幾何学的にほ

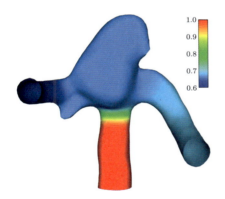

図 8.6 流入部の厚みで正規化した壁厚みにより色づけしたゼロ圧力形状

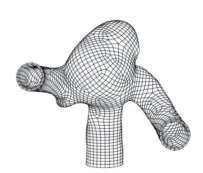

図 8.7 出口圧力が最大時の標準的な構造メッシュ

表 8.1 構造メッシュの特性

	六面体			四面体
層数	1	2	4	2
節点数	5,378	8,067	13,445	9,171
要素数	2,658	5,316	10,632	36,312

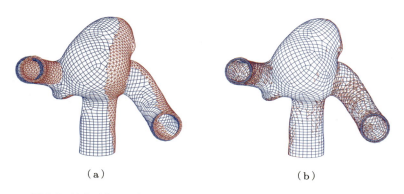

(a) (b)

図 8.8 流出圧力が最大値となる瞬間の構造メッシュ．青線は 4 層の六面体メッシュ，赤線は 2 層の四面体メッシュを表す．(a) は変形前のオリジナル形状である．(b) は四面体メッシュを流入方向に沿った軸周りに時計回りに 0.75° 回転させ，流入面に合わせて平行移動させた後の幾何形状である．

表 8.2 異なる構造メッシュの体積割合

	六面体			四面体
層　数	1	2	4	2
管腔体積	97.6%	99.4%	100%	97.1%

ぼ同一であるため，文献 [126] では管腔の体積を定量的な評価尺度として扱っている．4 層の六面体メッシュの体積割合として，それぞれのボリュームメッシュを表 8.2 に示す．これらの体積割合は心拍周期を通してほぼ一定である．

8.8.2 マルチスケール SCAFSI 計算

文献 [171] より，マルチスケール SCAFSI 計算を紹介する．空間的にマルチスケールな SCAFSI 計算では，ステップ 1〜6 で使用される予測子オプションとして式 (8.48), (8.51), (8.56), (8.64), (8.69), (8.75) を用いる．ステップ 6 で使用する圧力予測子オプションは，文献 [169] に記述されている SCAFSI 計算に使用されているものとは異なる．その理由は文献 [171] にも記述されているとおり，空間マルチスケール SCAFSI 計算では（ステップ 5 および）ステップ 6 における流体メッシュがその前に用いられていた流体メッシュとは異なり，そのため以前の段階で得られた圧力の値を直接ステップ 6 の圧力予測子として使用することができないからである．時間平均した重みは式 (8.63) で与えられる．しかし，SCAFSI M1C 計算においてはこの時間平均を使用していない．ここで使用する予測子オプションは，提案されているものの中で比較的単純なものである．文献 [171] で指摘しているように，SCAFSI による結果は CAFSI

の結果にかなり近いものであるため，高度な予測子を使用しても結果に大きな違いは期待できない．時間平均重みとして提案されているオプションのうち，もっとも広く使われているものを使用している．世の中に普及していないものは評価していない．文献 [171] で使われている動脈モデルは，8.8.1 項で紹介した文献 [126] のものと同じであり，構造メッシュは同節で紹介した"標準的な"メッシュである．8.4.2 項で定義した Womersley のパラメータは 1.5 である．図 8.9 に，本節のテスト計算の体積流量と流出圧力プロファイルを示す．

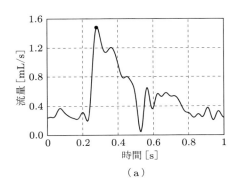
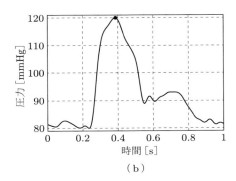

図 8.9　8.8.2 項のテスト計算の体積流量と流出圧力プロファイル．黒点は最大値．

文献 [171] で使用した二つの異なる流体メッシュは，15,850 節点と 88,573 の 4 節点四面体要素からなる"粗い"メッシュと，22,775 節点と 128,813 の 4 節点四面体要素からなる"細かい"メッシュである．文献 [141] の中では，これらと同じメッシュを"粗いメッシュ"および"中程度のメッシュ"とよんでいるが，これは三つ目のメッシュとしてさらに細かいメッシュも使用しているためである．そのため本書でもそれらを"粗い"および"中程度"と表現する．中程度のメッシュは動脈壁付近に 4 層の細かい要素をもち，第 1 層の厚みは約 0.02 mm である．メッシュの成長比は 1.75 である．粗いメッシュは約 0.2 mm の均一厚み要素で，界面は 1 層である．粗いメッシュと中程度のメッシュは，流体-構造界面において同じ数の節点と要素（3,057 節点と 6,052 の 3 節点三角形要素）をもつ．図 8.10 および 8.11 に，流体-構造界面のメッシュと，粗いメッシュと中程度のメッシュの流入面を示す．

計算は，SSTFSI-TIP1 法（Remarks 4.10 および 5.9 参照）と SUPG 試験関数オプションである WTSA（Remark 4.4 参照）を用いて実施した．安定化パラメータは，式 (4.115)〜(4.120) のものを使用した．時間刻み幅は 3.333×10^{-3} s である．CAFSI 計算では，時間刻みあたりの非線形反復回数は 6 回とし，非線形あたりの GMRES 反

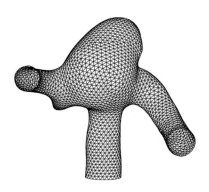

図 8.10　流体 – 構造界面の流体メッシュ

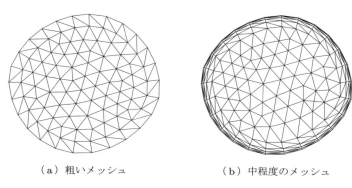

図 8.11　流入面の流体メッシュ

復は，流体＋構造ブロックは 300 回，メッシュ移動ブロックについては 30 回とした．全 6 回の非線形反復を通して，流体のセレクティブスケールは 1.0，構造のセレクティブスケールは 50 である．SCAFSI M1SC 計算では，計算コストを抑えるためにステップ 2 およびステップ 3 では粗いメッシュを使用し，流体場の計算精度を向上させるためステップ 5 およびステップ 6 では中程度のメッシュを使用する．時間刻みあたりの非線形反復回数は，流体部分は 5 回，構造部分とメッシュ移動部分は 4 回である．非線形反復あたりの GMRES 反復回数は流体，構造，メッシュ移動それぞれにおいて，150，50，30 回である．SCAFSI M1C 計算では，ステップ 1～4 を粗いメッシュを用いた CAFSI 計算に置き換える．CAFSI 計算から得られる動脈形状を，ステップ 5 およびステップ 6 の中程度のメッシュを用いた計算に使用する．文献 [171] で述べているとおり，ステップ 4 の動脈形状を粗いメッシュを用いた低コストな CAFSI 計算から作成し，ステップ 5 およびステップ 6 で使用する中程度のメッシュにより流体計算の精度を向上させる．時間刻みあたりの非線形反復回数は，流れ場に対して 5 回，構

造とメッシュ移動部分に対しては4回とする．非線形反復あたりの GMRES 反復回数は流体，構造，メッシュ移動それぞれにおいて，150，50，30 回である．

Remark 8.21 文献 [171] およびここで説明した結果は，初期の T★AFSM の実装モデルで計算したものである．この実装モデルでは，構造部分とメッシュ移動部分を分離することができない．それゆえ，メッシュ移動は動脈の変形を計算している間にしか計算できない．そのため，ステップ 4 の動脈形状は実際には粗いメッシュを用いた CAFSI 計算から直接得たものではなく，CAFSI 計算から得た界面の応力を基に再計算したものである．この違いはきわめて小さい．

Remark 8.22 ステップ 6 の流体計算には初期流れ場が必要となる．空間的にマルチスケールでない SCAFSI バージョンでは，この初期流れ場をステップ 3 から直接得る．空間的にマルチスケールなバージョンに対しては，文献 [171] の中でステップ 3 から得た初期流れ場を使用することが提案されている．しかし，文献 [171] で報告され，ここで述べた結果は，初期の T★AFSM 実装モデルによるものであり，データ射影を用いることができなかったため，代わりにとても短い流体計算により発散がゼロの流れ場を作成した．この短い計算の流入速度はステップ 6 の初期速度である．初期条件は本質的にゼロの速度場から構築する．

すべての計算において良好な質量保存が成り立っている．このことは動脈体積の変化および流入出の体積割合を計算することにより実証されている．文献 [171] の中には，このことを表す図が示されている．図 8.12 は，中程度のメッシュを用いた CAFSI 計算の WSS である．粗いメッシュを用いた CAFSI 計算の WSS は文献 [171] の中で示されている．図 8.13 および 8.14 は，SCAFSI M1SC 計算と SCAFSI M1C 計算による WSS である．図 8.15 は，粗いメッシュと中程度のメッシュを用いた CAFSI 計算の時間平均 WSS である．図 8.16 に，SCAFSI M1SC 計算と SCAFSI M1C 計算

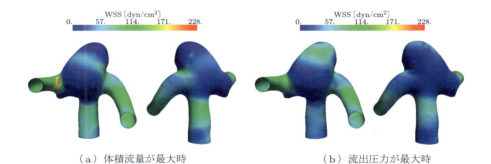

（a）体積流量が最大時　　　　　　　（b）流出圧力が最大時

図 8.12　中程度のメッシュを用いた CAFSI 計算による WSS

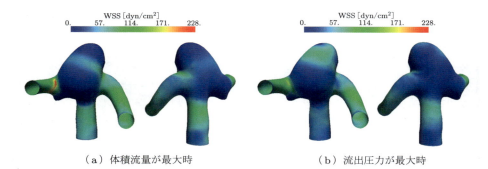

（a）体積流量が最大時　　　　　（b）流出圧力が最大時

図 8.13　SCAFSI M1SC 計算による WSS

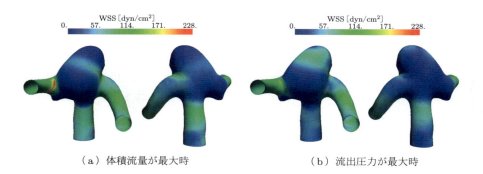

（a）体積流量が最大時　　　　　（b）流出圧力が最大時

図 8.14　SCAFSI M1C 計算による WSS

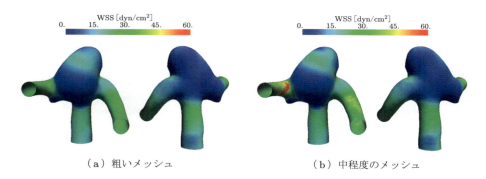

（a）粗いメッシュ　　　　　　　（b）中程度のメッシュ

図 8.15　CAFSI 計算の時間平均 WSS

の時間平均 WSS を示す．表 8.3 は粗いメッシュと中程度のメッシュを用いた CAFSI 計算の WSS の最大値，平均値，最小値である．表 8.4 は中程度のメッシュを用いた CAFSI 計算，SCAFSI M1SC 計算，SCAFSI M1C 計算の WSS の最大値，平均値，

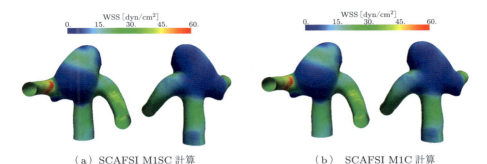

（a）SCAFSI M1SC 計算　　　　　（b）SCAFSI M1C 計算

図 8.16　時間平均 WSS

表 8.3　粗いメッシュと中程度のメッシュを用いた CAFSI 計算の WSS ($\mathrm{dyn/cm^2}$)．収縮期における空間の最大値と平均値，および時間平均した最大値，平均値，最小値

メッシュ	収縮期		時間平均		
	最大	平均	最大	平均	最小
粗い	127	47	39	15	0.50
中程度	227	55	58	17	0.27

表 8.4　中程度のメッシュを用いた CAFSI 計算，SCAFSI M1SC 計算，SCAFSI M1C 計算の WSS ($\mathrm{dyn/cm^2}$)

計算法	収縮期		時間平均		
	最大	平均	最大	平均	最小
CAFSI	227	55	58	17	0.27
SCAFSI M1SC	227	55	60	17	0.29
SCAFSI M1C	225	55	60	17	0.30

最小値を示す．

8.8.3　細分化メッシュを用いた WSS の計算

文献 [141] の中で記述されている計算では，8.8.2 項で説明した文献 [171] で使用したものと同じ動脈モデルを用いており，また，三つの新しい特徴をもっている．その新しい特徴とは，

(1) より細分化した流体，構造メッシュを用いた高解像度 FSI 計算
(2)（前述の論文のように式 (5.119) の空間バージョンを用いる代わりに）8.1.3 項で説明した新しい手法による WSS の算出
(3) 8.1.4 項で解説した新しい手法による OSI 値のレポート

である．

文献 [141] において実施した計算について説明する．"細かい"メッシュには，30,732個の節点と 20,366 個の 8 節点六面体要素からなる構造メッシュ，流体－構造界面には 10,244 個の節点と 10,183 個の 4 節点四辺形要素，動脈壁の断面方向に 2 層からなるメッシュを用いた．図 8.17 にそれを示す．文献 [141] で報告した高解像度の FSI 計算において細かい流体メッシュを用いた理由は，動脈壁付近の鉛直方向だけでなく動脈壁においても流体メッシュを細かくすることで，WSS の算出精度を向上させるためである．文献 [141] で示しているように，この方法は構造メッシュが比較的細かい場合にのみ意味をもつ．この目的のために，文献 [141] の中では図 8.17 のような細分化した構造メッシュを使用している．"細かい"流体メッシュは，138,713 個の節点と 823,756 個の 4 節点四面体要素からなる．図 8.18 のように，流体－構造界面には 11,713 個の節点と 23,304 個の 3 節点三角形要素をもつ．中程度のメッシュと同様，細かいメッシュは動脈壁付近にさらに細かい要素層を 4 層もつ．はじめの層の厚みは約 0.02 mm で，成長比は 1.75 である．図 8.19 に流入面の細かいメッシュを示す．

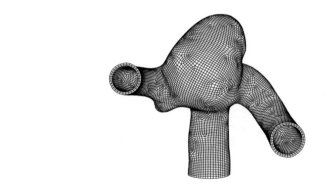

図 8.17　出口圧力が最大時の細かい構造メッシュ

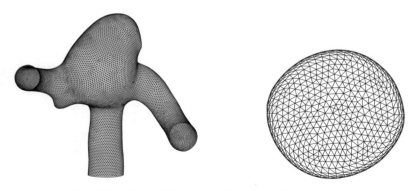

図 8.18　流体－構造界面の細かい流体メッシュ　　図 8.19　流入面における細かい流体メッシュ

計算は SSTFSI-TIP1 法（Remarks 4.10 および 5.9 参照）と SUPG 試験関数オプションの WTSA（Remark 4.4 参照）を用いて実施した．使用した安定化パラメータは式 (4.115)～(4.120) および (4.125) のものである．時間刻み幅は，粗いメッシュと中程度のメッシュについては 3.333×10^{-3} s，細かいメッシュについては 1.667×10^{-3} s である．三つすべてのメッシュにおいて，時間刻みあたりの非線形反復回数は 6 とした．流体＋構造ブロックの非線形反復あたりの GMRES 反復回数は，粗いメッシュおよび中程度のメッシュでは 300，細かいメッシュでは 600 とした．全 6 回の非線形反復において，流体のセレクティブスケールは 1.0，構造のセレクティブスケールは 50 と設定した．メッシュ移動ブロックの GMRES 反復回数は 30 である．すべての計算において，質量保存は良好であった．このことは，動脈体積の変化割合と体積流入出量割合を比較することで確認している．これは文献 [141] の中で図示している．図 8.20 は，体積流量が最大時の三つのメッシュにおける WSS である．図 8.21 は三つのメッシュの時間平均 WSS である．表 8.5 に三つのメッシュにおける WSS の最大値，平均値，最小値を示す．

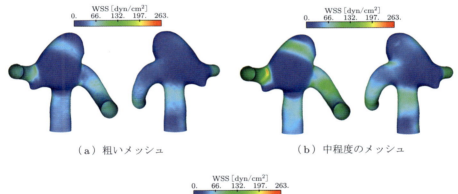

（a）粗いメッシュ　　　　　　　　　　（b）中程度のメッシュ

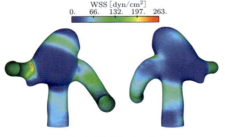

（c）細かいメッシュ

図 8.20　体積流量が最大時における WSS

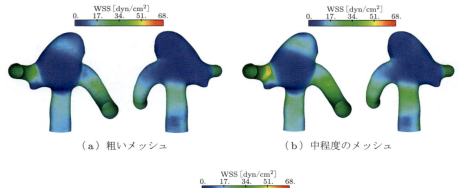

（a）粗いメッシュ　　　　　　　　（b）中程度のメッシュ

（c）細かいメッシュ

図 8.21　時間平均 WSS

表 8.5　粗いメッシュ，中程度のメッシュ，細かいメッシュの WSS (dyn/cm^2)．収縮期の空間最大値と平均値，および時間平均の空間最大値，平均値，最小値．

メッシュ	収縮期		時間平均		
	最大	平均	最大	平均	最小
粗い	102	37	32	12.53	0.16
中程度	237	54	60	16.76	0.32
細かい	263	53	68	16.53	0.24

Remark 8.23　表 8.5 に示した文献 [141] の値は，文献 [171] による 8.8.2 項のものと若干異なる．この理由は，本節のはじめに述べたとおり，文献 [141] では WSS を新しい手法で算出しているからである．

図 8.22 に，三つのメッシュの OSI を示す．OSI の値が高い領域は，心周期内で流れの方向が変化していることを意味している．中程度のメッシュと細かいメッシュの結果は，良好に一致している．図 8.23 は，時刻 $t = 0.268\,\mathrm{s}$（加速時）および $t = 0.448\,\mathrm{s}$（減速時）における OSI が高い領域近辺の典型的な流線である．流体が加速するとき，渦が形成され下向きの WSS が生じる．逆に，流体が減速するときには，渦が

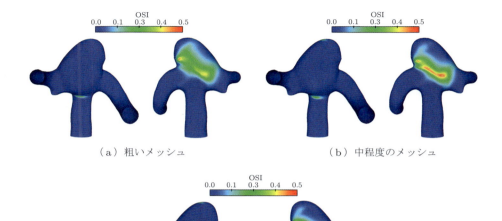

（a）粗いメッシュ　　　　　　　　　　（b）中程度のメッシュ

（c）細かいメッシュ

図 8.22　OSI の計算結果

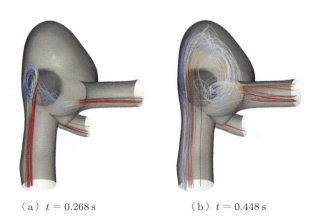

（a）$t = 0.268\,\mathrm{s}$　　　　（b）$t = 0.448\,\mathrm{s}$

図 8.23　細かいメッシュで計算した流線．流線は WSS の方向が変化することを示している．

消失し上向きの WSS が生じる．文献 [141] で示しているとおり，このように流れの特性の変化は動脈瘤の動きによって引き起こされる．われわれが観察した結果，図 8.23 の動脈瘤は左方向に動く．

8.8.4 新しいサーフェス抽出法，メッシュ生成法，境界条件法を用いた計算

文献 [142] では，動脈のサーフェス抽出，メッシュ生成，境界条件それぞれに対して，新たな手法を用いることにより，三つの動脈瘤をもつ患者の脳動脈を計算している．文献 [142] より，この計算について解説する．図 8.24 は，文献 [142] で紹介され，8.2.1 項で解説した動脈表面抽出法を用いて得た 3 モデルの幾何形状である．文献 [142] の中では，これら三つのモデルを，モデル 1，モデル 2，モデル 3 とよんでいる．モデル 1 の流入部と流出部の動脈管腔直径は，4.61 mm と 2.67 mm である．モデル 2 では 3.30 mm と 2.51 mm であり，モデル 3 では流入側端部が 2.97 mm，流出側端部が 1.57，1.54，0.44 mm および 0.39 mm である．図 8.25 は，8.2.2 項で注目

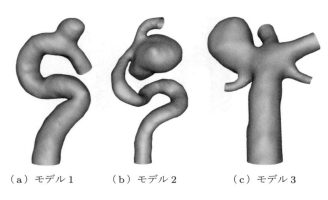

（a）モデル 1　　（b）モデル 2　　（c）モデル 3

図 8.24 ボクセルデータから取り出した動脈管腔形状

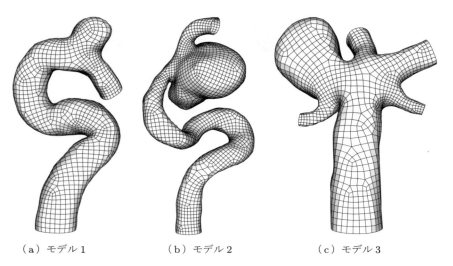

（a）モデル 1　　（b）モデル 2　　（c）モデル 3

図 8.25 モデル 1，モデル 2，モデル 3 の動脈管腔のメッシュ

した文献 [142] で解説されているメッシュ生成法で作成した 3 モデルの動脈管腔メッシュである．文献 [142] では，このサーフェスメッシュに基づいて，動脈壁厚みを決定し，動脈壁面に 2 要素の層をもつ六面体構造メッシュを作成し，EZP 形状を計算する．そのために用いる手法が文献 [142] で提案されており，それについては 8.2.2 項で解説している．流入流出パッチにおける長さスケールは，管腔の端部直径とする．動脈瘤/分岐部パッチにおける長さスケールは，モデル 1 では $0.80 \times$ (流入部の管腔直径) とした．この係数は，モデル 2 では 0.89，モデル 3 では 0.43 とした．その後，壁面近傍に 4 層の細分化メッシュをもつ流体メッシュを生成する．これらの層は，8.2.2 項で解説した文献 [142] で導入された手法により生成する．流入流出パッチにおける第 1 層の厚みを $0.007 \times$ (各パッチの端部管腔直径) とし，パッチ間は滑らかに補間した．成長比は 1.75 である．図 8.26 および 8.27 に 3 モデルの流体メッシュを示す．各モデルの節点および要素の数を表 8.6 に示す．文献 [142] で述べているとおり，モデル 1 は，バーチャル"外科手術"により動脈瘤を取り除いた動脈の流れ場の比較をするためのモデルである．モデル 2 は，その長く薄い形状のため，線形方程式系の反復解法において課題をもっている．複数の流出部をもつモデル 3 は，隣接する動脈瘤に相当する部分が大きいため，これもまた計算上の課題をもつ．Womersley パラメータ (8.4.2 項で定義済み) はモデル 1，モデル 2，モデル 3 においてそれぞれ，2.9，2.1，1.9 である．これらは心周期 1 周期 (1 s) に基づいており，各代表直径は平均圧力に膨張した

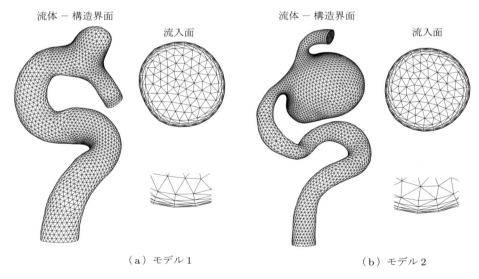

図 8.26 モデル 1，2 の流体 - 構造界面における流体メッシュと流入面における流体メッシュ

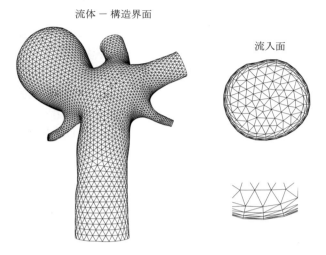

図 8.27 モデル 3 の流体 − 構造界面における流体メッシュと流入面における流体メッシュ

表 8.6 3 モデルの節点数と要素数

			モデル 1	モデル 2	モデル 3
構 造	ボリューム	節点数	8,715	14,454	8,115
		要素数	5,760	9,588	5,318
	界面	節点数	2,905	4,818	2,705
		要素数	2,880	4,794	2,659
流 体	ボリューム	節点数	21,628	58,988	47,719
		要素数	122,241	343,552	278,650
	界面	節点数	2,902	6,377	4,882
		要素数	5,754	12,706	9,672

状態の流入面積から計算する．

　計算には，SSTFSI-TIP1 法（Remark 4.10 および 5.9 を参照）と SUPG 試験関数オプションの WTSA（Remark 4.4 参照）を用いた．安定化パラメータには，式 (4.115)〜(4.120) および (4.125) で与えられるものを使用した．時間刻み幅は 3.333×10^{-3} s である．時間刻みあたりの非線形反復回数は 6 である．流体＋構造ブロックの非線形反復あたりの GMRES 反復回数は，それぞれのケースで質量保存誤差が 5% 以内に納まるように選択した．モデル 1 およびモデル 3 の計算における良好な質量保存を得るための GMRES 反復回数は 300 であった．モデル 2 においては流れ方向に沿った要素数が膨大なため，質量保存を確保するためには部分的に 500 回の GMRES 反復が必要であった．文献 [142] で述べているように，このように計算コストが著しく増大す

るため，文献 [164] で用いているような前処理の改良を行っている．これらの 6 回の非線形反復において，モデル 1 とモデル 3 の流体セレクティブスケールは 1.0，構造セレクティブスケールは 50 である．モデル 2 においては，運動量保存と非圧縮性制約の流体のセレクティブスケールは 1.0 と 10，構造のセレクティブスケールは 50 である．メッシュ移動ブロックの GMRES 反復回数は 30 である．図 8.28 に体積流量が最大時の各モデルの流線を示す．図 8.29〜8.31 は全 3 モデルの OSI であり，算出結果から剛体回転を排除する計算手法を用いて計算した（8.1.4 項参照）．比較のため，図 8.32 にモデル 3 の剛体回転を排除した OSI 算出結果とそうでない算出結果を示す．これより，二つの手法を用いた OSI 算出法の違いが確認できる．

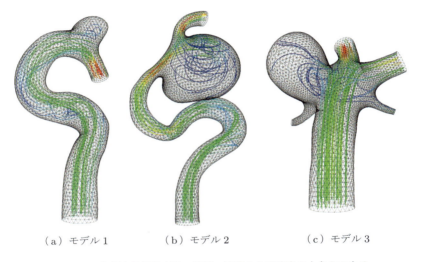

(a) モデル 1　　　(b) モデル 2　　　(c) モデル 3

図 8.28　体積流量が最大時の流線．流線の色は速度の大きさである．

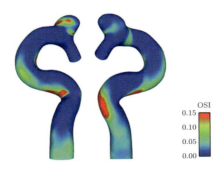

図 8.29　剛体回転を排除したモデル 1 の OSI 算出結果（8.1.4 項参照）

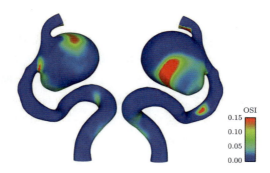

図 8.30 剛体回転を排除したモデル 2 の OSI 算出結果（8.1.4 項参照）

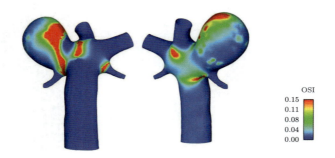

図 8.31 剛体回転を排除したモデル 3 の OSI 算出結果（8.1.4 項参照）

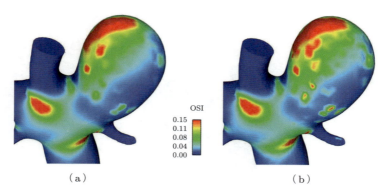

図 8.32 (a) 剛体回転を排除する手法を用いたモデル 3 の OSI 算出結果と，(b) この手法を用いない場合の結果

Remark 8.24 文献 [142] および本節の最初に述べたとおり，モデル 1 の幾何形状は，バーチャル上の手術により動脈瘤を取り除く前後の比較をするためのモデルである．図 8.33 は，バーチャル手術により動脈瘤を除去したモデル 1 の流線である．

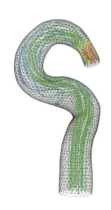

図 8.33 バーチャル手術により動脈瘤を除去したモデル 1．体積流量が最大時の流線．流線の色は速度の大きさ．

8.8.5 EZP 形状，壁厚み，境界層要素の厚みに関する新しい計算技術

最近計算された文献 [143] の患者固有の動脈瘤モデルの多くの例から，文献 [144] では一例が紹介されている．この例では，管腔表面でのラプラス方程式から EZP 過程の収縮量，動脈壁厚み，および細分化した流体メッシュ層の厚みを算出（8.2.2 項参照）している．ここでもその例を示す．流入境界と流出境界の試行比率に使用する長さスケールは，各端部の管腔直径である．流入境界と流出境界の 1 層目の要素厚みは，$0.007 \times$（各端部の管腔直径）とする．これらの計算においては，Remark 8.11 で解説したスケーリング手法によって体積流量が決定される．図 8.34 に，EZP 収縮量，壁厚み，および M6Acom モデルとよんでいる動脈モデルの構造メッシュを示す．動脈の管腔直径は，流入側端部で 3.13 mm，両流出端部で 2.12 mm である．動脈壁の厚み方向の構造メッシュの要素数は 2 である．動脈壁近傍の流体の細分化メッシュ層の成長比は 1.75 である．図 8.35 は管腔の流体メッシュ，動脈壁周りの 1 層目の厚み，流入面のメッシュである．モデルの節点数と要素数を表 8.7 に示す．Womersley パラメータ（8.4.2 項で定義）を 1.96，最大体積流量を 1.2 mL/s とした．これは心周期（1 s）から算出しており，代表直径は平均圧力に膨張した時点の流入面積から計算している．

計算は SSTFSI-TIP1 法（Remarks 4.10 および 5.9 参照）と SUPG 試験関数オプションの WTSA（Remark 4.4 参照）を用いて実施した．使用した安定化パラメータ

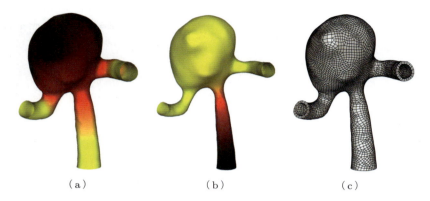

図 8.34 M6Acom モデル．(a) 検査画像から抽出したサーフェス（管腔）上の EZP 収縮量，(b) 収縮した管腔上の壁厚み，(c) ゼロ圧力における構造メッシュ．色が暗いほど値が大きいことを示す．

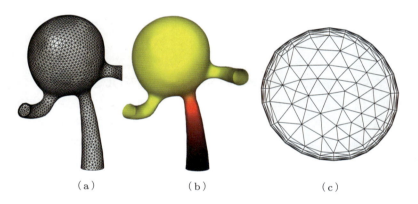

図 8.35 (a) 管腔と流出面の流体メッシュ，(b) 動脈壁近傍の 1 層目要素厚み，(c) 流入面のメッシュ．画像はすべて計算サイクルの開始時点のもの．色が暗くなるほど値が大きいことを示す．

表 8.7　M6Acom モデル

構造	ボリューム	節点数	17,574
		要素数	11,650
	サーフェス	節点数	5,858
		要素数	5,825
流体	ボリューム	節点数	33,040
		要素数	192,112
	サーフェス	節点数	3,528
		要素数	6,996

は，式 (4.115)〜(4.120) および，(4.125) によるものである．SSP オプションを使用する（Remark 5.15 および 5.16 参照）．時間刻み幅は 3.333×10^{-3} s である．時間刻みあたりの非線形反復回数は 6 回である．各ケースにおける流体＋構造ブロックの非線形反復あたりの GMRES 反復回数は，質量保存誤差が 5% 以内に収まるように決定した．GMRES 反復回数は 300 で，これは良好な質量保存を得るのに十分な回数であった．全 6 回の非線形反復において，流体のセレクティブスケールは 1.0，構造のセレクティブスケールは 100 とした．メッシュ移動ブロックの GMRES 反復回数は 30 とした．図 8.36 に体積流量が最大時の WSS を示す．図 8.37 には，剛体回転を排除して計算した OSI を示す（8.1.4 項参照）．

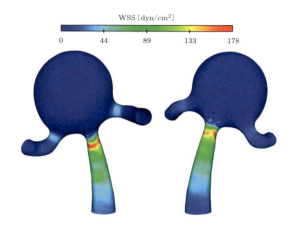

図 8.36　体積流量が最大時の WSS

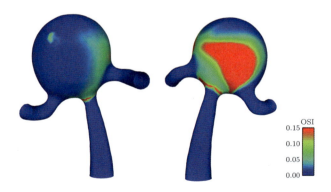

図 8.37　OSI の計算結果

8.9 ALE FSI 法を用いた計算

本節では，実際の患者の心臓血管系 FSI 計算の事例として，動脈瘤，上下大静脈肺動脈吻合 (TCPC: total cavopulmonary connection)，左心補助循環装置 (LVAD: left ventricular assist device) の例を紹介する．脳動脈瘤の計算は文献 [198]，TCPC の計算は文献 [190]，LVAD の計算は文献 [195] における計算結果である．

計算はすべて並列化環境で実施し，リメッシュは一切行わない．FSI 方程式の時間発展には，一般化 α 法を用いる．血液部分と血管壁のメッシュは界面において一致させてあり，そのぶん計算手順は単純になる．

すべてのケースにおいて，血管壁のモデルには拡張ペナルティを伴うネオ・フック材料を用いる．脳動脈瘤のケースでは，流体と構造の離散化に線形の四面体要素を用いている．TCPC のケースでは，構造の方程式は三角形要素のシェル状の方程式で離散化する（詳細は文献 [190] 参照）．LVAD のケースでは，NURBS ベースの IGA を用いて FSI 計算を行う．

FSI には，準直接解法を用いる (6.1.2 項参照)．そのため，文献 [195] で述べているように，心臓血管系の FSI 適用の際には，流体方程式のメッシュ移動の効果を剛性行列から省略することにより効率化する．すべての非線形方程式に含まれる線形方程式系を解く際，GMRES 探索手法[112]をブロック対角化前処理とともに使用する．

8.9.1 脳動脈瘤：組織のプレストレス

本節では，動脈組織のプレストレスの重要性と，これが心臓血管系の FSI 計算における評価量に及ぼす影響に焦点を当てる．脳動脈瘤の ALE FSI シミュレーションの結果については，文献 [189, 194, 196, 197] を参照してほしい．

8.3 節で説明したプレストレスの手順を，図 8.38 に示す二つの脳動脈瘤モデルに適用する．同じ図において流入枝と流出枝を M1 および M2 とする．どちらのモデルも患者固有の画像データからモデル化したもので，幾何学的に大きく異なる形状をもつ．モデル 1 は比較的小さな動脈瘤をもち，流入枝の半径は大きい．モデル 2 はその逆の特徴をもつ．表 8.8 に，それぞれのモデルの流入断面積を示す．

両モデルにおいて，線形の四面体要素の生成には文献 [196] で開発されたメッシング技術を使用する．メッシュには，血流部分と血管壁の固体部分の体積が含まれる．計算結果の信頼性を高く保つために，メッシュには境界層を付ける．両モデルのメッシュサイズを表 8.9 にまとめた．

図 8.39 に，両モデルのプレストレスをかけた最終状態を示す．これらは，本手法を様々な血管形状に適用可能であることを表している．モデルの色は，第 1 面内主応力

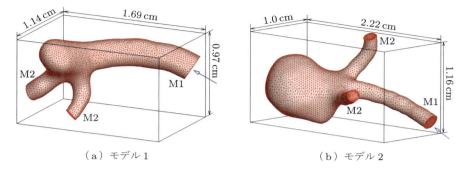

（a）モデル1　　　　　　　　　（b）モデル2

図 8.38　動脈瘤をもつ中大脳動脈分岐部の四面体有限要素メッシュ．どちらのモデルにおいても流入枝が M1，流出枝が M2 である．矢印は流入速度の方向を示している．

表 8.8　動脈瘤モデルの流入断面積

モデル	流入断面積 [cm^2]
1	4.962×10^{-2}
2	2.102×10^{-2}

表 8.9　動脈瘤モデルの四面体有限要素メッシュサイズ

モデル	節点数	要素数
1	30,497	164,140
2	30,559	167,563

の絶対値として定義される $\mathbf{S}_0$ の壁張力を表している．

　プレストレスの影響を評価するため，両モデルの FSI 連成シミュレーションを行い，プレストレスを行った場合と行わない場合の結果を比較する．図 8.40 に，変形配置と画像データから得た参照配置の壁の相対変位を示す．変形配置は，流体のトラクションベクトルが式 (8.23) で与えられたプレストレス問題に使用する平均トラクションベクトルに近づいた瞬間のものである．予想どおり，プレストレスを行った動脈シミュレーションでは，参照配置と変形配置の間に差異はほとんど見られなかった．しかし，プレストレスを行わないシミュレーションでは，二つの配置の間に大きな違いが見られた．このことは，FSI 問題が正しい形状で解析されていないことを示している．また，相対的な形状誤差は，より大きな動脈瘤と薄い壁をもつモデル 2 の方が大きい．図 8.41 に，収縮期と拡張期の変形配置における壁の相対変位を示す．プレストレスを行った場合とそうでない場合のどちらにおいても，相対変位は線形マテリアルを仮定できる程度には小さいが，無視できないレベルであった．しかし，プレストレスを行わないケースでは，行ったケースや画像データと比較して大きく "膨張した" 形状となった．

　図 8.42 に，プレストレスを行った場合と行わない場合の収縮期近傍の血流速度の比較を示す．プレストレスを行った場合と行わない場合の結果は非常に似てはいるが，

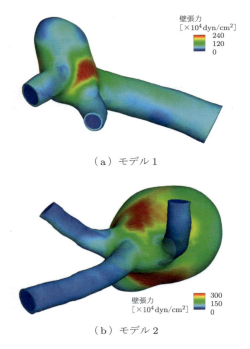

（a）モデル1

（b）モデル2

図 8.39 モデル1および2の最終プレストレス状態．色は各モデルにおいて $\mathbf{S}_0$ の第一面内主応力の絶対値として定義された壁張力のコンター．

とくにモデル2において流れの構成にいくらかの違いが見られる．図 8.43 は両ケースの収縮期近傍の WSS の比較である．血流速度とは異なり，WSS には大きさや空間分布に著しい違いが見られる．壁張力の結果を図 8.44 に示す．壁張力は第1面内主応力（詳細は文献 [189] 参照）の絶対値として定義する．再度，絶対値と分布の大きな差異を観察する．これらを比較すると，血流や血管壁の力学を患者固有の血管 FSI 計算で正確に予測するために，プレストレスを考慮することが不可欠であることは明白である．

8.9.2 上下大静脈肺動脈吻合

先天的な心臓の欠陥はもっとも多い生まれつきの欠陥で，その割合は出生数の約1%にもなる．"単心室"型の欠陥は，心臓に有効もしくは機能可能なポンプ室が一つしかなく，通常は治療せずに放置すると生後間もなく致命的となる．単心室の患者は通常，Fontan 手術を主流とする段階的な外科的アプローチを必要とする（文献 [219]）．Fontan 手術には，ECC (extra-cardiac conduit) と LT (lateral tunnel)[220] の2種類

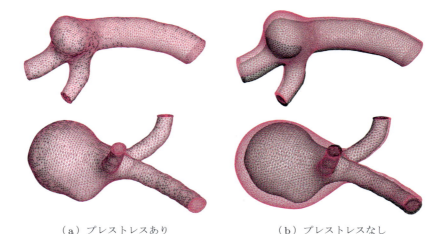

(a) プレストレスあり (b) プレストレスなし

図 8.40 変形した配置の画像データから取得した参照配置に対する壁の相対変位（上：モデル 1, 下：モデル 2）．変形配置は流体のトラクションベクトルが式 (8.23) で表されたプレストレス問題に使用する平均トラクションに近い瞬間のもの．

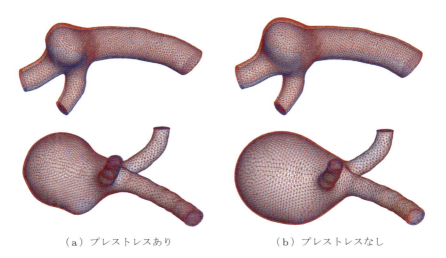

(a) プレストレスあり (b) プレストレスなし

図 8.41 拡張期と収縮期における変形配置の相対変位（上：モデル 1, 下：モデル 2）

がある．どちらの場合も，SVC（superior vena cava, 上大静脈）を右肺動脈に接続する．ECC 型では，IVC（inferior vena cava, 下大静脈）を肺動脈に接続するためにバッフルを取り付け，結果として T 字型の合流となる．LT 型では，IVC から戻っ

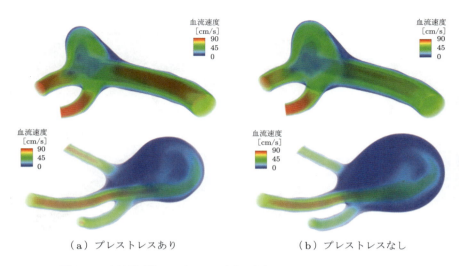

(a) プレストレスあり　　　　　　　(b) プレストレスなし

図 8.42　収縮期近傍における血流速度の大きさのボリュームレンダリング
（上：モデル 1，下：モデル 2）

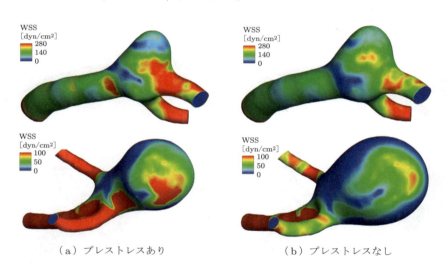

(a) プレストレスあり　　　　　　　(b) プレストレスなし

図 8.43　収縮期近傍における WSS（上：モデル 1，下：モデル 2）

た血液が直接通るようにトンネル状のパッチを心房内部に配置する．その後トンネルの端と右心房の上をつなぐ．ECC 型と LT 型の双方とも，結果として単ポンプ系の循環となり，心臓には酸素を含む血液のみが流れる．SVC と IVC を外科的に左肺動脈と右大動脈を直接接続することを，TCPC とよぶ．

先天性の心臓病は，患者によって多様な解剖学的構造とバリエーションをもつため，

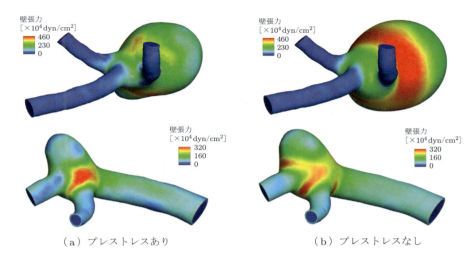

（a）プレストレスあり　　　　　　　　　（b）プレストレスなし

図 8.44　収縮期近傍の壁張力（上：モデル 1，下：モデル 2）

数値計算技術を用いた研究に適した分野である．数値計算技術により，手術全体の成功に重要な役割を果たす Fontan 接続の形状効果をテストし，外科手術設計に伴う血流特性とエネルギー損失を評価することができる．これらの結果を出すために，複雑な患者固有の形状に対して非常に注意深く CFD 解析を行った TCPC シミュレーションに関する文献（例：文献 [221–226] 参照）は多く存在する．先天的な心臓病に対する初期の CFD 解析では，標準的な Fontan の T 字接合モデルと新たな"オフセット"モデルを比較しており，現代においてオフセットモデルが選択されるようになるきっかけとなった[224, 227–229]．しかし，このような内容の文献が多く存在しているにもかかわらず，シミュレーションが直接 Fontan 手術の臨床に直接影響を与えることはまれである．これは，この適用に用いるシミュレーション技術に制約があるせいでもある．文献 [190] では，Fontan 手術シミュレーションに弾性壁モデルを取り入れることにより，それらの制約の一つを解消している．

　計算で使用した Fontan 手術モデルを図 8.45 に示す．このモデルでは，IVC と SVC に相当する二つの流入口を作成し，時間周期的な流量を与えている．さらに，肺循環を模擬するために 20 の出口枝をもっている．それぞれの出口には，抵抗の境界条件を与える．抵抗データ（詳細は文献 [190] 参照）は，以下に示すように，患者が休息しているとき（"休息状態"）の患者の心臓の圧力特性に合うように決定する．

　注意してもらいたいのは静脈側で，壁内圧が動脈側よりも極端に低く，その結果として抵抗境界条件は雰囲気圧力の成分をもたない（すなわち，式 (8.44) において $p_0 = 0$）．静脈循環における雰囲気圧力は動脈循環と比べて非常に低いため，画像データから抽

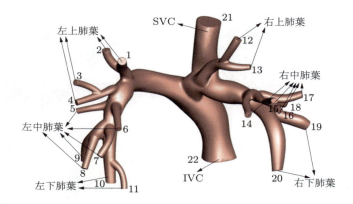

図 8.45 IVC, SVC および左上肺葉, 左中肺葉, 左下肺葉, 右上肺葉, 右中肺葉, 右下肺葉を記した肺循環を含む患者固有の Fontan 手術モデル. 画像は見やすいように前後に回転させてある.

出した血管形状を近似的な参照配置, ゼロストレス形状として使用する.

われわれの計算では, 次の物性値を使用する. 流体密度と粘性係数はそれぞれ, $1.06\,\mathrm{g/cm^3}$ および $0.04\,\mathrm{g/(cm \cdot s)}$ とする. 血管壁密度を $1.00\,\mathrm{g/cm^3}$, せん断弾性係数と体積弾性係数をそれぞれ, $1.72 \times 10^6\,\mathrm{dyn/cm^2}$ および $1.67 \times 10^7\,\mathrm{dyn/cm^2}$ とする.

Fontan モデルの四面体メッシュを図 8.46 に示す. 境界層付近と複雑な枝部においては, 文献 [230] の血管内のメッシュアダプション技術を用いた独立した流体計算による誤差指標に基づいて, メッシュを細分化している. メッシュは, 境界層をもつ 1M を超える四面体要素からなり, 結果の精度を保証している.

シミュレーションは休息状態と活動状態の両方について実施し, それぞれのケースにおいて剛体壁と弾性壁を用いた結果を比較した. 活動状態の流体条件は IVC 流入量を 3 倍とすることで作成し, SVC の流量は固定した. これらの値は, 実際の Fontan 患者

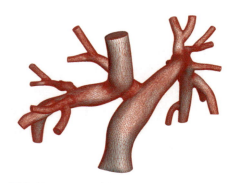

図 8.46 Fontan 手術モデルの四面体メッシュ

の活動データから得た標準的な範囲内か，もしくはわずかに高い程度であり，Fontan患者は活動時に心係数を平均で約2倍に高めることができる[231, 232]．

IVCとSVCの経時的な流入量を図8.47に示す．SVCの流量は心周期に同調し，IVCの流量は呼吸の周期に同調する．心臓カテーテルの圧力計測，超音波心臓検査，磁気共鳴（MR）のどの結果からも，Fontanの流量と圧力に呼吸が大きく影響を及ぼすことがわかっている[233, 234]．心臓のエコーによってわかるように，文献 [233] による定量的な実時間位相コントラストMR測定により，IVCの流量が心拍数の少ない休息時の呼吸の影響を受けて大きく変化（80%程度）することがわかった．また，呼吸が安定した状態におけるSVCでの心臓の変化量は小さいことがわかった．このデータを基に，文献 [226] に従って呼吸モデルを組み込み，IVC中の流量変化をモデル化する．このモデルでは，1回の呼吸あたりの心周期を3周期とし，心拍数と呼吸速度が文献 [233] のデータに従って活動中に増加していくと仮定する．また，活動状態のケースにおいては周期は短くなり，流量の最大値は著しく上昇する．

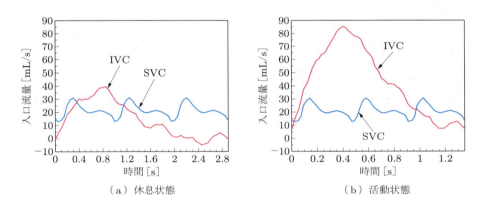

図 8.47　休息状態と活動状態におけるIVCおよびSVCの入口流入量

図8.48に，休息状態と活動状態をシミュレーションした血管壁変位のコンターを示す．活動状態のケースでは流入流量が多く，そのため血管の内圧が大きくなり，結果として壁の変位量が大きくなる．

休息状態と活動状態を比較した低流量時の流れの流線を図8.49に示す．休息状態では，呼吸周期の後側の逆流によりIVCの流入部付近で渦状の流れが発生し，枝部におけるらせん状の流れを引き起こす．活動状態ではこの特性は見られない．

次に，WSSを調べ，剛体壁と弾性壁のシミュレーション結果を比較する．図8.50は，休息状態におけるピーク流量時を比較したもので，図8.51が活動状態におけるそれである．WSSの全体分布は似ており，WSSの高低差は血管の分岐部に集中する傾

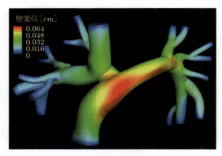

(a) 休息状態

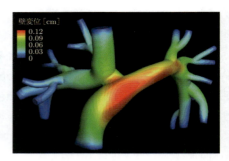

(b) 活動状態

図 8.48 血管壁変位の大きさのコンター

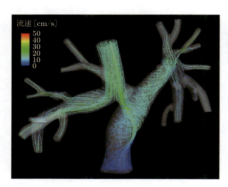

(a) 休息状態

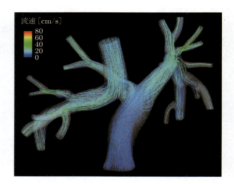

(b) 活動状態

図 8.49 流速で色づけした低流量時における血液の流線

向がある．WSS データを細かく見ると，剛体壁を用いた場合には，弾性壁を用いた場合に比べ休息状態で 17%，活動状態では 45% も WSS が過剰に見積もられることがわかった．このデータは，血管壁上のいくつかの分割した位置と図中に矢印で示した位置でとったものである．このデータは，Fontan 手術のシミュレーションには弾性壁を用いることが重要で，活動状態のシミュレーション結果に大きく影響を与えることをはっきりと示している．

SVC と IVC および選択分岐部での圧力時刻歴計算結果を，図 8.52 および 8.53 に示す．すべてのケースにおいて，剛体壁と弾性壁の間で明確な時間のずれが生じた．さらに，弾性壁を仮定することにより，圧力出口を平滑化する効果が見られる．休息状態，活動状態のどちらにおいても圧力ピーク値はつねに剛体壁を用いた方が大きく，過剰量は WSS の場合と同様に活動状態の方が大きい．図 8.53 は，出口圧力データを 2 種類の方法で表したもので，(i) 圧力場を直接取ったものと出口断面の平均をとっ

8.9 ALE FSI 法を用いた計算　249

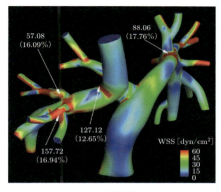 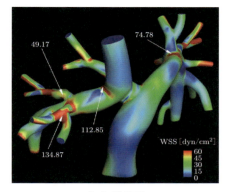

図 8.50　休息状態における WSS の比較

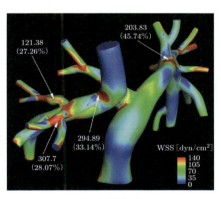 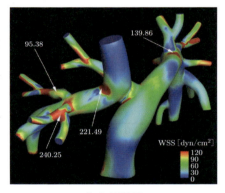

図 8.51　活動状態における WSS の比較

たものと，(ii) 出口から流量を求めて式 (8.44) の抵抗値をかけたものである．図からは，この二つの量に一見してわかる違いは見られず，変分方程式上で抵抗境界条件が"弱く"しか満足されていなくても，実際には強くはたらいていることを意味している．

8.9.3　左心補助循環装置

　心臓血管の病気は，心臓血管系の組織に多くの身体的変化をもたらす（例：動脈硬化による血管の弾力低下，虚血性損傷，心筋症）．これらは心臓血管系の血流動態を変化させ，悲惨な結果となる可能性をもっている．ほかの治療が失敗した場合には，循環補助装置を植え込むことで血流の阻害や不良を修正することができる．軸流補助装

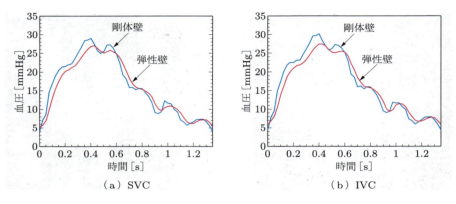

図 8.52 活動状態における SVC と IVC での血圧の時刻歴比較

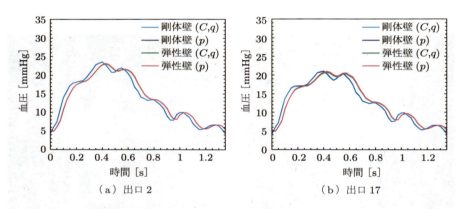

図 8.53 活動状態における選択出口部での血圧の時刻歴比較

置の出現は，深刻な心不全を抱える患者にとって重要な治療法の進歩である．これらの装置は血液を連続的に送り出すことが可能で，小型軽量化や省エネ，植え込み技術の簡略化，装置の制御といった面においても大きな優位性をもつ[235]．

新しく小型で効率的な非拍動性の軸流型左心補助循環装置 (LVAD: left ventricular assist device) は，現在，鬱血性心不全に対する移植や最終治療，回復に役立てるために研究されている．これらのポンプは工学的に高度に最適化された装置であるが，効率的な植え込み形状と制御条件を最適設計することは非常に難しい．残念なことに，LVAD は心臓と大動脈の血流を大きく変化させるが，それが良くはたらく場合もあれば悪くはたらく場合もある．LVAD 装置の最適な設計と配置はどちらも血流に大きな影響をもつにもかかわらず，それらを最適化する手段は欠乏している．血流を考える際に注視すべき点は，血栓形成の要因となると考えられる血液がよどむ領域である[236]．

血流の停止や緩慢な WSS は，血栓の発生につながる[237]．

ここで，患者固有の大動脈モデルの大動脈弁から下行胸部大動脈にかけての血管枝への流入と，LVAD の効果を含む FSI シミュレーションに関して記述する．LVAD が血流へ及ぼす影響は複雑で，大動脈弁と大動脈においては局所的に 3 次元流れのモデルが必要となる．本項では大動脈に注目する．その理由は，LVAD の導入が血流に与える影響がもっとも大きい部位であることと，この部位の血流が心臓の健康に大きな影響ももつことである．

本研究では，下行部に追加 LVAD 分岐をもつ患者固有の胸部大動脈モデルを構築した．流れの条件は次の 3 種類を検討する．

(1) LVAD を止めて全血液が大動脈を流れる場合
(2) 1.5 倍の血液がポンプから大動脈へ送られるように LVAD を操作する場合
(3) ほぼすべての流れが LVAD からくるように操作する場合

患者固有モデルの流入量データは，文献 [238] で発展した心臓血管系のマルチスケール閉ループ集中定数モデルから得た．このマルチスケールモデルは，LVAD それ自身を含めたモデリングが可能である．

この問題への適用には NURBS による IGA を用いる（NURBS による IGA の血管流れへの適用については，文献 [16, 192–195, 239] を参照）．

30 歳を超えた健康なボランティア患者の胸部大動脈幾何形状を，血管造影法による 64 枚の CT 画像から作成した．この幾何モデルを図 8.54(a) に示す．さらに，左心補助循環装置からの流入を表現するための分岐を加えた 44,892 個の 2 次 NURBS 要

 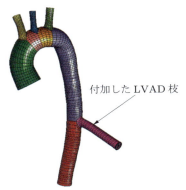

(a) 画像データから構築した患者固有のモデル　　(b) 平滑化したソリッド NURBS モデルと LVAD 枝を加えたメッシュ

図 8.54　LVAD を付けた患者固有の胸部大動脈の流れ．血流問題の IGA 解析の幾何モデルの詳細については，文献 [193] を参照．

素からなる計算メッシュを，図 (b) に示す．本モデルの壁厚みは，各流体領域断面の公称半径の 15% とした．動脈壁の厚み方向には，二つの NURBS 2 次要素と四つの C^1 連続基底関数を用いた．

計算に用いた物性値は次のとおりである．流体の密度と粘性係数はそれぞれ，$\rho = 1.06\,\mathrm{g/cm^3}$ および $\mu = 0.04\,\mathrm{g/(cm\cdot s)}$ である．固体密度は $\rho = 1\,\mathrm{g/cm^3}$，ヤング率は $E = 4.144 \times 10^6\,\mathrm{dyn/cm^2}$，ポアソン比は $\nu = 0.45$ とした．固体モデルの係数 μ および κ は，弾性静力学のラメのパラメータの基本的関係を用いて得ることができる．

動脈の入口とすべての出口は固定する．上部 50% の左右の腕頭動脈および鎖骨下動脈もまた，動かないように拘束する．これは，計算中に胸部大動脈が非物理な旋回運動をすることを避けるためである．これらの動脈の部位を拘束することで，簡素な方法で周辺組織の効果を模擬することができる．数学モデルおよび数値計算の両方の点から，周辺組織を説明するためのさらなる調査が必要である．LVAD 分岐は空間上に固定する．

われわれのモデルには，上行大動脈の入口と LVAD 分岐の入口の二つの流入境界があり，そこに周期的な波形の流れを与える（図 8.55 参照）．各出口境界には抵抗境界条件を与える．抵抗定数は $C_1 = 1{,}500/A_1$ [dyn·s/cm^5]，$C_2 = 2{,}666/A_2$ [dyn·s/cm^5]，$C_3 = 1{,}400/A_3$ [dyn·s/cm^5]，$C_4 = 1{,}400/A_4$ [dyn·s/cm^5] とし，このとき $A_a, a = 1, 2, 3, 4$ は出口面の面積である（図 8.55 参照）．このデータは文献 [240]

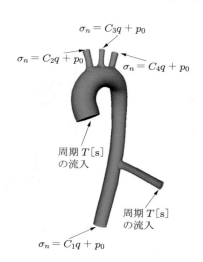

図 8.55 流体領域の境界条件．$C_a, a = 1, 2, 3, 4$ は抵抗定数，σ_n はトラクションベクトルの法線成分，q は体積流量，p_0 は血管内の生理的圧力レベルを表す．

から採ったものである．内圧は $p_0 = 85\,\mathrm{mmHg}$ とする．

　心臓血管系の閉ループ集中定数マルチスケールモデルは，文献 [240] を基に文献 [238] で発展した．体循環および肺循環はいずれも，大動脈と大血管周辺を"ループを閉じるように"モデル化した．心臓血管系モデルの集中定数は LVAD を含むことを許容する．この特殊なケースに関して，われわれは連続回転式血液ポンプである Jarvik 2000 モデルを研究している．Jarvik 2000 の回転特性から，圧力範囲とポンプ速度から流量を特定する際に，一般に用いられる圧力 − 流量曲線を使用することが可能である．モデルの中で，ポンプは左心室からの付加的な流出および動脈樹への付加的な流入として組み込む．ポンプの設定は次の三つを考慮する．

(1) ポンプがオフの状態
(2) ポンプの角速度を 8,000 rpm とした状態
(3) ポンプの角速度を 10,000 rpm とした状態

大動脈と LVAD の入口には周期を $T = 0.6667\,\mathrm{s}$ とする周期的な流量を与える．これは心臓血管系モデルの集中定数を用いて算出した値で，図 8.56 はその結果である．ポンプをオフにしたケースでは，すべての流れが大動脈の流入部から入る．8,000 rpm のケースでは，50% を上回る流量が LVAD から流れ込む．最後の 10,000 rpm のケースでは，ほとんどすべての流れが LVAD から入る．流れの停滞によって流れが複雑になると予測されるのは，最後のケースである．ポンプをオフにしたケースというのは，心臓による周期あたりの血液供給体積はいくらか小さく，いわゆる"心臓が弱い"状態であり，心拍周期は健康なケースよりも短い．

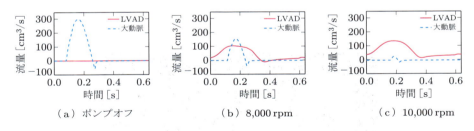

図 8.56　流入流量曲線

　このモデルの出力結果を患者固有モデルの流入境界条件として，三つのポンプ設定に使用する．こうすることで，単純な一方向連成のシミュレーションとなる．より現実に近づけるためには，患者モデルを，ここで議論した心臓血管系モデルの集中定数に双方向連成させて組み込む．

　LVAD を付けた患者の胸部大動脈の FSI を，数周期分計算した．時間応答が周期状態になった後の結果データを，ポスト処理用のデータとした．1 心拍周期あたりの計

算ステップ数は 150 とした．

図 8.57 は，ポンプ設定を最高とした場合の LVAD 取り付け部の血液流線である．図より，複雑な流れ構造，薄い境界層，および大動脈の下行部を逆流する流れが確認できる．収縮期における大動脈壁の変位の低拡張期との比較を図 8.58 に示す．変位のピークは大動脈弓の下行部の直下で発生している．これは弓部からくる血液の流れによるものであり，動脈壁に衝突するような流れとなり，変形（曲げ）の要因となる．LVAD を最高設定とした場合は変位のピークは発生しない．これは大動脈内の流れ分布が変化したことによるものである．

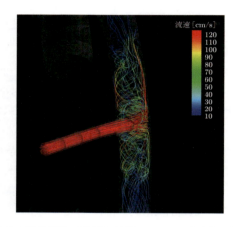

図 8.57　LVAD 装着領域の収縮期の流線．LVAD の設定を最高とした場合．

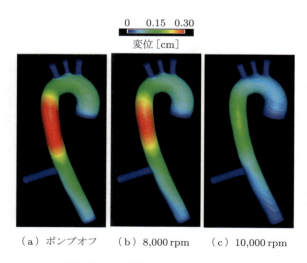

（a）ポンプオフ　　（b）8,000 rpm　　（c）10,000 rpm

図 8.58　収縮期における動脈壁の変位

図 8.59 および 8.60 は，大動脈弓に注目した流れである．ポンプによる補助のない状態においては，収縮期初期と拡張期後期の流れはらせん流となり，収縮期ピークでは流速ベクトルは動脈に沿ったものとなる．大動脈弓内の流れがらせん流となることは有名な現象である．たとえば文献 [241] では，MR による人間の胸部大動脈画像からせん流を観察している．中間のポンプ設定のケースにおいては，ポンプなしのケースで観察されたらせん状の流れは生じず，収縮期初期と拡張期後期に大動脈弓の上行部で流れのよどみが見られる．ポンプ設定を最高にすると，大動脈弓の上行部には心

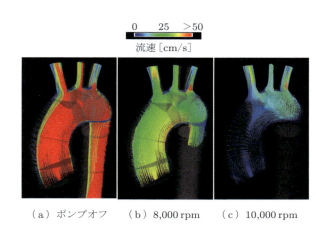

(a) ポンプオフ　(b) 8,000 rpm　(c) 10,000 rpm

図 8.59　収縮期における上行大動脈と弓部の速度の大きさで色づけした速度ベクトル

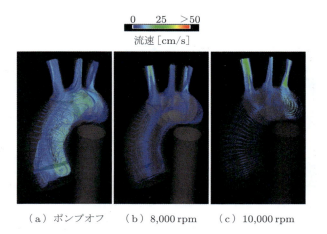

(a) ポンプオフ　(b) 8,000 rpm　(c) 10,000 rpm

図 8.60　拡張後期における上行大動脈と弓部の速度の大きさで色づけした速度ベクトル

拍周期全体にわたってよどみが発生する．これは臨床での観察結果や文献 [242] で報告された予備数値計算と一致している．流れのよどみにより滞留時間が長くなることで動脈硬化性の血球が取り込まれやすくなることがわかっており，これがアテローム性動脈硬化[243]の進展メカニズムの一つであると考えられている．

図 8.61 は，心拍周期で平均化した管腔側の（"平均"）WSS の大きさである．大動脈弓では，ポンプをオンにしたケースの方が WSS は圧倒的に小さい．この結果はこの領域における流れのよどみの観察結果や予測とも整合する．大動脈弓とは対照的に，LVAD 付近の下行枝においては，WSS は健康水準をはるかに上回っている．図 8.62 に，弓部に注目した管腔側の WSS ベクトルを示す．補助なしのケースではベクトルがらせん状になっており，このケースの血液速度の挙動と一致する．ポンプによる補助があるケースのシミュレーションでは，WSS の大きさは弓部で大幅に小さく，さらにポンプ設定を高くしたケースでは，WSS ベクトルの方向は従来仮定していた方向とは逆となる．

WSS と（OSI により測定する）時間振動のアテローム性動脈硬化への関連性は，研究の活発な医療分野である（本分野の包括的な概要については文献 [244] を参照）．文献 [245, 246] では，大きな WSS を受けると血管内皮細胞は伸びて，流れの方向に沿って整列する傾向があり，WSS が小さかったり振動したりすると，内皮細胞は丸いままで整列する傾向は見られないことを示している．さらに，動脈壁の WSS が比較的小さい場合，細胞間の透過性が増加して脆弱になり，アテローム性動脈硬化につながる[247]．

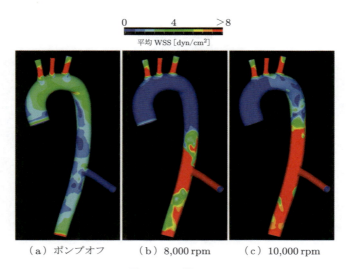

（a）ポンプオフ　　（b）8,000 rpm　　（c）10,000 rpm

図 8.61　平均 WSS

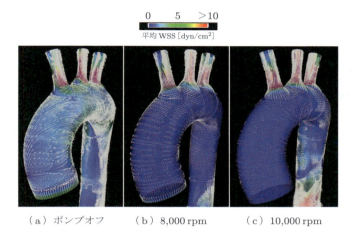

図 8.62 平均 WSS ベクトルと平均 WSS の大きさ

第9章 パラシュートのFSI

　パラシュートの計算モデルには，すべてのFSI問題の数値課題が含まれている．パラシュートの空気力学（流体力学）は，傘の形状と空気力学的作用力による傘の変形（構造力学）に依存し，二つの系を適切な界面条件を用いて連成させて解く必要がある．パラシュートのFSIは，構造物が（パラシュートの力学にかかわる空気の質量と比較して）軽く，空力による力の変化に非常に敏感な種類の問題であるため，流体，構造，メッシュ移動方程式の方程式ブロック間をどのように連成させるかに関してとくに注意が必要となる．宇宙船のパラシュートは，一般に多数のゴアで作られた非常に大きな"リングセール"パラシュートである．ゴアとは，ベントからスカートに伸びる放射状の2本の補強ケーブル間の傘の断片である．リングセールパラシュートのゴアは"リング"と"セール"で構成されており，リング部とセール部にそれぞれ数百の"ギャップ"と"スリット"をもっている．幾何学的多孔性によるこの複雑さのために，FSIのモデル化は本質的に困難になっている．また，宇宙船のパラシュートは通常2, 3個のクラスターとして使用されるため，パラシュートどうしが接触することもパラシュートクラスターのFSIモデル特有の難しさの一つとなっている．

　space–time FSI法を用いたパラシュートFSIのモデル化は，1997年にはすでに始まっており，パラシュート膨張の軸対称計算[248]が行われていた．space–time FSI法による3次元計算については，2000年にさかのぼる[158, 249]．以降，パラシュートのFSIに含まれる多くの計算課題が，space–time FSI法の中核部に加え，パラシュートに特化した特別な計算手法を用いて解決されており（文献 [6, 14, 19, 105, 124, 138, 175, 176, 178, 250–256] 参照），それらすべてが大規模パラシュート計算に実装されている．現在，space–time FSI法を用いたパラシュート計算は洗練された有用なレベルとなっており，次世代のNASAの宇宙船に使用するリングセールパラシュートクラスターの設計やテストを支援している．本章では，宇宙船のパラシュートとそのための特別なspace–time FSI法の近年の発展に焦点を当てる．

　パラシュートのspace–time FSI計算は，初歩的なブロック反復FSI連成法（6.1.1項参照）から始まった（例：文献 [158, 249–251] 参照）．後にそれらの計算は，連成の安定性を向上させたロバストなブロック反復連成法（6.1.1項参照）へと移行した（文献 [6, 138–140] 参照）．2004年以降は，準直接連成法および直接連成法（6.1.2項およ

び6.1.3項参照）を基にした space–time FSI 計算となり，構造物が軽いために流体力に敏感な FSI 計算に対して，よりロバストなアルゴリズムとなった．これらの手法は，流体メッシュと構造メッシュが界面で一致しない場合に一般的に用いられるもので，パラシュート計算ではこの手法を用いる．しかし，メッシュが一致する場合にはモノリシック手法を適用する．

現在，SSTFSI 法はパラシュートの FSI モデルに用いる中核技術である（その例は，文献 [14, 19, 105, 124, 175, 176, 178, 255, 256] を参照のこと）．多数の特殊な FSI 手法が SSTFSI 法とともに導入されている[14, 105, 124, 141, 175, 176, 178, 256]．これらの特殊な手法の多くは界面射影法に分類されるもので，FSI-GST（5.5 節参照），SSP（5.3.2 項参照），幾何学的多孔質体の均質化モデル (HMGP: homogenized modeling of geometric porosity)[105]，adaptive HMGP[176]，"対称 FSI" 法[176]，構造は流れ場に影響を及ぼさないが流れ場が構造に与える力を一方的に考慮する（パラシュートの吊線など）方法[176]，"HMGP-FG" と名づけられた新しい HMGP 法[141, 175]など，ほかにも各種界面射影法が存在する[141]．その他に分類される特殊な FSI 手法には，マルチスケール逐次連成 FSI 法[124, 176]と回転周期法[124, 175]がある．

space–time FSI 法を用いた宇宙船のパラシュートの計算モデルを最初に提案したのが，文献 [105, 255] である．われわれは，パラシュートの傘のうち n 枚のゴアを用いた HMGP 計算から得られる "均質化" 多孔性を局所的に変化させる "等価" 近似により，複雑な幾何学的多孔性の扱いの難しさを解決した（詳細は文献 [105, 255] および 9.2 節参照）．4 枚のゴアを用いた初期の HMGP 計算では，断面境界にスリップ条件を与えていた．この境界には，回転周期法を使うことで界面を弱く拘束する条件を与えることも可能である[124, 175]．回転周期法は，パラシュートクラスター計算の初期条件を構築する際にも用いることができる（文献 [124] 参照）．

宇宙船パラシュートクラスターの傘どうしの接触の計算課題は，接触アルゴリズムである SENCT-FC 法（6.8 節参照）により近年解決された（文献 [124, 178] 参照）．現在，SENCT-FC 法は，space–time FSI 法を用いたパラシュートクラスターの計算[124, 178]において不可欠な技術である．

パラシュートの FSI 計算から出力される動解析データでは，計算時に出てくる膨大な量の非定常データを解明するためのアプローチが必要となる．情報を抽出し表現することで，パラシュートの設計技術者が使いやすいデータにする必要がある．下降速度や流体力といった空気力学的に重要な物理量の時刻歴を提供することに加え，これらの物理量の要因を切り分けることも有用である．このため，パラシュートの下降速度を分解する特別な方法を文献 [178] で導入した．文献 [178] で述べているもう一つの特殊技術が，パラシュート運動の工学近似モデルに使用することのできる FSI 計算

モデルのパラメータを算出するための方法である．文献 [178] で算出の対象となっている特殊パラメータは，質量増加量および速度と流体力の比例定数である．

本章では，パラシュートモデルのために発展した特殊な space–time FSI 法の多くを説明する．これには FSI-GST 法や，パラシュートの吊線にはたらく流体力を無視する HMGP 法，および適切な FSI の初期条件を構築する手法，対称 FSI 法，マルチスケール逐次連成 FSI 法，モデルパラメータの抽出法が含まれる．また本章では，単独およびクラスターでの宇宙船パラシュートの FSI 計算を説明する．

9.1 パラシュートの特殊 FSI-DGST 法

文献 [105, 255] で導入したパラシュートのための特殊なバージョンの FSI-DGST 法では，パラシュートの傘の円周方向を平滑化している．これにより，傘部に縦に補強ケーブルを埋め込んだ傘の膨張によって形成される，パラシュートゴアの"山""谷"による幾何学的複雑さを処理することができる．このパラシュートのための FSI-DGST 法では，界面の構造メッシュから特定のノードを選択し，界面の流体側のノード生成に使用する．それゆえ，界面の流体ノードの数は構造ノードの数よりも少なくなる．界面の流体ノードを生成する際，谷部から界面の構造ノードを選択する．これらのノードを円周上に選択していく際にはいくつかの谷を飛ばし，縦方向に選択する際には数点おきに選択していく．その後ノードをつなぐことで，円周方向に滑らかな流体の 3 節点三角形要素が作成できる．膨大な数のゴアからなるパラシュートでは，ゴアはベントからスカートに伸びる放射状の 2 本の補強ケーブル間の傘の断片であり，ゴアが外側に突き出る距離はパラシュートの系に比べて小さい．文献 [105, 255] で指摘しているとおり，計算時にゴアの真の形状を維持することは，この場合流体力を計算するうえで本質ではない．与えられた流体界面の節点における値（メッシュ座標または変形率）は，界面における構造節点をマッピングした値に置き換えられる．構造の平滑化界面から応力値を算出する際，マッピングノードの値は直接変換され，節点の記憶値には重みづけした平均値を用いる．この変換は SSP を基にしている（5.3.2 項参照）．

FSI-DGST がどのように機能するかを説明するため，文献 [105, 255] のリングセールパラシュート計算に使用した 4 枚のゴアの流体と構造の界面を，図 9.1 および 9.2 に示す．パラシュートには，80 枚のゴアと四つのリングと九つのセールがあり，また，4 箇所のリングギャップと 8 箇所のセールスリットが存在する（用語については 9.2 節で明示する）．流体の界面メッシュにはギャップもスリットもなく，構造の界面メッシュにはそれらが存在する．これについては 9.2 節で説明する．界面における流体メッシュの生成と更新の際，理由は文献 [255] で説明しているとおりであるが，円

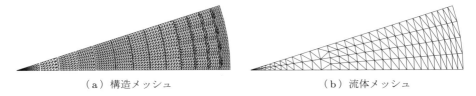

（a）構造メッシュ　　　　　　　　　　（b）流体メッシュ

図 9.1　界面における 4 枚のゴアの構造メッシュと流体メッシュ

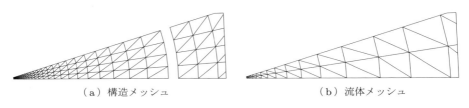

（a）構造メッシュ　　　　　　　　　　（b）流体メッシュ

図 9.2　一つ目のリングにおける界面の構造メッシュと流体メッシュ

周方向に関しては，リング上の節点は一つおきに谷部の節点を選択し，セール上はすべての谷部節点を選択する．長手方向に関しては，一つ目のリングは一つおきに選択する．二つ目のリングでは三つの谷部節点を選択し，残りのリングとセールでは二つの谷部節点を選択する．流体メッシュは流体メッシュとしては十分な解像度をもつが，構造メッシュと比較すると節点数はかなり少ない．なお，パラシュートのスカート部にいくに従って表面は紙面奥側に曲がっているため，スカート部近傍のメッシュのアスペクト比は，図 9.1 に示したものよりも実際にはよい．

9.2　幾何学的多孔性の均質化モデル (HMGP)

HMPG は，リングセールパラシュートの FSI モデリングに含まれる数値計算課題を解決するために，文献 [105, 255] で導入された．その課題とは，パラシュートの傘が多数のリングとセールから構成されることによって生じるパラシュートの傘の幾何学的多孔性である．膨らんだ状態のリングセールパラシュート（文献 [175] より）および，ギャップとスリットをもつリングとセールの構造を図 9.3 に示す．

文献 [14] で紹介した SSTFSI 法では布地の多孔性を考慮しており（式 (5.115) 参照），文献 [14] に記述した計算問題の一つは，実際の布地物性を使用した T–10 パラシュートの降下問題である．HMGP によって幾何学的多孔性を局所変化する等価な均質化多孔度を用いることで，扱いの難しい複雑な幾何学的多孔度の処理を回避している．流体の計算においては，パラシュートの傘のギャップやスリットは無視する．構

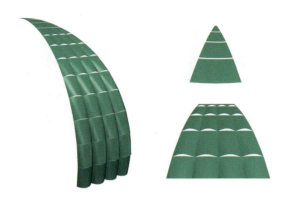

図 9.3 膨張状態のリングセールパラシュートの 4 枚のゴア．右側の図は，傘部のリングとセールの構造の説明で，リングにギャップ，セールにスリットをもつことを表している．

造の計算では，パラシュートの傘のリングやセールの構造を保持する．流体計算において，パラシュートの傘は，ギャップやスリットをもつパラシュート構造を近似するように局所的に均質化多孔度を割り当てたものである．等価な均質多孔度係数は，幾何学的多孔性をもつパラシュートの傘断面を透過する圧力差と流量から算出する．その際，傘を剛体とし，リング，セール，ギャップ，スリットすべてをもつ数枚のゴアを用いた流体計算を一度だけ行う．ゴアをたとえば 4 枚のみにすることによって，問題を扱いやすいものにする．こうすることで，局所多孔度係数を算出する．われわれのパラシュート計算では，FSI-DGST と HMGP をまとめて一つのステップとする．

Remark 9.1 SENCT 法（6.8 節参照）の元来の目的は，構造のサーフェスがあらかじめ規定した保持すべき最小距離よりも小さくなることを防ぐことであった．しかし，オプションキー "-M1" で表される SENCT 法のこの新しいオプションでは，流体の界面メッシュが最小距離よりも小さくなることの防止が目的となっている．この差は，構造のサーフェスの幾何学的複雑さが流体メッシュに影響を及ぼすことを防ぐための平滑化法や均質化法を用いる場合に重要（助け）となる．SENCT-M1 法では，SENCT 法本来のすべての概念とアルゴリズムが流体の界面メッシュに適用される．SENCT-FC 法（6.8 節参照）もまた，M1 オプションとともに用いることができる．

文献 [105, 255] で報告された計算では，パラシュートの傘を 12 個の同心円でパッチに分割し，それぞれに対して均質多孔度係数を算出する．各パッチにはギャップもしくはスリットおよびそのリングまたはセールが存在する．一つ目のリングはパッチ 1 に含まれ，最後のセールはパッチ 12 に含まれる．図 9.4 に，パッチ 4 の 4 枚のゴアの流体 – 構造界面を示す．1 回だけ行う流れ計算では，傘断面にスリップ条件を設定

9.2 幾何学的多孔性の均質化モデル (HMGP)　*263*

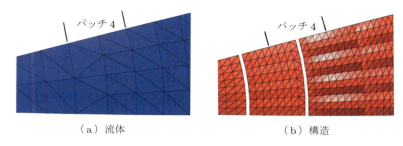

（a）流体　　　　　　　　　　（b）構造

図 9.4　パッチ 4 の流体と構造界面の 4 枚のゴア

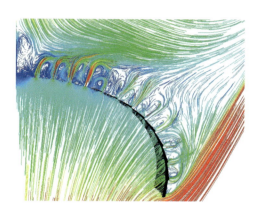

図 9.5　ギャップとスリットをもつ傘の 4 枚のゴアの流れ場

した 4 枚のゴアを使用する．計算の詳細は文献 [255] を参照してほしい．図 9.5 に，ギャップやスリットを通過する流れを含んだ流れ場を示す．

　初期のパラシュートの FSI 計算では，傘断面の圧力差と流量から求める等価な均質化多孔度の計算を，HMGP のオリジナルの形[105, 255]を用いて行う．現在の T★AFSM のパラシュートの FSI 計算では，文献 [175] で紹介され "HMGP-FG" と名づけられた新しいバージョンを用いている．周期的な n ゴアモデル（すなわち，回転周期境界（少ない拘束境界条件をもつ）をもつ n ゴア）を用いた計算についても，文献 [175] にて紹介している．HMGP の均質化多孔度の計算には，フルドメインの HMGP ベースの流れ場を比較することができる高解像の流れ場を計算するために，もしくは，n ゴア流れ場や使用したゴアの数における均質化多孔度係数の依存を調査するなど，ほかの目的のために，n ゴア周期計算を使用する．

9.2.1　HMGP の原形

　本来の HMGP では，パッチ J の均質化多孔度係数を次式によって求める．

$$\frac{\dot{V}_J}{(A_1)_J} = -(k_{\text{PORO}})_J \frac{\Delta F_J}{(A_2)_J} \tag{9.1}$$

平滑化した流体界面から求めたパッチ J の面積を $(A_1)_J$、構造界面から求めた面積を $(A_2)_J$ で表す。追加表記 $(A_\text{F})_J$ は布地の面積、$(A_\text{G})_J$ はギャップ（またはスリット）面積を表し、$(A_2)_J = (A_\text{F})_J$ と書くことができる。記号 $\dot{V}_J$ は、パッチ J を通過する体積流量を表す。これは、ギャップ（またはスリット）を通過する流量と多孔体である布地を透過する流量の合計値である。

$$\dot{V}_J = (\dot{V}_\text{F})_J + (\dot{V}_\text{G})_J \tag{9.2}$$

このとき、$(\dot{V}_\text{F})_J$ および $(\dot{V}_\text{G})_J$ はそれぞれ、$(A_\text{F})_J$ および $(A_\text{G})_J$ における流れの積分値である。パッチ J を通過する際の圧力差を面積積分することで、力の差分 ΔF_J が求められる。

$$\Delta F_J = \int_{(A_2)_J} \Delta p \, \mathrm{d}A \tag{9.3}$$

パッチ J で表す構造物を通過する平均差圧を以下のとおり定義し、

$$\Delta p_J = \frac{\Delta F_J}{(A_2)_J} \tag{9.4}$$

さらに、式 (9.1) を均質化多孔度の算出に使用する表現で書き直すと以下となる。

$$\frac{\dot{V}_J}{(A_1)_J} = -(k_{\text{PORO}})_J \Delta p_J \tag{9.5}$$

上に述べた文献 [175, 176] の計算に用いた均質化多孔度係数を、表 9.1 に示す。二つのパッチの境界では、二つの多孔度係数の平均値を用いる。パラシュートの傘のどこかのセール（またはリング）に意図的に欠損を与える場合には、欠損したセールに面したエッジのベントやスカートのエッジと同様の方法で多孔度を算出する。エッジノードの多孔度係数には布地の多孔度を用い、隣接するパッチの均質化した値まで線形に補間する。

9.2.2 HMGP-FG

この新しい HMGP のバージョン[175]では、$\dot{V}_J$ に式 (9.5) で与えられる一括表記を

表 9.1　文献 [175, 176] の計算に用いた 12 個のパッチの均質化多孔度係数

パッチ	1	2	3	4	5	6	7	8	9	10	11	12
CFM	816	627	449	364	116	135	130	146	182	288	303	300

使用する代わりに，$(\dot{V}_F)_J$ と $(\dot{V}_G)_J$ に分離した表記を，同じく分離した多孔度係数 $(k_F)_J$ および $(k_G)_J$ とともに，以下のように使用する．

$$\frac{(\dot{V}_F)_J}{(A_1)_J} = -(k_F)_J \frac{(A_F)_J}{(A_1)_J} \Delta p_J \tag{9.6}$$

$$\frac{(\dot{V}_G)_J}{(A_1)_J} = -(k_G)_J \frac{(A_G)_J}{(A_1)_J} \text{sgn}(\Delta p_J) \sqrt{\frac{|\Delta p_J|}{\rho}} \tag{9.7}$$

さらに，次式によって流体界面を通過する節点における法線速度をモデル化する．

$$u_n = -(k_F)_J \frac{A_F}{A_1} \Delta p - (k_G)_J \frac{A_G}{A_1} \text{sgn}(\Delta p) \sqrt{\frac{|\Delta p|}{\rho}} \tag{9.8}$$

ここで，$(k_F)_J$，$(k_G)_J$，A_F，A_G，A_1 は"物性値"とみなすことができ，各節点においてその節点を共有する流体界面要素の物性値を面積平均することで算出できる．各流体界面要素は，物性値グループにそれぞれ所属している．各構造界面（布地）要素とギャップ（またはスリット）もまた，物性値グループに所属している．各グループはパッチ J に関連づけられている．グループの $(k_F)_J$ および $(k_G)_J$ の値は，そのグループが関連づけられたパッチ J からもってくる．記号 A_F, A_G, A_1 はそれぞれ，瞬間的な全布地面積，ギャップ面積の合計面積，流体界面要素の合計面積のグループを表す．この新しいバージョンの HMGP では，最初と最後のパッチにギャップもスリットももたない 14 のパッチを作成し，これら 14 のパッチを基にグループを定義する．垂直方向には，一つのパッチを一つのグループとする．円周方向には，各グループはそれぞれパッチ 1 の 4 枚のゴア，パッチ 2〜5 の 2 枚のゴア，パッチ 6〜14 の 1 枚のゴアとする．

9.2.3 周期 n ゴアモデル

周期 n ゴアパラシュート計算[175]では，n ゴアスライスのパラシュート傘と円筒形の領域を使用し，傘を区切ったスライスの境界条件には回転周期条件を与える．回転周期条件は，それらの境界にスリップ条件を与えるよりも弱い拘束となる．スライス領域のみを考慮するため，全体（グローバル）の流れ場を完全には表現できないが，スライスのメッシュを微細化することが可能なため，パラシュートのギャップやスリットを通過する流れのような局所現象に焦点を当てることができる．

n ゴアスライスのメッシュ生成では，はじめに傘の 1 枚のゴアを抽出する．**図 9.6** は，文献 [175] で報告された周期 4 ゴア HMGP 計算で使用したうち 1 枚のゴアのサーフェスメッシュである．サーフェスメッシュは 2,712 の三角形要素と 1,644 節点から

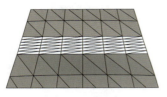

（a）リング周辺　　　　　　　　　（b）セール周辺

図 9.6　リング周辺とセール周辺の 1 ゴアの粗いサーフェスメッシュ．影付き部はサーフェスメッシュ，影なし部はリングギャップとセールスリットの断面メッシュ．リングギャップとセールスリットの断面は 6 要素である．サーフェスメッシュは 2,712 の三角形要素と 1,644 節点からなり，それぞれの溝に沿って 198 節点が配置されている．

なっており，それぞれの溝に沿って 198 節点が配置されている．ここではさらに細かいメッシュによる計算結果も示すため，このメッシュを"粗いメッシュ"とよぶことにする．このサーフェスメッシュを用いて，わずか 4.5° のパイ型スライス領域のボリュームメッシュを作成する．その後，1 ゴアモデルの作成を n 回繰り返し，n ゴアモデルとしてマージする．文献 [175] で報告した HMGP 計算で使用した 4 ゴアメッシュ（粗いメッシュ）は，953,884 の四面体要素と 165,400 節点で構成され，周期境界には 16,896 の三角形要素と 8,730 節点が配置されている．図 9.7（文献 [175] より）は 4 ゴアモデルの粗いメッシュで計算した流れ場である．

図 9.7　4 ゴアモデルの粗いメッシュを用いて計算した流れ場

　文献 [124] で報告した HMGP 計算では，ゴアの枚数を増やして拘束の少ない回転周期条件を作成する方法や，流体メッシュの解像度を上げることでモデルの精度を上げる方法を紹介している．ここでは，メッシュ解像度の改良をはじめとして，その概要を述べる．図 9.8 は，文献 [124] で報告された周期 4 ゴア HMGP 計算における 1 ゴアの細かいサーフェスメッシュである．このサーフェスメッシュから作成した 4 ゴ

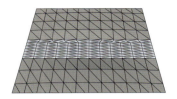 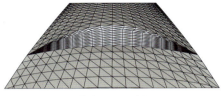

(a) リング周辺　　　　　　　　　　（b）セール周辺

図 9.8　リング周辺とセール周辺の細かいサーフェスメッシュ．影付き部はサーフェスメッシュ，影なし部はリングギャップとセールスリット断面．サーフェスメッシュは 11,252 の三角形要素と 6,194 節点からなり，溝に沿ってそれぞれ 382 の節点をもつ．

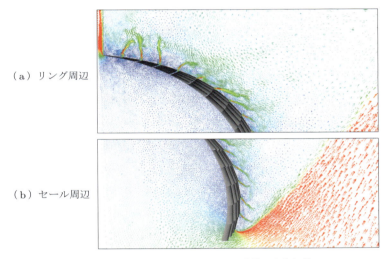

(a) リング周辺

(b) セール周辺

図 9.9　4 ゴアの細かいメッシュで計算した流れ場

アの細かいボリュームメッシュは，4,050,468 の四面体要素と 722,326 の節点をもち，周期境界上には 48,825 の三角形要素と 24,954 の節点をもつ．図 9.9（文献 [124] より）は，4 ゴアの細かいメッシュを用いて計算した流れ場である．

　文献 [124] で紹介した HMGP 計算では，8 ゴアモデルと 16 ゴアモデルを使用しており，回転周期境界の制約を低減する方法を示している．8 ゴアモデルは 4,005,608 の四面体要素と 723,399 の節点から構成され，16 ゴアモデルは 8,011,216 の四面体要素と 1,434,751 節点で構成されている．どちらのモデルも 23,124 の三角形要素と 12,047 節点からなる周期境界をもつ．図 9.10 および 9.11（文献 [124] より）は，8 ゴアモデルと 16 ゴアモデルを用いて計算した流れ場である．文献 [124] で述べているとおり，ゴアの枚数を 4，8，16 枚と増やしても均質化多孔度の値に大きな差は見られない．

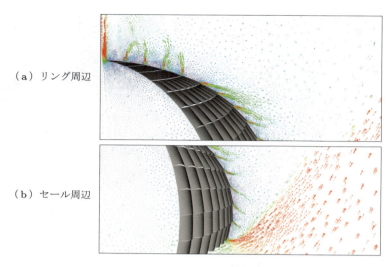

図 9.10　8 ゴアモデルによる HMGP 計算の流れ場

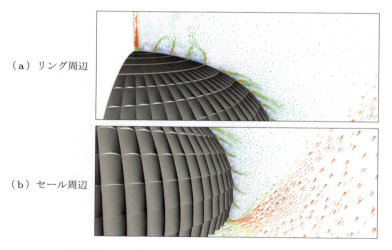

図 9.11　16 ゴアモデルによる HMGP 計算の流れ場

9.3　サスペンションラインの抵抗

　文献 [105, 255] およびそれ以前の T★AFSM のパラシュート計算（文献 [14] の 11 節参照）では，パラシュートのサスペンションラインにはたらく空気力は考慮されていなかった．サスペンションラインはとても細いため，流れ場には影響を与えないと予想される．一方，サスペンションラインにはたらく流体力を考慮しないことは，手計

算による概算に基づく．文献 [176] において，これらの力を考慮する手法を提案，試験している．この手法の概念は，流れ場に影響を与えないと予想される構造物にはたらく流体力の考慮や見積もりに着目した，その他の種類の FSI にも適用可能である．ここでは，文献 [176] で用いた手法の全体像を説明する．

ケーブル（サスペンションライン）の抵抗は，おもに流れに対して直交方向に発生し，そのためケーブルに平行な流れの抗力は無視することができる（文献 [257] 参照）．相対速度は $\mathbf{u}_R = \mathbf{u}_W - \dot{\mathbf{y}}$ となり，$\mathbf{u}_W$ は風速，$\dot{\mathbf{y}}$ は構造の変位割合を表す（図 9.12 参照）．ケーブルのグループは一つ以上のケーブル要素で構成されており，速度 $\mathbf{u}_W$ は各ケーブルグループの重心で評価する．たとえば，各サスペンションラインをそれぞれ一つのグループとして，またはすべてのサスペンションラインを単一のグループとして，さらに，ケーブル要素ごとにグループを作成することも可能である．ラインに直交する相対速度は $\mathbf{u}_{RP} = \mathbf{u}_R - (\mathbf{u}_R \cdot \mathbf{s}_{LINE})\mathbf{s}_{LINE}$ となり，このとき，$\mathbf{s}_{LINE} = (\mathbf{x}_B - \mathbf{x}_A)/\|\mathbf{x}_B - \mathbf{x}_A\|$ は "A" や "B" を付けることでケーブル要素の節点を表す．半径 R の円形断面をもつケーブルにはたらく（単位長さあたりの）抗力は，$\mathbf{f}_D = 1/2 \times C_D \|\mathbf{u}_{RP}\|^2 (2R)(\mathbf{u}_{RP}/\|\mathbf{u}_{RP}\|) = C_D \|\mathbf{u}_{RP}\| R \mathbf{u}_{RP}$ によって計算することができる．C_D は抗力係数で，各ケーブル要素のレイノルズ数 $\|\mathbf{u}_{RP}\|(2R)/\nu$ に基づいて円柱周りの実験データから決定する．

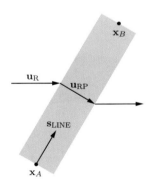

図 9.12 ケーブル要素と流れの相対的な向き

文献 [255] に記述した横風の計算では，（風速以外は）同じ条件を用いており，文献 [176] においてはラインの抵抗を考慮した場合としない場合の結果の比較を行った．パラシュート径はおよそ 120 ft，降下速度は 25 ft/s，横風の風速は 6.25 ft/s である．80 本のサスペンションラインの直径はそれぞれ 0.3 インチである．流体メッシュと構造メッシュ，その他計算条件等の情報は，文献 [176] に記載したとおりである．文献 [176] では，傘部の抵抗に加えてライン抵抗を考慮する場合としない場合との差が，

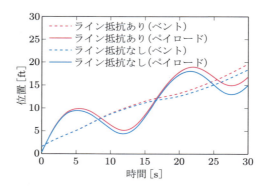

図 9.13　ベントとペイロードの風速方向の位置

鉛直方向には1%未満，風速方向には10%程度であることを報告している．ライン抵抗を加えても加えなくても鉛直方向の位置にはほとんど違いがなく，風速方向のベントとペイロードの位置に対する影響もわずかである（図9.13参照）．

> **Remark 9.2**　ライン抵抗のアルゴリズムを加えても計算コストはほとんど変わらないため，パラシュート性能や設計を以前の計算と比較するのが目的でない限り，すべてのパラシュート計算においてライン抵抗を加える方が合理的である．図 9.14 に，文献 [176] で紹介した例を示す．すべてのサスペンションラインを一つのグループとし，すべての非線形反復において $\mathbf{u}_W$ を更新する．

図 9.14　ライン抵抗を考慮したパラシュートの FSI モデル．パラシュート形状とライン抵抗ベクトル．パラシュートの水平速度とサスペンションラインの方向が相まって，風上のラインにより大きな抵抗が生じる．

9.4 FSI計算の初期条件

FSI モデルにおいて，優れた初期条件を用意することは重要である．構造が軽く，そのため流体力に対して感度が高い場合には，これはとくに重要となる．初期値は，パラシュート形状，降下速度，流れ場に関して定義する．文献 [105, 255] で報告したパラシュート計算やそれ以前の T★AFSM の計算においては，下降速度に応じた全圧に等しい膨張圧を与えて単一のパラシュートを構造解析することによって，パラシュートの初期形状を決定していた．文献 [105, 255] における下降速度は 25 ft/s である．また，初期形状と下降速度は，HMGP（文献 [105, 255] 参照）の一部として行われる 4 ゴアモデルによる一度の流体計算に基づいている．その際の発達流れ場は，速度を仮定した初期形状と HMGP により局所的に変化する均質化多孔度を用いた流体計算から求める．

以後，いくつかの T★AFSM によるパラシュートの FSI 計算（発表はしていないが）では，構造と流体の単独計算を交互に繰り返すことによってパラシュートの初期形状と下降速度を決定している．面積 A^1 のパラシュートの初期形状は，下降推定速度 U^1 (25 ft/s) に応じた全圧と等しい均一圧力を与えた構造解析により決定する．その後，A^1 および U^1 を用いた流体解析を行う．流体計算に用いる等価で局所的に変化する均質化多孔度は，以前に文献 [105, 255] において算出したものである．その後，求められた流体力を"回転対称化"し，新しいパラシュート形状を決めるための構造計算に用いる．全部で 7 組の流体計算と構造計算を実施した．下降速度は文献 [176] で示した方法で流体計算ごとに更新し，7 組の計算を実施すると，抗力と全重量（ペイロード重量とパラシュートの重さを足したもの）はほぼ同等となり，そのときの下降速度は 25.7 ft/s であった．

文献 [176] で示した方法では，下降速度は以下の式に基づくニュートン‐ラフソン反復により更新する．

$$W - F_D = 0, \quad F_D = \frac{1}{2} C_D \rho U^2 A \tag{9.9}$$

ここで，W および F_D は全重量と抵抗力であり，面積 A はパラシュートのスカート部で実測した直径に基づく．ニュートン‐ラフソン反復は，次式から定式化する．

$$\frac{1}{2} C_D \rho \left(2U^i A^i \Delta U^i + (U^i)^2 \left. \frac{\partial A}{\partial U} \right|_i \Delta U^i \right) = W - F_D^i \tag{9.10}$$

このとき，i は反復回数，A^i は F_D^i の算出に用いるパラシュートの形状に対応する面積である．われわれが扱うレイノルズ数領域において C_D は変化しないと仮定すると，

$$\frac{1}{2}C_\mathrm{D}\rho = \frac{F_\mathrm{D}^i}{(U^i)^2 A^i} \tag{9.11}$$

と書けるので，式 (9.10) を次のように書き直すことができる．

$$\frac{F_\mathrm{D}^i}{(U^i)^2 A^i}\left(2U^i A^i \Delta U^i + (U^i)^2 \left.\frac{\partial A}{\partial U}\right|_i \Delta U^i\right) = W - F_\mathrm{D}^i \tag{9.12}$$

変形すると次式となる．

$$\left(2A^i + U^i \left.\frac{\partial A}{\partial U}\right|_i\right)\Delta U^i = \frac{U^i A^i \left(W - F_\mathrm{D}^i\right)}{F_\mathrm{D}^i} \tag{9.13}$$

このとき，以下である．

$$\left.\frac{\partial A}{\partial U}\right|_i = \frac{A^{i+1} - A^i}{U^i - U^{i-1}} \tag{9.14}$$

初期値 A^1，U^1 から始め，$i \geq 2$ において式 (9.14) を使用し，$\partial A/\partial U|_1 = 0$ と設定する．

> **Remark 9.3** 上記で紹介した一連の流体と構造の単独計算から求められたパラシュートの形状，降下速度および流れは，これまで公表してきた FSI 計算のどれにも使用していない．その代わり，形状と降下速度は HMGP の流体計算で使用する 4 ゴアモデルに使用され，その係数は文献 [176] における FSI に使用している．また形状と降下速度は，文献 [176] で説明されている対称 FSI の初期条件として使われている．これは 9.5 節で説明する．

9.5 "対称 FSI" 法

文献 [176] で発表した "対称 FSI" 法は，パラシュート計算において優れた初期条件を作成するのに有用な手法である．対称 FSI のステップでは，パラシュートの軸に対して対称な，流体にかかる界面応力の平均値 $\left(\mathbf{h}_\mathrm{1I}^h\right)_\mathrm{AVE}$ をパラシュート表面に射影する．これにより，無駄に長いプロセスを招く可能性のある非対称なパラシュートの変形やグライディング（滑空）を発生させることなく，良好な初期値を作成することが可能となる．対称 FSI を終えたら，パラシュート表面に $(1 - r_\mathrm{S})\mathbf{h}_\mathrm{1I}^h + r_\mathrm{S}\left(\mathbf{h}_\mathrm{1I}^h\right)_\mathrm{AVE}$ のように射影する．このとき，r_S は 1.0 から 0.0 に徐々に変化する．文献 [176] 以降の実際の計算では，実装を促進するため，構造に射影する界面応力の対称化と変数 r_S を用いた非対称化は，界面応力の圧力成分 $-p_\mathrm{1I}^h \mathbf{n}$ に対してのみ行う．この簡略化は SSP の概念からきたものである．

もちろん，対称 FSI 計算自体によい初期条件を用いるに越したことはない．9.4 節

で説明したように，文献 [176] で使用した形状と下降速度は，構造と流体の単独計算を交互に繰り返すことによって求めたものである．初期の発達流れ場は，初期形状と下降速度から流体の単独計算によって求めたものである．文献 [176] で報告した対称 FSI ステップの所要時間は 100 s である．非対称化の部分が約 7 s で，この間 r_S は余弦の形で 1.0 から 0.0 まで変化する．

FSI 計算では，文献 [176] の初期状態から始め，参照フレームを参照下降速度に合わせて鉛直方向に動かし，さらにメッシュを構造の平均変位割合に合わせて鉛直方向と水平方向に動かす．メッシュを水平方向に動かすことは，パラシュートの横方向の動きが大きい場合にとくに有用である．ゆえに，側面の境界にも自由流れの速度を与えると都合がよくなる．そのため，側面にスリップ条件を用いる場合と比較した結果に基づき，文献 [176] では計算領域を横に拡大した．計算領域の寸法は，$1{,}740 \times 1{,}740 \times 1{,}566\,\mathrm{ft}^3$ とした（文献 [105, 255] で使用した計算領域の寸法は，$870 \times 870 \times 1{,}566\,\mathrm{ft}^3$ である）．これにより，パラシュートが大きく横に動いた場合の水平方向へのメッシュの伸びが緩和され，そのためリメッシュの必要性も減らすことができる．文献 [176] で行ったどの計算においても，リメッシュは一度も行っていない．界面応力の射影には SSP 法を用いた．流体と構造のメッシュ，均質化多孔度係数，時間刻み幅，反復回数，その他の境界条件は文献 [176] に記した．

シミュレーション中に非対称化すると，パラシュートは横方向の速度をもち始め（グライディング），速度 10 ft/s に達し，ペイロードが揺れない限りほぼ一定の方向に進む．また，パラシュート形状も軸対称性を失う．図 9.15 は文献 [176] のもので，対称

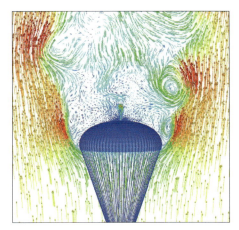
（a）対称 FSI 計算

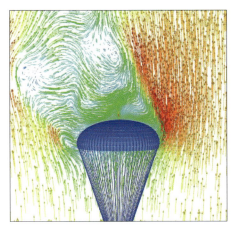
（b）FSI 計算

図 9.15 対称 FSI 計算と FSI 計算におけるパラシュート形状と流れ場

FSI 計算と FSI 計算におけるパラシュート形状と流れ場である．

9.6 マルチスケール SCFSI M2C

SCFSI (spatially multiscale sequentially-coupled FSI) 法は，流体部分の空間マルチスケール法として文献 [169] で発表され，その後，文献 [176] では，SCFSI M2C (8.7 節参照) とよばれる構造部分の空間マルチスケール法として発表された．SCFSI M2C では，はじめに時間依存の流れ場と比較的粗い構造メッシュを CFSI (fully coupled FSI) 法で計算し，その後，CFSI で求めた時間依存の界面応力を用いて，細かいメッシュで構造を計算する．この手法を用いると不必要な FSI 計算を減らすことができ，そのぶん，布地の応力のような精度が求められる細かい構造部分における構造計算の精度を上げることができる．これが可能となるのは，FSI 計算をするのには粗いメッシュでも十分で，細かいメッシュを用いても結果にほとんど差がないからである．ただし，構造が細かい場合には違いが現れる．

9.6.1 リーフステージの構造解析

文献 [176] では，帆が縮んだ状態のパラシュートの構造解析精度を約 13% 向上させるために SCFSI M2C 法を使用した．宇宙船が降下する際，パラシュートのスカートは，パラシュートと乗組員にかかる力を低減するためにはじめは縮められており，これをリーフステージとよぶ．スカートの直径はリーフラインで拘束されており，リーフ比 $\tau_{\text{REEF}} = D_{\text{REEF}}/D_0$ で決まる．ここで，D_{REEF} は拘束時のスカート直径，D_0 はパラシュートの公称直径である．計算が比較的簡単な完全に開いたパラシュート形状から始め，文献 [176] における縮んだ状態のパラシュート形状の計算には，形状の増分をリーフラインを徐々に短くしていくことで決定する方法を用いた．目的はパラシュート形状を決めることであるため，対称 FSI 法を使用した．

CFSI の計算には，31,222 節点と 26,320 の 4 節点四辺形膜要素，12,441 の 2 節点ケーブル要素，およびペイロードの質点 1 点からなる粗い構造メッシュを使用した．均質化多孔度係数，流体メッシュ，時間刻み幅，反復回数，計算のステップなど，その他の計算条件については，文献 [176] で示している．図 9.16 は，パラシュートをおよそ $\tau_{\text{REEF}} = 13\%$ に縮めたときの構造解析解である．

SCFSI M2C では，上記で述べた CFSI 計算により界面応力を求め，これを細かいメッシュの構造解析に使用する．構造に射影する界面応力は界面応力の圧力成分のみであり，射影には SSP 法を使用する．細かい構造解析メッシュは，128,882 の節点と 119,040 の 4 節点四辺形膜要素，23,001 の 2 節点ケーブル要素，1 点のペイロードの質

図 9.16　パラシュートをおよそ $\tau_{\mathrm{REEF}} = 13\%$ まで縮めた構造解析解．CFSI 法と粗い構造メッシュを使用．

点で構成されている．構造界面は膜要素で構成されており，127,360 節点をもつ．この縮んだ状態では，対称 FSI 計算から得られる界面応力はさほど動的ではなく，そのため時間平均値を使用する．

関連手法として，細かいメッシュの構造計算中に，傘部のケーブルに対して"ケーブルの対称化"を行う方法を文献 [176] で提案している．この方法では，それぞれのケーブルの節点において変位の接線成分をゼロとし，半径方向と軸方向成分をそのケーブルの平均値とすることを提案している．これは，非線形反復ごとに毎回行うことも 1 回だけ行うことも可能である．文献 [176] で発表した計算では，計算の初期に 1 度だけ実施した．文献 [176] の計算で実際に使用した対称化手順は，提案手法に類似したものである．図 9.17 は，対称化前後の傘のケーブルである．対称化の実施後は，ケーブルの位置を固定し，傘部分の膜構造が落ち着くまで計算を続ける．その後，（ペイロード以外の）全構造節点を解放し，解が得られるまで計算を続ける．図 9.18 は，SCFSI M2C 法から得た構造解析解と細かいメッシュである．図 9.19 は SCFSI M2C 法により得られた構造解析解で，NASA の降下試験の写真とよく一致している．

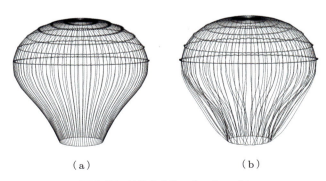

図 9.17　対称化前後の傘のケーブル

図 9.18 SCFSI M2C 法と細かいメッシュを使用した構造解析解

図 9.19 SCFSI M2C 法と細かいメッシュを使用した構造解析解

9.6.2 布地にかかる応力の計算

文献 [124] では，SCFSI M2C 法は，粗いメッシュで CFSI 計算を行った後に構造メッシュの解像度を上げることで，布地の応力をより正確に計算することが可能であることが示されている．さらに，ベントフープを付けずに FSI 計算を行った後でベントフープを追加することにより，SCFSI M2C 法の計算精度を向上させる方法も示している．ベントフープというのは，ベントの周りに円周状に配置する補強ケーブルのことである．つまり，FSI 計算の目的にはベントフープなしの構造モデルで十分であり，FSI の計算結果にはほとんど影響しないため，この方法が可能となる．ただし，ベント近くの布地の応力には大きな違いが現れる．

文献 [124] の中で行った SCFSI M2C 法を使ったテストでは，界面応力を文献 [175] の FSI 計算（ペイロードの揺れを模擬するため，水平方向の速度を即座に 20 ft/s に上げたケース）から抽出した．構造に射影する応力は界面の圧力成分のみとし，射影には SSP 法を使用した．さらに，手早くテストをするため，構造には円周方向に対称な時間平均圧力[124]を使用した．傘部の粗い構造メッシュは，29,200 節点と 26,000 の 4 節点四辺形膜要素，10,920 の 2 節点ケーブル要素で構成されている．また細かいメッシュは，115,680 節点と 108,480 の 4 節点四辺形膜要素，21,640 の 2 節点ケーブル要素で構成されている．ベントフープを加えると，ケーブル要素数が 80 増加する．図 9.20 および 9.21 に，1 枚のゴアの粗いメッシュと細かいメッシュを示す．

文献 [124] では，2 種類のメッシュを用いてベントフープを付けたケースと付けないケース，計 4 ケースのテストを実施した．時間刻み幅，反復回数，計算ステップ数などの計算条件は，文献 [124] に記した．図 9.22 および 9.23 は，ベントフープがない場合の粗および密なメッシュを用いた布地の（最大主）張力である．図 9.24 および 9.25 は，ベントフープを付けた場合の粗および密のメッシュを用いた布地にかか

9.6 マルチスケール SCFSI M2C 277

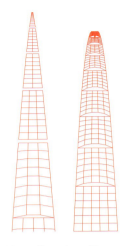

図 9.20 1 枚のゴアの粗いメッシュ

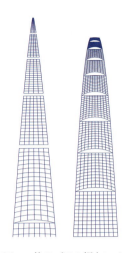

図 9.21 1 枚のゴアの細かいメッシュ

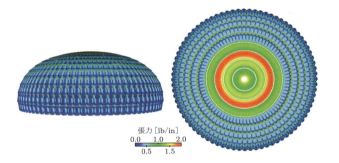

図 9.22 ベントフープなしの粗いメッシュを用いた布地の張力

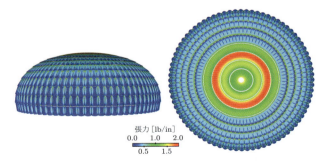

図 9.23 ベントフープなしの細かいメッシュを用いた布地の張力

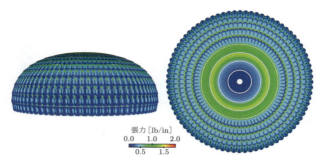

図 9.24　ベントフープを付けた粗いメッシュを用いた布地の張力

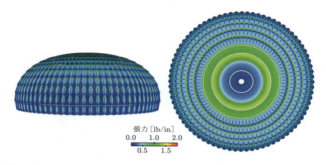

図 9.25　ベントフープを付けた細かいメッシュを用いた布地の張力

る（最大主）張力である．

9.7　単一のパラシュート計算

　ここで紹介する計算はすべて，並列化計算機環境で実施した．全ケースにおいて，流体，構造，メッシュ移動方程式の完全離散化連成を，準直接連成手法を用いて解いている（6.1.2 項参照）．すべての非線形反復に含まれる線形方程式系を解くために，対角前処理および GMRES 探索法[112]を用いた．メッシュは，計算機の並列化効率を高めるように分割した．メッシュ分割には，METIS[258]のアルゴリズムを使用した．計算には SSTFSI-TIP1 法（Remark 4.10 および 5.9 参照）および SUPG 試験関数オプションの WTSA（Remark 4.4 参照）を使用した．使用した安定化パラメータは，式 (4.117)〜(4.122) と (4.125)，および式 (4.121) から抽出した τ_{SUGN2} の項である．界面応力の射影には SSP 法を用いた．すべての計算において，空気の物性には基本水準面での値を適用した．

9.7.1 様々な傘形状

傘の形状を作り直すことで幾何学的多孔度を合わせることは，安定性とパラシュートの抗力の精度に対して効果的である．文献 [175] では，基準形状と二つの比較形状について検討した．その結果を以下で紹介する．二つの比較案は，リングも含め上から順に番号を付けていったときの 5 番目と 11 番目のセールが "欠損" したものである．これら三つのパラシュートをそれぞれ，"PA"（すべてのセールがそろったもの），"PM5"（5 番目のセールが欠けたもの），"PM11"（11 番目のセールが欠けたもの）とよぶ．ペイロードの重さは約 5,570 lbs である．パラシュートの重さも含めた総重量は，PA，PM5，PM11 でそれぞれ，約 5,725 lbs，5,720 lbs，5,715 lbs である．

均質化多孔度分布は文献 [176] の結果から求めたものを使用した．表 9.2 は，パラシュートの 12 個のパッチの多孔度係数である．図 9.26 は，3 ケースそれぞれの多孔度分布である．

表 9.2 パラシュートの 12 個のパッチの多孔度係数

パッチ	1	2	3	4	5	6	7	8	9	10	11	12
CFM	314	278	201	157	59	66	62	79	107	145	150	149

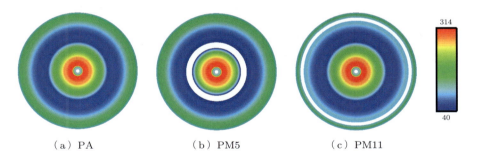

(a) PA　　　　(b) PM5　　　　(c) PM11

図 9.26 PA，PM5，PM11 の流体界面の多孔度分布（単位：CFM）

PA の幾何形状と物理特性は文献 [255] の 2 節に記されているものとほぼ同じであるが，ベントキャップは付いておらず，ライザーは 100 ft 程長い．計算領域の寸法は 9.5 節と同じである．

節点と要素の数を表 9.3 に示す．図 9.27 は，それぞれの形状のパラシュート形状と構造メッシュである．時間刻み幅は 0.0232 s，時間刻みあたりの非線形反復回数は 6 回，非線形反復あたりの GMRES 反復回数は流体と構造は 90，メッシュ移動は 30 である．また，セレクティブスケーリング（6.1.2 項参照）を使用しており，構造部分のスケールは 10 とした．

表 9.3 三つのパラシュート形状の節点と要素の数.構造メッシュは,4節点四辺形要素,2節点ケーブル要素,およびペイロードの質点要素で構成される.構造界面のメッシュは4節点四辺形要素である.流体のボリュームメッシュは4節点四面体要素で構成されており,流体の界面メッシュは3節点三角形要素である.

			PA	PM5	PM11
構造	膜	節点数	30,722	28,642	28,082
		要素数	26,000	24,080	23,600
	ケーブル	要素数	12,521	11,401	12,121
	ペイロード	要素数	1	1	1
	界面	節点数	29,200	27,120	26,560
		要素数	26,000	24,080	23,600
流体	ボリューム	節点数	178,270	192,412	180,917
		要素数	1,101,643	1,192,488	1,119,142
	界面	節点数	2,140	2,060	2,060
		要素数	4,180	3,860	3,860

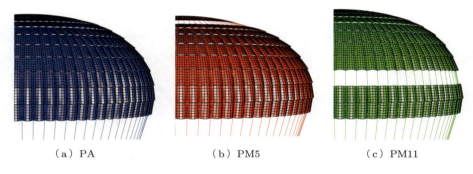

(a) PA (b) PM5 (c) PM11

図 9.27 PA,PM5,PM11 のパラシュート形状と構造メッシュ

パラシュートの動きのおもな特徴に,定常降下時のブリージングがある.流れはパラシュートのスカート付近で別れ,リング状の渦が発生する.渦は,パラシュートの膨張が最大となるときにスカート付近で大きな圧力差を生じさせる.渦の最大圧力差はその後,スカートから頂点へ向けて上昇する.図 9.28 は,それぞれの形状における,鉛直方向とスカートからベントへ結ぶ線の傾斜角度が最大時となるときのパラシュートと流れ場である.表 9.4 は,三つのパラシュート形状の計算結果である.

図 9.29 は,3 形状におけるペイロードの降下速度とスカートの直径である.発生する抗力は傘の投影面積によって決まるため,降下速度は直径に直接依存する.図より,PA と PM5 の最大直径はほぼ同じであることがわかる.しかし直径は同じであっても,PM5 の降下速度はセールの欠損によって投影面積が少ないぶんわずかに大きい.

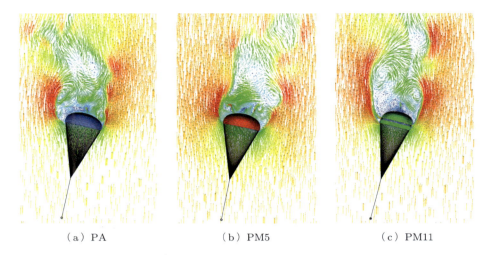

(a) PA　　　　　　　(b) PM5　　　　　　　(c) PM11

図 9.28　傾斜角度が最大時におけるパラシュートと流れ場

表 9.4　三つの形状のパラシュート形状．U は降下速度，V_R は相対水平速度，T_B はブリージング周期，T_S はペイロードの揺動周期である．

	U [ft/s]	V_R [ft/s]	T_B [s]	T_S [s]
PA	21.4	4〜13	6.7	16.4
PM5	24.0	4〜13	5.8	16.6
PM11	29.0	0〜4	NA	17.0

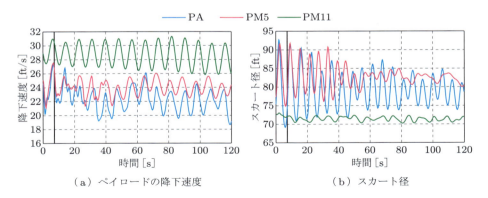

(a) ペイロードの降下速度　　　　　　(b) スカート径

図 9.29　3 形状におけるペイロードの降下速度とスカート径．縦線（7 s 時点）は，対称 FSI の終了時刻である．

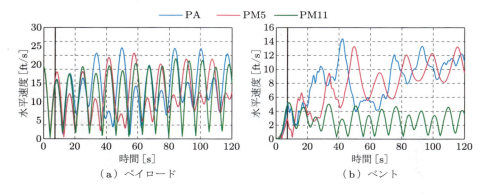

図 9.30　3 種類のパラシュート形状におけるペイロードとベントの水平速度．縦線（7 s 時点）は，対称 FSI の終了時刻である．

直径がほぼ同じなのは，PA から PM5 に変更しても下方のセール圧力に影響がないからである．PM11 のパラシュート抵抗性能は，投影面積の欠損による下方の 3 セールの圧力損失に起因して低下する．図 9.30 に 3 形状の水平速度を示す．この場合，静的安定性の改良指標を滑空速度の低さとして定義する．PA と PM5 の滑空速度は PM11 の滑空速度が低い場合でも大きい．そのため，PM11 の静的安定性は PM5 や PA よりもより改良されているといえる．これはパラシュートクラスターとも密接な関係がある．PM11 では，0 ft/s 付近でペイロードの水平速度が急激に低下しており，速度の向きが反転していることを示している．この反転は揺れの周期中の傾斜角が最大となるときに発生する．一方，図 9.31 からわかるように，PA および PM5 におけるペイロードの動きの軌跡はベント周りに楕円を描くため，急激な落ち込みは現れない．結論としては，安定した形状であるほど前進力の損失が発生することが得られた．しかし，幾何学的多孔度は降下特性に影響を与えることがある．そのため，パラシュートの性能は，幾何学的多孔度を調整し直すことにより調節することも可能である．

9.7.2　サスペンションラインの長さ比率の影響

パラシュートの性能は，サスペンションラインの長さ比率を大きくすることで向上させることができる．長さ比率とは，パラシュートの基準直径に対するサスペンションラインの長さのことで，S_L/D_o である．ここでは，これに関して文献 [256] で行った研究について説明する．サスペンションラインが長くなると，傘の直径を拘束するサスペンションラインの復元力が緩まり，それによりパラシュートの投影面積が増大することで性能が向上する．サスペンションライン長の変更は，有効ライン長とライザーラップの 2 点において制約を受ける．第一に，ペイロードからスカートまでの距

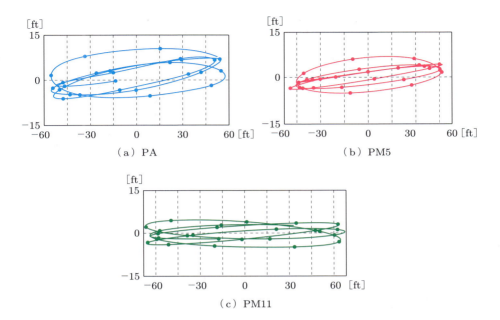

図 9.31 PA，PM5，PM11 の（ベントに対する）ペイロードの軌跡．60 s から 120 s までの軌跡線．点は 2.3 s ごとにプロット．y 方向のスケールは x 方向の 2 倍としてある．

離と定義される有効ライン長はクラスター効果にとって重要なパラメータであり，これは保持することが望ましい．この制約を保持するためには，サスペンションラインの長さを増やすぶんだけライザーを短くすることになる．サスペンションラインを長くすることはまた，ライザー 1 本より安全率の低い個々のサスペンションラインを用いることで重量を減らすことにもなる．第二に，パラシュートの展開に必要な"ライザーラップ最小長"を維持する必要がある．具体的にいうと，カプセルのどの部分もサスペンションラインに触れないようにするために，ライザーは少なくとも 26 ft は必要となる．

基準のパラシュートはサスペンションライン比率 1.15 で設計されており，基準パラシュートの有効ライン長はほかの変更品でも維持している．1.76 が有効ライン長とライザーラップの制約を満たす最大のサスペンションライン長比率であり，アポロ計画に用いたサスペンションライン長比率は 1.44 であるため，これらを解析条件に含めた．S_L/D_o の値を 1.0，1.15，1.30，1.44，1.60，1.76 と変えて調査を行った．**図 9.32** はこれらのパラシュート形状である．

ペイロードの重量はおよそ 5,600 lbs である．使用した HMGP 値など，その他の

図 9.32 サスペンションライン長比率 1.00, 1.15, 1.30, 1.44, 1.60, 1.76 のパラシュート形状

パラシュートに関する情報は文献 [176, 255] に記載した．幾何形状と物理特性は，文献 [175] の 3.2 節に記したものと同様である．計算領域の寸法は，9.5 節で用いたものと同じである．構造モデルは，30,722 節点と 26,000 の 4 節点四辺形膜要素，12,521 の 2 節点ケーブル要素，および 1 点のペイロードの質点要素でできている．傘部には 29,200 の節点がある．流体界面メッシュは，2,140 節点と 4,180 の 3 節点三角形要素からなる．流体メッシュは 178,270 節点と 1,101,643 の 4 節点四面体要素をもつ．構造部分にはスケール 10 のセレクティブスケーリング（6.1.2 項参照）を用いた．時間刻み幅は 0.0232 s とした．時間刻みあたりの非線形反復回数は 6 とした．非線形反復あたりの GMRES 反復回数は，流体＋構造ブロックに対して 90，メッシュ移動ブロックに対しては 30 とした．取り掛かりとして，文献 [176] で紹介した形状決定法を用いてパラシュート形状を得る．サスペンションライン長の変更は対称 FSI のステップ中に行う．ペイロードとパラシュートは対称 FSI ステップの終了時には水平速度をもたず，これはテストで観察された様子と合致しない．降下テストで観測される揺れを模擬するため，ペイロード速度を瞬時に 20 ft/s に変更する．同時に，余弦関数を用いて 7 s 間の応力非対称化（応力の対称化を終了する）をスタートさせる．

サスペンションラインの長さの変更は，文献 [176] で報告された 40 s 間の対称 FSI の後に行う．サスペンションラインとライザーの長さは，7 s 間の対称 FSI の間，同時に線形に変化させる．その後 53 s 間の更なる対称 FSI の計算を行い形状を安定させ，最後にペイロードの速度を瞬時に変更すると同時に非対称化をスタートさせる．

パラシュートの "定常" 降下時（ディスリーフィングやオフローディングなどのイベントを伴わない間）の抗力係数は，ペイロードの重量をパラシュートの公称面積とペイロードの垂直方向の速度をベースとした動圧によって無次元化した $C_\mathrm{D} = W/S_\mathrm{o} q$ となる．ここで，W はペイロードの重量，S_o は公称面積でおよそ 10,500 ft^2 である．

瞬間的な動圧は $q = \rho U^2/2$ により計算される．これらの計算ではライン抗力（9.3 節参照）は加味していないが，これは，$S_\mathrm{L}/D_\mathrm{o} = 1.15$ を計算した時点では T★AFSM においてライン抗力の計算は標準化されておらず，その後のケースもそれ以前の計算と比較するためである．

$S_\mathrm{L}/D_\mathrm{o}$ を増加させていくと，投影面積 (S_p) や C_D も増加すると予測できる．表 9.5 は，S_p, C_D, および水平速度 (V) の計算結果の平均値を比較したものである．このデータは，パラシュートの運動が完全に発達した非線形期間の 23 s 後から，120 s 後までの値の平均値である．すべてのケースにおいて，$S_\mathrm{L}/D_\mathrm{o}$ の増加に伴い S_p および C_D は大幅に増加している．図 9.33 に，時間に対する S_p を示す．それぞれのパラシュート間で S_p のピーク値に大きな差はない．S_p の谷部の値は $S_\mathrm{L}/D_\mathrm{o}$ とともに大

表 9.5 各サスペンションライン長比率 ($S_\mathrm{L}/D_\mathrm{o}$) における投影面積 ($S_\mathrm{p}$), C_D, および傘の水平速度 (V)

$S_\mathrm{L}/D_\mathrm{o}$	S_p [ft^2]	C_D	V [ft/s]
1.00	4,897	0.85	7.7
1.15	5,075	0.92	9.0
1.30	5,241	0.97	9.4
1.44	5,389	1.00	8.2
1.60	5,473	1.03	8.1
1.76	5,558	1.08	11.1

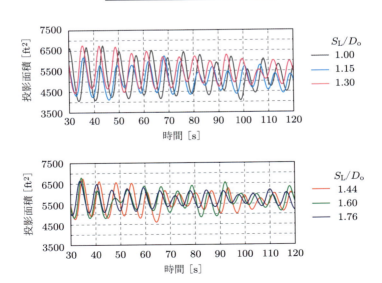

図 9.33　各 $S_\mathrm{L}/D_\mathrm{o}$ における投影面積

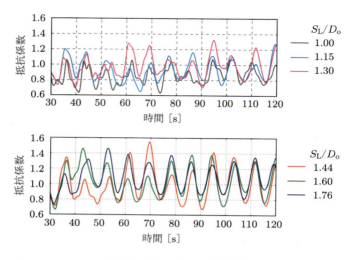

図 9.34 各 S_L/D_o の抵抗係数

きく上昇し，そのため S_p の平均値は上昇し振幅は減少する．これらの振幅の減少により，要求される飛行任務によって決まる降下速度のピーク値を低下させる．図 9.34 に，時間と C_D の関係を示す．S_L/D_o の値が小さいとき，C_D は複数のモードをもつ．降下速度に対して支配的な運動は，ブリージングと横方向の揺れである．S_L/D_o が増加するに連れて降下速度に対して横揺れが支配的になり，ブリージングは S_p の振動が減少することにより抑制される．

　この計算で着目する最後の評価点は，各パラシュートの横方向の安定性である．宇宙船オリオンの回収に用いられるリングセールパラシュートのような優れたパラシュートは，文献 [176] で記述したようにわずかに不安定で定常降下時の水平速度が変化する．不安定性が大きくなると，複数クラスターとしての性能が低下する可能性がある．表 9.5 に平均速度 V を示した．ここに挙げたケースでは，V に関して明確な傾向は現れていない．S_L/D_o を増やしても，傘の安定性に大きな影響は現れない．

　総合的に見ると，S_L/D_o を増加させることは C_D 値と S_p の振動の抑制に大きな効果がある．この改良により安定性が犠牲となることはない．S_L/D_o をさらに増加させていくと，さらに性能が向上する可能性はある．しかし，S_L/D_o を 1.76 以上に上げると，系全体の長さが増加することによる重量のペナルティを負うこととなる．

9.8 クラスターの計算

ペイロードモデルと初期条件の各パラメータが，長い時間で見たクラスター運動にどのように影響を及ぼすかを特定するため，文献 [178] では，二つのパラシュートクラスターの一連の計算を行った．文献 [178] で用いたパラシュートクラスターには 19,200 lb のペイロードを用いた．パラシュートの詳細情報は文献 [175, 176, 255] に記した．テスト用に選定したパラメータは，ペイロードモデルの形状と初期コーニング角 (θ_{INIT})，およびパラシュート径 (D_{INIT}) である（"コーニング角"については，図 9.53 を参照）．われわれはまた，パラシュート展開直後の 2 種類の過程についても調査を行った．これについては後節で詳しく述べる．計算の概要を**表 9.6** に示す．すべてのケースにおいて，二つのパラシュートの θ_{INIT} は同じである．

表 9.6 ペイロードモデル，初期傾斜角 (θ_{INIT})，パラシュート径 (D_{INIT}) を変化させたパラシュートクラスター計算の全概要．表中の θ_{INIT} は，"P_1" と "P_2" の双方に適用．略称 PAC, PLC, PTE はそれぞれ，ペイロードが合流部にある場合，ペイロードが合流部より下方にある場合，ペイロードをトラス要素とした場合を表している．

ペイロード モデル	$\theta_{\text{INIT}}[°]$	D_{INIT} [ft]	
		P_1	P_2
PAC	35	80	80
PLC	35	80	80
PTE	15	80	80
	25	80	80
	35	80	80
	10	70	70
	35	70	90

はじめに行ったのは，ペイロードモデルの効果を確認するための計算である．降下試験において，対となるカプセルの内部特性と質量を表現するために置かれた長方形パレットにパラシュートを接続する．文献 [124] のパラシュートクラスターの予備計算では，ペイロードをライザーの合流点に置いた質点としてモデル化している．これを PAC (payload at the confluence) 形状とよぶ．それらがパラシュートの挙動にどれだけ影響を与えるかを明確にするため，二つの新たなペイロードの形状モデルを作成した．PLC (payload lower than the confluence) モデルは，合流点の下方にケーブル要素を追加し，ペイロードを荷台の重心の位置に質点としてモデル化したものである．PTE (payload as a truss element) モデルはさらに改良したモデルで，ペイロードの質量を重量，重心，荷台の内部テンソル 6 成分が一致するように異なる 9 点に分

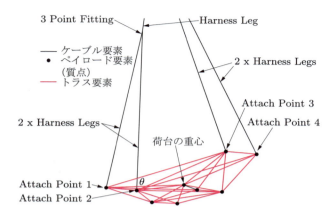

図 9.35 PTE モデルのケーブル，トラスおよびペイロード要素（文献 [259] より）．長い 4 本はケーブル要素，残りの短い要素はトラス要素．

布させたものである．これに伴い，合流点の下方に五つのケーブル要素と 26 のトラス要素を追加している（文献 [259] 参照）．図 9.35 は PTE モデル形状である．これらのペイロードモデルの比較計算において，$\theta_{\mathrm{INIT}} = 35°$ とした．

二つ目に，θ_{INIT} の効果を調べるための計算を行った．θ_{INIT} の値は 15°，25°，35° と 3 段階に変えて計算を行った．35° という値は，落下試験で得た θ の値よりも大きい．通常降下時の平均 θ が約 15° で，最大値は大抵の場合 25° 以下である．$\theta_{\mathrm{INIT}} = 35°$ は，これにより大きな摂動を起こすことによってパラシュートクラスターの動的な反応を分析するために用いた．θ_{INIT} を比較するための計算にはすべて，PTE 形状モデルを用いた．

三つ目に，パラシュート展開直後におけるどの条件がその後の長期的な運動に影響をもつかを調べるために，二つの設定条件の計算を実施した．一つ目の設定は，"展開模擬シミュレーション" とよんでいるもので，$\theta_{\mathrm{INIT}} = 10°$ とし，双方のパラシュートに対して $D_{\mathrm{INIT}} = 70\,\mathrm{ft}$ を与える．これらの値は，フルオープン時のおおよその θ と通常降下時における D の極小値の平均である．二つ目の設定は，"非同期解放" で，片方のパラシュートに $D_{\mathrm{INIT}} = 70\,\mathrm{ft}$，もう片方に $D_{\mathrm{INIT}} = 90\,\mathrm{ft}$ を与える．これらの値は，通常降下時におけるパラシュート径の極小値と極大値の平均である．両方の設定条件に対して，PTE モデルを使用した．

9.8.1 初期条件

まず，単一パラシュートの初期条件は文献 [178] にて構築した．この過程は，文献 [176] で紹介した対称 FSI 計算で得たパラシュート形状から始めている．さらに，

水平方向の流入速度を 24.0 sin θ_{INIT} [ft/s] とした対称 FSI 計算を行った．3 周期分のブリージングを計算し，そこから迎角 θ_{INIT} を算出した．パラシュートのスカート径が平均値となったときのパラシュート形状と位置を使用して，θ_{INIT} におけるパラシュートクラスターの構造計算用メッシュを組み合わせた．その後流体メッシュを構築した．まずはじめにパラシュート形状と位置を固定した状態で，パラシュートクラスターのメッシュを用いて，流体計算を実施した．流入速度は 31.0 ft/s である．次に，二つのパラシュート形状を時間依存させて流体計算を行った．ここで与えた時間依存形状は，迎角 θ_{INIT} に対して先に実施した対称 FSI 計算で得たものである．形状を与えた状態で行ったこの流体計算の解を初期形状として，FSI 計算を開始する．

9.8.2 計算条件

図 9.36 は，単一パラシュートの傘部の構造メッシュと界面の流体メッシュである．流体メッシュは直径 1,740 ft，高さ 1,566 ft の円柱状で，4 節点四面体要素で構成されている．流体の界面メッシュは 3 節点三角形要素である．節点数と要素数は表 9.7 に示した．

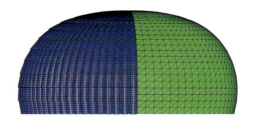

図 9.36 単一パラシュートの傘部の構造メッシュ（左）と流体の界面メッシュ（右）．構造メッシュは，30,722 節点と 26,000 の 4 節点四辺形膜要素，および 12,521 の 2 節点ケーブル要素からなり，傘部の節点数は 29,200 である．流体界面メッシュは，2,140 節点と 4,180 の 3 節点三角形要素からなる．

いずれの計算においても，空気には基本水準面の物性値を使用した．幾何形状と物性値は，文献 [175] の 3.2 節で記述したものと同条件である．参照降下速度に合わせて参照フレームを鉛直方向に動かすのに加え，文献 [176] で提案したのと同様，構造の平均変位割合に合わせてメッシュも上下左右に動かす．

すべての計算は並列計算環境で実施した．メッシュは計算の並列化効率を高めるように分割した．メッシュ分割には METIS[258] アルゴリズムを使用した．すべての非線形反復を含む線形方程式系の解法には，対角前処理および GMRES 探索法[112] を使用した．

表 9.7 ペイロード改造前における，2 個のパラシュートクラスターの節点数と要素数．流体のボリュームメッシュに関しては，各 θ_{INIT} と D_{INIT} の組み合わせについて記してある．PLC モデルでは，これに加え 1 点の構造節点とケーブル要素が追加される．PTE モデルでは，10 点の構造節点と五つのケーブル要素，26 のトラス要素，8 のペイロード要素が追加される．

構造	膜	節点数	61,443
		要素数	52,000
	ケーブル	要素数	25,042
	ペイロード	要素数	1
	界面	節点数	58,400
		要素数	52,000
流体	界面	節点数	4,280
		要素数	8,360
	ボリューム (15°, 80/80 ft)	節点数	197,288
		要素数	1,210,349
	ボリューム (25°, 80/80 ft)	節点数	280,601
		要素数	1,739,739
	ボリューム (35°, 80/80 ft)	節点数	289,679
		要素数	1,797,003
	ボリューム (10°, 70/70 ft)	節点数	352,861
		要素数	2,199,472
	ボリューム (35°, 70/90 ft)	節点数	289,221
		要素数	1,795,542

流体の単独計算は，二つのパートに分けて計算した．最初のパートでは，文献 [5] で与えられる半離散方程式を用いた．時間刻み幅は 0.232 s で 1000 ステップの計算を行い，時間刻みあたりの非線形反復回数は 7 回とした．1 回の非線形反復あたりの GMRES 反復回数は 90 回である．二つ目のパートでは，DSD/SST-TIP1 法（Remark 4.10 参照）および SUPG 試験関数オプションの WTSA（Remark 4.4 参照）を使用した．使用した安定化パラメータは，式 (4.117)～(4.122) および (4.125) で与えられたもので，式 (4.121) から導いた τ_{SUGN2} の項を用いている．多孔体モデルは HMGP-FG である．時間刻み幅を 0.0232 s として 600 時間刻みの計算を行った．時間刻みあたりの非線形反復回数は 6 回で，1 回の非線形反復あたりの GMRES 反復回数は 90 回である．

流体計算では時間依存の形状を与えて計算し，ここでも DSD/SST-TIP1 法および上記の SUPG 試験関数オプションと安定化パラメータを使用した．時間刻み幅を 0.0232 s，時間刻みあたりの非線形反復回数を 6 回，非線形反復あたりの GMRES 反復回数を 90 回として，300 時間刻みほどの計算を実施した．

FSI 計算には SSTFSI-TIP1 法（Remarks 4.10 および 5.9 参照）を使用し，ここで

も SUPG 試験関数と安定化パラメータは上述のものを使用した．完全に離散化した流体と構造とメッシュ移動方程式の連成を，準直接連成手法（6.1.2 項参照）により計算した．時間刻み幅は 0.0232 s，時間刻みあたりの非線形反復回数を 6 回とした．多孔体モデルは HMGP-FG である．界面応力の射影には SSP を用いた．また，構造パートにスケール 100 のセレクティブスケーリング（6.1.2 項参照）を施した．SENCT-FC 接触アルゴリズム（6.8 節参照）を使用し，$\epsilon_A^S = \epsilon_A^C = 1.45$ ft とした．これは谷部の節点とパラシュートのスカートの最外部のセールとの距離にほぼ等しい．非線形反復あたりの GMRES 反復回数は流体＋構造ブロックのほとんどの時間刻みで 140，メッシュ移動ブロックでは 30 である．二つのパラシュートが接近すると，残差制御のために流体＋構造ブロックにおける非線形反復あたりの GMRES 反復回数を，とくに構造パートに対応する部分において増やす必要がある．流体＋構造ブロックの非線形反復あたりの GMRES 反復の最大回数は 1,400 であった．

それぞれのパラシュートクラスターに対して，メッシュ品質を保つためにリメッシュを行いながら約 75 s の計算を行った．リメッシュの頻度は計算によって異なり，パラシュートどうしが衝突する回数，縦軸に対してパラシュートクラスターが回転する量，各パラシュートの軸に対して軸周りに回転する量に依存する．計算によって，必要なリメッシュの頻度は 170 から 370 時間刻みごとであった．

9.8.3 結 果

文献 [178] で述べたパラシュートシステムにおける重要な指標は，ペイロードの降下速度である．システムが飛行任務の要件を満たせば，最終的に重要となるのはペイロードの最大降下速度である．一般に使われるもう一つの性能評価指標は，抵抗係数 C_D である．図 9.37～9.40 はパラシュートクラスター計算の結果で，U と C_D の時

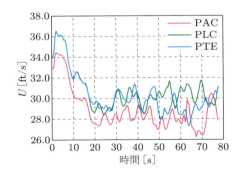
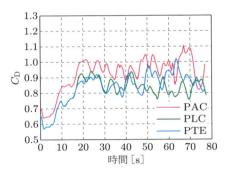

図 9.37　$\theta_\mathrm{INIT} = 35°$ のときの各ペイロードモデルのパラシュートクラスター計算結果

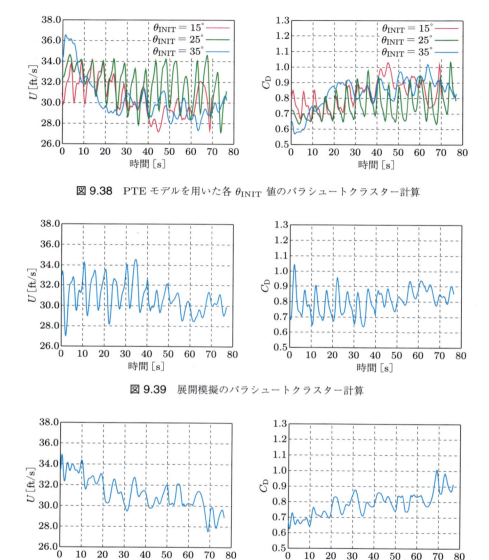

図 9.38 PTE モデルを用いた各 θ_{INIT} 値のパラシュートクラスター計算

図 9.39 展開模擬のパラシュートクラスター計算

図 9.40 非同期展開のパラシュートクラスター計算

刻歴である．

　パラシュートがクラスターになると，通常，その幾何形状により，それらのパラシュートが単独で飛行する場合よりも迎角が大きくなる．クラスターになったことで大きくなった迎角がパラシュートにとって安定でない場合には，個々のパラシュートはそれ

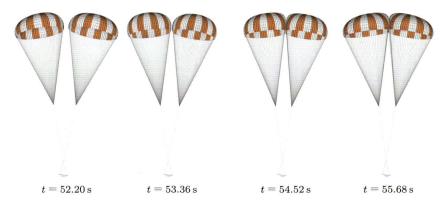

図 9.41　非同期展開モデルの計算結果 1　　図 9.42　非同期展開モデルの計算結果 2

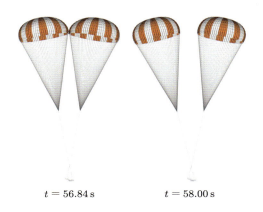

図 9.43　非同期展開モデルの計算結果 3

らが安定となる迎角になろうとお互いに衝突する傾向がある．図 9.41〜9.43 は，非同期展開の二つのパラシュート間の衝突である．パラシュートクラスターは，お互いが干渉し合うことによって抵抗が低下することがよくある．クラスターでのパラシュートの振動と頻繁なパラシュート間の衝突は，パラシュートクラスターの安定性の特性とされてきた．図 9.44〜9.50 は，すべてのパラシュートクラスター計算におけるベント間距離（"L_{VS}"）である．それぞれのグラフの横に引かれた黒線は，パラシュートが接触したときのおおよそのベント間距離である．

表 9.8〜9.10 に，全パラシュートクラスター計算のペイロードの降下速度と抵抗係数をまとめる．数値解析のゴールの一つは，パラシュート設計者が降下試験時に観察されるペイロードの降下速度の振動にどの因子が影響しているかを判断する際の手助けをすることである．たとえば，多くの場合パラシュート間の衝突はペイロードの降

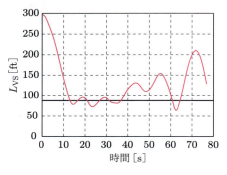

図 9.44　PAC モデルを用いた $\theta_{\mathrm{INIT}} = 35°$ のときのベント間距離

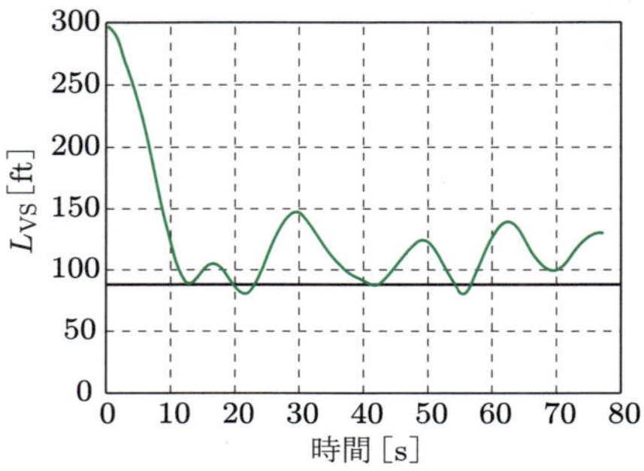

図 9.45　PLC モデルを用いた $\theta_{\mathrm{INIT}} = 35°$ のときのベント間距離

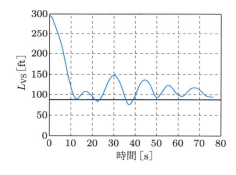
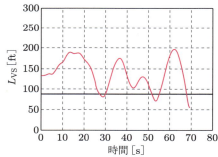

図 9.46　PTE モデルを用いた $\theta_{\mathrm{INIT}} = 35°$ のときのベント間距離

図 9.47　PTE モデルを用いた $\theta_{\mathrm{INIT}} = 15°$ のときのベント間距離

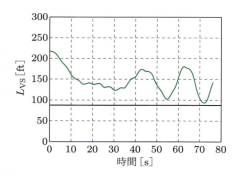
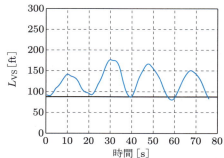

図 9.48　PTE モデルを用いた $\theta_{\mathrm{INIT}} = 25°$ のときのベント間距離

図 9.49　展開模擬のパラシュートクラスター計算におけるベント間距離

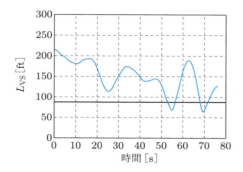

図 9.50 非同期展開パラシュートクラスター計算のベント間距離

表 9.8 $\theta_{\text{INIT}} = 35°$ における各ペイロードモデルでの U と C_D の平均値. 計算開始 20 s 後からのデータを使用.

ペイロードモデル	U [ft/s]	C_D
PAC	28.1	0.97
PLC	30.1	0.85
PTE	29.5	0.88

表 9.9 PTE モデルを使用した各 θ_{INIT} における U と C_D の平均値. 計算開始 20 s 後からのデータを使用.

θ_{INIT}	U [ft/s]	C_D
15°	29.9	0.86
25°	31.4	0.78
35°	29.5	0.88

表 9.10 展開時の U と C_D の平均値. 展開模擬のケースでは計算開始 5 s 後からのデータ, 非同期展開のケースでは 20 s 後からのデータを使用.

	U [ft/s]	C_D
展開模擬	30.6	0.82
非同期展開	30.8	0.81

下速度上昇に影響を与えるが, つねにそうであるわけではない. 前述の分析においても, パラシュートのコーニング角とペイロードの降下速度にいくらかの相関があることに言及した. しかし, これらのパラメータ間の相関はコーニング角のみが因子であるといえるわけではなく, むしろ最重要因子であるとさえいうことができない程度である. ペイロードの降下速度は, 様々なパラシュートの動きによって引き起こされる複数のオーバーラップ頻度で決まってくる. このオーバーラップ頻度により, 個々のパラシュート挙動と集合としての挙動のどちらがペイロードの降下速度に影響をもつ

かを判断することが非常に困難になっている．この複雑な問題を解決するため，ペイロードの降下速度を成分に分解する手法が文献 [178] で開発された．この手法については，9.9 節で説明する．

9.9 動的解析法とモデルパラメータ抽出法

ここでは文献 [178] で用いた手法と解析について説明する．

9.9.1 パラシュートの降下速度への影響

降下速度の変動についての理解を深めるため，われわれはペイロードの速度を幾何学的影響因子について分離している．まずはじめに単一のパラシュートに対して実施し，その後パラシュートクラスターに対して実施する．

(1) 単一パラシュート

ここでは，パラシュートを球座標系で表現する．この系では，ペイロードを原点に配置し，基底ベクトルを，デカルト基底ベクトル $\mathbf{e}_x$, $\mathbf{e}_y$, $\mathbf{e}_z$ を用いて以下のように定義する．

$$\mathbf{g}_r = \sin\theta\cos\phi\, \mathbf{e}_x + \sin\theta\sin\phi\, \mathbf{e}_y + \cos\theta\, \mathbf{e}_z \tag{9.15}$$

$$\mathbf{g}_\theta = \cos\theta\cos\phi\, \mathbf{e}_x + \cos\theta\sin\phi\, \mathbf{e}_y - \sin\theta\, \mathbf{e}_z \tag{9.16}$$

$$\mathbf{g}_\phi = -\sin\phi\, \mathbf{e}_x + \cos\phi\, \mathbf{e}_y \tag{9.17}$$

ここで，$\mathbf{g}_r$ および $\mathbf{g}_\theta$ は，パラシュートの軸方向と揺れの方向を表し，$\mathbf{r} = r\mathbf{g}_r$ は図 9.51 に示すとおりである．以下のように，ペイロードの速度 $\mathbf{u}_\mathrm{p} \equiv \mathrm{d}\mathbf{x}_\mathrm{p}/\mathrm{d}t$ を幾何的影響によるもの ($\mathbf{u}_\mathrm{G}$) と空力の影響によるもの ($\mathbf{u}_\mathrm{A}$) に切り分ける．

$$\mathbf{u}_\mathrm{p} = \mathbf{u}_\mathrm{G} + \mathbf{u}_\mathrm{A} \tag{9.18}$$

$$\mathbf{u}_\mathrm{G} = \frac{\mathrm{d}(\mathbf{x}_\mathrm{p} - \mathbf{x}_\mathrm{A})}{\mathrm{d}t} \tag{9.19}$$

このとき，$\mathbf{x}_\mathrm{A}$ は参照点で，ペイロード速度の因子を切り分けるのに適した点を選択する．ここでは傘の重心を参照点としている．相対位置ベクトルを $\mathbf{r} = \mathbf{x}_\mathrm{A} - \mathbf{x}_\mathrm{p}$ とすると，次式が得られる．

$$\mathbf{u}_\mathrm{G} = -\dot{\mathbf{r}} \tag{9.20}$$

幾何学的影響は，以下のように書き直すことができる．

9.9 動的解析法とモデルパラメータ抽出法

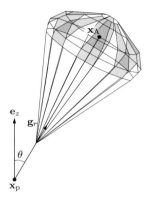

図 9.51 パラシュートの軸 $\mathbf{g}_r$ と揺動角 θ

$$\mathbf{u}_G = -\frac{d(r\mathbf{g}_r)}{dt} = -\dot{r}\mathbf{g}_r - r\frac{d\mathbf{g}_r}{dt} \tag{9.21}$$

$$= \underbrace{-\dot{r}\mathbf{g}_r}_{\mathbf{u}_B}\underbrace{-r\mathbf{g}_\theta\dot{\theta}}_{\mathbf{u}_S}\underbrace{-r\sin\theta\mathbf{g}_\phi\dot{\phi}}_{\mathbf{u}_C} \tag{9.22}$$

ここで，$\mathbf{u}_B$, $\mathbf{u}_S$, $\mathbf{u}_C$ はパラシュートのブリージング，揺れ，コーニングを表す．軸はお互いに直交しているため，分解すると次のようになる．

$$\mathbf{u}_B = (\mathbf{u}_G \cdot \mathbf{g}_r)\mathbf{g}_r \tag{9.23}$$

$$\mathbf{u}_S = (\mathbf{u}_G \cdot \mathbf{g}_\theta)\mathbf{g}_\theta \tag{9.24}$$

$$\mathbf{u}_C = (\mathbf{u}_G \cdot \mathbf{g}_\phi)\mathbf{g}_\phi \tag{9.25}$$

(2) パラシュートクラスター

$\overline{\mathbf{x}}_A$ を以下のように定義する．

$$\overline{\mathbf{x}}_A = \frac{1}{n_{\text{para}}}\sum_{k=1}^{n_{\text{para}}}(\mathbf{x}_A)_k \tag{9.26}$$

ここで，n_{para} はパラシュートの数である．ここで再び，球形のペイロードを原点にとり，下記を基底ベクトルとする極座標系を使用する．

$$\mathbf{g}_r = \sin\theta\cos\phi\,\mathbf{e}_x + \sin\theta\sin\phi\,\mathbf{e}_y + \cos\theta\,\mathbf{e}_z \tag{9.27}$$

$$\mathbf{g}_\theta = \cos\theta\cos\phi\,\mathbf{e}_x + \cos\theta\sin\phi\,\mathbf{e}_y - \sin\theta\,\mathbf{e}_z \tag{9.28}$$

$$\mathbf{g}_\phi = -\sin\phi\,\mathbf{e}_x + \cos\phi\,\mathbf{e}_y \tag{9.29}$$

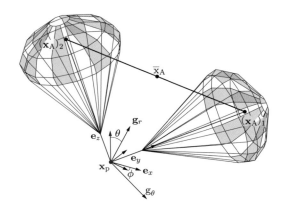

図 9.52 パラシュートクラスターの軸方向ベクトル $\mathbf{g}_r$ とコーニング角 θ

$\mathbf{g}_r$, $\mathbf{g}_\theta$, $\mathbf{g}_\phi$ は，パラシュートクラスターの軸，揺れ，コーニングであり，$\bar{\mathbf{r}} = \bar{r}\,\mathbf{g}_r$ である．図 9.52 に，デカルト座標軸と基底ベクトルとの関係を示す．また，パラシュートクラスターに対してそれぞれに球形座標系を定義する．それらの各座標系ではペイロードを原点に配置し，基底ベクトルを，基底ベクトル $\mathbf{g}_\theta$, $\mathbf{g}_\phi$, $\mathbf{g}_r$ を用いて以下のように定義する．

$$(\mathbf{g}_r)_k = \sin\theta_k \cos\phi_k \mathbf{g}_\theta + \sin\theta_k \sin\phi_k \mathbf{g}_\phi + \cos\theta_k \mathbf{g}_r \tag{9.30}$$

$$(\mathbf{g}_\theta)_k = \cos\theta_k \cos\phi_k \mathbf{g}_\theta + \cos\theta_k \sin\phi_k \mathbf{g}_\phi - \sin\theta_k \mathbf{g}_r \tag{9.31}$$

$$(\mathbf{g}_\phi)_k = -\sin\phi_k \mathbf{g}_\theta + \cos\phi_k \mathbf{g}_\phi \tag{9.32}$$

ここで，$(\mathbf{g}_r)_k$ は k 番目のパラシュートの軸方向で，θ_k はコーニング角，また，$(\mathbf{x}_A)_k - \mathbf{x}_p \equiv \mathbf{r}_k = r_k (\mathbf{g}_r)_k$ である．図 9.53 に，パラシュートクラスターの軸方向と個々のパラシュートの軸方向，および $(\mathbf{g}_r)_k$ を示す．

式 (9.26) および $\mathbf{r}_k$ の定義より，

$$\mathbf{u}_\mathrm{p} = \dot{\bar{\mathbf{x}}}_A - \dot{\bar{\mathbf{r}}} \tag{9.33}$$

となり，このとき次式となる．

$$\bar{\mathbf{r}} = \frac{1}{n_\mathrm{para}} \sum_{k=1}^{n_\mathrm{para}} \mathbf{r}_k \tag{9.34}$$

さらに，

$$\bar{\mathbf{u}}_\mathrm{G} = -\dot{\bar{\mathbf{r}}} \tag{9.35}$$

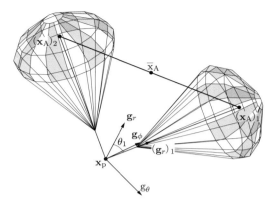

図 9.53 パラシュートの軸 $(\mathbf{g}_r)_k$ と個々のパラシュートのコーニング角 θ_k

を定義すると,

$$\mathbf{u}_\mathrm{p} = \overline{\mathbf{u}}_\mathrm{A} + \overline{\mathbf{u}}_\mathrm{G} \tag{9.36}$$

が成立する.

まずはじめに,クラスターの系のみを考慮する.単一のパラシュートで行ったのと同様に,幾何学的影響を以下のとおり分離することができる.

$$\overline{\mathbf{u}}_\mathrm{G} = \mathbf{u}_\mathrm{B} + \mathbf{u}_\mathrm{S} + \mathbf{u}_\mathrm{C} \tag{9.37}$$

このとき,$\mathbf{u}_\mathrm{B}$,$\mathbf{u}_\mathrm{S}$,$\mathbf{u}_\mathrm{C}$ はクラスターの"ブリージング",揺れ,コーニングである.

$$\mathbf{u}_\mathrm{B} = (\overline{\mathbf{u}}_\mathrm{G} \cdot \mathbf{g}_r)\mathbf{g}_r \tag{9.38}$$

$$\mathbf{u}_\mathrm{S} = (\overline{\mathbf{u}}_\mathrm{G} \cdot \mathbf{g}_\theta)\mathbf{g}_\theta \tag{9.39}$$

$$\mathbf{u}_\mathrm{C} = (\overline{\mathbf{u}}_\mathrm{G} \cdot \mathbf{g}_\phi)\mathbf{g}_\phi \tag{9.40}$$

さらに,速度を個々のパラシュートのブリージング,"揺れ",コーニングのパートに分解する.

$$(\mathbf{u}_\mathrm{G})_k = (\mathbf{u}_\mathrm{B})_k + (\mathbf{u}_\mathrm{S})_k + (\mathbf{u}_\mathrm{C})_k \tag{9.41}$$

このとき,以下である.

$$(\mathbf{u}_\mathrm{B})_k = ((\mathbf{u}_\mathrm{G})_k \cdot (\mathbf{g}_r)_k)(\mathbf{g}_r)_k \tag{9.42}$$

$$(\mathbf{u}_\mathrm{S})_k = ((\mathbf{u}_\mathrm{G})_k \cdot (\mathbf{g}_\theta)_k)(\mathbf{g}_\theta)_k \tag{9.43}$$

$$(\mathbf{u}_\mathrm{C})_k = ((\mathbf{u}_\mathrm{G})_k \cdot (\mathbf{g}_\phi)_k)(\mathbf{g}_\phi)_k \tag{9.44}$$

さらに定義より，次式が成り立つ．

$$\overline{\mathbf{u}}_G = \frac{1}{n_{\text{para}}} \sum_{k=1}^{n_{\text{para}}} (\mathbf{u}_G)_k \quad (9.45)$$

また，式 (9.42)〜(9.44) で与えられたパートの平均値を定義する．

$$\overline{\mathbf{u}}_B = \frac{1}{n_{\text{para}}} \sum_{k=1}^{n_{\text{para}}} (\mathbf{u}_B)_k \quad (9.46)$$

$$\overline{\mathbf{u}}_S = \frac{1}{n_{\text{para}}} \sum_{k=1}^{n_{\text{para}}} (\mathbf{u}_S)_k \quad (9.47)$$

$$\overline{\mathbf{u}}_C = \frac{1}{n_{\text{para}}} \sum_{k=1}^{n_{\text{para}}} (\mathbf{u}_C)_k \quad (9.48)$$

クラスターの"ブリージング"は，$(\overline{\mathbf{u}}_B \cdot \mathbf{g}_r)\mathbf{g}_r$ および $(\overline{\mathbf{u}}_S \cdot \mathbf{g}_r)\mathbf{g}_r$ から求められる．式 (9.32) より，$\overline{\mathbf{u}}_C$ はパラシュートクラスターの軸方向成分をもたないことがわかる．

以上をまとめると，次式となる．

$$\overline{\mathbf{u}}_G = \mathbf{u}_B + \mathbf{u}_S + \mathbf{u}_C = \overline{\mathbf{u}}_B + \overline{\mathbf{u}}_S + \overline{\mathbf{u}}_C \quad (9.49)$$

$\mathbf{u}_B$ と $\overline{\mathbf{u}}_B$，$\mathbf{u}_S$ と $\overline{\mathbf{u}}_S$，および $\mathbf{u}_C$ と $\overline{\mathbf{u}}_C$ は，それぞれ異なるものであることに注意されたい．これら全速度の鉛直成分に注目する．パラシュートクラスターの場合を例にとると，

$$\mathbf{u}_B \cdot \mathbf{e}_z = ((\overline{\mathbf{u}}_B \cdot \mathbf{g}_r) + (\overline{\mathbf{u}}_S \cdot \mathbf{g}_r))(\mathbf{g}_r \cdot \mathbf{e}_z) \quad (9.50)$$

$$\mathbf{u}_S \cdot \mathbf{e}_z = ((\overline{\mathbf{u}}_B \cdot \mathbf{g}_\theta) + (\overline{\mathbf{u}}_S \cdot \mathbf{g}_\theta) + (\overline{\mathbf{u}}_C \cdot \mathbf{g}_\theta))(\mathbf{g}_\theta \cdot \mathbf{e}_z) \quad (9.51)$$

$$\mathbf{u}_C \cdot \mathbf{e}_z = 0 \quad (9.52)$$

で表現することができる．

（3）結 果

図 9.54〜9.60 は，パラシュートクラスター計算全ケースにおける降下速度分離である．パラシュートクラスターにおける速度分離は，$\overline{\mathbf{u}}_A$ とブリージングと揺れの降下速度への影響に関して行う．グラフの上部はそれらを表している．個々のパラシュートの平均値への影響は，ブリージング，揺れ，コーニング角のパートに関してで，グラフの下部に示してある．

グラフ上部から，$\mathbf{u}_B$ の影響がつねに $\mathbf{u}_S$ の影響を上回っていることがわかる．さら

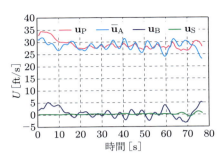 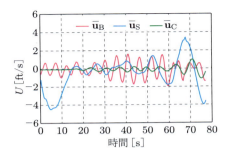

図 9.54 PAC モデルを用いた $\theta_{\text{INIT}} = 35°$ におけるパラシュートクラスター計算の降下速度分離

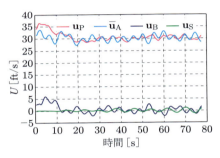 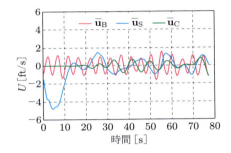

図 9.55 PLC モデルを用いた $\theta_{\text{INIT}} = 35°$ におけるパラシュートクラスター計算の降下速度分離

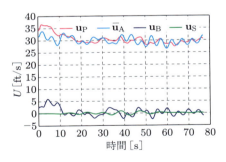 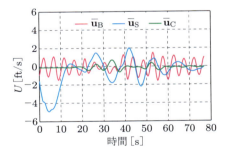

図 9.56 PTE モデルを用いた $\theta_{\text{INIT}} = 35°$ におけるパラシュートクラスター計算の降下速度分離

に，パラシュートクラスターの揺れは降下速度の振動に対して大した影響を与えないこともわかる．振動の大部分は個々のパラシュートの動きによるものである．グラフ下部からは，$\theta_{\text{INIT}} = 35°$ とした全ケースにおいて，$\overline{\mathbf{u}}_S$ がもっとも大きな影響を与えていることが見て取れる．θ_{INIT} を小さくした計算では，初期は $\overline{\mathbf{u}}_B$ の影響が支配的

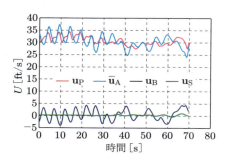
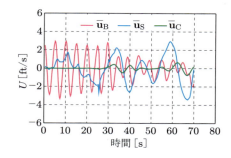

図 9.57 PTE モデルを用いた $\theta_{\text{INIT}} = 15°$ におけるパラシュートクラスター計算の降下速度分離

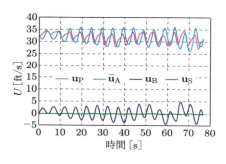
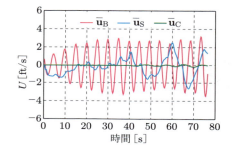

図 9.58 PTE モデルを用いた $\theta_{\text{INIT}} = 25°$ におけるパラシュートクラスター計算の降下速度分離

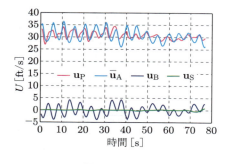
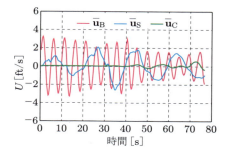

図 9.59 展開を模擬したクラスター計算における降下速度分離

であり,次第に $\bar{\mathbf{u}}_S$ の影響が大きくなっていく. $\theta_{\text{INIT}} = 25°$ としたケースでは, $\bar{\mathbf{u}}_S$ と $\bar{\mathbf{u}}_B$ の影響度がほぼ同等である.個々のパラシュートコーニング $\bar{\mathbf{u}}_C$ による影響はもっとも小さかった.

われわれはさらに,PTE モデルによる $\theta_{\text{INIT}} = 35°$ の結果から,意外な興味深い

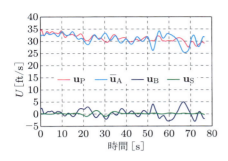
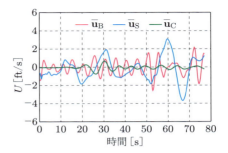

図 9.60 非同期展開のクラスター計算における降下速度分離

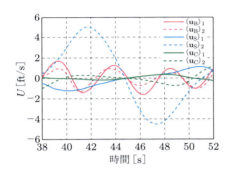
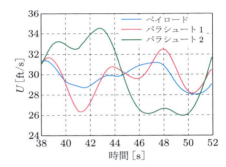

図 9.61 降下速度に対する個々のパラシュートの影響（PTE モデル，$\theta_{\text{INIT}} = 35°$）

図 9.62 ペイロードと傘重心の降下速度（PTE モデル，$\theta_{\text{INIT}} = 35°$）

結果を見つけた．計算開始から約 38 s において $(u_S)_2$ の大きな正の影響が現れ，続いて負の大きな影響が現れた（図 9.61 参照）．それに対して同時刻における $(u_S)_1$ はかなり安定している．図 9.62 に示すペイロードと傘重心の降下速度より，パラシュート 2 は当初パラシュート 1 よりかなり大きな速度をもっていたことがわかる．45 s を境に，パラシュート 2 の降下速度はパラシュート 1 の速度を大きく下回るようになる．ペイロードの降下速度は，パラシュート 1 と 2 の変動が逆となり，平均速度の変動は小さいため，比較的保たれている．これに対し，パラシュート 2 がパラシュート 1 の周りをコーニング運動する際に $(u_S)_2$ の大きな変化が起きていると結論づけている．一方，パラシュート 1 は比較的直線的な軌道で降下しており，自由流れに対して大きな投影面積をもっている．そのため，パラシュート 1 は実質上パラシュート 2 よりも大きな抵抗を受けることになる（図 9.63）．抵抗の差が最大となる時刻において，パラシュート 1 はパラシュートクラスターのおよそ 70% の抵抗を受けもつ（図 9.64）．

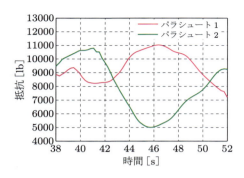
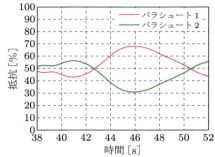

図 9.63 抵抗に対する個々のパラシュートの影響（PTE モデル，$\theta_{\text{INIT}} = 35°$）

図 9.64 抵抗に対する個々のパラシュートの影響割合（PTE モデル，$\theta_{\text{INIT}} = 35°$）

9.9.2 付加質量

（1）パラシュートとの関連

付加質量の概念は，パラシュートの展開時や全開での非定常降下時に適用することができる．パラシュートが展開される際，抵抗面積が突然大きくなることにより急激な減速や慣性力の急激な増加が起こる．全開降下時には，パラシュートは周期的なブリージング運動を示す．この運動の周波数と減衰割合が付加質量に関係する．ここでは，FSI 計算からパラシュートの付加重量を決定するために，文献 [178] で開発した手法を説明する．

（2）付加質量の決定

時刻 t における力は，C および m_A を用いて次のように書くことができる．

$$F(t) = C U_A^2(t) + m_A \dot{U}_A(t) \tag{9.53}$$

ここで，m_A は付加重量である．式 (9.53) の両辺を $U_A^2(t)$ で割ると，次式が得られる．

$$\frac{F(t)}{U_A^2(t)} = C + m_A \frac{\dot{U}_A(t)}{U_A^2(t)} \tag{9.54}$$

FSI 計算から得たデータをこの形式でプロットして近似曲線を引くと，C および m_A を得ることができる．

> **Remark 9.4** ここでのパラメータ抽出は式 (9.54) に基づいているが，これに代わる方法も文献 [178] で提案されている．

$$\frac{1}{\rho A_E} \frac{F(t)}{U_A^2(t)} = C^* + m_A^* \frac{V_E}{A_E} \frac{\dot{U}_A(t)}{U_A^2(t)} \tag{9.55}$$

ここで，A_E および V_E は，時間依存するパラシュートの抵抗面積と付加質量の推定値である．また，$C^* = C/\rho A_E$，$m_A^* = m_A/\rho V_E$ である．

図 9.65 は，単一パラシュートにおける全開時ブリージング 2 周期分の対称 FSI 計算結果である．パラシュートは周期的なブリージング運動を行うため，付加質量は時間によって変化する．図 9.66 は，上記データ時のパラシュートの投影面積で，色は時間変化を示している．

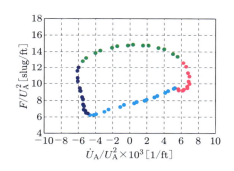

図 9.65 　対称 FSI による単一パラシュートの全開降下計算．結果を式 (9.54) の形式でプロットしたもの．2 周期分を表示．

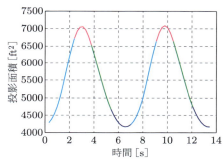

図 9.66 　図 9.65 のデータポイントに対応する時間刻みにおける投影面積．

図 9.67 は，全開での降下を約 150 s 続けた先ほどと同じ対称 FSI 計算の全結果である．パラシュート径が大きくなる際，周期運動部分の傾きを合わせるために線形回帰を使用している．グラフより，$m_A = 339\,\text{slug}$ および $C = 7.7\,\text{slug/ft}$ であることがわかる．ブリージング周期における膨張時の付加重量はほぼ一定で，約 10,900 lbs で

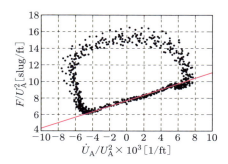

図 9.67 　対称 FSI 計算を用いた単一パラシュートの全結果．全開降下時およそ 150 s 分のデータポイント．

ある．これはペイロード重量 5,570 lbs の約 2 倍で，周囲の空気重量よりおよそ 10%大きい．ブリージング周期のパートによっては，傾きがゼロとなり付加重量がない部分もある．ブリージング周期のその他のパートでは傾きが負となる．物理的にみると，これは流体がパラシュートに仕事をしていることを意味している．

第10章 風車の空気力学とFSI

　世界中の国が，風力エネルギー技術の開発に相当な力を注いでいる．短期間で現在の風力エネルギー生成能力を大幅に強化して関連コストを低減するための風力エネルギーの高い目標が，風力エネルギー産業の研究開発にプレッシャーを与えている．このため，高精度な手法やツールを用いて創造，解析しなければならないような，柔軟なコンセプトや設計（例：浮体式洋上風車）が求められている．これらには，風力エネルギーに対する要求が高くなるにつれて果たす役割が大きくなってくる，複雑形状や3次元，非定常，マルチフィジックスの予測シミュレーション手法やソフトウェアも含まれる．

　現在，風車の空気力学や空力弾性シミュレーションのほとんどは，回転翼の空気力学を簡略化した翼とタワーの構造モデルを用いて BEM (blade element momentum) 理論（例：文献 [260, 261] 参照）で解くといったような，信頼性の低い手法でシミュレーションされている．これらの手法は準備や実行がとても早く完了する．しかし，非定常流れや乱流，細かい3次元の風車翼やタワー形状，あるいは同様に重要な特性がある場合には，これらの適用範囲を超えてしまう．

　信頼性の高いシミュレーション予測結果を得るためには，3次元モデルが不可欠である．しかし，風車をフルスケールでシミュレーションするためには多くの課題（完全な乱流であることによる手法の高精度化，高解像度化の必要性）が発生する．乱流が生成される流体境界層の圧力が，さらに状況を複雑にしている．風車翼は複雑な物性分布をもつ細長い構造のため，数値的アプローチにおいては，良好な物性の近似とロッキングの回避も必要となる．風車のシミュレーションには動く部品と静止した部品が含まれており，流体-構造連成は正確で効率的かつロバストでなくてはならない．つまり，現在行われている最先端の風車のシミュレーションは，本質的に制約があり不十分なものである．

　フルスケールのFSI計算は，元来風車の正確なモデル化に適している．風車翼の運動と変形は風速と空気の流れに依存し，空気の流れ方は風車翼の運動と変形に依存している．この連成問題をシミュレーションするためには，空気の流れと翼の運動，変形を同時に解く必要がある．これらを同時に解かなければ，非定常の翼変形が空力効率に及ぼす影響や，ノイズの発生，突風への反応といった，現実的なモデルを構築す

ることは不可能である.

　近年，上記課題を解決し，風車シミュレーションの忠実性と予測レベルを向上させるために，いくつかの試みがなされている．3次元の風車形状を空力単独でシミュレーションした研究が文献 [114, 115, 262, 263, 267–269] で発表されており，風による荷重を仮定したり空力シミュレーション結果からもってきたりしてはいるが，形状と物質構成が複雑な回転翼の構造解析についても文献 [41, 270–274] で発表されている．近年発表された文献 [42] では，FSI 連成のモデル化とシミュレーションがフルスケールでの風車の機械的挙動の予測に必要であることを示している．

　上記課題を解決するためには，汎用性があり，正確でロバストかつ効率のよい数値計算手法を，問題のターゲットに応じて組み合わせながら使用していく必要があると考えられる．以後，それらの手法の概要を述べ，章の本編で詳細を解説していく．

　本章で取り上げるいくつかの例の中で，風車の形状のモデル化とシミュレーション構成として IGA を採用している．風車翼形状のような複雑で滑らかな形状表現に，一般的な有限要素よりも効率のよい NURBS ベースの IGA を使用する．IGA は，乱流シミュレーション[15, 73, 77–79, 122] や非線形構造[40, 41, 275–278]，FSI[16, 192–194] などにうまく採用されており，ほとんどの場合，標準的な低次の有限要素に対して自由度あたりの精度に優位性をもっている．その理由の一部は，使用する基底関数が高次の滑らかさをもっていることである．すべての区分円錐曲線，とくに円形や円柱形の曲線を正確に表現することができるため[279]，回転部品に関する流れは実質上アイソジオメトリックの枠組みで扱われている．

　翼の構造は bending strip 法[41]に基づく自由回転するアイソジオメトリックのシェル形式で決められている．この手法は，C^0 連続以下で接合もしくはマージされた C^1 以上の高次の複数連続サーフェスパッチで構成されるような，薄いシェル構造に適している．文献 [40] のように，高次連続な基底関数を前提としたキルヒホッフ－ラブ シェル理論は，パッチ内部で使用される．この中では NURBS ベースの IGA を使用しているが，構造のモデル化には T-spline[87, 88] や subdivision surface[94–96] などといったその他の離散化手法もまったく問題なく使用可能である．

　加えて，FEM 計算用の四面体や六面体メッシュを作成する際には，解析に適した幾何形状のアイソジオメトリック表現を使用すればよい．本章では，ALE-VMS 法（4.6.1 項参照）や DSD/SST-VMST (ST-VMS)（4.6.3 項参照）法を用いた風車の計算にそれらの四面体メッシュを使用する．移動機械部品を伴う流れに対する DSD/SST 法の適用では，SSMUM (shear-slip mesh update method)[27, 280, 281] が非常に役立つ．もともと SSMUM は，トンネル内ですれ違う 2 台の高速列車の周りの流れを解くための手法であった（文献 [27] 参照）．そのときの課題は，二つの高速物体が線形相対運

動する DSD/SST 法の計算に使用するためのメッシュを，正確かつ効率的に更新することであった．SSMUM の概念は，メッシュ移動および相対運動する物体間の薄い層状の要素のリメッシュを制限することであった．各時間刻みにおいて，この層の要素を"せん断"変形させた後，節点の接続を"スリップ"させることによって，メッシュの更新を完了させる．この節点接続のスリップにより，せん断変形した形状よりもある程度よい要素形状が得られる．リメッシュは単に節点接続を定義し直すことであるため，射影誤差とメッシュ生成コストが両方とも最小となる．高速列車の数値計算から数年経過して，SSMUM は高速で相対回転する物体に実装され，回転プロペラ[280]を通過する流れや回転運動を伴うヘリコプター周りの流れ[281]に適用された．

　近年，風車周りの流れと FSI 計算のためにいくつもの特殊な手法が開発された．文献 [114] では，風車翼形状を表現する手法が NURBS をベースに開発され，文献 [261] で設計された 5 MW 風車の翼の空力計算に適用された．その後，この風車翼の数値解析による研究は文献 [115, 268, 282] にて発表されている．文献 [76] では，ALE-VMS 法の検証のために，実験データが入手可能なテストケースについて，NREL (National Renewable Energy Lab) の 2 翼風車（フェーズ 4）（文献 [283] 参照）の空力計算が行われた．キルヒホッフ－ラブ シェル理論と bending strip 法（文献 [40, 41] 参照）に基づいた風車翼の構造方程式は文献 [42] で開発され，5 MW 風車翼の完全連成 FSI シミュレーションに適用された．われわれはこれが風車翼をシミュレーションした最初の完全連成 FSI であると認識している．風車翼の FSI シミュレーションには特別なメッシュ移動法が提案されている[42]．この方法では，たわみ方向のメッシュ移動のみに弾性メッシュ移動法[25, 130]を使用し，回転部分は剛体回転により移動させる．近年では，強風時に翼がタワーにぶつかるのを防ぐため，風車翼をあらかじめ曲げておく方法とアルゴリズム[274]が提案されている．本章ではこれらの方法についても説明する．

10.1　5 MW 風車の空力シミュレーション

　本節ではまずはじめに，5 MW 風車の形状を厳密に定義する．その後，NURBS ベースと FEM ベースの風車シミュレーションを紹介する．本節では純粋な空力シミュレーションのみを紹介し，構造と FSI のモデリングとシミュレーションについては後節で紹介する．

10.1.1　5 MW 風車の形状定義

　最初のステップとして，翼の構造モデルの雛形を作成する．このとき構造モデルは，風車翼，ハブ，取り付け部をサーフェス（シェル）で表現する．翼の表面はブレード

の軸方向に積み上げた翼型の集合で構成する．

　回転翼の幾何形状は，文献 [261] で記述された NREL 5 MW 型の洋上基準風車をベースにしている．参照形状から取り込んだ翼型データを表 10.1 にまとめた．61 m の翼が半径 2 m のハブに取り付けられており，ロータ一全体の半径は 63 m となっている．翼は，表の一番右の列に記述したとおり，いくつかのタイプに分かれている．翼の付け根の部分は完全な円柱である．付け根から遠くなるにつれて，円柱は滑らかに DU (Delft University) の翼型に近づいていく．付け根から 44.55 m の位置から先端までは，NACA64 の翼型を使用する（図 10.1 参照）．表 10.1 の残りのパラメータについては，図 10.1 で説明している．"RNodes" はローター中心からブレード軸方向の翼型断面までの距離であり，"AeroTwst" は断面のねじり角度である．翼がねじられているのは，空力性能を高めるためである．"Chord" は翼弦長である．"AeroOrig" は空力中心の位置である．ほとんどの翼型断面において，空力中心は先端から弦長の 25% の位置としている．根元の円柱形状を調節するために，空力中心を弦長の 50% まで徐々に変化させる．これは文献 [261] にはないが，文献 [284] に記載してある．

表 10.1　風車の形状定義

RNodes [m]	AeroTwst [°]	Chord [m]	AeroCent [-]	AeroOrig [-]	翼型
2.0000	0.000	3.542	0.2500	0.50	円柱
2.8667	0.000	3.542	0.2500	0.50	円柱
5.6000	0.000	3.854	0.2218	0.44	円柱
8.3333	0.000	4.167	0.1883	0.38	円柱
11.7500	13.308	4.557	0.1465	0.30	DU40
15.8500	11.480	4.652	0.1250	0.25	DU35
19.9500	10.162	4.458	0.1250	0.25	DU35
24.0500	9.011	4.249	0.1250	0.25	DU30
28.1500	7.795	4.007	0.1250	0.25	DU25
32.2500	6.544	3.748	0.1250	0.25	DU25
36.3500	5.361	3.502	0.1250	0.25	DU21
40.4500	4.188	3.256	0.1250	0.25	DU21
44.5500	3.125	3.010	0.1250	0.25	NACA64
48.6500	2.310	2.764	0.1250	0.25	NACA64
52.7500	1.526	2.518	0.1250	0.25	NACA64
56.1667	0.863	2.313	0.1250	0.25	NACA64
58.9000	0.370	2.086	0.1250	0.25	NACA64
61.6333	0.106	1.419	0.1250	0.25	NACA64
62.9000	0.000	0.700	0.1250	0.25	NACA64

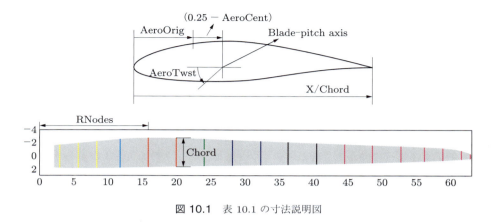

図 10.1 表 10.1 の寸法説明図

> **Remark 10.1** 表 10.1 に示したパラメータの中には重複しているものもある．変数 "AeroCent" は，風車ローターの計算に一般的に使用される空力モデリングソフトである FAST[260] の入力値として使われている．FAST は，翼ピッチ軸が弦長の 25% における各翼型領域を通過すると仮定しており，AeroCent − 0.25 を翼ピッチ軸から空力中心までの翼弦に沿った正方向への距離と定義している．そのため，AeroOrig + (0.25 − AeroCent) は翼ピッチ軸が各翼型断面を通過する位置となる．ここでの目的のためにはこの複雑な定義は必要ないが，文献参照時の上位互換性のために名前を統一している．

各翼断面の 2 次元翼型形状表現に，2 次の NURBS を使用する．NURBS 関数の重みは均一とする．重みは根元付近で翼断面が正確に円形となるように決定する．断面は翼の軸方向に積み上げられ，ここでも 2 次の重みの均一な NURBS を使用する．この形状モデリング法を用いることで，比較的少ないインプットパラメータで滑らかな回転翼表面を生成することが可能となり，アイソジオメトリック表現の優位点となっている．図 10.2 に，翼がねじれていることを表現した上面視断面を示す．回転翼表

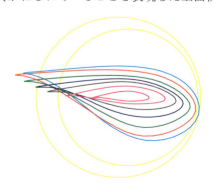

図 10.2 翼のねじれを示すための上面視断面集合

面の形状を与えたら，次は流体領域ボリュームの構築である．翼表面を，翼表面パッチとよんでいる同サイズの四つのパッチに分割する．分割は，前縁と後縁で両側の翼がそれぞれ同じ長さになるように分割する．翼近辺の流体領域はそれぞれの翼のサーフェスパッチに対して生成する．仕上げに，領域の外側境界が完全な円柱となるように流体領域パッチをマージする．

それぞれの翼のサーフェスパッチに対して，最小限の数のコントロールポイントをもつ60°のパイ型領域を作成する．パッチ底面のコントロールポイントは，ハブの形状に適応するように動かす．次のステップとして，ノットの挿入および翼のサーフェスパッチと位置を合わせるための新しいコントロールポイントの移動を行う．こうすることで，流体領域のボリュームと構造モデルのサーフェスを演繹的に離散点を一致させることになり，FSI解析に適したものとなる．最後に，流体領域を解析の全パラメトリック方向に細分化する．図10.3に，回転体のサーフェスメッシュとそれに隣接する流体サブドメインメッシュを示す．残りの流体サブドメインも同様の方法で生成する．

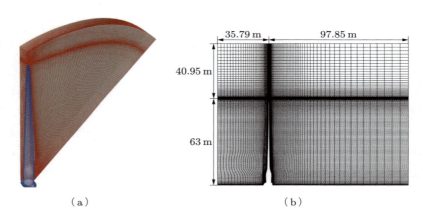

図 10.3　(a) 計算領域のNURBSボリュームメッシュと (b) 翼に向かうメッシュ勾配を説明した断面図

シミュレーションでは，生成したこの流体NURBSメッシュを，より大きな計算領域の中に埋め込んで使用する．本計算では，この大きな計算領域もまた円柱である．計算を効率化するため，1/3領域モデルを使用する．流体領域のボリュームメッシュは，1/3領域で1,449,000個の2次NURBS要素（およびほぼ同数のコントロールポイント）で構成される．図10.3(b)は，流体の境界層メッシュを示したメッシュ断面である．シミュレーションには，回転周期条件（9.2節および9.2.3項参照）を与えている．$\mathbf{u}_l^h$ と $\mathbf{u}_r^h$ は左右境界における離散化した流速（図10.4参照），p_l^h と p_r^h はそ

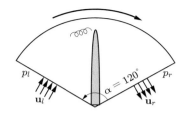

図 10.4　回転周期条件

の圧力であり，以下のように設定する．

$$p_l^h = p_r^h \tag{10.1}$$

$$\mathbf{u}_l^h = \mathbf{R}(2\pi/3)\,\mathbf{u}_r^h \tag{10.2}$$

ここで，$\mathbf{R}(2\pi/3)$ は $\alpha = 2/3$ としたときの回転行列である．すなわち，圧力の自由度は同じ値となり，流速の自由度は $2\pi/3$ の回転に対して線形変形の関係にある．このとき，変形行列は領域の現在地とは関係ない．この回転周期条件は，標準的なマスターとスレーブの関係で付与する．回転周期条件は，パラシュートの計算[124, 175, 285] においてすでに使用されていたものである．

風車の空力計算には，回転速度を付与した回転メッシュを用いた．風速は 9 m/s で均一とし，回転速度を 1.08 rad/s とすることで，周速比を 7.55（風車に関する用語は文献 [286] を参照）とした．空気の物性には基本水準面での値を使用する．レイノルズ数（$3R/4$ における弦の長さとそこでの相対速度から算出）はおよそ 1,200 万である．流入境界の流速には風速を設定し，流出境界の応力ベクトルはゼロとした．円周状の境界では，速度の半径方向成分をゼロとした．初期流れ場には，速度がローター速度と等しくなるローターサーフェス以外の全領域にわたって速度を流入速度とした流れ場を用いる．

計算は，4.67×10^{-4} s の固定時間刻み幅で行う．この設定は NURBS でも四面体 FEM でも共通とした．

風速と回転速度は文献 [261] に相当するものを選定し，空力計算には FAST[260] を使用した．FAST は，翼の断面形状に対して定常状態における風速と迎角に対する揚力および抗力データの参照テーブルを使用している．後縁の乱流効果，ハブ，チップの影響は，経験的モデルを組み合わせた．文献 [261] では，これらの風速条件と回転速度においては翼のピッチングは発生せず，回転により 2,500 kN·m の良好な空力トルク（すなわち回転方向のトルク）が発生したと述べている．この値をわれわれのシミュレーションとの比較にも使用しているが，正確に一致するとは考えていない．なぜなら，われわれの計算モデルは文献 [261] とはまったく異なるからである．それで

もわれわれは，NREL は FAST 回転風車シミュレーションにおける幅広い経験をもっていることを理由に，この空力トルクの値が実際の値に近いと考えている．

10.1.2　NURBS ベースの IGA を用いた ALE-VMS シミュレーション

計算には Ranger (Texas Advanced Computing Center[287]にある全 62,976 プロセスコアの Sun Constellation Linux クラスター）の内の 240 コアを使用した．翼の表面付近における壁の法線方向の第一要素サイズは約 2 cm である．ブロック対角前処理および GMRES 探索法[112]を使用した．それぞれの節点ブロックは 3×3 と 1×1 の行列で構成されており，それぞれ離散化した運動方程式と連続の式に対応している．時間刻みあたりの非線形反復回数は 4 回で，非線形反復あたりの GMRES 反復回数は，1 回目の非線形反復では 200 回，2 回目が 300 回，3，4 回目が 400 回である．図 10.5 は，$t = 0.8\,\mathrm{s}$ における回転面から 1 m 後部の空気の流速である．翼後縁の細かな渦を捉えるためには，メッシュの高解像度化による正確な表現が必要である．回転面に投影した流体のトラクションベクトルを図 10.6 に示す．トラクションベクトルは回転方向を向いており，翼のチップに向かう絶対値の増加が良好な空力トルクを発生させている．しかし，翼のチップでは，トラクションベクトルが急激にゼロや負に低下し，若干の効率低下が起こる．空力トルクの時刻歴と，参照値として文献 [261] による定常状態の結果を図 10.7 に示す．図より，0.8 s より早い段階で，トルクが参照値の誤差 6.4% 以内となる 2,670 kN·m に収束していることがわかる．シミュレーションモデルのアプローチは大きく異なるが，二つの値は非常に近い．本結果は，経験則を用いずに計算可能な自由度での 3 次元非定常シミュレーションを行うことによって，フ

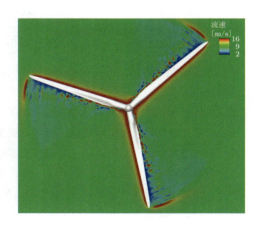

図 10.5　$t = 0.8\,\mathrm{s}$ における空気流速

10.1　5 MW 風車の空力シミュレーション　315

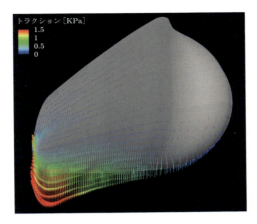

図 10.6　翼の後ろから見た $t = 0.8\,\mathrm{s}$ における流体のトラクションベクトル．色はトラクションベクトルの絶対値で，回転面に投影したもの．良好な空力トルクの生成メカニズムを表している．

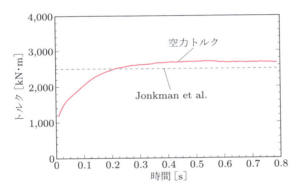

図 10.7　空力トルクの時刻歴．0.8 s 以内での定常状態の統計値．比較値は NREL の定常状態の結果．

ルスケールの風車シミュレーションに必要となる重要なパラメータ推定に利用できる可能性を示唆している．さらに，本手法を3次元非定常解析の欠かせない問題（突風時や翼のピッチ変化）に利用できると確信できる．

　空力トルクと回転速度を与えたとき，空力トルクから算出したこれらの条件の風から取り出せる出力は次式となる．

$$P = T_\mathrm{f}\dot{\theta} \approx 2.88\ \mathrm{MW} \tag{10.3}$$

Betz の法則（例：文献 [288] 参照）より，水平軸の風車から取り出すことのできる最大出力は次式となる．

$$P_{\max} = \frac{16}{27} \frac{\rho A \|\mathbf{u}_{\text{in}}\|^3}{2} \approx 3.23 \text{ MW} \tag{10.4}$$

このとき，$A = \pi R^2$ はローターが通過する断面積，$\|\mathbf{u}_{\text{in}}\|$ は流入速度である．これらより，シミュレーション条件における風車の下記の空力効率を求めた．

$$\frac{P}{P_{\max}} \approx 89\% \tag{10.5}$$

この値は近年の風車設計においても高い値である．翼は長手方向に 18 の"パッチ"で区切られており，翼の長手方向に沿ってどのように空力トルクが分布するかを調査した．パッチごとのトルク分布を図 10.8 に示す．翼の円柱部分におけるトルクはほぼゼロである．4 番目のパッチでは良好な空力トルクが発生しており，15 番目のパッチまで増加し続ける．トルクの大きさは 15 番目以降急激に低下するが，最終パッチまでずっと良好な値が維持される．

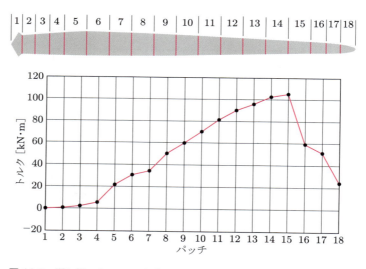

図 10.8 翼に沿ったパッチ（上）と，それらのパッチにおける $t = 0.8\,\text{s}$ での空力トルク（下）

図 10.9 は，回転中心の 56 m 上方の翼断面における流速の軸方向成分であり，モデリングとシミュレーションを 3 次元で行うことの重要性を示している．境界層における軸方向速度成分の大きさは 15 m/s を超えており，とくに空力トルクが最大となる部分において 3 次元の効果が重要となることを示している．

10.1.3 有限要素法を用いた DSD/SST 法による計算

文献 [115, 268] で行った，DSD/SST 法と線形の有限要素法による計算について説明

10.1 5 MW 風車の空力シミュレーション 317

図 10.9 $t = 0.8\,\mathrm{s}$ における 56 m での軸方向の翼断面流速．境界層における軸方向速度が大きく，3 次元モデリングの重要性を示している．

する．翼表面に三角形メッシュを生成するため，まずは各ノット挿入における NURBS 幾何形状を補間することにより生成した四辺形メッシュを用いる．さらに，それらの四辺形要素を三角形メッシュに分割し，その後ハブ周辺のメッシュ品質を改善するために若干の改良を施す．われわれが用意したメッシュは，メッシュ 2，メッシュ 3 およびメッシュ 4 の 3 種類で，それぞれ文献 [114] のサーフェスメッシュを翼に沿って 2，3，4 回細分化したものである．翼の各サーフェスメッシュの節点と要素の数を表 10.2 に示し，さらにメッシュ 4 のサーフェスメッシュを図 10.10 に示す．計算を効率化するため，図 10.11 のように，計算領域を 1/3 とする回転周期条件[124, 175]を用いた．流入境界，流出境界，円周境界は，ハブ中心からそれぞれ，$0.5R$，$2R$，$1.43R$ の位置に設置した．図 10.12 の回転軸に沿った断面を用いて説明すると，流入，流出，円周境界はそれぞれ，左，右，上の端となる．各周期境界は，1,430 の節点と 2,697 の三角形で構成されている．翼表面の周りは 22 層の微細メッシュで覆われており，第 1 層

表 10.2 メッシュの概要

	サーフェス		ボリューム	
	節点数	要素数	節点数	要素数
メッシュ 2	5,748	11,452	155,494	898,640
メッシュ 3	7,552	15,060	205,855	1,195,452
メッシュ 4	9,268	18,492	253,340	1,475,175

図 10.10 翼のサーフェスメッシュ（メッシュ 4）

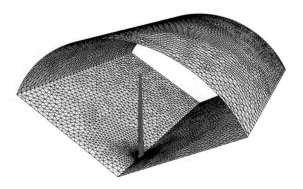

図 10.11 回転周期領域と風車翼（青）

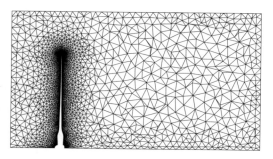

図 10.12 回転軸に沿った流体ボリュームメッシュの断面（メッシュ 4）

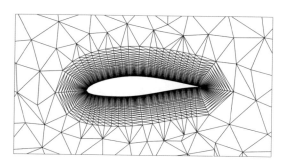

図 10.13 $3R/4$ における境界層メッシュ

の厚みは 1 cm，成長率は 1.1 である．$3R/4$ における境界層メッシュを図 10.13 に示す．各メッシュの節点数と要素数を表 10.2 に示す．

　計算には DSD/SST-SUPS と DSD/SST-VMST の保存形を使用した．SUPS は LSIC 安定化をしない（すなわち $\nu_{\text{LSIC}} = 0$）バージョンを使用し，VMST の ν_{LSIC} は式 (4.126) から求め，これを "TGI" としている．

非線形反復中の線形方程式を解く際には，GMRES 探索法[112]と対角前処理を使用した．計算は並列環境で実施した．メッシュは並列計算効率が高まるように分割している．メッシュ分割には METIS アルゴリズム[258]を使用した．時間刻み幅は 4.67×10^{-4} s である．時間刻みごとの非線形反復回数は 3 とし，それぞれの非線形反復あたりの GMRES 反復回数を，1 回目は 30 回，2 回目は 60 回，3 回目は 500 回とした．

本計算に入る前に，DSD/SST-SUPS 法を用いて，低いレイノルズ数から狙いのレイノルズ数まで徐々に変化させていく短い計算を実施した．この結果を DSD/SST-VMST 法に対しても初期条件として使用した．この目的は，このレイノルズ数における非圧縮条件を満足する，理に適った流れ場を構築することである．VMST を使用する際には，翼以外のすべての節点を流入速度とするような非物理的な初期条件を用いることは，きわめて困難である．

図 10.14～10.16 は，1 枚の翼によって発生する空力トルクの時刻歴と $t = 1.0$ s における各パッチのトルクの寄与度である．パッチは図 10.8 で定義したものである．

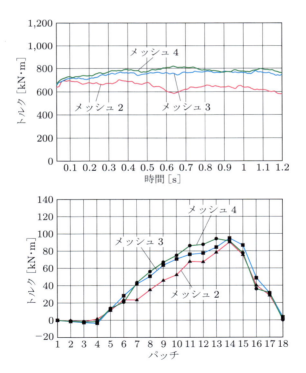

図 10.14　1 枚の翼によって発生する空力トルク．DSD/SST-SUPS 法使用時のメッシュ間の違いを比較．時刻歴（上）と $t = 1.0$ s における各パッチのトルクの寄与度（下）．

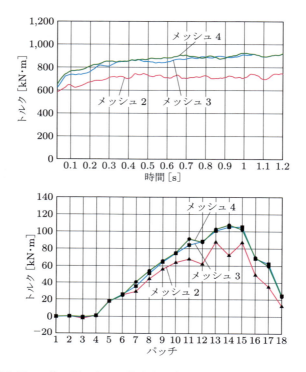

図 10.15 1 枚の翼によって発生する空力トルク．DSD/SST-VMST (TGI) 使用時のメッシュ間の違いを比較．時刻歴（上）と $t = 1.0\,\mathrm{s}$ における各パッチのトルクの寄与度（下）．

図 10.17 は，$t = 1.0\,\mathrm{s}$ における翼を代表したパッチ 16 の圧力係数 $(0.90R)$ である．大部分のパッチにおける迎角とレイノルズ数はほぼ同じである．例として，パッチ 12 の $0.65R$ における迎角とレイノルズ数は $7.4°$ と 9.9×10^6，パッチ 16 の $0.90R$ においては $7.6°$ と 9.6×10^6 である．

SUPS および VMST のメッシュを細かくした二つの調査では，空力トルクや抵抗係数の値が順調に収束した．メッシュをもっとも細かくした VMST の計算では，NURBS を用いた ALE-VMS の空力トルクとほぼ同じ値となった．SUPS の結果は非常に良好ではあったが，空力トルクは VMST と NURBS ベースの ALE-VMS の計算に対してわずかに過小評価される結果となった．図 10.17 は，VMST の方が圧力値がより滑らか（すなわち安定）であることを表している．VMST のトルクが高くなるおもな理由は，図に見られるように，NACA64 翼型の上面に低圧力領域が幅広く存在していることである．この低圧力は流れが翼に沿っていることを示している．そのため，ここで用いた解像度においては，SUPS より VMST を用いた結果の方が乱流境界層をよく

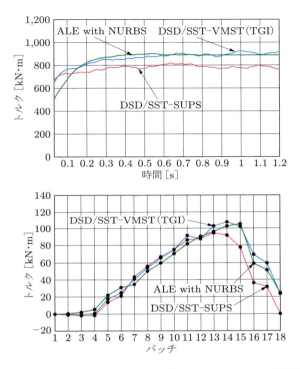

図 10.16 1枚の翼によって発生する空力トルク．メッシュ4使用時の計算方法の違いを比較．時刻歴（上）と $t = 1.0\,\text{s}$ における各パッチのトルクの寄与度（下）．"ALE with NURBS"と書かれた曲線は，前節のNURBS計算の空力トルクデータ．

表現できている．

10.2　NREL Phase VI 翼型：検証と弱形基本境界条件の役割

提案した手法を，NRELのPhase VI型2翼風車[283]の非定常空力実験 (UAE: unsteady aerodynamics experiment) に適用した．この実験で使用した風車は，ねじれてテーパーの付いた直径 $10.058\,\text{m}$ の2枚の翼をもち，定格出力は $19.8\,\text{kW}$ である．試験は2000年にNASA Amesの $80\,\text{ft} \times 120\,\text{ft}$ の風洞で実施した（**図 10.18** 参照）もので，これはフルスケールの風車で行われた実験の中でもっとも包括的で正確かつ信頼性の高い実験の一つである．また，このテストケースは，計算の検証と風車の空力性能予測能力の向上のため，多くの数値計算研究者[262-267]によって取り組まれている．

Phase VI の翼形状は，NREL S809 の翼型[283]を使用している．翼の断面データ

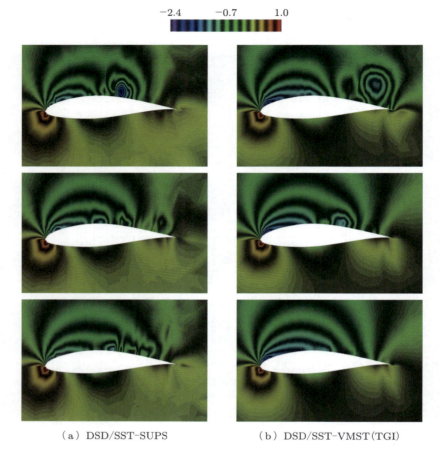

(a) DSD/SST-SUPS　　　　　　　(b) DSD/SST-VMST(TGI)

図 10.17 $t = 1.0\,\mathrm{s}$ におけるパッチ 16 の圧力係数 $(0.90R)$（上：メッシュ 2, 中：メッシュ 3, 下：メッシュ 4）

を表 10.3 にまとめた．翼形状と技術的特長の詳細は文献 [283] に示したとおりである．検証計算には 2 種類の実験を使用した．一つ目のケースの風速は $5\,\mathrm{m/s}$, 二つ目は $25\,\mathrm{m/s}$ である．どちらのケースにおいても，風上のヨー角は $0°$, テーパー角度も $0°$, 翼の先端ピッチ角度は $3°$, 回転角速度は $72\,\mathrm{rpm}$ である．風上の近似としては妥当な扱いとして，風車の空力に対するハブとタワーの影響は無視する（例：文献 [262] 参照）．ここで検討した 2 ケースの流れ場はまったく異なる．$5\,\mathrm{m/s}$ のケースでは，流れは完全に翼に沿っている．一方，$25\,\mathrm{m/s}$ のケースでは，翼の大部分でストールが発生するためシミュレーションも難しくなってくる[269]．

メッシュ解像度と計算領域を図 10.19 に示す．翼の半径 R は $5.029\,\mathrm{m}$ で，剛体と

10.2 NREL Phase VI 翼型：検証と弱形基本境界条件の役割

図 10.18　(a) 80 ft × 120 ft の風洞に設置した UAE と (b) NASA Ames Research Center の風洞で National Wind Technology Center の流れを可視化した UAE の後流

表 10.3　NREL UAE Phase VI 翼型の断面データ

半径方向距離 r [m]	半径位置 [$r/5.029$ m]	翼弦長 [m]	ねじり角度 [°]	ねじり軸 [% 翼弦]	翼型
0.508	0.100	0.218	0.0	50	円柱
1.510	0.300	0.711	14.292	30	NREL S809
2.343	0.466	0.627	4.715	30	NREL S809
3.185	0.633	0.542	1.115	30	NREL S809
4.023	0.800	0.457	−0.381	30	NREL S809
4.780	0.950	0.381	−1.469	30	NREL S809
5.029	1.000	0.355	−1.815	30	NREL S809

して扱う．流入境界の風速は 5 m/s および 25 m/s である．出口境界のトラクションベクトルはゼロとする．円周境界の半径方向速度はゼロとする．空気の密度と粘性係数はそれぞれ，1.23 kg/m^3 と 1.78×10^{-5} kg/(m·s) とした．メッシュは 1,508,983 個の節点と 8,494,182 個の線形四面体要素からなるものを使用した．図 10.20 は $0.8R$ における 2 次元翼断面で，境界付近のメッシュタイプを示している．$0.8R$ における翼表面周辺の第 1 要素の壁面法線方向のサイズは約 0.008 m である．この計算では，粗い境界層メッシュを使用した ALE-VMS 法の性能をテストするために，特殊な境界層メッシュは使用していない．

計算は，TACC (Texas Advanced Computing Center)[287] の Dell クラスターを用いて並列化環境で実施した．線形方程式の解法には，ブロック対角化前処理の GMRES 法[112, 289] を用い，時間刻み幅は 0.0001 s とした．時間刻みあたりの非線形反復回数は 3 回で，1 回目と 2 回目の非線形反復あたりの GMRES 反復回数は 50 回，3 回目は非

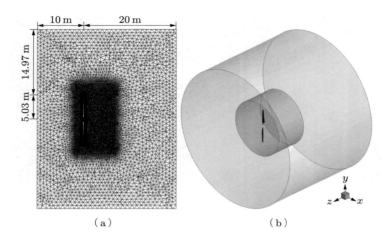

図 10.19 (a) メッシュの2次元断面と (b) 計算領域

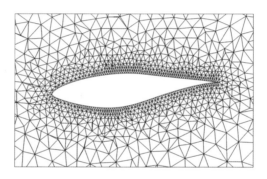

図 10.20 $0.8R$ における翼の2次元断面により計算に用いた比較的粗い境界層を示す. 第1層目の壁面鉛直方向の寸法は, $0.008\,\mathrm{m}$ である.

線形の収束に依存するが 50〜80 回であった.

図 10.21 は, 空力 (低速シャフト) トルクの時刻歴である. 弱形化した境界条件のシミュレーション結果と実験データの空力トルク値はよく一致している. しかし, 弱形化していない境界条件の結果は大きく異なる値となった.

$0.8R$ における $5\,\mathrm{m/s}$ と $25\,\mathrm{m/s}$ のケースの圧力と流速コンターおよび流線を図 10.22 と 10.23 に示す. 図 10.22(a) は, $5\,\mathrm{m/s}$ の弱形化した境界条件の流れである. 流れは完全に付着しており, トルクは正確に予測できている. しかし, 境界条件を弱形化していないシミュレーションでは, 翼後縁で流れの剥離が予測されている (図 10.22(b) 参照). 翼は失速し, その結果トルクが 126% 過小評価されている (図 10.21(a) 参照).

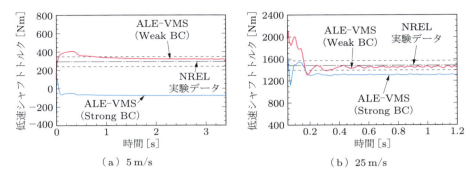

図 10.21 弱形化した境界条件としていない境界条件を用いた計算の空力（低速シャフト）トルクの時刻歴．比較は NREL の実験データ．破線は実験データの標準偏差．

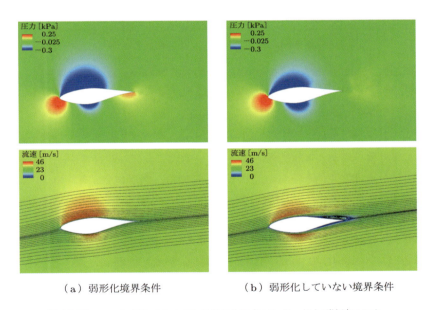

（a）弱形化境界条件　　　　（b）弱形化していない境界条件

図 10.22 5 m/s 条件での $0.8R$ における圧力コンターおよび流速コンターと流線

25 m/s のケースでは，弱形化した境界条件としていない境界条件を用いた計算の圧力コンターと流れのパターンに大きな差は見られなかった．これは，すでにエッジ部分で流れの剥離が発生しているため翼全体が失速しており，境界層の解像度がここでの流れ条件においては大して重要でなくなるからである．このケースにおいても，弱形化境界条件のトルク予測値は正確で，そうでない方はトルク値を過小評価しているが，

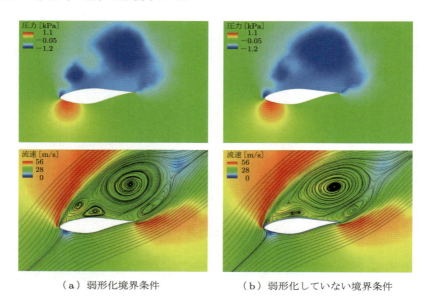

(a) 弱形化境界条件　　　　　　　(b) 弱形化していない境界条件

図 10.23　25 m/s 条件での 0.8R における圧力コンターおよび流速コンターと流線

その割合はわずか 11% である（図 10.21(b) 参照）．

　これらの結果は予想外ではない．弱形化されていない境界条件では，粗い境界層の離散化により境界層が人工的に"厚く"なり，それにより流れが阻害され，剥離が早まるなどといった非物理的な空気の流れとなっている．弱形化境界条件のケースでは，流れが固体表面を意図せず，境界層が厚くなることなく滑らかに流れることができる．もちろん，メッシュ解像度を十分に確保すれば，どちらの境界条件でも境界層を捉えることができ，弱形化していない境界条件でも正しい結果が得られる（文献 [77] 参照）．
　図 10.24 は，$0.466R$, $0.633R$, $0.8R$ における 5 m/s と 25 m/s のケースの圧力係数である．実験データに対して予測値（弱形化境界条件を使用）をプロットしてある．流れが付着する条件，剥離する条件ともに各半径方向の位置において良好に一致している．
　図 10.25 は，5 m/s のケースの流れを可視化（流速等値面）したものである．翼で発生した前縁の渦は，ほとんど崩れることなく下流へと運ばれている．同じ図中に翼表面の圧力コンターも表示した．

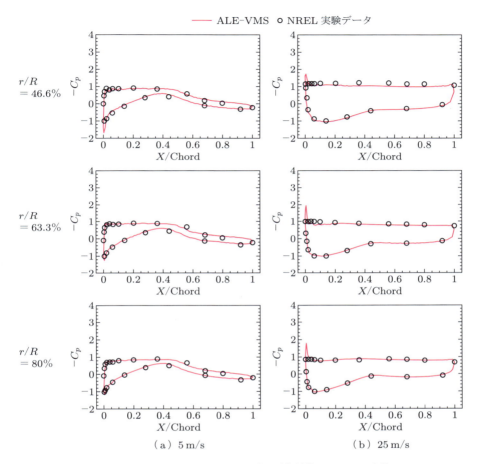

図 10.24　$0.466R$, $0.633R$, $0.8R$ における圧力係数．NREL の実験データとシミュレーションによる予測値（弱形化境界条件を使用）をプロット．

10.3　風車翼の構造力学

10.3.1　bending strip 法

　風車翼の構造力学のモデル化には，1.2.9 節で紹介した複合材のキルヒホッフ－ラブシェル方程式を使用した．近年製造される風車翼には，一般的に複合材が使用されている．基底関数を平滑化するため，キルヒホッフ－ラブ シェルの変分方程式の離散化には NURBS ベースの IGA を用いる．しかし，式 (1.191) の内部仮想仕事の表現はシェルの中立面が滑らかな幾何写像で記述される場合のみに意味をもつ．写像を C^0

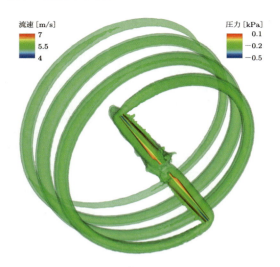

図 10.25 5 m/s のケースの流速等値面．翼で発生する前縁の渦は，ほとんど崩れることなく下流へ運ばれている．同じ図上に翼表面の圧力コンターも示す．

レベルに落とした場合には，幾何写像の 2 次導関数に依存する曲率テンソルを含む項は非可積分な特性をもつこととなり，方程式をそのように使用することができなくなる．しかし，複雑な構造では，形状定義の幾何写像の連続性を C^0 レベルまで落とす必要がしばしば発生する（翼の後縁やエ型鋼などの非多様体）．文献 [41] において，複雑な多パッチシェル構造の自由回転キルヒホッフ–ラブ理論を扱った手法を提案しており，これを "bending strip 法[†]" とよぶ．本手法のおもな概念を説明したのが図 10.26 であり，以後これについて解説していく．シェル構造は NURBS パッチのような滑らかなサブドメインで構成されており，これらが C^0-連続で接続されていると仮定する．さらに，仮想の物性をもつ薄い strip も NURBS のサーフェスパッチとしてモデル化し，パッチの交差部に配置する．パッチ界面の 3 重のコントロールポイントは共有コントロールポイントで構成され，両側に一つずつあり，bending strip のコントロールメッシュとして抜粋して使用する．各 bending strip のパラメトリック領域は，界面を横断する方向に 2 次の要素と，簡潔性と計算効率のために strip の長手に沿ったすべてのコントロールポイントを含めるための多くの線形要素で構成される．また物性は，質量をゼロとし，膜剛性もゼロとする．曲げ剛性は界面の横断方向のみに非ゼロ

[†] 本手法の現在の形が開発，実装されたのはカリフォルニア大学サンディエゴ校で，ミュンヘン工科大の K.-U. Bletzinger の研究グループの J. Kiendl が PhD の学生として Y. Bazilevs の研究グループを訪れたときであった．本手法の概念は，K.-U. Bletzinger と共同研究者が文献 [290] で発表した "continuity patch" と類似する部分がある．

10.3 風車翼の構造力学

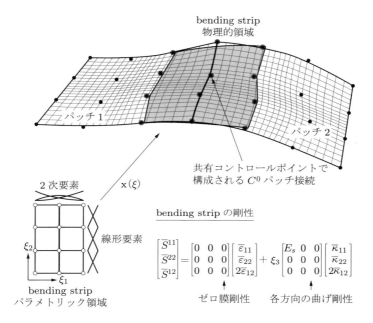

図 10.26 bending strip 法の概念図

値を与える．横断方向は，式 (1.168) および (1.169) の局所基底構造から得ることができるが，ほかの方法を検討してもよい．

ここで再び，Γ_0^s と Γ_t^s は参照配置と変形配置の中立面構造を表すものである．構造の中立面は，C^0 連続で接続されたサーフェスパッチで構成する．Γ_0^b は bending strip パッチサブドメインの集合である bending strip の領域を表すものとする．$\mathcal{S}_y^h$ および $\mathcal{V}_y^h$ は，構造問題の離散化した試行関数と試験関数空間を表す．1.2.9 項で扱った式 (1.192) のキルヒホッフ-ラブ シェルの変分方程式を始点として，bending strip 法を次のように定式化する．

任意の $\mathbf{w}_2^h \in \mathcal{V}_y^h$ を満足するシェル中立面の変位 $\mathbf{y}^h \in \mathcal{S}_y^h$ を求めよ：

$$\int_{\Gamma_0^s} \mathbf{w}_2^h \cdot \overline{\rho}_0 h_{\text{th}} \left(\frac{\mathrm{d}^2 \mathbf{y}^h}{\mathrm{d}t^2} - \mathbf{f}^h \right) \mathrm{d}\Gamma$$

$$+ \int_{\Gamma_0^s} \delta \overline{\boldsymbol{\varepsilon}}^h \cdot \left(\mathbf{K}_{\text{exte}} \overline{\boldsymbol{\varepsilon}}^h + \mathbf{K}_{\text{coup}} \overline{\boldsymbol{\kappa}}^h \right) \mathrm{d}\Gamma$$

$$+ \int_{\Gamma_0^s} \delta \overline{\boldsymbol{\kappa}}^h \cdot \left(\mathbf{K}_{\text{coup}} \overline{\boldsymbol{\varepsilon}}^h + \mathbf{K}_{\text{bend}} \overline{\boldsymbol{\kappa}}^h \right) \mathrm{d}\Gamma$$

$$+ \int_{\Gamma_0^b} \delta\overline{\boldsymbol{\kappa}}^h \cdot \mathbf{K}_{\mathrm{bstr}} \overline{\boldsymbol{\kappa}}^h \, \mathrm{d}\Gamma - \int_{(\Gamma_t^s)_\mathrm{h}} \mathbf{w}_2^h \cdot \mathbf{h}^h \, \mathrm{d}\Gamma = 0 \tag{10.6}$$

上式の上付き添え字 h は,不連続量が含まれていることを表す.式 (1.192) にはなかった $\int_{\Gamma_0^b} \delta\overline{\boldsymbol{\kappa}}^h \cdot \mathbf{K}_{\mathrm{bstr}} \overline{\boldsymbol{\kappa}}^h \, \mathrm{d}\Gamma$ の項はペナルティ的なもので,bending strip が構造に与える影響を表している.ここで,$\mathbf{K}_{\mathrm{bstr}}$ は strip の曲げ剛性である.

$$\mathbf{K}_{\mathrm{bstr}} = \frac{h_{\mathrm{th}}^3}{12} \overline{\mathbb{C}}_{\mathrm{bstr}} \tag{10.7}$$

このとき,以下である.

$$\overline{\mathbb{C}}_{\mathrm{bstr}} = \begin{bmatrix} E_s & 0 & 0 \\ 0 & 0 & 0 \\ 0 & 0 & 0 \end{bmatrix} \tag{10.8}$$

また,E_s は bending strip の剛性のスカラー値で,通常シェルの局所ヤング率の整数倍を選択する.物性の構成行列の設計により,bending strip が構造に余分な剛性を与えないようにする.これらはパッチ界面におけるコントロールポイントの三重点の間の変形角度変化に対してペナルティを科すのみである.剛性 E_s は,角度の変化が許容範囲内に収まるように十分大きくとらなくてはならない.しかし,E_s を大きくし過ぎると,全体の剛性行列の状態が悪くなり,計算の発散につながる.

次に,bending strip 法を風車翼の構造モデルへ適用する際の方法を説明する.ガラス繊維とエポキシ樹脂を $[\pm 45/0/90_2/0_3]_s$ のように対称に積層することで,フラップとエッジの剛性を強化した複合材を,回転翼の材料に用いることを検討している.$0°$ の繊維は,翼型断面曲線の法線ベクトル方向を向いている.**表 10.4** に,各層の直交異方性の弾性係数を示す.簡単にするため,すべての翼は同じ積層構造をもつと仮定する.式 (1.184)〜(1.186) より,$\mathbf{K}_{\mathrm{exte}}$, $\mathbf{K}_{\mathrm{coup}}$, $\mathbf{K}_{\mathrm{bend}}$ は結果として以下となる.

$$\mathbf{K}_{\mathrm{exte}} = h_{\mathrm{th}} \begin{bmatrix} 26.315 & 4.221 & 0 \\ 4.221 & 18.581 & 0 \\ 0 & 0 & 5.571 \end{bmatrix} \times 10^9 \, [\mathrm{N/m}] \tag{10.9}$$

$$\mathbf{K}_{\mathrm{coup}} = \mathbf{0} \tag{10.10}$$

表 10.4 均一方向にそろえたガラス/エポキシ複合材の物性

E_1 [GPa]	E_2 [GPa]	G_{12} [GPa]	ν_{12}	$\overline{\rho}_0$ [g/cm^3]
39	8.6	3.8	0.28	2.1

$$\mathbf{K}_{\text{bend}} = h_{\text{th}}^3 \begin{bmatrix} 1.727 & 0.545 & 0.053 \\ 0.545 & 1.627 & 0.053 \\ 0.053 & 0.053 & 0.658 \end{bmatrix} \times 10^9 \, [\text{N·m}] \quad (10.11)$$

図 10.27(a) は，合計積層厚さの分布である．また図 10.27(b) は，翼のシェルモデルと C^0 連続の範囲を覆う bending strip である．続いて，この翼モデルを用いた FSI 計算を紹介する．モデルの確認計算や検証計算，およびソリッドやシェルの単純カップリングの使用可否の確認といった bending strip 法を使用したその他の計算については，文献 [41] で紹介している．

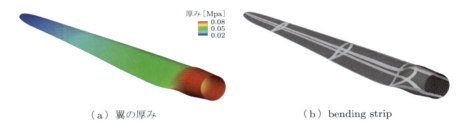

（a）翼の厚み　　　　　　　　（b）bending strip

図 10.27　NREL 5 MW 回転風車の翼モデル

Remark 10.2　式 (10.6) 中の構造の bending strip 項のため，本手法を物理的に動機づけられたペナルティ法と解釈することもできる．

Remark 10.3　IGA では，滑らかなサーフェス表現を直接解析に適用することができれば，新しいシェル要素法の発展につながる．本節で参照した以外にも，シェルに関連する文献として文献 [94–96, 278, 291] も参照のこと．さらに，IGA の発展に先立つものとしては文献 [94–96] もある．

10.3.2　構造方程式の時間積分

回転風車において，構造の動きはハブ軸周りを回る翼の回転に支配されている．文献 [42] において著者らは，この事実を活かして構造の回転運動を的確に表現できるように標準的な時間積分法を修正する手法を提案している．

このため最初のステップとして，構造の変位 $\mathbf{y}$ を回転とたわみの成分に分解する．

$$\mathbf{y} = \mathbf{y}_\theta + \mathbf{y}_d \quad (10.12)$$

変位の回転成分は次式から求められる．

$$\mathbf{y}_\theta = (\mathbf{R}(\theta) - \mathbf{I})(\mathbf{X} - \mathbf{X}_0) \quad (10.13)$$

ここで，$\mathbf{X}$ は構造の参照配置の座標，$\mathbf{X}_0$ は固定点，θ は時間変化する回転角度，$\mathbf{R}(\theta)$ は回転行列，$\mathbf{I}$ は単位行列である．回転を x_3 軸に関するものに特化すると，次式となる．

$$\mathbf{R}(\theta) = \begin{bmatrix} \cos\theta & -\sin\theta & 0 \\ \sin\theta & \cos\theta & 0 \\ 0 & 0 & 1 \end{bmatrix} \tag{10.14}$$

全体の構造の速度と加速度は，次式により計算できる．

$$\frac{d\mathbf{y}}{dt} = \dot{\mathbf{y}} = \dot{\mathbf{y}}_\theta + \dot{\mathbf{y}}_d = \dot{\mathbf{R}}(\theta)(\mathbf{X} - \mathbf{X}_0) + \dot{\mathbf{y}}_d \tag{10.15}$$

$$\frac{d^2\mathbf{y}}{dt^2} = \ddot{\mathbf{y}} = \ddot{\mathbf{y}}_\theta + \ddot{\mathbf{y}}_d = \ddot{\mathbf{R}}(\theta)(\mathbf{X} - \mathbf{X}_0) + \ddot{\mathbf{y}}_d \tag{10.16}$$

このとき，以下である．

$$\dot{\mathbf{R}}(\theta) = \begin{bmatrix} -\sin\theta & -\cos\theta & 0 \\ \cos\theta & -\sin\theta & 0 \\ 0 & 0 & 0 \end{bmatrix} \dot{\theta} \tag{10.17}$$

$$\ddot{\mathbf{R}}(\theta) = \begin{bmatrix} -\cos\theta & \sin\theta & 0 \\ -\sin\theta & -\cos\theta & 0 \\ 0 & 0 & 0 \end{bmatrix} \dot{\theta}^2 + \begin{bmatrix} -\sin\theta & -\cos\theta & 0 \\ \cos\theta & -\sin\theta & 0 \\ 0 & 0 & 0 \end{bmatrix} \ddot{\theta} \tag{10.18}$$

この分解を，節点もしくはコントロールポイントの変位自由度で離散化した状態でも直接行う．このために，$\mathbf{Y}, \dot{\mathbf{Y}}, \ddot{\mathbf{Y}}$ を節点もしくはコントロールポイントの変位ベクトル，速度ベクトル，加速度ベクトルとし，以下のように設定する．

$$\mathbf{Y} = \mathbf{Y}_\theta + \mathbf{Y}_d \tag{10.19}$$

$$\dot{\mathbf{Y}} = \dot{\mathbf{Y}}_\theta + \dot{\mathbf{Y}}_d \tag{10.20}$$

$$\ddot{\mathbf{Y}} = \ddot{\mathbf{Y}}_\theta + \ddot{\mathbf{Y}}_d \tag{10.21}$$

ここで，$\mathbf{Y}_\theta, \dot{\mathbf{Y}}_\theta, \ddot{\mathbf{Y}}_\theta$ は次式で与えられる．

$$\mathbf{Y}_\theta = (\mathbf{R}(\theta) - \mathbf{I})(\mathbf{X} - \mathbf{X}_0) \tag{10.22}$$

$$\dot{\mathbf{Y}}_\theta = \dot{\mathbf{R}}(\theta)(\mathbf{X} - \mathbf{X}_0) \tag{10.23}$$

$$\ddot{\mathbf{Y}}_\theta = \ddot{\mathbf{R}}(\theta)(\mathbf{X} - \mathbf{X}_0) \tag{10.24}$$

上記の式 (10.22)〜(10.24) は，節点もしくはコントロールポイントの回転変位，回転速度，回転加速度を正確に表現している．時刻 t_n と t_{n+1} の間のたわみの自由度を関連づけるため，標準的なニューマーク法を使用する（例：文献 [51] 参照）．

$$(\dot{\mathbf{Y}}_d)_{n+1} = (\dot{\mathbf{Y}}_d)_n + \Delta t \left((1-\gamma)(\ddot{\mathbf{Y}}_d)_n + \gamma(\ddot{\mathbf{Y}}_d)_{n+1}\right) \tag{10.25}$$

$$(\mathbf{Y}_d)_{n+1} = (\mathbf{Y}_d)_n + \Delta t(\dot{\mathbf{Y}}_d)_n + \frac{\Delta t^2}{2}\left((1-2\beta)(\ddot{\mathbf{Y}}_d)_n + 2\beta(\ddot{\mathbf{Y}}_d)_{n+1}\right) \tag{10.26}$$

ここで，γ と β は，手法の 2 次精度の維持と無条件安定のために決めたパラメータの時間積分である．

正確な回転の式である式 (10.22)〜(10.24) と，たわみの時間離散式 (10.25)，(10.26) を組み合わせ，以下に示す完全離散解法の改良ニューマーク式を導く．

$$\dot{\mathbf{Y}}_{n+1} = \left(\dot{\mathbf{R}}_{n+1} - \left(\dot{\mathbf{R}}_n + \Delta t\left((1-\gamma)\ddot{\mathbf{R}}_n + \gamma\ddot{\mathbf{R}}_{n+1}\right)\right)\right)(\mathbf{X} - \mathbf{X}_0)$$
$$+ \dot{\mathbf{Y}}_n + \Delta t\left((1-\gamma)\ddot{\mathbf{Y}}_n + \gamma\ddot{\mathbf{Y}}_{n+1}\right) \tag{10.27}$$

$$\mathbf{Y}_{n+1} = \left(\mathbf{R}_{n+1} - \left(\mathbf{R}_n + \Delta t\dot{\mathbf{R}}_n + \frac{\Delta t^2}{2}\left((1-2\beta)\ddot{\mathbf{R}}_n + 2\beta\ddot{\mathbf{R}}_{n+1}\right)\right)\right)(\mathbf{X} - \mathbf{X}_0)$$
$$+ \mathbf{Y}_n + \Delta t\dot{\mathbf{Y}}_n + \frac{\Delta t^2}{2}\left((1-2\beta)\ddot{\mathbf{Y}}_n + 2\beta\ddot{\mathbf{Y}}_{n+1}\right) \tag{10.28}$$

式 (10.27)，(10.28) と一般化 α 法を合わせて，構造の時間離散式となる．

Remark 10.4 回転がない場合には $\mathbf{R}$ が単位行列となるため，式 (10.27)，(10.28) は標準のニューマーク法となる．たわみがない場合には，剛体回転となる．

10.4　FSI 連成と流体メッシュの更新

本節では，風車シミュレーションにおける FSI カップリングの手順を簡単に説明する．流体方程式と構造方程式の時間積分には，一般化 α 法を用いる．構造には式 (10.27)，(10.28) の修正ニューマーク法を使用することで，大回転時の時間積分精度を向上させる．各時間刻み内で，連成方程式には非厳密的なニュートン法を用いる．すべてのニュートン反復は，次のステップに従って行う．
(1) 構造とメッシュを固定した状態で，流体の解の増分を求める．
(2) 流体の解を更新し，構造にかかる流体力を計算し，構造の解の増分を計算する．コントロールポイントもしくは節点における流体力は，保存性の定義を用いて計算する（連成問題における基本境界条件付近の流れの保存の重要性について

は，例：文献 [292, 293] を参照のこと）．
(3) 構造解を更新し，弾性メッシュ移動法を使用して流体領域の速度と位置を更新する．

線形の弾性静力学をメッシュ運動のたわみパートの計算のみに適用し，回転パートは正確に計算する．この3ステップの反復を適切な連成離散解に収束するまで繰り返す．風車の翼が比較的重い構造であるため，このブロック反復連成（6.1.1項参照）は安定する．

本節の最後に，流体メッシュの運動（位置と速度）を更新するために文献 [42] で考案した特別な手法について述べる．通常，線形の弾性静力学は，構造変位によって生じる動的境界条件をもつ問題に対して，流体メッシュの位置と速度を更新するために用いる（4.7節参照）．回転の影響が大きい風車の場合，線形弾性静解析の演算子が回転の大きい部分では消えないため，これはよい手段とはいえない．つまり，風車を何回転分も計算するようなFSI問題をシミュレーションする場合には，流体メッシュ品質の低下につながる．その結果，現問題に対して，メッシュ移動の方法を以下のように修正している．構造変位ベクトルがすでに回転とたわみの成分に分解されていることを利用する．すると，構造変位の増分を計算する際，そこからたわみ成分を取り出して弾性体に基づくメッシュ移動法（4.7参照）をたわみパートのみのメッシュ変位計算に適用し，前の時間から現時間にメッシュを回転（変形）させ，メッシュたわみの増分を現在の位置まで増加させるという手順が適用できる．本手順の正確な数式については，文献 [42] を参照のこと．

Remark 10.5 このほかの様々なメッシュ更新方法について，5.4節および文献 [26, 106, 172] を参照のこと．

10.5　5 MW 回転風車の FSI シミュレーション

風車翼の計算では，入口流速に $11.4\,\mathrm{m/s}$ の定常風速を与え，回転角速度を $12.1\,\mathrm{rpm}$ とした．この設定は文献 [261] で発表されたケースの一つに相当する．問題領域の寸法と使用した NURBS メッシュは，10.1節のものと同じである．時間刻み幅は $0.0003\,\mathrm{s}$ とした．風車翼の構造モデルは10.3節に示したとおりである．比較として，同じ風速と回転速度条件で翼を剛体とした計算も行った．

計算コスト低減のため，流体には回転周期条件を与えた（図10.4参照）．しかし，回転翼は重力の影響を受けるため，このケースでは構造が完全な回転周期解をもつことはないはずである．それにもかかわらず，回転周期境界条件を流体問題に用いるこ

とは誤りではないと考えられる．なぜなら，周期境界は構造から十分遠い場所にあり，構造に対して影響を与えないからである．

図 10.28 に，ある時刻における風速の等値面を示す．わかりやすくするために，120°の回転周期領域を組み合わせて 360°の完全な領域を示している．翼の長手方向全体にわたって後縁で細かい渦が発生している．翼の先端で形成された渦は，ほとんど崩れることなく風車の下流へ流れていく．翼の円柱の付け根から急に薄い翼型形状に変化する部分の流体空間においても，高密度な乱流が発生している．このことは，翼のこの部分の後縁に対して高頻度に荷重が加えられ，翼が疲労することを示唆している．

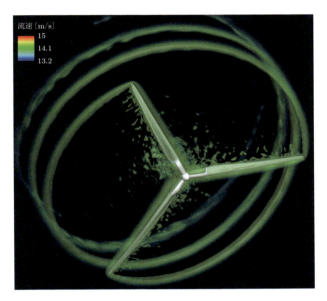

図 10.28 計算中のある時点での風速の等値面で，流れが複雑な挙動をもつことを表している．前縁の渦はほとんど崩れることなく下流に流れる．

図 10.29 は，各時刻における 30 m の放射断面の相対風速のコンターである．どの図も，たわみ運動を説明するために翼を参照配置に回転させてある．翼のたわみは非常に重要である．抗力側では，長手方向全体にわたって境界層が翼に付着している．揚力側では，流体は後縁付近で剥離し，乱流に遷移する．剛体翼および弾性体翼の計算による空力トルク（単一翼）を図 10.30 に示す．どちらのケースも，文献 [261] で発表された FAST[260] を使用して得られたデータより良好な結果が得られた．剛体翼のトルクが滑らかなのに対して，弾性体翼の空力トルクの絶対値は小さく高周波で振動する．この振る舞いに対する理解を深めるため，風車翼の軸に関するねじり運動に

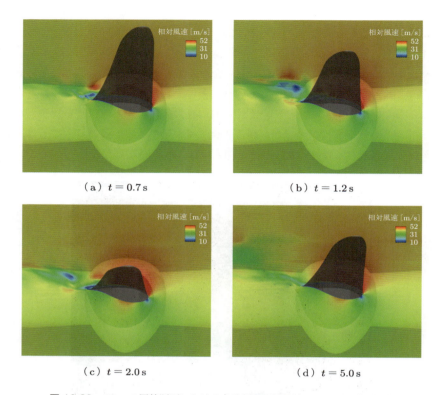

(a) $t = 0.7$ s (b) $t = 1.2$ s
(c) $t = 2.0$ s (d) $t = 5.0$ s

図 10.29 30 m の円筒断面における各時刻の相対風速のコンターと，翼を重ねたもの．空気の流れは翼の前進面側で完全に付着し，後進面側では剥離している．流れの剥離点は，風力，慣性力，重力によって生じる翼の動きに合わせて変化している．

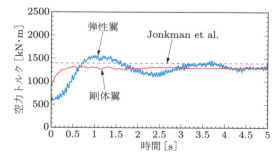

図 10.30 空力トルクの時刻歴．剛体翼と弾性翼をプロット．比較のため，NREL の結果も参照した．

ついて調べた．四つの断面のねじり角度の時刻歴を図 10.31 に示す．ねじり角度は付け根からの距離が増加するとともに大きくなり，計算初期には前縁付近でほぼ 2° となる．しかし，翼前縁が最も下方にくる $t = 1.2\,\mathrm{s}$ から始めると，ねじり角度の絶対値は極端に小さくなる．重力ベクトルを上に反転させると，エッジに沿った曲げとねじりの挙動が大きく変化する．翼のねじり角度は，後縁における渦離脱や乱流によって生じる高周波の振動を受ける．ねじり角度の局所的な振動により，空力トルクは時間変動する．

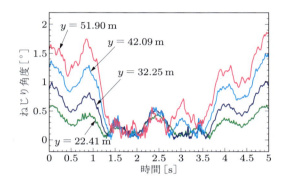

図 10.31　翼に軸に沿った 4 断面のねじり角度の時刻歴

10.6　風車翼の予曲げ処理

　風車の回転翼は，軸が回転したときにタワーに当たらないように設計する必要がある．これは翼をあらかじめ曲げておくことによって実践することができる．その場合，翼をタワーに据え付ける際に翼を風の方向に曲げておく．翼が風を受けて軸が回転を始めると，翼がまっすぐ伸びて設計形状となる．この状態を説明したのが図 10.32 である．翼を曲げておくことによる利点は，タワーのクリアランス以外にもある．たとえば，たわみの許容範囲が大きくなることで翼に求められる剛性が低下する．これにより翼に必要な材料の量や加工プロセスを減らすことができ，結果として経済的に優れた翼となる．また，翼の予曲げ処理により，ナセルの設計もよりコンパクトにすることができる．作動中，予曲げ処理をした翼は，伸びて空力性能が最高となるように最適化された当初の設計形状となる．

　上記利点のため，与えられたブレード構造や空力設計，および風車の作動条件（すなわち風とローター速度）に応じて正確な予曲げ処理形状を決定できることが重要である．文献 [274] では，風車翼の予曲げ処理形状を得るために流体と構造のそれぞれ

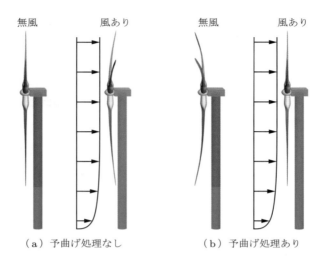

図 10.32 タワーのクリアランスと翼の動きを確保するために予曲げ処理をした翼を用いた設計形状

独立した手順を用いることを提案している．そのおもな概念は，翼にかかる空力荷重を得るためにローターを剛体回転させた空力シミュレーションをするというものである．設計形状に応じた空力と内部荷重を与えて，一連の構造シミュレーションを伴う単純な反復手順を使用することにより，応力フリーの翼の曲げ処理形状を求める．この提案手法では，空力と構造を連成させずに計算を行うことによって，FSI の連成問題を解く際に生じる課題を回避する．本節では，手法を簡単に説明し，加えて補助計算を紹介する．文献 [274] の開発に沿って説明していく．

10.6.1 予曲げ処理のアルゴリズムと問題記述

式 (10.6) から構造の仮想仕事の説明を始める．左辺に応力項のみを残し，次のように記述する．

任意の $\mathbf{w}_2^h \in \mathcal{V}_y^h$ を満足する中立面シェルの変位 $\mathbf{y}^h \in \mathcal{S}_y^h$ を求めよ：

$$\int_{\Gamma_0^s} \delta \overline{\boldsymbol{\varepsilon}}^h \cdot \left(\mathbf{K}_{\text{exte}} \overline{\boldsymbol{\varepsilon}}^h + \mathbf{K}_{\text{coup}} \overline{\boldsymbol{\kappa}}^h \right) \, \mathrm{d}\Gamma$$

$$+ \int_{\Gamma_0^s} \delta \overline{\boldsymbol{\kappa}}^h \cdot \left(\mathbf{K}_{\text{coup}} \overline{\boldsymbol{\varepsilon}}^h + \mathbf{K}_{\text{bend}} \overline{\boldsymbol{\kappa}}^h \right) \, \mathrm{d}\Gamma$$

$$+ \int_{\Gamma_0^b} \delta \overline{\boldsymbol{\kappa}}^h \cdot \mathbf{K}_{\text{bstr}} \overline{\boldsymbol{\kappa}}^h \, \mathrm{d}\Gamma = - \int_{\Gamma_t^s} \mathbf{w}_2^h \cdot \overline{\rho} h_{\text{th}} \left(\frac{\mathrm{d}^2 \mathbf{y}^h}{\mathrm{d}t^2} - \mathbf{f}^h \right) \, \mathrm{d}\Gamma + \int_{(\Gamma_t^s)_{\text{h}}} \mathbf{w}_2^h \cdot \mathbf{h}^h \, \mathrm{d}\Gamma \tag{10.29}$$

ここで，$\overline{\rho}$ は現配置におけるシェルの厚み方向の平均密度で，未変形配置のそれとは次の関係がある．

$$\overline{\rho}_0 = \overline{J}\,\overline{\rho} \tag{10.30}$$

式 (10.30) は変形によりシェルの厚みは変化しないと仮定しており，サーフェス変形のヤコビ行列 $\overline{J}$ は次式で与えられる．

$$\overline{J} = \frac{\|\mathbf{g}_1 \times \mathbf{g}_2\|}{\|\mathbf{G}_1 \times \mathbf{G}_2\|} \tag{10.31}$$

ここで，$\mathbf{g}$ および $\mathbf{G}$ はそれぞれ，式 (1.163) と (1.164) で定義したサーフェスの基底ベクトルである．

仮想仕事の方程式はつねに成り立つが，応力フリーの参照配置 Γ_0^s を未知として最終配置 Γ_t^s を既知とする問題設定は一般的ではない．式 (10.29) で与えられた方程式は逆変形問題の形式で，この一般方程式と処理が文献 [294] で提案されており，さらなる解析とコンピュータを用いた研究については文献 [295] に記載されている．これらの参照文献で焦点が置かれているのは，逆変形問題における運動と応力を正しく測定するための発展についてである．ここでは，逆問題解法単純なアルゴリズムを風車翼への適用しながら発展させる．

軸周りのロータの回転速度と流入風速条件は一定であると仮定する．この設定により，翼にかかる体積あたりの定常な向心力密度は次式で与えられる．

$$\overline{\rho}\frac{\mathrm{d}^2 \mathbf{y}^h}{\mathrm{d}t^2} = \overline{\rho}\boldsymbol{\omega} \times (\boldsymbol{\omega} \times (\mathbf{x}-\mathbf{x}_0)) \tag{10.32}$$

ここで，現配置の座標系は翼とともに回転させており，$\boldsymbol{\omega}$ は角速度ベクトル，$\mathbf{x}_0$ は固定点である．単位体積あたりの向心力は，次式を用いて直接求めることができる．

$$\overline{\rho}\boldsymbol{\omega} \times (\boldsymbol{\omega} \times (\mathbf{x}-\mathbf{x}_0)) = \begin{bmatrix} -\overline{\rho}x_1\dot{\theta}^2 \\ -\overline{\rho}x_2\dot{\theta}^2 \\ 0 \end{bmatrix} \tag{10.33}$$

ここで，翼の座標系は x_2 軸が翼の軸と一致するように選択し，翼は x_3 軸周りを一定角速度 $\dot{\theta}$ で回転するものとする．

式 (10.29) 中の空力トラクションベクトルの時間平均 $\mathbf{h}^h$ は，以前の節で述べた手法を用いて別途行う剛体回転翼の空力計算から得る（回転座標系での時間平均応力ベクトルの計算については 8.1.4 項を参照）．

文献 [274] では，式 (10.29) を解いて中立面シェルの変位を求め，そこから応力フ

リーの参照配置を求めるために，以下の2段階反復法を用いることを提案している．

（初期化）未知の参照配置を現配置に一致するように初期化する．

$$\Gamma_0^s = \Gamma_t^s \tag{10.34}$$

つまり，次式とする．

$$\mathbf{y}^h = \mathbf{0} \tag{10.35}$$

（ステップ1）与えられた参照配置 Γ_0^s に対し，標準的な非線形構造問題を解く．

任意の $\mathbf{w}_2^h \in \mathcal{V}_y^h$ を満足する Γ_0^s に関する構造変位 $\mathbf{y}^h \in \mathcal{S}_y^h$ を求めよ：

$$\int_{\Gamma_0^s} \delta\overline{\boldsymbol{\varepsilon}}^h \cdot \left(\mathbf{K}_{\text{exte}}\overline{\boldsymbol{\varepsilon}}^h + \mathbf{K}_{\text{coup}}\overline{\boldsymbol{\kappa}}^h\right) \, d\Gamma$$

$$+ \int_{\Gamma_0^s} \delta\overline{\boldsymbol{\kappa}}^h \cdot \left(\mathbf{K}_{\text{coup}}\overline{\boldsymbol{\varepsilon}}^h + \mathbf{K}_{\text{bend}}\overline{\boldsymbol{\kappa}}^h\right) \, d\Gamma$$

$$+ \int_{\Gamma_0^b} \delta\overline{\boldsymbol{\kappa}}^h \cdot \mathbf{K}_{\text{bstr}}\overline{\boldsymbol{\kappa}}^h \, d\Gamma$$

$$= -\int_{\Gamma_t^s} \mathbf{w}_2^h \cdot (\overline{\rho} h_{\text{th}} \boldsymbol{\omega} \times (\boldsymbol{\omega} \times (\mathbf{x} - \mathbf{x}_0))) \, d\Gamma + \int_{(\Gamma_t^s)_{\text{h}}} \mathbf{w}_2^h \cdot \mathbf{h}^h \, d\Gamma \tag{10.36}$$

ここでは，式 (10.36) で与えられた非線形構造問題の解法に，標準的なニュートン–ラフソン反復を使用する．

（ステップ2）ステップ1で得た $\mathbf{y}^h$ を既知として，参照配置を以下のとおり更新する．

$$\Gamma_0^s = \left\{\mathbf{X} \mid \mathbf{X} = \mathbf{x} - \mathbf{y}^h, \forall \mathbf{x} \in \Gamma_t^s\right\} \tag{10.37}$$

次に，ステップ1に $\mathbf{y}^h$ を初期データとして返す．

ステップ1～2を，$\mathbf{y}^h$ が式 (10.36) を満足するように収束するまで繰り返す．

上記アルゴリズムは変位の負の増分，もしくは現配置から変位を取り除いた増分を計算するという考えに基づいている．この方法の数学的な正しさは，文献 [274] の付録で示している．以下，現実的な風と内部荷重にさらされたフルスケールの風車翼に対して，提案アルゴリズムの性能が良好であることを説明していく．

10.6.2 NREL 5 MW 風車翼の予曲げ処理の結果

ここで用いる翼形状と風の条件は，前節の予曲げ処理の計算で用いた条件と同じであ

る．図 10.33 は，反復予曲げ処理アルゴリズムの先端変位の収束である．わずか 5～6 反復の 2 ステップの予曲げ処理アルゴリズムで変形量は目に見えないほど小さくなり，15 反復で完全に計算が終了した．図 10.34 は，初期の翼形状と最終的に応力フリーとなった翼形状である．前縁のたわみ予測量は，5.61 m となった．

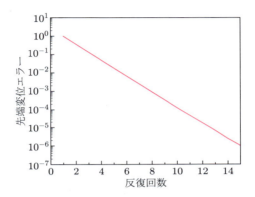

図 10.33 反復回数と翼先端の変位の収束．エラーは先端変位の大きさで正規化したもの．

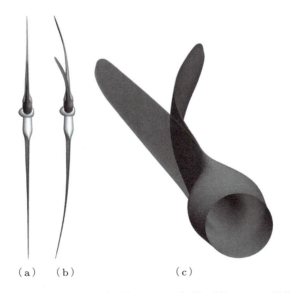

図 10.34 (a) ロータの設計形状．(b) 予曲げ処理後のロータ形状．(c) ロータブレードの設計形状と予曲げ処理後の形状を重ね合わせたもの．

次に，積層複合材の表面応力分布を調べる．各層について，材料の軸に沿うようにした局所直交座標におけるコーシー応力のテンソル成分を計算する．一つ目の基底ベクトルは繊維方向，二つ目の基底ベクトルは繊維と直交する方向を向いている（式 (1.168) および (1.169) 参照）．各層の引張応力 (σ^t)，圧縮応力 (σ^c)，およびせん断応力の最大値を計算する．コーシー応力と複合材の強度推定値の比率，いわゆる $\sigma_2^t/\sigma_2^{t,u}$ の最大値は，繊維に直交する方向の引張応力で発生する．比率は複合材の破壊強度に対しておおよそ 0.6 となる箇所があり高い．なお，残りの応力成分の比率は，十分低い．図 10.35 は，14 層目の $0°$ における σ_2 の分布である．予想どおり，翼の抗力側には引張応力，揚力側には圧縮応力がかかっている．しかし，引張応力のレベルは引張強度に比べてそれほど低くなく，より強いマトリックス材を翼の設計に使用するのが望ましいことを示唆している．

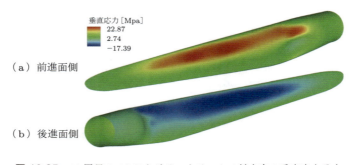

図 10.35　14 層目の $0°$ におけるマトリックス材方向の垂直応力分布

参考文献

[1] T.E. Tezduyar, "Stabilized finite element formulations for incompressible flow computations", *Advances in Applied Mechanics*, **28** (1992) 1–44, doi: 10.1016/S0065-2156(08)70153-4.

[2] T.E. Tezduyar, M. Behr, and J. Liou, "A new strategy for finite element computations involving moving boundaries and interfaces – the deforming-spatial-domain/space–time procedure: I. The concept and the preliminary numerical tests", *Computer Methods in Applied Mechanics and Engineering*, **94** (1992) 339–351, doi: 10.1016/0045-7825(92)90059-S.

[3] T.E. Tezduyar, M. Behr, S. Mittal, and J. Liou, "A new strategy for finite element computations involving moving boundaries and interfaces – the deforming-spatial-domain/space–time procedure: II. Computation of free-surface flows, two-liquid flows, and flows with drifting cylinders", *Computer Methods in Applied Mechanics and Engineering*, **94** (1992) 353–371, doi: 10.1016/0045-7825(92)90060-W.

[4] H.J.-P. Morand and R. Ohayon, *Fluid-Structure Interaction: Applied Numerical Methods*. Wiley, 1995, ISBN 978-0-471-94459-1.

[5] T.E. Tezduyar, "Computation of moving boundaries and interfaces and stabilization parameters", *International Journal for Numerical Methods in Fluids*, **43** (2003) 555–575, doi: 10.1002/fld.505.

[6] T.E. Tezduyar, S. Sathe, R. Keedy, and K. Stein, "Space–time finite element techniques for computation of fluid–structure interactions", *Computer Methods in Applied Mechanics and Engineering*, **195** (2006) 2002–2027, doi: 10.1016/j.cma.2004.09.014.

[7] C. Michler, E.H. van Brummelen, S.J. Hulshoff, and R. de Borst, "The relevance of conservation for stability and accuracy of numerical methods for fluid–structure interaction", *Computer Methods in Applied Mechanics and Engineering*, **192** (2003) 4195–4215.

[8] C. Michler, E.H. van Brummelen, S.J. Hulshoff, and R. de Borst, "A monolithic approach to fluid–structure interaction", *Computers & Fluids*, **33** (2004) 839–848.

[9] E.H. van Brummelen and R. de Borst, "On the nonnormality of subiteration for a fluid-structure interaction problem", *SIAM Journal on Scientific Computing*, **27** (2005) 599–621.

[10] R. Lohner, J.R. Cebral, C. Yang, J.D. Baum, E.L. Mestreau, and O. Soto, "Extending the range of applicability of the loose coupling approach for FSI simulations", in H.-J. Bungartz and M. Schafer, editors, *Fluid–Structure Interaction*, volume 53 of *Lecture Notes in Computational Science and Engineering*, 82–100,

Springer, 2006.
[11] W. Dettmer and D. Peric, "A computational framework for fluid-structure interaction: Finite element formulation and applications", *Computer Methods in Applied Mechanics and Engineering*, **195** (2006) 5754–5779.
[12] S.R. Idelsohn, J. Marti, A. Souto-Iglesias, and E. Onate, "Interaction between an elastic structure and free-surface flows: experimental versus numerical comparisons using the PFEM", *Computational Mechanics*, **43** (2008) 125–132.
[13] S.R. Idelsohn, J. Marti, A. Limache, and E. Onate, "Unified Lagrangian formulation for elastic solids and incompressible fluids: Application to fluid–structure interaction problems via the PFEM", *Computer Methods in Applied Mechanics and Engineering*, **197** (2008) 1762–1776.
[14] T.E. Tezduyar and S. Sathe, "Modeling of fluid–structure interactions with the space–time finite elements: Solution techniques", *International Journal for Numerical Methods in Fluids*, **54** (2007) 855–900, doi: 10.1002/fld.1430.
[15] Y. Bazilevs, V.M. Calo, J.A. Cottrell, T.J.R. Hughes, A. Reali, and G. Scovazzi, "Variational multiscale residual-based turbulence modeling for large eddy simulation of incompressible flows", *Computer Methods in Applied Mechanics and Engineering*, **197** (2007) 173–201.
[16] Y. Bazilevs, V.M. Calo, T.J.R. Hughes, and Y. Zhang, "Isogeometric fluid–structure interaction: theory, algorithms, and computations", *Computational Mechanics*, **43** (2008) 3–37.
[17] J.A. Cottrell, T.J.R. Hughes, and Y. Bazilevs, *Isogeometric Analysis: Toward Integration of CAD and FEA*. Wiley, Chichester, 2009.
[18] K. Takizawa and T.E. Tezduyar, "Multiscale space–time fluid–structure interaction techniques", *Computational Mechanics*, **48** (2011) 247–267, doi: 10.1007/s00466-011-0571-z.
[19] K. Takizawa and T.E. Tezduyar, "Computational methods for parachute fluid–structure interactions", *Archives of Computational Methods in Engineering*, **19** (2012) 125–169, doi: 10.1007/s11831-012-9070-4.
[20] K. Takizawa, Y. Bazilevs, and T.E. Tezduyar, "Space–time and ALE-VMS techniques for patient-specific cardiovascular fluid–structure interaction modeling", *Archives of Computational Methods in Engineering*, **19** (2012) 171–225, doi: 10.1007/s11831-012-9071-3.
[21] K. Takizawa and T.E. Tezduyar, "Space–time fluid–structure interaction methods", *Mathematical Models and Methods in Applied Sciences*, **22** (2012) 1230001, doi: 10.1142/S0218202512300013.
[22] Y. Bazilevs, M.-C. Hsu, K. Takizawa, and T.E. Tezduyar, "ALE-VMS and ST-VMS methods for computer modeling of wind-turbine rotor aerodynamics and fluid–structure interaction", *Mathematical Models and Methods in Applied Sciences*, **22** (2012) 1230002, doi: 10.1142/S0218202512300025.
[23] A. Limache, P. Sanchez, L. Dalcŝn, and S. Idelsohn, "Objectivity tests for

Navier–Stokes simulations: The revealing of non-physical solutions produced by Laplace formulations", *Computer Methods in Applied Mechanics and Engineering*, **197** (2008) 4180–4192.

[24] D.C. Wilcox, *Turbulence Modeling for CFD*. DCW Industries, La Canada, CA, 1998.

[25] T. Tezduyar, S. Aliabadi, M. Behr, A. Johnson, and S. Mittal, "Parallel finite-element computation of 3D flows", *Computer*, **26** (1993) 27–36, doi: 10.1109/2.237441.

[26] A.A. Johnson and T.E. Tezduyar, "Mesh update strategies in parallel finite element computations of flow problems with moving boundaries and interfaces", *Computer Methods in Applied Mechanics and Engineering*, **119** (1994) 73–94, doi: 10.1016/0045-7825(94)00077-8.

[27] T. Tezduyar, S. Aliabadi, M. Behr, A. Johnson, V. Kalro, and M. Litke, "Flow simulation and high performance computing", *Computational Mechanics*, **18** (1996) 397–412, doi: 10.1007/BF00350249.

[28] I. Guler, M. Behr, and T. Tezduyar, "Parallel finite element computation of free-surface flows", *Computational Mechanics*, **23** (1999) 117–123, doi: 10.1007/s004660050391.

[29] J.E. Akin, T.E. Tezduyar, and M. Ungor, "Computation of flow problems with the mixed interface-tracking/interface-capturing technique (MITICT)", *Computers & Fluids*, **36** (2007) 2–11, doi: 10.1016/j.compfluid.2005.07.008.

[30] K. Takizawa, T. Yabe, Y. Tsugawa, T.E. Tezduyar, and H. Mizoe, "Computation of free–surface flows and fluid–object interactions with the CIP method based on adaptive meshless Soroban grids", *Computational Mechanics*, **40** (2007) 167–183, doi: 10.1007/s00466-006-0093-2.

[31] K. Takizawa, K. Tanizawa, T. Yabe, and T.E. Tezduyar, "Ship hydrodynamics computations with the CIP method based on adaptive Soroban grids", *International Journal for Numerical Methods in Fluids*, **54** (2007) 1011–1019, doi: 10.1002/fld.1466.

[32] I. Akkerman, Y. Bazilevs, C.E. Kees, and M.W. Farthing, "Isogeometric analysis of free-surface flow", *Journal of Computational Physics*, **230** (2011) 4137–4152.

[33] P.M. Gresho and R.L. Sani, *Incompressible Flow and the Finite Element Method*. Wiley, New York, NY, 2000.

[34] T. Belytschko, W.K. Liu, and B. Moran, *Nonlinear Finite Elements for Continua and Structures*. Wiley, 2000.

[35] G.A. Holzapfel, *Nonlinear Solid Mechanics, a Continuum Approach for Engineering*. Wiley, Chichester, 2000.

[36] J.C. Simo and T.J.R. Hughes, *Computational Inelasticity*. Springer-Verlag, New York, 1998.

[37] P. Betsch, F. Gruttmann, and E. Stein, "A 4-node finite shell element for the implementation of general hyperelastic 3d-elasticity at finite strains", *Computer*

Methods in Applied Mechanics and Engineering, **130** (1996) 57–79.
[38] M. Stuparu, "Human heart valves. hyperelastic material modeling", in *Proceedings of the X-th Conference on Mechanical Vibrations*, Timisoara, Romania, (2002).
[39] P. Wriggers, *Nonlinear Finite Element Methods*. Springer, 2008.
[40] J. Kiendl, K.U. Bletzinger, J. Linhard, and R. Wüchner, "Isogeometric shell analysis with Kirchhoff–Love elements", *Computer Methods in Applied Mechanics and Engineering*, **198** (2009) 3902–3914.
[41] J. Kiendl, Y. Bazilevs, M.-C. Hsu, R. Wüchner, and K.-U. Bletzinger, "The bending strip method for isogeometric analysis of Kirchhoff–Love shell structures comprised of multiple patches", *Computer Methods in Applied Mechanics and Engineering*, **199** (2010) 2403–2416.
[42] Y. Bazilevs, M.-C. Hsu, J. Kiendl, R. Wüchner, and K.-U. Bletzinger, "3D simulation of wind turbine rotors at full scale. Part II: Fluid–structure interaction modeling with composite blades", *International Journal for Numerical Methods in Fluids*, **65** (2011) 236–253.
[43] M. Bischoff, W.A. Wall, K.U. Bletzinger, and E. Ramm, "Models and finite elements for thin-walled structures", in E. Stein, R. de Borst, and T.J.R. Hughes, editors, *Encyclopedia of Computational Mechanics, Vol. 2, Solids, Structures and Coupled Problems*, Chapter 3, Wiley, 2004.
[44] J.N. Reddy, *Mechanics of Laminated Composite Plates and Shells: Theory and Analysis, 2nd ed.* CRC Press, Boca Raton, FL, 2004.
[45] P. Le Tallec and J. Mouro, "Fluid structure interaction with large structural displacements", *Computer Methods in Applied Mechanics and Engineering*, **190** (2001) 3039–3068.
[46] C. Farhat, P. Geuzaine, and C. Grandmont, "The discrete geometric conservation law and the nonlinear stability of ALE schemes for the solution of flow problems on moving grids", *Journal of Computational Physics*, **174(2)** (2001) 669–694.
[47] N. Moes, J. Dolbow, and T. Belytschko, "A finite element method for crack growth without remeshing", *International Journal for Numerical Methods in Engineering*, **46** (1999) 131–150.
[48] B. Irons, "Engineering application of numerical integration in stiffness method", *American Institute of Aeronautics and Astronautics*, **14** (1966) 2035–2037.
[49] T. Belytschko, Y. Lu, and L. Gu, "Element-free galerkin methods", *International Journal for Numerical Methods in Engineering*, **37** (1994) 229–256.
[50] T.J.R. Hughes, J.A. Cottrell, and Y. Bazilevs, "Isogeometric analysis: CAD, finite elements, NURBS, exact geometry, and mesh refinement", *Computer Methods in Applied Mechanics and Engineering*, **194** (2005) 4135–4195.
[51] T.J.R. Hughes, *The Finite Element Method: Linear Static and Dynamic Finite Element Analysis*. Dover Publications, Mineola, NY, 2000.
[52] T.J.R. Hughes and G. Sangalli, "Variational multiscale analysis: the fine-scale Green's function, projection, optimization, localization, and stabilized methods",

SIAM Journal of Numerical Analysis, **45** (2007) 539–557.

[53] C. Johnson, *Numerical solution of partial differential equations by the finite element method*. Cambridge University Press, Sweden, 1987.

[54] S.C. Brenner and L.R. Scott, *The Mathematical Theory of Finite Element Methods, 2nd ed.* Springer, 2002.

[55] A. Ern and J.L. Guermond, *Theory and Practice of Finite Elements*. Springer, 2004.

[56] A.N. Brooks and T.J.R. Hughes, "Streamline upwind/Petrov-Galerkin formulations for convection dominated flows with particular emphasis on the incompressible Navier-Stokes equations", *Computer Methods in Applied Mechanics and Engineering*, **32** (1982) 199–259.

[57] T.J.R. Hughes and T.E. Tezduyar, "Finite element methods for first-order hyperbolic systems with particular emphasis on the compressible Euler equations", *Computer Methods in Applied Mechanics and Engineering*, **45** (1984) 217–284, doi: 10.1016/0045-7825(84)90157-9.

[58] T.J.R. Hughes, M. Mallet, and A. Mizukami, "A new finite element formulation for computational fluid dynamics: II. Beyond SUPG", *Computer Methods in Applied Mechanics and Engineering*, **54** (1986) 341–355.

[59] T.E. Tezduyar and Y.J. Park, "Discontinuity capturing finite element formulations for nonlinear convection-diffusion-reaction equations", *Computer Methods in Applied Mechanics and Engineering*, **59** (1986) 307–325, doi: 10.1016/0045-7825(86)90003-4.

[60] T.E. Tezduyar, M. Senga, and D. Vicker, "Computation of inviscid supersonic flows around cylinders and spheres with the SUPG formulation and YZβ shock-capturing", *Computational Mechanics*, **38** (2006) 469–481, doi: 10.1007/s00466-005-0025-6.

[61] T.E. Tezduyar and S. Sathe, "Enhanced-discretization selective stabilization procedure (EDSSP)", *Computational Mechanics*, **38** (2006) 456–468, doi: 10.1007/s00466-006-0056-7.

[62] A. Corsini, F. Rispoli, A. Santoriello, and T.E. Tezduyar, "Improved discontinuity-capturing finite element techniques for reaction effects in turbulence computation", *Computational Mechanics*, **38** (2006) 356–364, doi: 10.1007/s00466-006-0045-x.

[63] Y. Bazilevs, V.M. Calo, T.E. Tezduyar, and T.J.R. Hughes, "YZβ discontinuity-capturing for advection-dominated processes with application to arterial drug delivery", *International Journal for Numerical Methods in Fluids*, **54** (2007) 593–608, doi: 10.1002/fld.1484.

[64] T.J.R. Hughes, "Multiscale phenomena: Green's functions, the Dirichlet-to-Neumann formulation, subgrid scale models, bubbles, and the origins of stabilized methods", *Computer Methods in Applied Mechanics and Engineering*, **127** (1995) 387–401.

[65] T.J.R. Hughes, G.R. Feijóo, L. Mazzei, and J.B. Quincy, "The variational mul-

tiscale method–A paradigm for computational mechanics", *Computer Methods in Applied Mechanics and Engineering*, **166** (1998) 3–24.

[66] T.J.R. Hughes, L. Mazzei, and K.E. Jansen, "Large-eddy simulation and the variational multiscale method", *Computing and Visualization in Science*, **3** (2000) 47–59.

[67] T.J.R. Hughes, L.P. Franca, and M. Balestra, "A new finite element formulation for computational fluid dynamics: V. Circumventing the Babuška–Brezzi condition: A stable Petrov–Galerkin formulation of the Stokes problem accommodating equal-order interpolations", *Computer Methods in Applied Mechanics and Engineering*, **59** (1986) 85–99.

[68] T.E. Tezduyar and Y. Osawa, "Finite element stabilization parameters computed from element matrices and vectors", *Computer Methods in Applied Mechanics and Engineering*, **190** (2000) 411–430, doi: 10.1016/S0045-7825(00)00211-5.

[69] T.J.R. Hughes, G. Scovazzi, and L.P. Franca, "Multiscale and stabilized methods", in E. Stein, R. de Borst, and T.J.R. Hughes, editors, *Encyclopedia of Computational Mechanics, Vol. 3, Fluids*, Chapter 2, Wiley, 2004.

[70] R. Codina, J. Principe, O. Guasch, and S. Badia, "Time dependent subscales in the stabilized finite element approximation of incompressible flow problems", *Computer Methods in Applied Mechanics and Engineering*, **196** (2007) 2413–2430.

[71] L. Catabriga, A.L.G.A. Coutinho, and T.E. Tezduyar, "Compressible flow SUPG parameters computed from element matrices", *Communications in Numerical Methods in Engineering*, **21** (2005) 465–476, doi: 10.1002/cnm.759.

[72] L. Catabriga, A.L.G.A. Coutinho, and T.E. Tezduyar, "Compressible flow SUPG parameters computed from degree-of-freedom submatrices", *Computational Mechanics*, **38** (2006) 334–343, doi: 10.1007/s00466-006-0033-1.

[73] I. Akkerman, Y. Bazilevs, V.M. Calo, T.J.R. Hughes, and S. Hulshoff, "The role of continuity in residual-based variational multiscale modeling of turbulence", *Computational Mechanics*, **41** (2008) 371–378.

[74] R.A. Khurram and A. Masud, "A multiscale/stabilized formulation of the incompressible Navier–Stokes equations for moving boundary flows and fluid–structure interaction", *Computational Mechanics*, **38** (2006) 403–416.

[75] Y. Bazilevs and T.J.R. Hughes, "Weak imposition of Dirichlet boundary conditions in fluid mechanics", *Computers and Fluids*, **36** (2007) 12–26.

[76] M.C. Hsu, I. Akkerman, and Y. Bazilevs, "Wind turbine aerodynamics using ALE–VMS: Validation and the role of weakly enforced boundary conditions", *Computational Mechanics*, **50** (2012) 499–511.

[77] Y. Bazilevs, C. Michler, V.M. Calo, and T.J.R. Hughes, "Weak Dirichlet boundary conditions for wall-bounded turbulent flows", *Computer Methods in Applied Mechanics and Engineering*, **196** (2007) 4853–4862.

[78] Y. Bazilevs, C. Michler, V.M. Calo, and T.J.R. Hughes, "Isogeometric variational multiscale modeling of wall-bounded turbulent flows with weakly enforced bound-

ary conditions on unstretched meshes", *Computer Methods in Applied Mechanics and Engineering*, **199** (2010) 780–790.

[79] Y. Bazilevs and I. Akkerman, "Large eddy simulation of turbulent Taylor–Couette flow using isogeometric analysis and the residual–based variational multiscale method", *Journal of Computational Physics*, **229** (2010) 3402–3414.

[80] D.N. Arnold, F. Brezzi, B. Cockburn, and L.D. Marini, "Unified analysis of Discontinuous Galerkin methods for elliptic problems", *SIAM Journal of Numerical Analysis*, **39** (2002) 1749–1779.

[81] B.E. Launder and D.B. Spalding, "The numerical computation of turbulent flows", *Computer Methods in Applied Mechanics and Engineering*, **3** (1974) 269–289.

[82] G.E. Farin, *NURBS Curves and Surfaces: From Projective Geometry to Practical Use*. A. K. Peters, Ltd., Natick, MA, 1995.

[83] L. Piegl and W. Tiller, *The NURBS Book (Monographs in Visual Communication), 2nd ed.* Springer-Verlag, New York, 1997.

[84] D.F. Rogers, *An Introduction to NURBS With Historical Perspective*. Academic Press, San Diego, CA, 2001.

[85] T. Sederberg, J. Zheng, A. Bakenov, and A. Nasri, "T-splines and T-NURCCS", *ACM Transactions on Graphics*, **22(3)** (2003) 477–484.

[86] T.W. Sederberg, D. Cardon, G. Finnigan, N. North, J. Zheng, and T. Lyche, "T-spline simplification and local refinement", *ACM Transactions on Graphics*, **23(3)** (2004) 276–283.

[87] Y. Bazilevs, V.M. Calo, J.A. Cottrell, J.A. Evans, T.J.R. Hughes, S. Lipton, M.A. Scott, and T.W. Sederberg, "Isogeometric analysis using T-splines", *Computer Methods in Applied Mechanics and Engineering*, **199** (2010) 229–263.

[88] M.R. Dörfel, B. Jüttler, and B. Simeon, "Adaptive isogeometric analysis by local h-refinement with T-splines", *Computer Methods in Applied Mechanics and Engineering*, **199** (2010) 264–275.

[89] X. Li, J. Zheng, T. Sederberg, T. Hughes, and M.A. Scott, "On linear independence of T-splines", *Computer-Aided Geometric Design*, **29** (2012) 63–76.

[90] M. Scott, X. Li, T. Sederberg, and T. Hughes, "Local refinement of analysis-suitable T-splines", *Computer Methods in Applied Mechanics and Engineering*, **213** (2012) 206–222.

[91] W. Wang, Y. Zhang, G. Xu, and T. Hughes, "Converting an unstructured quadrilateral/hexahedral mesh to a rational T-spline", *Computational Mechanics*, (2012), Published online. DOI: 10.1007/s00466-011-0674-6.

[92] J. Peters and U. Reif, *Subdivision Surfaces*. Springer-Verlag, 2008.

[93] J. Warren and H. Weimer, *Subdivision Methods for Geometric Design*. Morgan Kaufmann Publishers, 2002.

[94] F. Cirak, M. Ortiz, and P. Schröder, "Subdivision surfaces: a new paradigm for thin shell analysis", *International Journal for Numerical Methods in Engineering*, **47** (2000) 2039–2072.

[95] F. Cirak and M. Ortiz, "Fully C^1-conforming subdivision elements for finite deformation thin shell analysis", *International Journal for Numerical Methods in Engineering*, **51** (2001) 813–833.

[96] F. Cirak, M.J. Scott, E.K. Antonsson, M. Ortiz, and P. Schröder, "Integrated modeling, finite-element analysis, and engineering design for thin-shell structures using subdivision", *Computer-Aided Design*, **34** (2002) 137–148.

[97] C. Bajaj, S. Schaefer, J. Warren, and G. Xu, "A subdivision scheme for hexahedral meshes", *Visual Computer*, **18** (2002) 343–356.

[98] D. Wang and J. Xuan, "An improved NURBS-based isogeometric analysis with enhanced treatment of essential boundary conditions", *Computer Methods in Applied Mechanics and Engineering*, **199** (2010) 2425–2436.

[99] M. Cox, "The numerical evaluation of B-splines", Technical report, National Physics Laboratory DNAC 4, 1971.

[100] C. de Boor, "On calculation with B-splines", *Journal of Approximation Theory*, **6** (1972) 50–62.

[101] J.A. Cottrell, T.J.R. Hughes, and A. Reali, "Studies of refinement and continuity in isogeometric structural analysis", *Computer Methods in Applied Mechanics and Engineering*, **196** (2007) 4160–4183.

[102] T.J.R. Hughes, A. Reali, and G. Sangalli, "Efficient quadrature for NURBS-based isogeometric analysis", *Computer Methods in Applied Mechanics and Engineering*, **199** (2010) 301–313.

[103] Y. Bazilevs, L.B. da Veiga, J.A. Cottrell, T.J.R. Hughes, and G. Sangalli, "Isogeometric analysis: Approximation, stability and error estimates for h-refined meshes", *Mathematical Models and Methods in Applied Sciences*, **16** (2006) 1031–1090.

[104] L.B. da Veiga, D. Cho, and G. Sangalli, "Anisotropic NURBS approximation in isogeometric analysis", *Computer Methods in Applied Mechanics and Engineering*, **209–212** (2012) 1–11.

[105] T.E. Tezduyar, S. Sathe, J. Pausewang, M. Schwaab, J. Christopher, and J. Crabtree, "Interface projection techniques for fluid–structure interaction modeling with moving-mesh methods", *Computational Mechanics*, **43** (2008) 39–49, doi: 10.1007/s00466-008-0261-7.

[106] T.E. Tezduyar, "Finite element methods for flow problems with moving boundaries and interfaces", *Archives of Computational Methods in Engineering*, **8** (2001) 83–130, doi: 10.1007/BF02897870.

[107] M.A. Cruchaga, D.J. Celentano, and T.E. Tezduyar, "A numerical model based on the Mixed Interface-Tracking/Interface-Capturing Technique (MITICT) for flows with fluid–solid and fluid–fluid interfaces", *International Journal for Numerical Methods in Fluids*, **54** (2007) 1021–1030, doi: 10.1002/fld.1498.

[108] I. Akkerman, Y. Bazilevs, D.J. Benson, M.W. Farthing, and C.E. Kees, "Free-surface flow and fluid–object interaction modeling with emphasis on ship hydro-

dynamics", *Journal of Applied Mechanics*, **79** (2012) 010905.

[109] T.J.R. Hughes, W.K. Liu, and T.K. Zimmermann, "Lagrangian–Eulerian finite element formulation for incompressible viscous flows", *Computer Methods in Applied Mechanics and Engineering*, **29** (1981) 329–349.

[110] T.J.R. Hughes and G.M. Hulbert, "Space–time finite element methods for elastodynamics: formulations and error estimates", *Computer Methods in Applied Mechanics and Engineering*, **66** (1988) 339–363.

[111] K.E. Jansen, C.H. Whiting, and G.M. Hulbert, "A generalized-α method for integrating the filtered Navier-Stokes equations with a stabilized finite element method", *Computer Methods in Applied Mechanics and Engineering*, **190** (2000) 305–319.

[112] Y. Saad and M. Schultz, "GMRES: A generalized minimal residual algorithm for solving nonsymmetric linear systems", *SIAM Journal of Scientific and Statistical Computing*, **7** (1986) 856–869.

[113] T.J.R. Hughes and A.A. Oberai, "Calculation of shear stress in Fourier–Galerkin formulations of turbulent channel flows: projection, the Dirichlet filter and conservation", *Journal of Computational Physics*, **188** (2003) 281–295.

[114] Y. Bazilevs, M.-C. Hsu, I. Akkerman, S. Wright, K. Takizawa, B. Henicke, T. Spielman, and T.E. Tezduyar, "3D simulation of wind turbine rotors at full scale. Part I: Geometry modeling and aerodynamics", *International Journal for Numerical Methods in Fluids*, **65** (2011) 207–235, doi: 10.1002/fld.2400.

[115] K. Takizawa, B. Henicke, D. Montes, T.E. Tezduyar, M.-C. Hsu, and Y. Bazilevs, "Numerical-performance studies for the stabilized space–time computation of wind-turbine rotor aerodynamics", *Computational Mechanics*, **48** (2011) 647–657, doi: 10.1007/s00466-011-0614-5.

[116] J.E. Akin, T. Tezduyar, M. Ungor, and S. Mittal, "Stabilization parameters and Smagorinsky turbulence model", *Journal of Applied Mechanics*, **70** (2003) 2–9, doi: 10.1115/1.1526569.

[117] J.E. Akin and T.E. Tezduyar, "Calculation of the advective limit of the SUPG stabilization parameter for linear and higher-order elements", *Computer Methods in Applied Mechanics and Engineering*, **193** (2004) 1909–1922, doi: 10.1016/j.cma.2003.12.050.

[118] E. Onate, A. Valls, and J. Garcia, "FIC/FEM formulation with matrix stabilizing terms for incompressible flows at low and high Reynolds numbers", *Computational Mechanics*, **38** (2006) 440–455.

[119] T.E. Tezduyar, "Finite elements in fluids: Stabilized formulations and moving boundaries and interfaces", *Computers & Fluids*, **36** (2007) 191–206, doi: 10.1016/j.compfluid.2005.02.011.

[120] F. Rispoli, A. Corsini, and T.E. Tezduyar, "Finite element computation of turbulent flows with the discontinuity-capturing directional dissipation (DCDD)", *Computers & Fluids*, **36** (2007) 121–126, doi: 10.1016/j.compfluid.2005.07.004.

[121] A. Corsini, C. Iossa, F. Rispoli, and T.E. Tezduyar, "A DRD finite element formulation for computing turbulent reacting flows in gas turbine combustors", *Computational Mechanics*, **46** (2010) 159–167, doi: 10.1007/s00466-009-0441-0.

[122] M.-C. Hsu, Y. Bazilevs, V.M. Calo, T.E. Tezduyar, and T.J.R. Hughes, "Improving stability of stabilized and multiscale formulations in flow simulations at small time steps", *Computer Methods in Applied Mechanics and Engineering*, **199** (2010) 828–840, doi: 10.1016/j.cma.2009.06.019.

[123] A. Corsini, F. Rispoli, and T.E. Tezduyar, "Stabilized finite element computation of NOx emission in aero-engine combustors", *International Journal for Numerical Methods in Fluids*, **65** (2011) 254–270, doi: 10.1002/fld.2451.

[124] K. Takizawa, S. Wright, C. Moorman, and T.E. Tezduyar, "Fluid–structure interaction modeling of parachute clusters", *International Journal for Numerical Methods in Fluids*, **65** (2011) 286–307, doi: 10.1002/fld.2359.

[125] F. Shakib, T.J.R. Hughes, and Z. Johan, "A new finite element formulation for computational fluid dynamics: X. The compressible euler and navier-stokes equations", *Comput. Methods Appl. Mech. and Engrg.*, **89** (1991) 141–219.

[126] K. Takizawa, J. Christopher, T.E. Tezduyar, and S. Sathe, "Space–time finite element computation of arterial fluid-structure interactions with patient-specific data", *International Journal for Numerical Methods in Biomedical Engineering*, **26** (2010) 101–116, doi: 10.1002/cnm.1241.

[127] A.A. Johnson and T.E. Tezduyar, "Parallel computation of incompressible flows with complex geometries", *International Journal for Numerical Methods in Fluids*, **24** (1997) 1321–1340, doi: 10.1002/(SICI)1097-0363(199706)24:12<1321::AID-FLD562>3.3.CO;2-C.

[128] A.A. Johnson and T.E. Tezduyar, "Simulation of multiple spheres falling in a liquid-filled tube", *Computer Methods in Applied Mechanics and Engineering*, **134** (1996) 351–373, doi: 10.1016/0045-7825(95)00988-4.

[129] S. Mittal and T.E. Tezduyar, "Massively parallel finite element computation of incompressible flows involving fluid-body interactions", *Computer Methods in Applied Mechanics and Engineering*, **112** (1994) 253–282, doi: 10.1016/0045-7825(94)90029-9.

[130] T.E. Tezduyar, M. Behr, S. Mittal, and A.A. Johnson, "Computation of unsteady incompressible flows with the finite element methods – space–time formulations, iterative strategies and massively parallel implementations", in *New Methods in Transient Analysis*, PVP-Vol.246/AMD-Vol.143, ASME, New York, (1992) 7–24.

[131] K. Stein, T. Tezduyar, and R. Benney, "Mesh moving techniques for fluid–structure interactions with large displacements", *Journal of Applied Mechanics*, **70** (2003) 58–63, doi: 10.1115/1.1530635.

[132] A. Masud and T.J.R. Hughes, "A space–time Galerkin/least-squares finite element formulation of the Navier-Stokes equations for moving domain problems", *Computer Methods in Applied Mechanics and Engineering*, **146** (1997) 91–126.

[133] A.A. Johnson and T. E. Tezduyar, "Advanced mesh generation and update methods for 3D flow simulations", *Computational Mechanics*, **23** (1999) 130–143, doi: 10.1007/s004660050393.

[134] J. Chung and G.M. Hulbert, "A time integration algorithm for structural dynamics with improved numerical dissipation: The generalized-α method", *Journal of Applied Mechanics*, **60** (1993) 371–75.

[135] M.A. Fernandez and M. Moubachir, "A Newton method using exact Jacobians for solving fluid–structure coupling", *Computers and Structures*, **83** (2005) 127–142.

[136] W.G. Dettmer and D. Peric, "On the coupling between fluid flow and mesh motion in the modelling of fluid–structure interaction", *Computational Mechanics*, **43** (2008) 81–90.

[137] T.E. Tezduyar, S. Sathe, R. Keedy, and K. Stein, "Space–time techniques for finite element computation of flows with moving boundaries and interfaces", in S. Gallegos, I. Herrera, S. Botello, F. Zarate, and G. Ayala, editors, *Proceedings of the III International Congress on Numerical Methods in Engineering and Applied Science*, CD-ROM, Monterrey, Mexico, 2004.

[138] T.E. Tezduyar, S. Sathe, and K. Stein, "Solution techniques for the fully-discretized equations in computation of fluid–structure interactions with the space–time formulations", *Computer Methods in Applied Mechanics and Engineering*, **195** (2006) 5743–5753, doi: 10.1016/j.cma.2005.08.023.

[139] T.E. Tezduyar, "Finite elements in fluids: Special methods and enhanced solution techniques", *Computers & Fluids*, **36** (2007) 207–223, doi: 10.1016/j.compfluid.2005.02.010.

[140] T.E. Tezduyar, "Finite element methods for fluid dynamics with moving boundaries and interfaces", in E. Stein, R.D. Borst, and T.J.R. Hughes, editors, *Encyclopedia of Computational Mechanics*, Volume 3: Fluids, Chapter 17, John Wiley & Sons, 2004.

[141] K. Takizawa, C. Moorman, S. Wright, J. Christopher, and T.E. Tezduyar, "Wall shear stress calculations in space–time finite element computation of arterial fluid–structure interactions", *Computational Mechanics*, **46** (2010) 31–41, doi: 10.1007/s00466-009-0425-0.

[142] K. Takizawa, C. Moorman, S. Wright, J. Purdue, T. McPhail, P.R. Chen, J. Warren, and T.E. Tezduyar, "Patient-specific arterial fluid–structure interaction modeling of cerebral aneurysms", *International Journal for Numerical Methods in Fluids*, **65** (2011) 308–323, doi: 10.1002/fld.2360.

[143] K. Takizawa, T. Brummer, T.E. Tezduyar, and P.R. Chen, "A comparative study based on patient-specific fluid–structure interaction modeling of cerebral aneurysms", *Journal of Applied Mechanics*, **79** (2012) 010908, doi: 10.1115/1.4005071.

[144] T.E. Tezduyar, K. Takizawa, T. Brummer, and P.R. Chen, "Space–time fluid–structure interaction modeling of patient-specific cerebral aneurysms", *Interna-

tional Journal for Numerical Methods in Biomedical Engineering, **27** (2011) 1665–1710, doi: 10.1002/cnm.1433.

[145] T. Tezduyar, "Finite element interface-tracking and interface-capturing techniques for flows with moving boundaries and interfaces", in *Proceedings of the ASME Symposium on Fluid-Physics and Heat Transfer for Macro- and Micro-Scale Gas-Liquid and Phase-Change Flows (CD-ROM)*, ASME Paper IMECE2001/HTD-24206, ASME, New York, New York, (2001).

[146] T.E. Tezduyar, "Stabilized finite element formulations and interface-tracking and interface-capturing techniques for incompressible flows", in M.M. Hafez, editor, *Numerical Simulations of Incompressible Flows*, World Scientific, New Jersey, (2003) 221–239.

[147] K. Stein and T. Tezduyar, "Advanced mesh update techniques for problems involving large displacements", in *Proceedings of the Fifth World Congress on Computational Mechanics*, On-line publication: http://wccm.tuwien.ac.at/, Paper-ID: 81489, Vienna, Austria, (2002).

[148] K. Stein, T.E. Tezduyar, and R. Benney, "Automatic mesh update with the solid-extension mesh moving technique", *Computer Methods in Applied Mechanics and Engineering*, **193** (2004) 2019–2032, doi: 10.1016/j.cma.2003.12.046.

[149] T.E. Tezduyar, S. Sathe, M. Senga, L. Aureli, K. Stein, and B. Griffin, "Finite element modeling of fluid–structure interactions with space–time and advanced mesh update techniques", in *Proceedings of the 10th International Conference on Numerical Methods in Continuum Mechanics (CD-ROM)*, Zilina, Slovakia, (2005).

[150] T.E. Tezduyar, S. Sathe, K. Stein, and L. Aureli, "Modeling of fluid–structure interactions with the space–time techniques", in H.-J. Bungartz and M. Schafer, editors, *Fluid–Structure Interaction – Modelling, Simulation, Optimization*, volume 53 of *Lecture Notes in Computational Science and Engineering*, Chapter 3, 50–81, Springer, 2006, ISBN 978-3-540-34596-1.

[151] T. Fujisawa, M. Inaba, and G. Yagawa, "Parallel computing of high-speed compressible flows using a node-based finite element method", *International Journal for Numerical Methods in Fluids*, **58** (2003) 481–511.

[152] T.E. Tezduyar, "Stabilized finite element methods for computation of flows with moving boundaries and interfaces", in *Lecture Notes on Finite Element Simulation of Flow Problems (Basic - Advanced Course)*, Japan Society of Computational Engineering and Sciences, Tokyo, Japan, (2003).

[153] T.E. Tezduyar, "Stabilized finite element methods for flows with moving boundaries and interfaces", *HERMIS: The International Journal of Computer Mathematics and its Applications*, **4** (2003) 63–88.

[154] T.E. Tezduyar, "Moving boundaries and interfaces", in L.P. Franca, T.E. Tezduyar, and A. Masud, editors, *Finite Element Methods: 1970's and Beyond*, 205–220, CIMNE, Barcelona, Spain, 2004.

[155] Z. Johan, T.J.R. Hughes, and F. Shakib, "A globally convergent matrix-free al-

gorithm for implicit time-marching schemes arising in finite element analysis in fluids", *Computer Methods in Applied Mechanics and Engineering*, **87** (1991) 281–304.

[156] Z. Johan, K.K. Mathur, S.L. Johnsson, and T.J.R. Hughes, "A case study in parallel computation: Viscous flow around an Onera M6 wing", *International Journal for Numerical Methods in Fluids*, **21** (1995) 877–884.

[157] V. Kalro and T. Tezduyar, "A parallel finite element methodology for 3D computation of fluid–structure interactions in airdrop systems", in *Proceedings of the 4th Japan-US Symposium on Finite Element Methods in Large-Scale Computational Fluid Dynamics*, Tokyo, Japan, (1998).

[158] V. Kalro and T.E. Tezduyar, "A parallel 3D computational method for fluid–structure interactions in parachute systems", *Computer Methods in Applied Mechanics and Engineering*, **190** (2000) 321–332, doi: 10.1016/S0045-7825(00)00204-8.

[159] T.E. Tezduyar, J. Liou, and D.K. Ganjoo, "Incompressible flow computations based on the vorticity-stream function and velocity-pressure formulations", *Computers & Structures*, **35** (1990) 445–472, doi: 10.1016/0045-7949(90)90069-E.

[160] T.E. Tezduyar, S. Mittal, and R. Shih, "Time-accurate incompressible flow computations with quadrilateral velocity-pressure elements", *Computer Methods in Applied Mechanics and Engineering*, **87** (1991) 363–384, doi: 10.1016/0045-7825(91)90014-W.

[161] T.E. Tezduyar, S. Mittal, S.E. Ray, and R. Shih, "Incompressible flow computations with stabilized bilinear and linear equal-order-interpolation velocity-pressure elements", *Computer Methods in Applied Mechanics and Engineering*, **95** (1992) 221–242, doi: 10.1016/0045-7825(92)90141-6.

[162] A. Sameh and V. Sarin, "Hybrid parallel linear solvers", *International Journal of Computational Fluid Dynamics*, **12** (1999) 213–223.

[163] A. Sameh and V. Sarin, "Parallel algorithms for indefinite linear systems", *Parallel Computing*, **28** (2002) 285–299.

[164] M. Manguoglu, A.H. Sameh, T.E. Tezduyar, and S. Sathe, "A nested iterative scheme for computation of incompressible flows in long domains", *Computational Mechanics*, **43** (2008) 73–80, doi: 10.1007/s00466-008-0276-0.

[165] M. Manguoglu, A.H. Sameh, F. Saied, T.E. Tezduyar, and S. Sathe, "Preconditioning techniques for nonsymmetric linear systems in the computation of incompressible flows", *Journal of Applied Mechanics*, **76** (2009) 021204, doi: 10.1115/1.3059576.

[166] M. Manguoglu, K. Takizawa, A.H. Sameh, and T.E. Tezduyar, "Solution of linear systems in arterial fluid mechanics computations with boundary layer mesh refinement", *Computational Mechanics*, **46** (2010) 83–89, doi: 10.1007/s00466-009-0426-z.

[167] M. Manguoglu, K. Takizawa, A.H. Sameh, and T.E. Tezduyar, "Nested and par-

allel sparse algorithms for arterial fluid mechanics computations with boundary layer mesh refinement", *International Journal for Numerical Methods in Fluids*, **65** (2011) 135–149, doi: 10.1002/fld.2415.

[168] M. Manguoglu, K. Takizawa, A.H. Sameh, and T.E. Tezduyar, "A parallel sparse algorithm targeting arterial fluid mechanics computations", *Computational Mechanics*, **48** (2011) 377–384, doi: 10.1007/s00466-011-0619-0.

[169] T.E. Tezduyar, M. Schwaab, and S. Sathe, "Sequentially-Coupled Arterial Fluid–Structure Interaction (SCAFSI) technique", *Computer Methods in Applied Mechanics and Engineering*, **198** (2009) 3524–3533, doi: 10.1016/j.cma.2008.05.024.

[170] T.E. Tezduyar, K. Takizawa, and J. Christopher, "Multiscale Sequentially-Coupled Arterial Fluid–Structure Interaction (SCAFSI) technique", in S. Hartmann, A. Meister, M. Schaefer, and S. Turek, editors, *International Workshop on Fluid–Structure Interaction — Theory, Numerics and Applications*, 231–252, Kassel University Press, 2009, ISBN 978-3-89958-666-4.

[171] T.E. Tezduyar, K. Takizawa, C. Moorman, S. Wright, and J. Christopher, "Multiscale sequentially-coupled arterial FSI technique", *Computational Mechanics*, **46** (2010) 17–29, doi: 10.1007/s00466-009-0423-2.

[172] K. Takizawa, B. Henicke, A. Puntel, T. Spielman, and T.E. Tezduyar, "Space–time computational techniques for the aerodynamics of flapping wings", *Journal of Applied Mechanics*, **79** (2012) 010903, doi: 10.1115/1.4005073.

[173] K. Takizawa, B. Henicke, A. Puntel, N. Kostov, and T.E. Tezduyar, "Space–time techniques for computational aerodynamics modeling of flapping wings of an actual locust", *Computational Mechanics*, **50** (2012) 743–760, doi: 10.1007/s00466-012-0759-x.

[174] T.E. Tezduyar, S. Sathe, T. Cragin, B. Nanna, B.S. Conklin, J. Pausewang, and M. Schwaab, "Modeling of fluid–structure interactions with the space–time finite elements: Arterial fluid mechanics", *International Journal for Numerical Methods in Fluids*, **54** (2007) 901–922, doi: 10.1002/fld.1443.

[175] K. Takizawa, C. Moorman, S. Wright, T. Spielman, and T.E. Tezduyar, "Fluid–structure interaction modeling and performance analysis of the Orion spacecraft parachutes", *International Journal for Numerical Methods in Fluids*, **65** (2011) 271–285, doi: 10.1002/fld.2348.

[176] T.E. Tezduyar, K. Takizawa, C. Moorman, S. Wright, and J. Christopher, "Space–time finite element computation of complex fluid–structure interactions", *International Journal for Numerical Methods in Fluids*, **64** (2010) 1201–1218, doi: 10.1002/fld.2221.

[177] S. Sathe and T.E. Tezduyar, "Modeling of fluid–structure interactions with the space–time finite elements: Contact problems", *Computational Mechanics*, **43** (2008) 51–60, doi: 10.1007/s00466-008-0299-6.

[178] K. Takizawa, T. Spielman, and T.E. Tezduyar, "Space–time FSI modeling and dynamical analysis of spacecraft parachutes and parachute clusters", *Computational*

Mechanics, **48** (2011) 345–364, doi: 10.1007/s00466-011-0590-9.

[179] H.M. Hilber, T.J.R. Hughes, and R.L. Taylor, "Improved numerical dissipation for time integration algorithms in structural dynamics", *Earthquake Engineering and Structural Dynamics*, **5** (1977) 283–292.

[180] W. Wall, *Fluid–Structure Interaction with Stabilized Finite Elements*, Ph.D. thesis, University of Stuttgart, 1999.

[181] C.A. Taylor, T.J.R. Hughes, and C.K. Zarins, "Finite element modeling of blood flow in arteries", *Computer Methods in Applied Mechanics and Engineering*, **158** (1998) 155–196.

[182] Y. Bazilevs, J.C. del Alamo, and J.D. Humphrey, "From imaging to prediction: Emerging non-invasive methods in pediatric cardiology", *Progress in Pediatric Cardiology*, **30** (2010) 81–89.

[183] J. Humphrey, *Cardiovascular Solid Mechanics*. Springer-Verlag, 2002.

[184] G. Holzapfel and R. Ogden, "Constitutive modelling of arteries", *Proceedings of The Royal Society A*, **466** (2010) 1551–1596.

[185] R. Torii, M. Oshima, T. Kobayashi, K. Takagi, and T.E. Tezduyar, "Influence of wall elasticity on image-based blood flow simulation", *Japan Society of Mechanical Engineers Journal Series A*, **70** (2004) 1224–1231, in Japanese.

[186] R. Torii, M. Oshima, T. Kobayashi, K. Takagi, and T.E. Tezduyar, "Computer modeling of cardiovascular fluid–structure interactions with the Deforming-Spatial-Domain/Stabilized Space–Time formulation", *Computer Methods in Applied Mechanics and Engineering*, **195** (2006) 1885–1895, doi: 10.1016/j.cma.2005.05.050.

[187] R. Torii, M. Oshima, T. Kobayashi, K. Takagi, and T.E. Tezduyar, "Influence of wall elasticity in patient-specific hemodynamic simulations", *Computers & Fluids*, **36** (2007) 160–168, doi: 10.1016/j.compfluid.2005.07.014.

[188] R. Torii, M. Oshima, T. Kobayashi, K. Takagi, and T.E. Tezduyar, "Fluid–structure interaction modeling of a patient-specific cerebral aneurysm: Influence of structural modeling", *Computational Mechanics*, **43** (2008) 151–159, doi: 10.1007/s00466-008-0325-8.

[189] Y. Bazilevs, M.-C. Hsu, Y. Zhang, W. Wang, T. Kvamsdal, S. Hentschel, and J. Isaksen, "Computational fluid–structure interaction: Methods and application to cerebral aneurysms", *Biomechanics and Modeling in Mechanobiology*, **9** (2010) 481–498.

[190] Y. Bazilevs, M.-C. Hsu, D. Benson, S. Sankaran, and A. Marsden, "Computational fluid–structure interaction: Methods and application to a total cavopulmonary connection", *Computational Mechanics*, **45** (2009) 77–89.

[191] J.-F. Gerbeau, M. Vidrascu, and P. Frey, "Fluid–structure interaction in blood flows on geometries based on medical imaging", *Computers and Structures*, **83** (2005) 155–165.

[192] Y. Bazilevs, V.M. Calo, Y. Zhang, and T.J.R. Hughes, "Isogeometric fluid–

structure interaction analysis with applications to arterial blood flow", *Computational Mechanics*, **38** (2006) 310–322.

[193] Y. Zhang, Y. Bazilevs, S. Goswami, C. Bajaj, and T.J.R. Hughes, "Patient-specific vascular nurbs modeling for isogeometric analysis of blood flow", *Computer Methods in Applied Mechanics and Engineering*, **196** (2007) 2943–2959.

[194] J.G. Isaksen, Y. Bazilevs, T. Kvamsdal, Y. Zhang, J.H. Kaspersen, K. Waterloo, B. Romner, and T. Ingebrigtsen, "Determination of wall tension in cerebral artery aneurysms by numerical simulation", *Stroke*, **39** (2008) 3172–3178.

[195] Y. Bazilevs, J.R. Gohean, T.J.R. Hughes, R.D. Moser, and Y. Zhang, "Patient-specific isogeometric fluid–structure interaction analysis of thoracic aortic blood flow due to implantation of the Jarvik 2000 left ventricular assist device", *Computer Methods in Applied Mechanics and Engineering*, **198** (2009) 3534–3550.

[196] Y. Zhang, W. Wang, X. Liang, Y. Bazilevs, M.-C. Hsu, T. Kvamsdal, R. Brekken, and J. Isaksen, "High-fidelity tetrahedral mesh generation from medical imaging data for fluid-structure interaction analysis of cerebral aneurysms", *Computer Modeling in Engineering and Sciences*, **42** (2009) 131–150.

[197] Y. Bazilevs, M.-C. Hsu, Y. Zhang, W. Wang, X. Liang, T. Kvamsdal, R. Brekken, and J. Isaksen, "A fully-coupled fluid–structure interaction simulation of cerebral aneurysms", *Computational Mechanics*, **46** (2010) 3–16.

[198] M.-C. Hsu and Y. Bazilevs, "Blood vessel tissue prestress modeling for vascular fluid–structure interaction simulations", *Finite Elements in Analysis and Design*, **47** (2011) 593–599.

[199] R. Torii, M. Oshima, T. Kobayashi, K. Takagi, and T.E. Tezduyar, "Fluid–structure interaction modeling of aneurysmal conditions with high and normal blood pressures", *Computational Mechanics*, **38** (2006) 482–490, doi: 10.1007/s00466-006-0065-6.

[200] R. Torii, M. Oshima, T. Kobayashi, K. Takagi, and T.E. Tezduyar, "Numerical investigation of the effect of hypertensive blood pressure on cerebral aneurysm — Dependence of the effect on the aneurysm shape", *International Journal for Numerical Methods in Fluids*, **54** (2007) 995–1009, doi: 10.1002/fld.1497.

[201] R. Torii, M. Oshima, T. Kobayashi, K. Takagi, and T.E. Tezduyar, "Fluid–structure interaction modeling of blood flow and cerebral aneurysm: Significance of artery and aneurysm shapes", *Computer Methods in Applied Mechanics and Engineering*, **198** (2009) 3613–3621, doi: 10.1016/j.cma.2008.08.020.

[202] R. Torii, M. Oshima, T. Kobayashi, K. Takagi, and T.E. Tezduyar, "Influence of wall thickness on fluid–structure interaction computations of cerebral aneurysms", *International Journal for Numerical Methods in Biomedical Engineering*, **26** (2010) 336–347, doi: 10.1002/cnm.1289.

[203] R. Torii, M. Oshima, T. Kobayashi, K. Takagi, and T.E. Tezduyar, "Role of 0D peripheral vasculature model in fluid–structure interaction modeling of aneurysms", *Computational Mechanics*, **46** (2010) 43–52, doi: 10.1007/s00466-009-0439-7.

[204] R. Torii, M. Oshima, T. Kobayashi, K. Takagi, and T.E. Tezduyar, "Influencing factors in image-based fluid–structure interaction computation of cerebral aneurysms", *International Journal for Numerical Methods in Fluids*, **65** (2011) 324–340, doi: 10.1002/fld.2448.

[205] T.E. Tezduyar, S. Sathe, M. Schwaab, and B.S. Conklin, "Arterial fluid mechanics modeling with the stabilized space–time fluid–structure interaction technique", *International Journal for Numerical Methods in Fluids*, **57** (2008) 601–629, doi: 10.1002/fld.1633.

[206] T.E. Tezduyar, T. Cragin, S. Sathe, and B. Nanna, "FSI computations in arterial fluid mechanics with estimated zero-pressure arterial geometry", in E. Onate, J. Garcia, P. Bergan, and T. Kvamsdal, editors, *Marine 2007*, CIMNE, Barcelona, Spain, (2007).

[207] T.E. Tezduyar, M. Schwaab, and S. Sathe, "Arterial fluid mechanics with the sequentially-coupled arterial FSI technique", in E. Onate, M. Papadrakakis, and B. Schrefler, editors, *Coupled Problems 2007*, CIMNE, Barcelona, Spain, (2007).

[208] C.A. Taylor, T.J.R. Hughes, and C.K. Zarins, "Finite element modeling of three-dimensional pulsatile flow in the abdominal aorta: relevance to atherosclerosis", *Ann. Biomed. Engrg.*, **158** (1998) 975–987.

[209] A.E. Green and P.M. Naghdi, "A derivation of equations for wave propagation in water of variable depth", *Journal of Fluid Mechanics*, **78** (1976) 237–246.

[210] T. McPhail and J. Warren, "An interactive editor for deforming volumetric data", in *International Conference on Biomedical Engineering 2008*, Singapore, (2008) 137–144.

[211] H. Huang, R. Virmani, H. Younis, A.P. Burke, R.D. Kamm, and R.T. Lee, "The impact of calcification on the biomechanical stability of atherosclerotic plaques", *Circulation*, **103** (2001) 1051–1056.

[212] J.R. Womersley, "Method for the calculation of velocity, rate of flow and viscous drag in arteries when the pressure gradient is known", *Journal of Physiology*, **127** (1955) 553–563.

[213] O. Frank, "Die grundform des arteriellen pulses", *Zeitung fur Biologie*, **37** (1899) 483–586.

[214] L. Formaggia, J.F. Gerbeau, F. Nobile, and A. Quarteroni, "On the coupling of 3D and 1D Navier-Stokes equations for flow problems in compliant vessels", *Computer Methods in Applied Mechanics and Engineering*, **191** (2001) 561–582.

[215] I. Vignon-Clementel, C. Figueroa, K. Jansen, and C. Taylor, "Outflow boundary conditions for three-dimensional finite element modeling of blood flow and pressure in arteries", *Computer Methods in Applied Mechanics and Engineering*, **195** (2006) 3776–3796.

[216] M.E. Moghadam, Y. Bazilevs, T.-Y. Hsia, I.E. Vignon-Clementel, A.L. Marsden, and M. of Congenital Hearts Alliance (MOCHA), "A comparison of outlet boundary treatments for prevention of backflow divergence with relevance to blood flow

simulations", *Computational Mechanics*, **48** (2011) 277–291, doi: 10.1007/s00466-011-0599-0.

[217] T.E. Tezduyar, K. Takizawa, and J. Christopher, "Sequentially-coupled FSI technique", in T. Kvamsdal, B. Pettersen, P. Bergan, E. Onate, and J. Garcia, editors, *Marine 2009*, CIMNE, Barcelona, Spain, (2009).

[218] T.E. Tezduyar, K. Takizawa, J. Christopher, C. Moorman, and S. Wright, "Interface projection techniques for complex FSI problems", in T. Kvamsdal, B. Pettersen, P. Bergan, E. Onate, and J. Garcia, editors, *Marine 2009*, CIMNE, Barcelona, Spain, (2009).

[219] F. Fontan and E. Baudet, "Surgical repair of tricuspid atresia", *Thorax*, **26** (1971) 240–248.

[220] E. Petrossian, V.M. Reddy, K.K. Collins, C.B. Culbertson, M.J. MacDonald, J.J. Lamberti, O. Reinhartz, R.D. Mainwaring, P.D. Francis, S.P. Malhotra, D.B. Gremmels, S. Suleman, and F.L. Hanley, "The extracardiac conduit Fontan operation using minimal approach extracorporeal circulation: Early and midterm outcomes", *J. Thorac. Cardiovasc. Surg.*, **132** (2006) 1054–1063.

[221] A. Ensley, A. Ramuzat, T. Healy, G. Chatzimavroudis, C. Lucas, S. Sharma, R. Pettigrew, and A. Yoganathan, "Fluid mechanic assessment of the total cavopulmonary connection using magnetic resonance phase velocity mapping and digital particle image velocimetry", *Annals of Biomedical Engineering*, **28** (2000) 1172–1183.

[222] Y. Khunatorn, S. Mahalingam, C. DeGroff, and R. Shandas, "Influence of connection geometry and SVC-IVC flow rate ratio on flow structures within the total cavopulmonary connection: A numerical study", *Journal of Biomechanical Engineering-Transactions of the ASME*, **124** (2002) 364–377.

[223] E. Bove, M. de Leval, F. Migliavacca, G. Guadagni, and G. Dubini, "Computational fluid dynamics in the evaluation of hemodynamic performance of cavopulmonary connections after the Norwood procedure for hypoplastic left heart syndrome", *Journal of Thoracic and Cardiovascular Surgery*, **126** (2003) 1040–1047.

[224] F. Migliavacca, G. Dubini, E.L. Bove, and M.R. de Leval, "Computational fluid dynamics simulations in realistic 3-D geometries of the total cavopulmonary anastomosis: the influence of the inferior caval anastomosis", *J. Biomech. Eng.*, **125** (2003) 805–813.

[225] A.L. Marsden, A.D. Bernstein, V.M. Reddy, S. Shadden, R. Spilker, F.P. Chan, C.A. Taylor, and J.A. Feinstein, "Evaluation of a novel Y-shaped extracardiac fontan baffle using computational fluid dynamics", *Journal of Thoracic and Cardiovascular Surgery*, **137** (2009) 394–403.

[226] A.L. Marsden, I.E. Vignon-Clementel, F. Chan, J.A. Feinstein, and C.A. Taylor, "Effects of exercise and respiration on hemodynamic efficiency in CFD simulations of the total cavopulmonary connection", *Annals of Biomedical Engineering*, **35** (2007) 250–263.

[227] M.R. de Leval, G. Dubini, F. Migliavacca, H. Jalali, G. camporini, A. Redington, and R. Pietrabissa, "Use of computational fluid dynamics in the design of surgical procedures: application to the study of competitive flows in cavo-pulmonary connections", *J. Thorac. Cardiovasc. Surg.*, **111** (1996) 502–13.

[228] G. Dubini, M.R. de Leval, R. Pietrabissa, F.M. Montevecchi, and R. Fumero, "A numerical fluid mechanical study of repaired congenital heart defects: Application to the total cavopulmonary connection", *J. Biomech.*, **29** (1996) 111–121.

[229] F. Migliavacca, G. Dubini, R. Pietrabissa, and M.R. de Leval, "Computational transient simulations with varying degree and shape of pulmonic stenosis in models of the bidirectional cavopulmonary anastomosis", *Med. Eng. Phys.*, **19** (1997) 394–403.

[230] O. Sahni, J. Muller, K. Jansen, M. Shephard, and C. Taylor, "Efficient anisotropic adaptive discretization of the cardiovascular system", *Computer Methods in Applied Mechanics and Engineering*, **195** (2006) 5634–5655.

[231] G. Shachar, B. Fuhrman, Y. Wang, R. Lucas Jr, and J. Lock, "Rest and exercise hemodynamics after the fontan procedure", *Circulation*, **65** (1982) 1043–1048.

[232] A. Giardini, A. Balducci, S. Specchia, G. Gaetano, M. Bonvicini, and F.M. Picchio, "Effect of sildenafil on haemodynamic response to exercise capacity in fontan patients", *Eur. Heart J.*, **29** (2008) 1681–1687.

[233] V.E. Hjortdal, K. Emmertsen, E. Stenbog, T. Frund, M. Rahbek Schmidt, O. Kromann, K. Sorensen, and E.M. Pedersen, "Effects of exercise and respiration on blood flow in total cavopulmonary connection: A real-time magnetic resonance flow study", *Circulation*, **108** (2003) 1227–1231.

[234] E.M. Pedersen, E.V. Stenbog, T. Frund, K. Houlind, O. Kromann, K.E. Sorensen, K. Emmertsen, and V.E. Hjortdal, "Flow during exercise in the total cavopulmonary connection measured by magnetic resonance velocity mapping", *Heart*, **87** (2002) 554–558.

[235] R. Hetzer, M.J. Jurmann, E.V. Potapov, E. Hennig, B. Stiller, J.H. Muller, and Y. Weng, "Heart assist systems: current status", *Hertz*, **20** (2002) 407.

[236] D.M. Wootton and D.N. Ku, "Fluid mechanics of vascular systems, diseases, and thrombosis", *Annual Review of Biomedical Engineering*, **1** (1999) 299.

[237] S.Q. Liu, L. Zhong, and J. Goldman, "Control of the shape of a thrombus-neointima-like structure by blood shear stress", *Journal of Biomechanical Engineering*, **124** (2002) 30.

[238] J.R. Gohean, "A closed-loop multi-scale model of the cardiovascular system for evaluation of ventricular devices", Master's thesis, University of Texas, Austin, May 2007.

[239] V. Calo, N. Brasher, Y. Bazilevs, and T. Hughes, "Multiphysics model for blood flow and drug transport with application to patient-specific coronary artery flow", *Computational Mechanics*, **43** (2008) 161–177.

[240] M.S. Olufsen, *Modeling of the arterial system with reference to an anesthesia sim-*

ulator, Ph.D. thesis, Roskilde University, 1998.

[241] P.J. Kilner, G.Z. Yang, R.H. Mohiaddin, D.N. Firmin, and D.B. Longmore, "Helical and retrograde secondary flow patterns in the aortic arch studied by three-directional magnetic resonance velocity mapping", *Circulation*, **88** (1993) 2235–2247.

[242] B. Kar, R.M.D. III, O.H. Frazier, I. Gregoric, M.T. Harting, Y. Wadia, T. Myers, R. Moser, and J. Freund, "The effect of LVAD aortic outflow-graft placement on hemodynamics and flow", *Journal of the Texas Heart Institute*, **32** (2005) 294–298.

[243] S. Glagov, C. Zarins, D.P. Giddens, and D.N. Ku, "Hemodynamics and atherosclerosis: insights and perspectives gained from studies of human arteries.", *Archives of Pathology and Laboratory Medicine*, **112** (1988) 1018–1031.

[244] A.M. Shaaban and A.J. Duerinckx, "Wall shear stress and early atherosclerosis: A review", *American Journal of Roentgenology*, **174** (2000) 1657–1665.

[245] M.J. Levesque and R. Nerem, "The elongation and orientation of cultured endothelial cells in response to shear stress", *Journal of Biomechanical Engineering*, **107** (1985) 341–347.

[246] M.J. Levesque, D. Liepsch, S. Moravec, and R. Nerem, "Correlation of endothelial cell shape and wall shear stress in a stenosed dog aorta", *Arteriosclerosis*, **6** (1986) 220–229.

[247] M. Okano and Y. Yoshida, "Junction complexes of endothelial cells in atherosclerosis-prone and atherosclerosis-resistant regions on flow dividers of brachiocephalic bifurcations in the rabbit aorta", *Biorheology*, **31** (1994) 155–161.

[248] K.R. Stein, R.J. Benney, V. Kalro, A.A. Johnson, and T.E. Tezduyar, "Parallel computation of parachute fluid–structure interactions", in *Proceedings of AIAA 14th Aerodynamic Decelerator Systems Technology Conference*, AIAA Paper 97-1505, San Francisco, California, (1997).

[249] K. Stein, R. Benney, V. Kalro, T.E. Tezduyar, J. Leonard, and M. Accorsi, "Parachute fluid–structure interactions: 3-D Computation", *Computer Methods in Applied Mechanics and Engineering*, **190** (2000) 373–386, doi: 10.1016/S0045-7825(00)00208-5.

[250] T. Tezduyar and Y. Osawa, "Fluid–structure interactions of a parachute crossing the far wake of an aircraft", *Computer Methods in Applied Mechanics and Engineering*, **191** (2001) 717–726, doi: 10.1016/S0045-7825(01)00311-5.

[251] K. Stein, R. Benney, T. Tezduyar, and J. Potvin, "Fluid–structure interactions of a cross parachute: Numerical simulation", *Computer Methods in Applied Mechanics and Engineering*, **191** (2001) 673–687, doi: 10.1016/S0045-7825(01)00312-7.

[252] K.R. Stein, R.J. Benney, T.E. Tezduyar, J.W. Leonard, and M.L. Accorsi, "Fluid–structure interactions of a round parachute: Modeling and simulation techniques", *Journal of Aircraft*, **38** (2001) 800–808, doi: 10.2514/2.2864.

[253] K. Stein, T. Tezduyar, V. Kumar, S. Sathe, R. Benney, E. Thornburg, C. Kyle, and T. Nonoshita, "Aerodynamic interactions between parachute canopies", *Jour-*

nal of Applied Mechanics, **70** (2003) 50–57, doi: 10.1115/1.1530634.

[254] K. Stein, T. Tezduyar, and R. Benney, "Computational methods for modeling parachute systems", *Computing in Science and Engineering*, **5** (2003) 39–46, doi: 10.1109/MCISE.2003.1166551.

[255] T.E. Tezduyar, S. Sathe, M. Schwaab, J. Pausewang, J. Christopher, and J. Crabtree, "Fluid–structure interaction modeling of ringsail parachutes", *Computational Mechanics*, **43** (2008) 133–142, doi: 10.1007/s00466-008-0260-8.

[256] K. Takizawa, T. Spielman, C. Moorman, and T.E. Tezduyar, "Fluid–structure interaction modeling of spacecraft parachutes for simulation-based design", *Journal of Applied Mechanics*, **79** (2012) 010907, doi: 10.1115/1.4005070.

[257] S.F. Hoerner, *Fluid Dynamic Drag*. Hoerner Fluid Dynamics, 1993.

[258] G. Karypis and V. Kumar, "A fast and high quality multilevel scheme for partitioning irregular graphs", *SIAM Journal of Scientific Computing*, **20** (1998) 359–392.

[259] C.J. Moorman, "Fluid–structure interaction modeling of the Orion Spacecraft parachutes", Master's thesis, Rice University, 2010.

[260] J.M. Jonkman and M.L. Buhl Jr., "FAST user's guide", Technical Report NREL/EL-500-38230, National Renewable Energy Laboratory, Golden, CO, 2005.

[261] J. Jonkman, S. Butterfield, W. Musial, and G. Scott, "Definition of a 5-MW reference wind turbine for offshore system development", Technical Report NREL/TP-500-38060, National Renewable Energy Laboratory, 2009.

[262] N.N. Sørensen, J.A. Michelsen, and S. Schreck, "Navier–Stokes predictions of the NREL Phase VI rotor in the NASA Ames 80 ft × 120 ft wind tunnel", *Wind Energy*, **5** (2002) 151–169.

[263] A.L. Pape and J. Lecanu, "3D Navier–Stokes computations of a stall-regulated wind turbine", *Wind Energy*, **7** (2004) 309–324.

[264] D.J. Laino, A.C. Hansen, and J.E. Minnema, "Validation of the AeroDyn subroutines using NREL Unsteady Aerodynamics Experiment data", *Wind Energy*, **5** (2002) 227–244.

[265] C. Tongchitpakdee, S. Benjanirat, and L.N. Sankar, "Numerical simulation of the aerodynamics of horizontal axis wind turbines under yawed flow conditions", *Journal of Solar Energy Engineering*, **127** (2005) 464–474.

[266] S. Schmitz and J.J. Chattot, "Characterization of three-dimensional effects for the rotating and parked NREL Phase VI wind turbine", *Journal of Solar Energy Engineering*, **128** (2006) 445–454.

[267] F. Zahle, N.N. Sørensen, and J. Johansen, "Wind turbine rotor-tower interaction using an incompressible overset grid method", *Wind Energy*, **12** (2009) 594–619.

[268] K. Takizawa, B. Henicke, T.E. Tezduyar, M.-C. Hsu, and Y. Bazilevs, "Stabilized space–time computation of wind-turbine rotor aerodynamics", *Computational Mechanics*, **48** (2011) 333–344, doi: 10.1007/s00466-011-0589-2.

[269] Y. Li and P.M.C. K. J. Paik, T. Xing, "Dynamic overset CFD simulations of wind turbine aerodynamics", *Renewable Energy*, **37** (2012) 285–298.

[270] E. Guttierez, S. Primi, F. Taucer, P. Caperan, D. Tirelli, J. Mieres, I. Calvo, J. Rodriguez, F. Vallano, G. Galiotis, and D. Mouzakis, "A wind turbine tower design based on fibre-reinforced composites", Technical report, Joint Research Centre - Ispra, European Laboratory for Structural Assessment (ELSA), Institute For Protection and Security of the Citizen (IPSC), European Commission, 2003.

[271] C. Kong, J. Bang, and Y. Sugiyama, "Structural investigation of composite wind turbine blade considering various load cases and fatigue life", *Energy*, **30** (2005) 2101–2114.

[272] M.O.L. Hansen, J.N. Sørensen, S. Voutsinas, N. Sørensen, and H.A. Madsen, "State of the art in wind turbine aerodynamics and aeroelasticity", *Progress in Aerospace Sciences*, **42** (2006) 285–330.

[273] F.M. Jensen, B.G. Falzon, J. Ankersen, and H. Stang, "Structural testing and numerical simulation of a 34 m composite wind turbine blade", *Composite Structures*, **76** (2006) 52–61.

[274] Y. Bazilevs, M.-C. Hsu, J. Kiendl, and D.J. Benson, "A computational procedure for pre-bending of wind turbine blades", *International Journal for Numerical Methods in Engineering*, **89** (2012) 323–336.

[275] T. Elguedj, Y. Bazilevs, V.M. Calo, and T.J.R. Hughes, "B-bar and F-bar projection methods for nearly incompressible linear and nonlinear elasticity and plasticity using higher-order nurbs elements", *Computer Methods in Applied Mechanics and Engineering*, **197** (2008) 2732–2762.

[276] S. Lipton, J.A. Evans, Y. Bazilevs, T. Elguedj, and T.J.R. Hughes, "Robustness of isogeometric structural discretizations under severe mesh distortion", *Computer Methods in Applied Mechanics and Engineering*, **199** (2010) 357–373.

[277] D.J. Benson, Y. Bazilevs, E. De Luycker, M.C. Hsu, M. Scott, T.J.R. Hughes, and T. Belytschko, "A generalized finite element formulation for arbitrary basis functions: from isogeometric analysis to XFEM", *International Journal for Numerical Methods in Engineering*, **83** (2010) 765–785.

[278] D.J. Benson, Y. Bazilevs, M.C. Hsu, and T.J.R. Hughes, "Isogeometric shell analysis: The Reissner–Mindlin shell", *Computer Methods in Applied Mechanics and Engineering*, **199** (2010) 276–289.

[279] Y. Bazilevs and T.J.R. Hughes, "NURBS-based isogeometric analysis for the computation of flows about rotating components", *Computational Mechanics*, **43** (2008) 143–150.

[280] M. Behr and T. Tezduyar, "The Shear-Slip Mesh Update Method", *Computer Methods in Applied Mechanics and Engineering*, **174** (1999) 261–274, doi: 10.1016/S0045-7825(98)00299-0.

[281] M. Behr and T. Tezduyar, "Shear-slip mesh update in 3D computation of complex flow problems with rotating mechanical components", *Computer Methods in Applied Mechanics and Engineering*, **190** (2001) 3189–3200, doi: 10.1016/S0045-7825(00)00388-1.

[282] M.-C. Hsu, I. Akkerman, and Y. Bazilevs, "High-performance computing of wind turbine aerodynamics using isogeometric analysis", *Computers and Fluids*, **49** (2011) 93–100.

[283] M.M. Hand, D.A. Simms, L.J. Fingersh, D.W. Jager, J.R. Cotrell, S. Schreck, and S.M. Larwood, "Unsteady aerodynamics experiment phase VI: Wind tunnel test configurations and available data campaigns", Technical Report NREL/TP-500-29955, National Renewable Energy Laboratory, Golden, CO, 2001.

[284] H.J.T. Kooijman, C. Lindenburg, and D.W.E.L. van der Hooft, "DOWEC 6 MW pre-design: Aero-elastic modelling ofthe DOWEC 6 MW pre-design in PHATAS", Technical Report DOWEC-F1W2-HJK-01-046/9, 2003.

[285] K. Takizawa, C. Moorman, S. Wright, and T.E. Tezduyar, "Computer modeling and analysis of the Orion spacecraft parachutes", in H.-J. Bungartz, M. Mehl, and M. Schafer, editors, *Fluid–Structure Interaction II – Modelling, Simulation, Optimization*, volume 73 of *Lecture Notes in Computational Science and Engineering*, Chapter 3, 53–81, Springer, 2010, ISBN 978-3-642-14206-2.

[286] D.A. Spera, "Introduction to modern wind turbines", in D.A. Spera, editor, *Wind Turbine Technology: Fundamental Concepts of Wind Turbine Engineering*, 47–72, ASME Press, 1994.

[287] T.A.C.C. (TACC), "Available at: http://www.tacc.utexas.edu", Accessed October 6, 2011.

[288] E. Hau, *Wind Turbines: Fundamentals, Technologies, Application, Economics. 2nd Edition*. Springer, Berlin, 2006.

[289] F. Shakib, T.J.R. Hughes, and Z. Johan, "A multi-element group preconditionined GMRES algorithm for nonsymmetric systems arising in finite element analysis", *Computer Methods in Applied Mechanics and Engineering*, **75** (1989) 415–456.

[290] K.U. Bletzinger, S. Kimmich, and E. Ramm, "Efficient modeling in shape optimal design", *Computing Systems in Engineering*, **2** (1991) 483–495.

[291] D.J. Benson, Y. Bazilevs, M.C. Hsu, and T.J.R. Hughes, "A large deformation, rotation-free, isogeometric shell", *Computer Methods in Applied Mechanics and Engineering*, **200** (2011) 1367–1378.

[292] H. Melbø and T. Kvamsdal, "Goal oriented error estimators for Stokes equations based on variationally consistent postprocessing", *Computer Methods in Applied Mechanics and Engineering*, **192** (2003) 613–633.

[293] E.H. van Brummelen, K.G. van der Zee, V.V. Garg, and S. Prudhomme, "Flux evaluation in primal and dual boundary-coupled problems", *Journal of Applied Mechanics*, (2012), Published online. DOI: 10.1115/1.4005187.

[294] R.T. Shield, "Inverse deformation results in finite elasticity", *ZAMP*, **18** (1967) 381–389.

[295] S. Govindjee and P.A. Mihalic, "Computational methods for inverse finite elastostatics", *Computer Methods in Applied Mechanics and Engineering*, **136** (1996) 47–57.

索引

英数

2次 NURBS 表現　166
2次写像 $\Theta_\zeta(\theta)$　153
2次精度　125
3次 NURBS 表現　166
4 ゴアモデル　266
4 枚のゴア　259, 262
5 MW 風車の形状　309
8 ゴアモデル　267
10%の壁の厚み比　205
16 ゴアモデル　267

AEVB (analytical EVB)　145
ALE FSI 式　118
ALE-VMS 法　96, 119, 196
——に対する SUPG/PSPG　97
ALE 記述における移流形の移流拡散方程式　92
ALE 表記　33
ALE 法　87

bending strip パッチ　329
bending strip 法　308, 328
Betz の法則　315
B-spline　77

CAD (computer-aided design)　76
CFD 解析　245
CFD だけ　195
CFM　132
Cox/de Boor の漸化式　78

DCDD (discontinuity-capturing directional dissipation) 安定化　109
DP　110
DSD/SST-DP　110
DSD/SST-SUPS　108, 318, 319, 321

DSD/SST-SV　111
DSD/SST-TIP1　110
DSD/SST-VMST　106, 129, 318, 319, 321
DSD/SST (deforming-spatial-domain/stabilized space–time) 法　89, 196, 316
——の優位性　153
DV　110

EVB (element-vector-based)　145
EZP (estimated zero-pressure)
——過程　204
——形状　237
——形状を計算　233
——動脈形状　197, 203

FEM (finite element method)　38
FSI (fluid–structure interaction)　i
FSI-DGST (FSI directional geometric smoothing technique)　141, 185
FSI-GST (FSI geometric smoothing technique)　141, 184, 259
FSI 計算の初期条件　260, 271
FSI 連成方程式の解法　142
Fung モデル　23

GMRES 法　101

H^1 射影　56
H^1 適合　52
HMGP　259, 261
HMGP-FG　259, 264
HMGP の原形　263
h_{RGN}　95, 108
h 細分化　81

ID 配列　53

索 引

IEN 配列　53
IGA (isogeometric analysis)　iv, 76
IVC と SVC の経時的な流入量　247

k 細分化　82

L^2 射影　55
LSIC　70
LSIC パラメータ　109
LVAD (left ventricular assist device)　240, 250

MITICT (mixed interface-tracking/ interface-capturing technique)　87
MRRMUM (move-reconnect-renode mesh update method)　140

NEVB (numerical EVB)　145
—— 計算　146
NREL の Phase VI 型 2 翼風車　321
NURBS (non-uniform rational B-spline)　iv, 76
NURBS 2 次要素　176
n ゴア　263

OSI (oscillatory shear index)　200, 236, 239
—— の計算　200, 235

PA　279
PM11　279
PM5　279
PSPG (pressure-stabilizing/ Petrov–Galerkin)　70
p 細分化　81

RBVMS (residual-based variational multiscale) 法　67

SCAFSI M1C　219, 222
SCAFSI M1SC　219
SCAFSI (sequentially-coupled arterial FSI) 法　215

SCAFSI 法とそのマルチスケール版　197
SCFSI M2C 法　220
SEMMT (solid-extension mesh moving technique)　135
SEMMT-multiple domain (SEMMT-MD)　135
SEMMT-single domain (SEMMT-SD)　135
SENCT-D (SENCT-displacement) 法　169
SENCT-FC-M1　169
SENCT (surface-edge-node contact tracking) -FC 法　169, 262
SENCT-F (SENCT-Force) 法　169
SENCT-M1　262
SENCT のキーワード表記 "-M1."　169
SESFSI (segregated equation solver for fluid–structure interactions) 法　149
SESLS (segregated equation solver for linear systems) 法　148
SESNS (segregated equation solver for nonlinear systems) 法　148
S→F→S→FSI　214
SP　110
space–time FSI 法　129
space–time 形状関数　89
space–time スラブ　89
space–time 法　89, 94
space–time 要素写像のヤコビ行列　90
space–time 領域　34
SSDM (simple-shape deformation model)　162
SSMUM (shear-slip mesh update method)　308
SSP (separated stress projection) 法　133, 259
SSTFSI-DP　132
SSTFSI-SP　132
SSTFSI-SUPS　131
SSTFSI-SV　132
SSTFSI-TIP1　132
SSTFSI (stabilized space–time FSI) 法　129, 197, 220
ST-SUPS　108

ST-VMS (space–time VMS)　106
subdivision surface　76
SUPG/PSPG 安定化版　108
SUPG/PSPG 式　70
SUPG (streamline-upwind/Petrov–Galerkin)
　法　61, 70
SUPS　70
SV　111

TCPC (total cavopulmonary connection)
　240
TIP2　110
T-spline　76

VMS 法　67

Windkessel モデル　211
Womersley パラメータ　210, 223, 233, 237
WSS　219, 225, 247, 256
——の過剰見積もり　248
WTSA　110
WTSE　110

ν_{LSIC}　109
$\nu_{\mathrm{LSIC-HRGN}}$　109
$\nu_{\mathrm{LSIC-LHC}}$　109
$\nu_{\mathrm{LSIC-TC2}}$　109
$\nu_{\mathrm{LSIC-TGI}}$　109
τ_{PSPG}　108
τ_{SUGN1}　93, 95, 109
τ_{SUGN2}　93, 95, 109
τ_{SUGN3}　93, 95, 108
τ_{SUGN12}　95, 108
τ_{SUPG}　95
τ_{SUPS}　108, 109

あ 行

アイソジオメトリック解析　76
アイソジオメトリック解の誤差　85
アイソパラメトリック有限要素構造　45
値の連続した状態　115
圧力クリップ　140
安定化手法　61

安定化パラメータ　61, 62, 108
—— ν_{LSIC}　69, 109
—— $\nu_{\mathrm{LSIC-HRGN}}$　109
—— $\nu_{\mathrm{LSIC-LHC}}$　109
—— $\nu_{\mathrm{LSIC-TC2}}$　109
—— $\nu_{\mathrm{LSIC-TGI}}$　109
—— τ_{PSPG}　108
—— τ_{SUGN1}　93, 95, 109
—— τ_{SUGN2}　93, 95, 109
—— τ_{SUGN3}　93, 95, 108
—— τ_{SUGN12}　95, 108
—— τ_{SUPG}　93, 95
—— τ_{SUPS}　69, 108, 109
安定化法　67
一体型解法　iii, 133
一般化 α 時間積分　99, 123
移動メッシュ手法　86
移流拡散方程式　5, 60
移流が支配的　6
医療画像からの動脈サーフェスの抽出　202
陰的流出境界条件　212
インデックス表記　3, 13
宇宙船のパラシュート　258
運動学的拘束　117
運動の境界条件　4
運動量保存　145
円弧上の一定速度　156
円弧上の粒子の軌跡　160
オイラー方程式　5
応力テンソル　2
オープンノットベクトル　77
重み関数　11, 79

か 行

開始条件　165
回転周期条件　312
回転周期法　259
回転翼　307
外部境界　9
界面射影法　132
界面追跡/界面捕獲混合法　87
界面追跡手法　86
界面捕獲手法　86

ガウス求積法　57, 58
拡散が支配的　7
仮想仕事の原理　14
過大評価　196
渦度　193
ガラーキン定式化　60
ガラーキン法　38
管腔を覆うサーフェスメッシュ上のラプラス方程式　197, 204
患者固有の主要血管モデル　196
患者固有の大動脈モデル　251
患者固有の動脈瘤モデル　237
完全連成 FSI　309
管壁組織の構成モデル　195
幾何学的剛性　24
基準配置　12
基底関数　40, 77
基本境界条件　4, 38
ギャップ　258, 261
境界条件　201, 232
境界層　7
行列問題　42
強連成手法　iii, 143
局所基底ベクトル　28
キルヒホッフ－ラブ　328, 329
キルヒホッフ－ラブ シェルモデル　26
均質化多孔性　259
均質化多孔度　261
空間マルチスケール　219
空間領域　38
　──の速度 $\hat{\mathbf{u}}$　92
空気力学　307
空力トルク　314, 335
組み立て演算　54
クラスター　258
　──の計算　287
グリーン－ラグランジュ　13
　──ひずみテンソル　15
グローバル基底関数　43, 51
形状導関数　128
形状を決定　271
血管組織のプレストレス　207
血管壁厚み　197, 203

──の再構築　205
──は有効半径の 10% と仮定　206
結合剛性　29
血流　195
ケーブル（サスペンションライン）の抗力　269
ケーブルの対称化　275
ケーブルモデル　32
現配置　12
ゴア　258, 262
コイルばねに取り付けられた翼周りの 2 次元流れ　178
合計は 1　44
高周波散逸　125
　──を制御　100
更新ラグランジュ　19
構成モデル　20
構造　201
構造化された要素レイヤー　135
構造計算の境界条件　210
構造表面付近の薄い流体要素　135
構造物が軽い　258
構造メッシュの性能評価　220
構造力学境界値問題の強形式　19
構造力学の境界条件　19
構造力学の支配方程式　12
構造力学のモデル化　327
構造力学方程式　201, 207
　──の強形式　18
構造力学問題の変分公式　15
構造領域　115
剛体回転　137
　──を除外　200, 235, 239
剛体であるという仮定　195
剛体並進　137
剛体壁と弾性壁　196
勾配をもつ流入/流出面　201
コーシー－グリーン　13
コーシーの応力テンソル　17
固体表面周りの要素に構造格子の層　112
細かいメッシュの OSI　231
細かいメッシュの WSS　229
混合 AEVB/NEVB 計算手法　147

コントロール変数　83
コントロールポイント　79
コントロールメッシュ　80

さ 行

細分化した流体メッシュ層の厚み　237
細分割曲面　76
細分割ソリッド　77
細分化メッシュを用いた WSS　227
材料剛性　24
左心補助循環装置　240, 250
サスペンションラインにはたらく空気力　268
サスペンションラインの長さ比率　282
サーフェスメッシュとボリュームメッシュ　186
左辺行列　101, 127
サポート　51
三角形要素　49
参照配置での射影式　133
サンブナン‐キルヒホッフモデル　21
サンプリングポイント　188
四角形要素　47
時間 2 次精度　100
時間 NURBS 基底関数の設計　158
時間に関する積分点　91
時間の NURBS 表現　188
時間の要素座標　89
時間微分と空間微分の分離　88
時間マルチスケール　218
試験関数　11
試行関数　11
自然境界条件　4
実数パラメータ $\chi > 0$　113
質量集中化　134
　── 行列　134
質量保存　15, 225, 229, 234, 239
自動メッシュ移動手法　112
自動メッシュ生成　112
シミュレーションシーケンス　214
四面体要素　50
弱化基本境界条件　73
弱連成解法　iii, 143
周期 n ゴアモデル　265

自由流れ境界条件　9
自由表面　8
準線形　39
準直接法　iii
準直接連成法　143, 144, 183
上下大静脈肺動脈吻合　240, 242
初期コーニング角　287
初期配置　12
心臓血管系の FSI　195
数値積分法　57
数値置換　133
数値流体計算 (CFD)　195
スタッガード解法　iii, 143
ストークス方程式　5
スリット　258, 261
スリップなし境界条件　8
整合質量行列　134
静止メッシュ手法　86
精密な境界層の記述　112
積層板理論　29
積分点の位置と対応する重み　58
接触節点　170
接触力の計算　172
接線行列　127
接線剛性　23
　── テンソル　24
節　点　40
　── 補間　56
セール　258, 261
セレクティブスケーリング　145
線形弾性方程式　23
線形弾性力学　64
せん断弾性係数　21
全導関数　13
双線形　42
速度境界条件　12
側面境界　10

た 行

第 1 ピオラ‐キルヒホッフ応力テンソル　16
第 2 ピオラ‐キルヒホッフ応力テンソル　15
対称 FSI 法　259, 272
体積弾性係数　21

体積流量と風船の体積変化　183
体積流量のスケーリング（WSS が目標値となる
　よう倍率を決定）　211
大動脈と LVAD 入口に与える周期的流量
　253
対流形の DSD/SST-VMST 式　107
対流形の DSD/SST-VMST 法　106
対流形の SSTFSI-VMST 法　129
対流形のナビエ-ストークス方程式　3
多孔体物質　118
多孔体流量係数　132
単一パラシュート　296
弾性エネルギー密度　20
弾性支持　20
端部における別々の節点圧力　132
中立面シェル　26
超弾性　195
超弾性体　20, 195
超弾性 (Fung) 連続体要素　210
直接置換　133
直接連成法　iii, 143, 145
追従圧力荷重　19
追跡点データ　188
ディリクレ (Dirichlet) 境界条件　4
展開模擬　292
動的解析法　259, 294
動粘性係数　6
動脈のサーフェス抽出　232
動脈壁厚み　220, 233, 237, 252
動脈壁近傍の流体ボリュームメッシュの微細化
　層　204
動脈壁付近に 4 層の細かい要素　223
動脈壁付近にさらに細かい要素層を 4 層もつ
　228
動脈壁面に 2 要素の層をもつ六面体構造メッ
　シュ　233
特殊な機能をもつ自動メッシュ生成　112
トータルラグランジュ　19
トラクション　4
　── 境界条件　12
トラクションベクトルの連続性　118
トリリニア六面体　48

な 行

ナビエ-ストークス方程式　67, 95
　── の RBVMS 法を ALE　95
　── の弱形式　11
ニュートン-ラフソン法　42
布地にかかる応力の計算　276
ネオ・フックモデル　22
ノイマン (Neumann) 境界条件　4
脳動脈瘤：組織のプレストレス　240
ノット　77
　── ベクトル　77

は 行

バイリニア四角形要素　47
バーチャル外科手術　233
パッチ　203, 220, 233, 244
羽のはばたきの空力　186
バブノフ-ガラーキン法　43
パラシュートクラスター　297
　── 計算　300
パラシュート径　287
パラシュートの FSI　258
パラシュートの降下速度への影響　296
パラシュートの特殊 FSI-DGST 法　260
パラメトリック要素　44
半線形式　61
半離散 ALE 定式化　119
非圧縮性条件の最小二乗法に基づく　70
非圧縮性制約　145
　── の項の space-time スラブでの積分　111
　── の時間積分点を $\theta = 1$ に移動　155
非圧縮性ナビエ-ストークス方程式　1
非圧縮性流体の拘束条件　2
ピオラ変換　34
微小ひずみ　25
ひずみ速度テンソル　2
被接触節点　170
引張剛性　29
非同期展開　292
表面圧力　194
表面抽出工程　221
表面力　4
風車の空気力学と FSI　307

風車翼　307
風洞中のイナゴ　186
フォークト (Voigt) の表記　64
付加質量とパラシュートの関連　304
付加質量の決定　304
吹流し内部と周囲の流れ　184
複合材　330
物体の表面　9
物理要素　44
不連続性捕獲項　64
ブロック反復法　iii, 143
ブロック反復連成法　143
分離型方程式ソルバーと前処理　147
ペイロードモデルの形状　287
壁面せん断応力 (WSS)　196
 ——の算出　199
ベクトル形式の ALE FSI 方程式　121
ペクレ数 Pe　6
ペトロフ-ガラーキン法　43
ペナルティ係数　74
変形勾配　34
 —— テンソル　13
 —— テンソルの行列式　13
変分公式　14
ポアソン比　21
補間特性　44
保存形の DSD/SST-SUPS 法　108
保存形の DSD/SST-VMST 法　106
保存形の SSTFSI-VMST 法　131
保存形の運動方程式　2

ま 行

前処理技術　199
膜モデル　31
曲　げ　137
曲げ剛性　29
マルチスケール SCAFSI 計算　222
マルチスケール SCAFSI 法　218
マルチスケール SCFSI M2C　274
マルチスケール SCFSI 法　219
マルチスケール手法　67
マルチスケールの直和分解　68
未知係数　40

三つのメッシュにおける WSS　229
三つのメッシュの OSI　230
無条件安定　100, 125
ムーニー-リブリンモデル　22
メッシュ　39
 —— 移動の手法　111
 —— 移動方程式　202
 —— 更新　112
 —— サイズ　62
 —— 生成　203, 232
 —— の解像度を上げる　266
 —— の再生成　iii
 —— の時間基底関数　155
 —— 品質測定　136
 —— ペクレ数　61
モデルパラメータ抽出法　260, 294
モノリシック手法　143
モル拡散率　6

や 行

ヤング率　21
有限要素の補間　55
有限要素法　38
揺　れ　282
要　素　39
 —— 形状変化　136
 —— サイズ変化　136
 —— 長さ　63
 —— レベルで補間関数　43
 —— レベルの行列　54
 —— レベルのベクトル　54
陽的流出境界条件　211
予測子マルチ修正子アルゴリズム　125
予測子マルチ修正子法　100
予曲げ処理　337

ら 行

ラグランジュ基底関数　46
ラプラス方程式　197
ラメの定数　22
乱　流　195
リコネクト法　140
離散解析の不安定性　61

リノード法　140
リーフステージの構造解析　274
リメッシュ　iii, 112, 189
　――頻度　114
　――法　163
流出境界　10
流　線　192
流体-構造界面　ii, 115
流体-構造連成　i
流体と構造補領域の界面
　現配置の――Γ_I　116
　初期配置の――$(\Gamma_\mathrm{I})_0$　116
流体の開始条件　191

流体メッシュと構造メッシュが界面で一致しない　259
流体領域　115
流入境界　10, 252
　――条件　210
　――のマッピング技術　198
領域境界　40
リング　258, 261
リングセールパラシュート　258, 261
レイノルズ数 Re　7
連続関数上での FSI 式　116
連続定式　119
六面体要素　48

訳 者 紹 介

津川　祐美子（つがわ・ゆみこ）
　トヨタ自動車（株）
　東京工業大学工学部卒，修士（工学）

滝沢　研二（たきざわ・けんじ）
　早稲田大学准教授
　東京工業大学工学部卒，博士（理学）

編集担当　富井　晃（森北出版）
編集責任　藤原祐介（森北出版）
組　　版　ウルス
印　　刷　エーヴィスシステムズ
製　　本　ブックアート

流体 - 構造連成問題の数値解析　　© 津川祐美子・滝沢研二　2015

2015 年 12 月 7 日　第 1 版第 1 刷発行　　【本書の無断転載を禁ず】

訳　　者　津川祐美子・滝沢研二
発 行 者　森北博巳
発 行 所　森北出版株式会社
　　　　　東京都千代田区富士見 1-4-11（〒102-0071）
　　　　　電話 03-3265-8341 ／ FAX 03-3264-8709
　　　　　http://www.morikita.co.jp/
　　　　　日本書籍出版協会・自然科学書協会　会員
　　　　　JCOPY ＜(社)出版者著作権管理機構　委託出版物＞

落丁・乱丁本はお取替えいたします．
Printed in Japan／ISBN978-4-627-67481-3